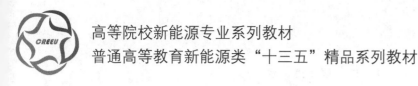

高等院校新能源专业系列教材

普通高等教育新能源类"十三五"精品系列教材

U0167209

储能原理与技术（第2版）

Principles and Technology for Energy Storage

主　编　黄志高

副主编　林应斌　李传常

中国水利水电出版社

www.waterpub.com.cn

·北京·

内 容 提 要

本教材以党的二十大精神为指导，以"绿水青山就是金山银山"为引领，在"风、光、水、火、核、储"的绿色发展新格局中，为能源储存及其应用的创新人才培养做贡献。本教材是高等院校新能源专业系列教材之一，系统而全面地介绍了储能原理与技术的基础知识、基本工艺和一些应用实例。本书共分8章，重点介绍能量转换、储存与利用，储热原理与技术，相变储热技术与材料，铅酸蓄电池、镍基二次碱性电池、锂离子电池等三类重要储能电池的发展历史、工作原理、特点、分类、材料、设计与制造、测试技术、安全性等，同时还简单介绍了抽水蓄能技术、超导储能技术、压缩空气储能技术、金属-空气电池、超级电容器等，最后介绍了储能控制技术。在第2版中，推出了以纸质教材为载体，综合利用数字化技术，把数字化教学资源以二维码形式嵌入教材之中，出版了新型立体化的融合教材，方便读者通过手机、电脑等终端阅读。

本教材适合作为高等学校新能源科学与工程、储能科学与工程专业及其他相关专业的教学参考用书，也适合从事新能源储能、动力电池生产与设计的工程技术人员借鉴参考。

图书在版编目（C I P）数据

储能原理与技术 / 黄志高主编. -- 2版. -- 北京：中国水利水电出版社，2020.6（2025.1重印）.
ISBN 978-7-5170-8648-2

Ⅰ. ①储… Ⅱ. ①黄… Ⅲ. ①储能－技术－高等学校－教材 Ⅳ. ①TK02

中国版本图书馆CIP数据核字(2020)第106139号

书　　名	**储能原理与技术（第 2 版）** CHUNENG YUANLI YU JISHU
作　　者	主编　黄志高　　副主编　林应斌　李传常
出版发行	中国水利水电出版社 （北京市海淀区玉渊潭南路 1 号 D 座　100038） 网址：www. waterpub. com. cn E-mail：sales@mwr. gov. cn 电话：(010) 68545888（营销中心）
经　　售	北京科水图书销售有限公司 电话：(010) 68545874、63202643 全国各地新华书店和相关出版物销售网点
排　　版	中国水利水电出版社微机排版中心
印　　刷	天津嘉恒印务有限公司
规　　格	184mm×260mm　16 开本　20.5 印张　499 千字
版　　次	2018 年 6 月第 1 版第 1 次印刷 2020 年 6 月第 2 版　2025 年 1 月第 7 次印刷
印　　数	17501—19500 册
定　　价	**68.00 元**

丛 书 前 言

　　总算不负大家几年来的辛苦付出，终于到了该为这套教材写篇短序的时候了。

　　这套高等院校新能源专业系列教材、普通高等教育新能源类"十三五"精品系列教材建设的缘起，要追溯到 2009 年我国启动的国家战略性新兴产业发展计划，当时国家提出了要大力发展包括新能源在内的七大战略性新兴产业。经过不到十年的发展，我国新能源产业实现了重大跨越，成为全球新能源产业的领跑者。2016 年国务院印发的《"十三五"国家战略性新兴产业发展规划》，提出要把战略性新兴产业摆在经济社会发展更加突出的位置，强调要大幅提升新能源的应用比例，推动新能源成为支柱产业。

　　产业的飞速发展导致人才需求量的急剧增加。根据联合国环境规划署 2008 年发布的《绿色工作：在低碳、可持续发展的世界实现体面劳动》，2006 年全球新能源产业提供的工作岗位超过 230 万个，而根据国际可再生能源署发布的报告，2017 年仅我国可再生能源产业提供的就业岗位就达到了 388 万个。

　　为配合国家战略，2010 年教育部首次在高校设置国家战略性新兴产业相关专业，并批准华北电力大学、华中科技大学和中南大学等 11 所高校开设"新能源科学与工程"专业，截至 2017 年，全国开设该专业的高校已超过 100 所。

　　上述背景决定了新能源专业的建设无法复制传统的专业建设模式，在专业建设初期，面临着既缺乏参照又缺少支撑的局面。面对这种挑战，2013 年华北电力大学力邀多所开设该专业的高校，召开了一次专业建设研讨会，共商如何推进专业建设。以此次会议为契机，40 余所高校联合成立了"全国新能源科学与工程专业联盟"（简称联盟），联盟成立后发展迅速，目前已有近百所高校加入。

　　联盟成立后将教材建设列为头等大事，2015 年联盟在华北电力大学召开了首次教材建设研讨会。会议确定了教材建设总的指导思想：全面贯彻党的教育方针和科教兴国战略，广泛吸收新能源科学研究和教学改革的最新成果，认真对标中国工程教育专业认证标准，使人才培养更好地适应国家战略性新兴产业的发展需要。同时，提出了"专业共性课＋方向特色课"的新能源专业课程体系建设思路，并由此确定了教材建设两步走的计划：第一步以建设新能源各个专业方向通用的共性课程教材为核心；第二步以建设专业方向特色课程教材为重点。此次会议还确定了第一批拟建设的教材及主编。同时，通过专家投票的方式，选定中国水利水电出版社作为教材建设的合作出版机构。在这次会议的基础上，联盟又于 2016 年在北京工业大学召开了教材建设推进会，讨论和审定了各部教材的编写大纲，确定了编写任务分工，由此教材正式进入编写阶段。

　　按照上述指导思想和建设思路，首批组织出版 9 部教材：面向大一学生编写了《新能源科学与工程专业导论》，以帮助学生建立对专业的整体认知，并激发他们的专业学习兴趣；围绕太阳能、风能和生物质能3大新能源产业，以能量转换为核心，分别编写了《太阳能转换原理与技术》《风能转换原理与技术》《生物质能转化原理与技术》；鉴于储能技术在新能源发展过程中的重要作用，编写了《储能原理与技术》；按照工程专业认证标准对本科毕业生提出的"理解并掌握工程管理原理与经济决策方法"以及"能够理解和评价针对复杂工程问题的工程实践对环境、社会可持续发展的影响"两项要求，分别编写了《新能源技术经济学》《能源与环境》；根据实践能力培养需要，编写了《光伏发电实验实训教程》《智能微电网技术与实验系统》。

首批9部教材的出版，只是这套系列教材建设迈出的第一步。在教育信息化和"新工科"建设背景下，教材建设必须突破单纯依赖纸媒教材的局面，所以，联盟将在这套纸媒教材建设的基础上，充分利用互联网，继续实施数字化教学资源建设，并为此搭建了两个数字教学资源平台：新能源教学资源网（http：//www.creeu.org）和新能源发电内容服务平台（http：//www.yn931.com）。

在我国高等教育进入新时代的大背景下，联盟将紧跟国家能源战略需求，坚持立德树人的根本使命，继续探索多学科交叉融合支撑教材建设的途径，力争打造出精品教材，为创造有利于新能源卓越人才成长的环境、更好地培养高素质的新能源专业人才奠定更加坚实的基础。有鉴于此，新能源专业教材建设永远在路上！

丛书编委会

2018 年 1 月

第 2 版 前 言

《储能原理与技术》自 2018 年 6 月首次出版至今虽然仅有短短 2 年时间，但已得到广大读者尤其是新能源科学与工程专业师生和工程技术人员的关爱和关注，收到了不少的意见和建议，在此深表谢意。

2020 年 2 月，教育部、国家发展改革委、国家能源局联合制定了《储能技术专业学科发展行动计划（2020—2024 年)》，布局储能技术的人才培养和学科专业建设，西安交通大学获批增设了全国首个且唯一一个储能科学与工程专业并于 2020 年开始招生。目前，已有数十所高校申请了该专业，储能技术专业学科迎来了更广阔的发展空间。鉴于《储能原理与技术》在新能源工科及储能科学与工程专业中的重要位置，有必要对其进行持续的课程和教材建设。

一方面，我们在第 1 版教材的基础上，广泛征求各高校的教学意见以及读者的反馈，结合当前的教学需求对教材进行了系统地修订和完善，提高了教材的适用性；另一方面，为响应教育部《教育信息化 2.0 行动计划》，顺应智能环境下教育发展方向，在本次修订时也积极进行了创新性尝试，以纸质教材为载体，综合利用数字化技术，把数字化教学资源以二维码形式嵌入教材之中，将纸质教材与数字服务相融合，出版了新型立体化融合教材。修订后的第 2 版教材在书中嵌入了 46 个二维码（微视频），内容涵盖重点知识点讲解、原理和过程的动画演示。以及新技术、新应用拓展等，使得教材更加科学合理。立体化的教材加强了线上教育的便捷和及时，助力读者的消化与理解。我们期待《储能原理与技术》（第 2 版）能为读者提供更好的学习体验和知识服务，并继续为新能源工科专业的人才培养和学科建设提供助力。

本书数字化教学资源主要由黄志高、李加新和赵桂英制作和编辑，其中部分素材来自黄志高、洪振生、林应斌、李加新和赵桂英等的 MOOC 课程。

由于编者水平有限、经验不足，加上时间仓促，书中还会有许多不妥之处，再次敬请读者批评指正。

黄志高

2020 年 6 月于福州

第 1 版 前 言

随着全球性能源短缺、环境污染等问题的日益突出，新能源，特别是太阳能转换、存储和利用，备受关注和青睐。为加快推进我国新能源发展，2016 年，国务院发布了《"十三五"国家战略性新兴产业发展规划》，把新能源、新材料和新能源汽车列入八大战略性新兴产业之中。提出把握全球能源变革发展趋势和我国产业绿色转型发展要求，大幅提升新能源汽车和新能源的应用比例，全面推进高效节能、先进环保和资源循环利用产业体系建设，推动新能源汽车、新能源和节能环保等绿色低碳产业成为支柱产业。能源存储是新能源和新能源汽车产业中的重要组成部分，对产业发展具有举足轻重的作用。太阳能和风能发电都需要建立配套的储能系统，新能源汽车更离不开高性能的储能系统。2010 年，教育部为适应新能源、新材料和新能源汽车等战略性新兴产业的需求开设了新能源工科相关专业，在这些专业中开设《储能原理与技术》是非常必要的。

本书系统而全面地介绍了储能原理与技术的基础知识、基本工艺和一些应用实例，共分为 8 章，第 1 章绪论，重点简要介绍能量转换、储存与利用，化学储能，相变储能及新能源技术中的储能技术；第 2 章储热原理与技术，重点介绍热能资源、储热技术的发展与应用、储热基本原理与概念、储热基本方式与材料、储热技术评价依据与经济性、储热技术应用与新进展等；第 3 章相变储热技术与材料，重点介绍相变储热材料与相变储热技术的发展历史、相变储热技术、相变储热材料、储热换热装置和系统设计基础、相变储热技术的工程应用；第 4 章铅酸蓄电池，重点介绍铅酸蓄电池的发展历史、基本概念、工作原理、特点、分类、材料、设计与制造、测试技术及其应用；第 5 章镍基二次碱性电池，重点介绍镍镉电池和镍氢电池概况、工作原理、型号和特点、设计与制造、性能与保养及其应用；第 6 章锂离子电池，重点介绍锂离子电池的发展历史、工作原理、基本概念、特点、分类、材料、设计与制造、测试技术、安全性等；第 7 章其他类型储能材料与技术，重点介绍抽水蓄能技术、超导储能技术、压缩空气储能技术、金属-空气电池、超级电容器等；第 8 章储能控制技术，重点介绍锂离子电池管理系统、光伏发电系统储能控制技术等。

本书力求做到概念清晰，语言叙述通俗易懂，理论分析严谨，结构编排由浅入深，在分析问题时注重启发性，以有说服力的工程实例为依据，较全面系统地阐述储能技术的基本理论、方法与工艺等，最后配以习题，希望能做到理论联系实际。

本书由黄志高任主编，林应斌和李传常任副主编。第 1 章由黄志高、李传常编写，第 2 章由李传常编写，第 3 章由刘春慧编写，第 4 章由程桂石编写，第 5 章由洪振生编写，第 6 章由林应斌、陈敬波编写，第 7 章由林应斌、徐芹芹编写，第 8 章由卢宇、俞峰编写。最后由黄志高、林应斌和李传常统稿。

本书在编写过程中参阅了许多作者的有关著作、教材、论文和资料，以及新能源公司的实际设计和运行数据。同时，得到了国家级和省级实验教学示范中心的经费支持；得到了中国水利水电出版社李莉、殷海军、王惠等的鼎力支持；得到了全国新能源科学与工程专业联盟秘书长杨世关等的大力支持；得到了梁光胜、钱斌、李加新在初稿审阅工作上的全力支持。在本教材付梓之际，在此致以深深的谢意！

　　由于编者水平有限、经验不足，加上时间仓促，书中定有许多不妥之处，敬请读者批评指正。

黄志高

2018 年 6 月于福州

目　　录

第 1 章　绪论

E1.1
课程知识
框架简介

党的二十大报告将"推动绿色发展，促进人与自然和谐共生"作为独立主题进行深入阐述，进一步凸显了习近平生态文明思想的重要性。报告明确提出，必须牢固树立和践行绿水青山就是金山银山的理念，站在人与自然和谐共生的高度谋划发展；积极稳妥推进碳达峰碳中和；推动能源清洁低碳高效利用；加强能源产供储销体系建设，确保能源安全。这一体系涵盖了能源的生产、供应、储存和销售等多个环节，是保障能源稳定供应和可持续发展的重要基础。因此，在"风、光、水、火、核、储"这一绿色发展新格局中，能源的生产与储存无疑扮演着至关重要的角色。

本章简要介绍了新能源发电的能量转换、储存与利用，分析储能技术在新能源科学与工程中的重要性。重点介绍了包括机械储能、电磁储能、化学储能和相变储能各种储能技术的性能、主要特点和研究应用现状，尤其重点介绍了化学储能和相变储能。最后，介绍了储能技术在新能源技术中的应用，并给出了几个应用实例。

1.1　能量转换、储存与利用

1.1.1　太阳能、风能利用与储能技术

太阳能是指太阳的热辐射能，太阳每秒钟照射到地球的能量为 49.94 亿 J，相当于 500 万 t 标准煤燃烧所产生的能量。太阳能的利用有光热转换和光电转换两种方式，太阳能发电示意如图 1.1 所示。

图 1.1　太阳能发电

E1.2
大力发展
储能技术
的紧迫性

太阳能的主要优点有：①太阳光普照大地，处处皆有，可直接开发和利用，便于采集；②清洁无害，开发利用太阳能不会污染环境，是最清洁能源之一；③取之不尽，用之不竭，是当今世界上可以开发的最丰富的可再生能源，且能量巨大，每年到达地球表面上的太阳辐射能约相当于 160 万亿 t 标准煤燃烧所产生的能量。太阳能的主要缺点有：①分散性，到达地球表面的太阳辐射能的总量尽管很大，但是能流密度很低，因此，在利用太阳能时，想要得到一定的转换功率，往往需要利用光热转换和光电转换器件与设备；②不稳定性，由于受到昼夜、季节以及地理纬度、海拔等自然条件的限制，还有晴、阴、云、雨等随机因素的影响，到达某一地面的太阳辐照度既是间断的，又是极不稳定的，这给太阳能的大规模应用增加了难度。为了使太阳能成为连续、稳定的能源，从而最终成为能够与常规能源相竞争的替代能源，就必须很好地解决储能问题，即把白天和晴朗天气的太阳辐射能尽量储存起来，以供夜间或阴雨天使用。因此，储能技术成为太阳能利用中的重要组成部分。

风能是空气流具有的动能，空气流做功而提供给人类可无限利用的风能，属于可再生能源。空气流速度越高，风能越大。尽管风能丰富且广泛分布，但它具有典型的随机性和间歇性。大规模风电（图 1.2）并网将给电力系统带来一系列挑战，主要包括：①风电的随机波动性使其成为扰动源，对电力系统的稳定运行构成威胁；②电网故障时，风电机组受低电压穿越能力限制将自动脱网，导致电网运行状况恶化；③由于电网承受扰动的能力有限，超过电网容纳能力的风电将难以消纳；④风电的波动性还会造成系统接入点的电压波动，带来闪变等电能质量问题；⑤作为电源，风电接入电网将影响原有电力系统的运行方式，增加系统备用容量的需求，对系统运行的经济性产生影响。因此，发展储能技术是提高风电电能质量的有效途径。

图 1.2　风力发电

储能系统由一系列设备、器件和控制系统等组成，可实现电能或热能的存储和释放，如图 1.3 所示。储能就像水库，多雨时把水蓄起来，干旱时把水放出来发电或灌溉等。在新能源科学与技术应用中，储能系统具有动态吸收能量并适时释放的特点，能有效弥补太阳能、风能的间歇性和波动性的缺点，改善太阳能电站和风电场输出功率的可控性，提升输出电能的稳定水平，从而提高发电的质量。储能技术对于全球节能减排与优化能源结构有着积极的推动作用，是智能电网、新能源接入、分布式发电、微网系统及电动汽车发展必不可少的支撑技术之一。尤其对于电力系统，储能技术的应用贯穿于发电、输电、供电、配电、用电等各个环节，它不但可以有效地实现需求侧管理、消除峰谷差、平滑负荷，而且可以提高电力设备的运行效率、降低供电成本，最终提高电能质量和用电效率，保障电网优质、安全、可靠供电和高效用电的需求，促进电网的结构形态、规划设计、调度管理、运行控制与使用方式等的优化与改善。

图 1.3　储能系统

1.1.2　储能技术的分类与应用

图 1.4 涵盖了各种能量产生、储存和应用的形式。根据能量来源的不同，可以将能量产生分为太阳能、风能、生物质能、核能、热能、机械能、化学能和电磁能等 8 大类。根据能量储存形式的不同，可以将储能技术分为机械储能、电磁储能、化学储能和相变储能等 4 大类，其中：①机械储能的典型特征是将电能转换为机械能进行储存，常见的机械储能方式有抽水蓄能、压缩空气储能和飞轮储能等 3 种；

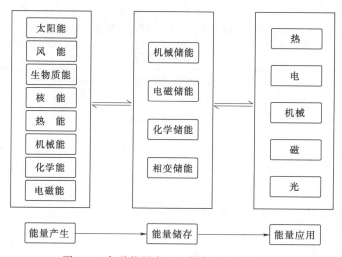

图 1.4　各种能量产生、储存和应用的形式

3

②电磁储能的典型特征是将电能转换为电磁能进行储存，常见的电磁储能方式有超导储能；③化学储能的典型特征是将电能转化为化学能进行储存，常见的化学储能方式有铅酸蓄电池、锂离子电池、碱性电池（镍镉电池、镍氢电池等）、金属-空气电池、超级电容器、钠硫电池和液流电池储能等7种；④相变储能的典型特征是将能量转换为热能进行储存，即相变储热，常见的相变储热方式有显热储热、潜热储热和化学能储热3种。

图1.5给出了不同储能方式的功率等级和放电时间，可以看到，不同储能方式的储能功率及其对应的放电时间不同，根据这一特点，基于不同的需求，如削峰填谷、调峰调频、稳定控制、改善电能质量乃至紧急备用电源等，应选择不同的储能方式。表1.1给出了不同储能技术的性能比较。表1.2给出了各种典型储能技术的主要优、缺点和研究应用现状。

E1.3
不同储能方式的功率等级和放电时间

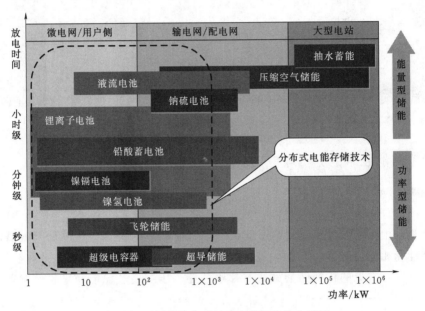

图1.5 不同储能方式的功率等级和放电时间

表1.1 不同储能技术的性能比较

储能技术类型		功率规模	全功率响应时间	循环寿命/次	循环效率/%	应用模式
机械储能	抽水蓄能	吉瓦级	分钟级	设备使用期限内无限制	70~85	削峰填谷、频率调节、系统备用
	压缩空气储能	百兆瓦级	分钟级	设备使用期限内无限制	≥70	削峰填谷、频率调节、系统备用
	飞轮储能	兆瓦级	十毫秒级	≥20000	85~90	电能质量调节和电力系统稳定控制
电磁储能	超导储能	十兆瓦级	毫秒级	≥100000	90~95	电能质量调节和电力系统稳定控制

续表

储能技术类型		功率规模	全功率响应时间	循环寿命/次	循环效率/%	应用模式
化学储能	超级电容器	兆瓦级	毫秒级	≥50000	95	电容储能式硅整流分合闸装置大功率直流电机启动支撑
	铅酸蓄电池	十兆瓦级	百毫秒级	500～1200	75	削峰填谷、频率和电压调节、可再生能源灵活接入、系统备用
	镍镉电池	十兆瓦级	百毫秒级	2000～2500	80	
	钠硫电池	十兆瓦级	百毫秒级	2500～4500	85	
	液流电池	兆瓦级	百毫秒级	≥12000	80	
	镍氢电池	百千瓦级	百毫秒级	≥2500	85	
	锂离子电池	兆瓦级	百毫秒级	1000～10000	90	

表 1.2　　　　各种典型储能技术的主要优、缺点和研究应用现状

储能技术类型		主要优点	主要缺点	作用	国内研究应用现状
机械储能	抽水蓄能	大容量、低成本	安装位置有特殊要求	调峰调频、系统备用	已建22座、最大2400MW
	压缩空气储能	大容量、低成本、寿命长	对位置有特殊要求、需气体燃料	削峰填谷、频率控制	研究较少、应用少
	飞轮储能	比功率高	低能量密度、噪声大	调频、改善电能质量	实验室研究阶段
电磁储能	超导储能	比功率高、响应快	能量密度较低、成本高	抑制振荡、LVRT	已有35kJ低温超导样机
化学储能	超级电容器	响应快、效率高	低能量密度	稳定控制、FACTS	小规模应用示范
	铅酸蓄电池	低成本	深度充放电时寿命较短	抑制功率波动、黑启动	技术成熟、示范工程最大40MW，现在少用
	锂离子电池	高功率、高能量密度、高效率	生产成本高、需特殊的充电电路	改善电能质量、备用电源	技术成熟、已建几十兆瓦级示范工程
	镍镉电池	比能量较高、寿命较长	比功率较低、重金属污染	改善电能质量、备用电源	技术成熟、示范工程少
	镍氢电池	比能量较高、寿命较长、安全性较好	生产成本高、高温性能差、需要控制氢损失	改善电能质量、备用电源	技术成熟、示范工程少
	液流电池	大容量、功率和能量相互独立	能量密度比较低	负荷跟踪、抑制功率波动	几个兆瓦级风储示范工程
	钠硫电池	高功率、高能量密度、高效率	生产成本、安全性问题	旋转备用、抑制功率波动	已建几十兆瓦级示范工程

1.1.2.1　机械储能

1. 抽水蓄能

抽水蓄能是目前电力系统中应用最为广泛、寿命周期最长（40～60年）、循环

E1.4
机械储能

次数最多（10000～30000 次）、容量最大（500～8000MW·h）的一种成熟的储能方式，主要用于系统备用和调峰调频。在负荷低谷时段抽水蓄能设备工作在电动机状态，将水抽到上游水库保存；而在负荷高峰时设备工作在发电机状态，利用储存在水库中的水发电。但抽水蓄能电站受选址要求高、建设周期长、机组响应速度相对较慢等因素的影响，其大规模推广应用受到一定程度的约束与限制。图 1.6 为抽水蓄能电站。

图 1.6　抽水蓄能电站（尼亚加拉大瀑布，加拿大）

在未来的 5～10 年，抽水蓄能技术的主要研究方向是变速抽水蓄能机组。变速抽水蓄能机组分为交流励磁变速抽水蓄能机组和阀控变频抽水蓄能机组。目前，有人提出了将泵和水轮机合并为一体的可逆式水泵水轮机的抽水蓄能机组新结构，有效地提高了抽水蓄能电站建设的经济性，成为现代抽水蓄能电站应用的主要形式。

日本、美国和西欧等国家和地区在 20 世纪 60—70 年代进入抽水蓄能电站建设的高峰期。到 2010 年为止，美国和西欧经济发达国家抽水储能机组容量占世界抽水蓄能电站总装机容量的 55% 以上，其中美国约占 3%，日本则超过了 10%。未来抽水蓄能电站的重点将着眼于运行的可靠性和稳定性，在水头变幅不大和供电质量要求较高的情况下使用连续调速机组，实现自动频率控制。

2. 压缩空气储能

压缩空气储能电站是一种调峰用燃气轮机发电厂，主要利用电网负荷低谷时的剩余电力压缩空气，并将其储藏在典型压力为 7.5MPa 的高压密封设施内，在用电高峰时释放出来驱动燃气轮机发电。压缩空气储能电站建设投资和发电成本均低于抽水蓄能电站，但其能量密度低，建设受地形制约，对地质结构有特殊要求。

压缩空气储能成本较低，并且具有安全系数高、寿命长（20～40 年）、响应速度快等特性。但其储能密度低、依赖大型储气洞穴并产生化石燃料燃烧污染，是其主要的制约因素。目前，针对这些问题，压缩空气储能的发展方向是积极开展新型压缩空气储能系统的研发，如等温压缩空气储能系统、地面压缩空气储能系统、液态空气储能系统、先进的绝热压缩空气储能系统以及空气蒸汽联合循环压缩空气储能系统等。

世界上第一座商业运行的压缩空气储能电站是 1978 年投入运行的德国 Huntorf 电站，目前仍在运行中。压缩机组功率为 60MW，发电功率为 290MW，系统将压缩空气存储在地下 600m 的废弃矿洞中。机组可连续充气 8h、连续发电 2h。1991 年投入商业运行的美国亚拉巴马州 Mclntosh 压缩空气储能电站，其地下储气洞穴在地下 450m 处，压缩机组功率为 50MW，发电功率为 110MW，可以实现 41h 连续充、连接发电 26h。另外日本、意大利、以色列等国也正在建设压缩空气储能电站。我国对压缩空气储能系统的研发起步较晚，但该研究领域正逐渐受到相关科研院所、电力企业和政府部门的重视。

3. 飞轮储能

飞轮储能系统由高速飞轮、轴承支撑系统、电动机/发电机、功率变换器、电子控制系统和真空泵、紧急备用轴承等附加设备组成，如图 1.7 所示。谷值负荷时，飞轮储能系统由工频电网提供电能，带动飞轮高速旋转，以动能的形式储存能量，完成电能到机械能的转换过程；出现峰值负荷时，高速旋转的飞轮作为原动机拖动电机发电，经功率变换器输出电流和电压，完成机械能到电能的转换过程。飞轮储能功率密度大于 5kW/kg，能量密度超过 20W·h/kg，效率在 90% 以上，循环使用寿命长达 20 年，工作温区为 −40～50℃，无污染，维护简单，可连续工作，积木式组合后可以构成兆瓦级系统，主要用于不间断电源（UPS）/应急电源（EPS）、电网调峰和频率控制。

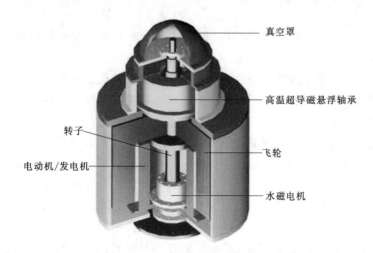

图 1.7　飞轮储能

飞轮储能关键技术包括：①安全可靠并可支持高速运行的轴承；②可以承受高速旋转重力的转子设计与材质。飞轮储能的储能容量、自放电率等方面是制约飞轮储能系统发展的重要因素。随着超导磁悬浮技术和单体并联技术的日渐成熟，飞轮储能将逐渐克服现有的能量密度低、自放电率高等缺点，其应用领域将逐步扩展到大型新能源电力系统的储能领域。

国外飞轮储能系统已形成系列商业化产品，如 Active Power 公司的 500kW Clean Source DC 和 Beacon Power 公司生产的由 10 个 25kW·h 单元组成的 Smart Energy Matrix 储能系统等。目前，飞轮储能装置已投入电网实际运行，如纽约电力管理局就通过试验安装 1MW/(5kW·h) 的飞轮储能装置来解决电动机车引起的电压突变。飞轮储能具有良好的负荷跟踪和快速响应性能，可用于容量小、放电时间短，但瞬时功率要求高的应用场合。

1.1.2.2　电磁储能

E1.5
电磁储能

电磁储能常见的储能方式为超导储能。超导储能系统是利用超导线圈将电磁能直接储存起来，需要时再将电磁能返回电网或其他负载的一种电力设施，它是一种新型高效的蓄能技术。超导储能系统主要由大电感超导储能线圈（图 1.8）、氦制冷器（使线圈保持在临界温度以下）和交-直流变流装置构成。当储存电能时，将发电机组（如风力发电机）的交流电经过整流装置变为直流电，激励超导线圈；发电时，直流电经逆变装置变为交流电输出，供应电力负荷或直接接入电力系统。由于采用了电力电子装置，这种转换非常简便，转换效率高（≥96%），响应极快（毫秒级），并且比容量（1~10W·h/kg）、比功率（104~

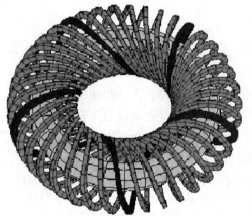

图 1.8　超导储能

105kW/kg）大，可以实现与电力系统的实时、大容量能量交换和功率补偿。超导储能的储能效率高达 90% 以上，远高于其他储能技术。但和其他储能技术相比，超导储能仍很昂贵，除了超导本身的费用外，因维持系统低温导致维修频率提高，相关维修费用也相当可观。目前，在世界范围内有许多超导储能工程正在进行建设或者处于研制阶段。

目前世界上 1~5MJ/MW 低温超导储能系统装置已形成产品，100MJ 超导储能系统已投入高压输电网中实际运行，5GW·h 超导储能系统已通过可行性分析和技术论证。超导储能系统的发展重点在于基于高温超导涂层导体研发适于液氮温区运行的兆焦级系统，解决高场磁体绕组力学支撑问题，并与柔性输电技术相结合，进一步降低投资和运行成本，结合实际系统探讨分布式超导储能系统及其有效控制与保护策略。超导储能系统在美国、日本、欧洲一些国家或地区的电力系统已得到初步应用，在维持电网稳定、提高输电能力和用户电能质量等方面发挥了重要的作用。

1.1.2.3　化学储能

不同化学储能方式的应用场合各有不同：铅酸蓄电池主要应用于汽车启停电

源、电动自行车、储备电源、通信基站等；镍镉电池、镍氢电池主要应用于玩具、混合动力汽车、规模储能方面；锂离子电池主要应用于消费电子、电动汽车、电动工具、规模储能、航空航天等；超级电容器主要应用于电动大巴、轨道交通、能量回收、电能质量调控等方面；钠硫电池、液流电池主要应用在规模储能方面。

1.1.2.4 相变储能

相变的发生过程通常是等温或近似等温的过程，即发生相变时，物质的温度变化很小或者保持不变，此温度就是相变温度。在相变发生的过程中，相态的变化必然伴随着能量的吸收和放出，这部分能量就是相变潜热。相变储能技术利用相变储热材料在相变时吸热来储存能量，因此相变储能技术又称为相变储热技术。

1.2 化 学 储 能

1. 铅酸蓄电池

铅酸蓄电池经过百余年的发展与完善，已成为世界上广泛应用于各个工业领域的电力储能形式。早在 1836 年，用硫酸作为电池电解液的可行性就已被证实。从 1859 年起，Gaston Plante 就开始为蓄电池的商业化发展进行试验。到了 20 世纪 70 年代，Gaston Plante 将其发明用在了当时一座新建的电厂中，用以提供平衡负载和调峰的服务。现在铅酸蓄电池在设计、制造、回收、原材料、包装等方面的技术均已十分成熟，低廉的价格使其在市场中仍然保持着竞争力。在阀控式铅酸蓄电池（VRLA）出现之前，淹没式铅酸蓄电池在电力系统中使用得较为广泛。由于阀控式铅酸蓄电池寿命比淹没式铅酸蓄电池短，需要频繁更换，一些电力公司后来又重新开始使用淹没式铅酸蓄电池。图 1.9 为铅酸蓄电池结构示意图。

E1.6
化学储能

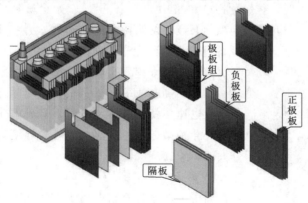

图 1.9 铅酸蓄电池结构示意图

各种铅酸蓄电池的基本化学原理都相同，正极是二氧化铅（PbO_2），负极是金属铅（Pb），电解液是硫酸（H_2SO_4）溶液（当电池电量充足时，硫酸一般占电解液质量的 37%），两极的反应产物为硫酸铅（$PbSO_4$）。在反应过程中，硫酸会随着放电反应的进行而不断消耗，所以电解液浓度会随着放电程度的变化而变化。当电极活性物质耗尽或当电解液中的硫酸浓度太小而不足以维持放电反应时，放电终止。铅酸蓄电池作为储能元件在分布式发电系统中被广泛使用。

2. 镍镉电池

镍镉电池的正极材料为氢氧化亚镍［$Ni(OH)_2$］和石墨粉的混合物，负极材料为海绵状镉粉和氧化镉（CdO）粉，电解液通常为氢氧化钠（NaOH）或氢氧化钾（KOH）溶液，其充放电反应化学式为

$$Cd+2NiOOH+2H_2O \underset{\text{充电}}{\overset{\text{放电}}{\rightleftharpoons}} 2Ni(OH)_2+Cd(OH)_2$$

电池放电时，负极上的镉被氧化，形成氢氧化镉；正极的羟基氧化镍接受负极由外电路流过来的电子，被还原成氢氧化镍。

镍镉电池可重复 500 次以上的充放电，内阻小，放电时电压变化小，可实现快速充电，是一种比较理想的直流供电电池。镍镉电池的致命缺点是，在充放电过程中如果使用不当，会出现严重的"记忆效应"，使得电池寿命大为缩短。另外，镉是有毒的重金属，废弃的镍镉电池会对环境造成污染。

3. 镍氢电池

镍氢电池（图 1.10）作为当今迅速发展起来的一种高能绿色充电电池，凭借能量密度高、可快速充放电、循环寿命长以及无污染等优点，在笔记本电脑、便携式摄像机、数码相机及电动自行车等领域得到了广泛应用。镍氢电池由氢离子和金属镍合成，在镍氢电池的制造上，主要分为两大类：最常见的是 AB_5 一类，A 是稀土元素的混合物或混合物再加上钛（Ti），B 则是镍（Ni）、钴（Co）、锰（Mn）或铝（Al）；而一些高容量电池的"含多种成分"的电极则主要由 AB_2 构成，这里的 A 是钛（Ti）或钒（V），B 是锆（Zr）或镍（Ni），再加上一些铬（Cr）、钴（Co）、铁（Fe）和（或）锰（Mn）。以上化合物扮演的都是相同的角色：可逆地形成金属氢化物。电池充电时，氢氧化钾电解液中的氢离子（H^+）会被释放出来，由这些化合物将其吸收，避免形成氢气（H_2），以保持电池内部的压力和体积。当电池放电时，这些氢离子便会经相反的过程而回到原来的地方。

图 1.10　镍氢电池

镍氢电池具有较高的自放电效应，约为每个月 30％或更多，高于镍镉电池每月 20％的自放电速率。电池充得越满，自放电速率就越高；当电量下降到一定程度时，自放电速率又会稍微下降。电池存放处的温度对自放电速率有十分大的影响。

4. 锂离子电池

锂离子电池分为液态锂离子电池和聚合物锂离子电池两大类。液态锂离子电池是指锂离子（Li^+）嵌入以化合物为正、负极的二次电池。非水有机系锂离子电池在充放电过程中的电化学反应包括电荷转移、相变与新相产生以及各种带电粒子（包括电子、锂离子、其他阳离子、阴离子等）在正极和负极之间的输运，其原理如图 1.11 所示。充电过程：锂离子从正极材料脱出，进入电解液，电解液中锂离子穿过隔膜、固态电解质膜，进而嵌入负极材料中；与此同时，电子

在外电场的驱动下从正极脱出，通过外电路进入负极，最终在负极形成电中和。放电过程：锂离子从负极材料脱出，进入电解液，电解液中锂离子穿过隔膜、固态电解质膜，进而嵌入正极材料中；与此同时，电子通过外电路进入正极，最终在正极回流的锂离子与电子对实现电中和，恢复正极材料的完整结构。对于理想的锂离子电池，充电饱和时，正极材料中 100％的锂离子脱出进入负极材料；完全放电后，居于负极材料中 100％的锂离子返回嵌入正极材料。然而事实上，锂离子电池的理想充放电是很难实现的。

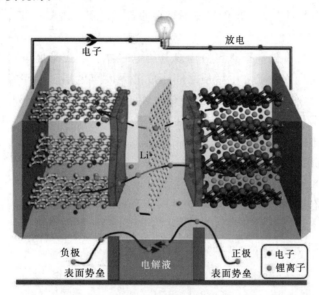

图 1.11　锂离子电池充放电原理图

锂离子电池正极材料主要包含三元系 Li-(Mn, Co, Ni)-O、$LiFePO_4$、$LiMnPO_4$ 等。负极材料主要包含碳负极材料，如人工石墨、天然石墨、中间相碳微球、石油焦、碳纤维、热解树脂碳等；钛基负极材料，如氧化钛、钛酸锂；锡基负极材料，如锡的氧化物和锡基复合氧化物；含锂过渡金属氮化物负极材料；合金类负极材料，如锡基合金、硅基合金、锗基合金、铝基合金、锑基合金、镁基合金和其他合金；纳米级负极材料，如纳米碳管、纳米合金材料；纳米氧化物材料，当前诸多公司已经开始使用纳米氧化钛（TiO_2）和纳米氧化硅（SiO_2）添加在以前传统的石墨、锡氧化物、纳米碳管里，极大地提高了锂离子电池的充放电量和充放电次数。电解质溶液常采用锂盐，如高氯酸锂（$LiClO_4$）、六氟磷酸锂（$LiPF_6$）、四氟硼酸锂（$LiBF_4$）。对于溶剂的选择，由于电池的工作电压远高于水的分解电压，因此锂离子电池常采用有机溶剂，如乙醚、乙烯碳酸酯、丙烯碳酸酯、二乙基碳酸酯等。

近年来，由于对锂离子电池电极和电解质的创新和辅助设备生产技术的成熟，锂离子电池的成本得以显著降低，这使得锂离子电池大规模应用于电力系统，尤其是使得间歇式新能源分布式发电系统的削峰填谷、能量调度成为可能。

根据中国化学与物理电源行业协会的统计，我国已成为全球锂离子电池发展最活跃的地区。2016 年，我国锂离子电池销售额约为 1115 亿元，动力锂离子电池销售额 605 亿元，同比增长 65.8%，动力锂离子电池市场占比达 54.26%。从产量上来看，据前瞻产业研究院数据显示，2016 年我国锂离子电池的产量达到 78.42 亿只，同比增长 40%，其中动力锂离子电池产量达到 29.39GW·h。

5. 超级电容器

超级电容器（图 1.12），又称电化学电容器，是 20 世纪 60 年代发展起来的一种新型储能元件。20 世纪 80 年代以来，利用金属氧化物或氮化物作为电极活性物质的超级电容器，因其具有双电层电容所不具有的若干优点，现已引起广大科研工作者的极大兴趣。

超级电容器按其储能原理可分为双电层电容器和法拉第准电容器。双电层电容器的基本原理是利用电极和电解质之间形成的界面双电层来存储能量，当电极和电解液接触时，由于库仑力、分子间力或原子间力的作用，使固液界面出现稳定的、符号相反的两层电荷，称为界面双电层。法拉第准电容器的基本原理是在电极表面或体相中的二维或准二维空间上，电活性物质进行欠电位沉积，发生高度的化学吸脱附或氧化还原反应，产生与电极充电电位有关的电容。

目前用于超级电容器的电极材料主要有碳材料、导电聚合物、过渡金属氧化物等。碳材料具有高热稳定性、高比表面积、耐腐蚀、孔径分布可控、价廉易得等优点，被广泛用于超级电容器的电极材料；氧化锰因具有价廉低毒、能够提供高赝电容值、对环境友好等优势，近些年来也广受青睐。

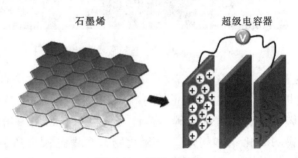

图 1.12　超级电容器

6. 钠硫电池

常规二次电池都是由固体电极和液体电解质构成的，而钠硫电池则与之相反，它是由熔融液态电极和固体电解质组成的，构成其负极的活性物质是熔融金属钠，构成其正极的活性物质是硫和多硫化钠熔盐。

钠硫电池的基本组成有作为正极的硫、作为负极的钠以及作为电解质的 β-氧化铝陶瓷，如图 1.13 所示。钠硫电池的正常工作温度约为 300℃。在放电时，钠（负极）在 β-氧化铝表面氧化。钠离子通过 β-氧化铝固体电解质与正极的硫结合还原成五硫化二酸钠（Na_2S_5）。Na_2S_5 与剩余的钠混溶，从而形成了两相液体混合物。直到所有游离的硫全部消耗完后，Na_2S_5 就开始逐步转化为单相多硫化物（Na_2S_{5-x}）以提高游离硫的含量。此时，电池同时要承受还原反应放热和欧姆放热。在充电过程中，这些化学反应则是相反的。

20 世纪 60 年代中期，福特公司等在汽车领域对钠硫电池技术展开广泛研究，到了 20 世纪 70 年代末和 80 年代初，许多不同的研究将先进的钠硫电池应用于卫星通信以及提供大功率服务上，日本东京电力公司（TEPCO）将钠硫电池列为首选的分布式储能介质，以缓解能量储存对集中式抽水蓄能电站的日益依赖。到了 20 世纪 90 年代后期，永木精械株式会社（NGK）和东京电力公司（TEPCO）已经安装了大量的示范系统，其中包括两个 6MW/（48MW·h）的电池储能电站。2002 年 4 月，TEPCO 和 NGK 联合宣布钠硫电池在日本的生产线正式商业化。2002 年 9 月，美国电力公司（AEP）主持部署了美国第一个钠硫电池储能电站的示范工程。

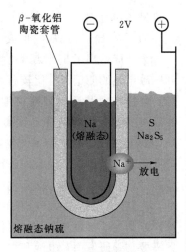

图 1.13　钠硫电池

7. 液流电池

全钒液流电池（VRB）属于液流电池，20 世纪 70 年代由美国航天局最初展开研发，由澳大利亚的新南威尔士大学最先发明。我国从 20 世纪 80 年代末开始液流储能系统的研究工作。大连化学物理研究所于 2008 年采用自主研发的技术制备了除离子交换膜之外的全钒液流电池的关键材料和部件，在国内首先成功研制出 10kW 电池模块和 100kW 级的全钒液流电池系统。

如图 1.14 所示，全钒液流电池的工作原理是电子在不同价态的钒离子间定向移动。对于负电极来说，充电时 V^{3+} 变为 V^{2+}，放电时 V^{2+} 又重新变为 V^{3+}。而对于正极，充、放电时则是 V^{5+} 和 V^{4+} 互相转换。

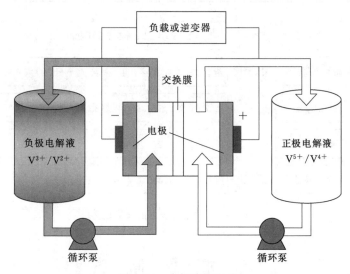

图 1.14　全钒液流电池

全钒液流电池的电解液是钒和硫酸的混合，酸度约与铅酸蓄电池相当。电解液储存在电池外部的储液罐中，电池工作时电解液由泵送至电池本体。从结构来看，全钒液流电池被质子交换膜（PEM）分隔成两半，形成阳极和阴极电解液，PEM允许质子或 H^+ 穿过从而形成电子回路。全钒液流电池的额定电压约为 1.2V。

表 1.3 给出了 6 种典型化学储能器件的性能对照，从表中可以发现，锂离子电池和钠硫电池的能量密度比较高，锂离子电池和超级电容的功率密度比较高，锂离子电池、超级电容和全钒液流电池都有很长的循环寿命，锂离子电池的电池电压（3～4.5V）最高。综合对比，锂离子电池是最佳的储能电池，但它的安全性差一些。图1.15 给出了化学储能技术的发展趋势，总结为 5 大目标：①更高的能量密度，为此要研发第三代锂离子电池、固态锂离子电池、Li-S 电池；②更高的功率密度，为此需要研发新型电极材料、纳米化电极材料、薄电极和高效率的 3D 集流极；③更长的寿命，为此需要发展溶胶-凝胶电解质、固态电解质及其他新电解质体系；④更高的可靠性，为此需要发展自动化制备工艺以保证电池的均一性；⑤更强的环境适应性，为此需要加强研发固态电池和智能热管理系统。

表 1.3　　　　　　　　　　　6 种典型化学储能器件的性能对照表

电池	能量密度 /[(kW·h)·kg^{-1}]	功率密度 /(W·kg^{-1})	循环寿命 /次	电池电压 /V	使用年限 /年	能源效率 /%	自放电率 /(%·月$^{-1}$)	库仑效率 /%	安全性	价格/[元·(W·h)$^{-1}$]	使用温度 /℃
铅酸蓄电池	35～55	75～300	500～5000	2.1	3～10	50～75	4～50	80	好	0.5～1	-40～60
锂离子电池	90～330	100～20000	100～20000	3～4.5	5～15	90～95	<2	~95	中等	1.5～10	-20～55
镍氢电池	80～85	150～1000	1000～3000	1.2	5～15	50～75	1～10	70	好	2～4	-20～60
超级电容器	5～30	1000～10000	5000～10^5	1～3	5～15	95～99	>10	99	好	40～120	-40～70
钠硫电池	130～150	90～230	4000～5000	2.1	10～15	75～90	0	~90	好	1～3	300～350
全钒液流电池	25～40	50～140	5000～10^4	1.4	5～10	65～82	3～9	80	好	6～20	15～40

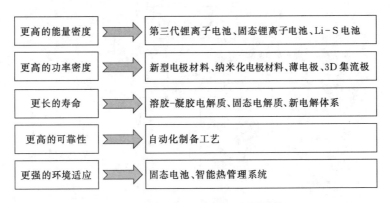

图 1.15　化学储能技术的发展趋势

1.3　相　变　储　热

在能量转换和利用的过程中，常常存在供求之间在时间上和空间上不匹配的矛盾，由于储能技术可解决这一问题，因而是提高能源利用率的有效手段。

能量虽然可以以机械能、化学能、电磁能、光能、热能及核能等多种形式存在，但在人类活动中，绝大多数能量需要经过热能的形式被转化和利用，在我国，这个比例甚至达到 90% 以上。但是，大多数热源都存在间断性和不稳定性的问题，在很多情况下，人们都较难合理地利用热源，存在不需要热能时有大量热能产生、需要热能时热能供应却不足的问题。采用适当的储热方式、特定的装置和特定的储能材料把过剩或者多余的热能存储起来，并在需要的时候再利用，可解决由于时间和空间限制以及供热和用热的不匹配、不均匀所导致的能源利用率低等问题，这种技术称之为储热技术。储热即热能储存，是能源科学技术中的重要分支。储热技术最为简单和普遍，它的应用也远远早于工业革命尤其是电力革命后才出现的其他储能技术，如我国北方地区的烧炕取暖即是利用储热技术解决热能供求在时间上的不匹配。随着人类的发展和对能源利用技术的不断改进，储热技术也不断发展，而且在人们的生产和生活中、在能源的集中供应端和用户端，都发挥着日益重要的作用。储热技术的分类应用如图 1.16 所示，储热技术并不单指储存和利用高于环境温度的热能，而且包括储存和利用低于环境温度的热能，即日常所说的储冷。

图 1.16　储热技术的分类应用

　　对于储热技术，其在日常生产和生活中的应用可以追溯到远古时期。随着人类社会的进步和科学技术的发展，人们对储热技术的认识和研究不断深入，其应用不再局限于生活和简单的生产中，而是逐渐把储热技术应用于节能减排、环境保护、降低企业能耗等一些更为广泛的应用领域。并且，事实证明，储热技术虽然有待于进一步发展，但储热技术在太阳能利用、电力的"制峰填谷"、废热和余热的回收利用以及工业与民用建筑和空调节能等领域具有非常广阔的应用前景。目前，储热技术已成为世界范围内的研究热点。

　　自古以来，人们就懂得如何应用储热技术，只是最初人们对于储热技术没有具体的定义和进一步的研究，只是懂得简单地利用日常生活中具有储热性质的物体，并把它们运用到生活中的食品加热、改善生活环境等方面。例如，有一种原始烹饪方法，称之为"石烹"（图 1.17），其历史可以追溯到旧石器时代。这种烹饪方法正是利用石块所具有的蓄热恒温的储热特性，将石块作为炊具，把它们烧红填到食物内（如动物肝脏等），利用热能把食物烹饪成熟。

　　除此之外，储热技术很早就被应用于建筑设计及其采暖系统，以缓解建筑物能量需求在时间和强度上的矛盾。但是，由于我国社会早期发展主要是注重农业的发展，工业发展水平始终不高，储热技术也一直没有被正式用于工业方面。随着时代

图 1.17　原始烹饪方法

的发展，社会不断向前进步，工业发展水平逐渐成为推动各国经济发展的重要因素，人们对工业的发展越来越重视。随着工业技术的发展，工业生产对燃料温度的要求越来越高，使得工业上所需要的空气温度，也越来越高，这就需要有一种技术来提高、维持空气温度以满足工业生产的要求。于是约从 19 世纪开始，储热技术开始逐渐应用于工业生产领域。值得注意的是，人们把储热技术应用于工业生产，不仅提高了燃烧环境周围的空气温度，还可以保持空气温度，使得燃烧物在一个恒定的高温环境下更加充分地燃烧。更重要的是，通过对储热技术的应用，在工业生产过程中所产生的工业余热也能够储存起来，并在适当的时候得到再次利用，使得工业余热变废为宝（图 1.18）。

图 1.18　工业生产中的储热工业炉

　　随着社会进步，储热技术不断向前发展，人们对于储热技术的应用也不再局限于这些方面，储热技术的应用越来越普遍，应用领域越来越广泛。近代以来，随着采暖、空调用能急剧增长以及空间技术的发展，这些领域对储热技术依赖性越来越大，人们利用储热技术来达到"削峰填谷"的目的，在空间热动力装置中则利用储热技术提供稳定的电能和热能等。在储热技术中，相变储热尤为重要，近年已经成为一个研究重点。

储热材料包括显热储存材料、潜热储存材料（又称为相变储热材料，phase change materials，PCM）和化学反应热储存材料。我国从 20 世纪 80 年代开始着手研究储热材料，起步明显晚于国外，而且早期的研究对象主要是相变储热材料，其中重点研究的是无机水合盐类。而在众多的无机水合盐相变储热材料中，$Na_2SO_4 \cdot 10H_2O$ 是开发研究最早且最受重视的一种。我国对于储热技术的研究从来没有停歇：1983—1985 年，我国依次成功地解决了无机水合盐存在的过冷问题、研制和试验出太阳房相变储热器、分析出新制备的均匀固态物质初始融化热值低的原因；1990 年，我国研制出一种新型储热材料，不仅储热性能好，而且成本低、无污染、低能耗，凭借其优良特性，成功在 1987 年获得国家专利；1992 年，我国对相变储热材料在太阳房的应用做了基础研究；20 世纪 90 年代中期，我国对于储热材料的研究重点转向为有机储热材料和固-固相变储热材料……尽管我国的储热材料研究有很大的进步，但依然还处于起步阶段，而且国内储热材料的应用领域还很有限，仅仅局限于太阳房、农用日光温室等狭窄的领域。

国外研究储热技术最初是以节能为目的的，早在 1873 年，国外就已经出现了储能锅炉，到 1880 年，人们逐渐开始利用化学反应所产生的反应热来储存车辆的机械能。在 20 世纪初，国外的研究者又开发出了变压蒸汽储能的技术。1929 年，当时最大的蒸汽储能电站在柏林建造成功，储能技术在国外取得了较快的发展。20 世纪 60 年代，随着载人空间技术的迅速发展，美国国家航空航天局（NASA）开始大力发展相变储热材料热控技术（图 1.19）。20 世纪 70 年代石油危机爆发后，世界上许多工业大国开始着手于新能源的开发与利用，由于新能源存在不连续和不稳定的缺点，储热技术作为主要的储能技术之一受到更多关注，并用于缓解新能源供应不连续的问题。随着储热技术的发展，开发的储热材料种类越来越多，储热技术的实际应用领域也不断扩大，在太阳能热利用、电网调峰、工业节能和余热回收、建筑节能等领域都具有重要的应用价值。

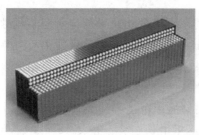

(a)内置储热系统　　　　　(b)相变材料瀑流式排列

图 1.19　美国推出的新型胶囊式相变储热系统

现在，随着经济的发展和能源的大量消耗，人们对于储热技术的研究越来越深入，储热材料在各个领域的应用也越来越多，人们不断利用储热技术来提高能源的利用率，以实现能量供求平衡，储热技术正在能源、航空、建筑、农业、化工等领域发挥着不可估量的作用。与此同时，还应该注意到，当年的储热技术在很多方面还不够成熟，有待于相关领域的研究人员不断研发，以研制出更高性能的储热材料，降低生产成本，使储热技术能够更加广泛地用于每一个需要储能蓄热的行业，使这种最具发展前景的技术最大限度地造福人类。

1.4　新能源技术中的储能技术

目前，除技术最成熟、应用最广泛的抽水蓄能技术外，国内外开展了多种新型储能技术的研究探索，并建成了众多兆瓦级及以上的储能示范工程。投入应用的较为成熟的储能技术有化学储能、相变储能、机械储能和电磁储能等；示范工程的应用领域涉及可再生能源并网、分布式发电及微网、输配电及辅助服务等。根据美国能源部信息中心项目库的不完全统计，近 10 年来，由美国、日本、欧盟、韩国、智利、澳大利亚及我国等实施的兆瓦级及以上规模的储能示范工程达 180 余项，图1.20 给出了兆瓦级及以上储能示范工程情况，从图中看到，化学储能示范工程数量近百项，其他形式的示范工程数量总和超过 80 项。

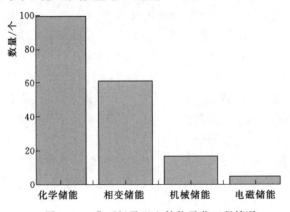

图 1.20　兆瓦级及以上储能示范工程情况

从储能类型上看，兆瓦级及以上储能示范工程中化学储能示范工程数量占比为53%，相变储能占比 34%，机械储能占比 6%，其他类型涉及压缩空气储能、电磁储能和氢储能等。各类型储能示范工程数量自 2010 年后每年增长幅度以锂离子电池储能为最大，钠硫电池储能次之，如图 1.21 所示。

图 1.22 给出了各类型兆瓦级及以上储能示范工程应用领域情况。从图中可以看到，储能技术在各领域应用的数量呈逐年增长趋势。在 2010 年，储能在分布式发电与微网领域应用最少，其他 3 个领域相当；自 2011 年后，储能在可再生能源发电领域的应用增长最快，居于领先地位；储能在分布式发电与微网领域的应用呈现抬头态势，并在 2012 年超过在辅助服务领域的应用项目数。

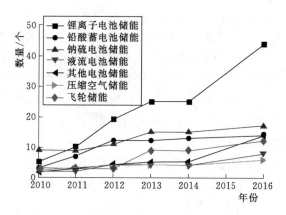

图 1.21 各类型兆瓦级及以上储能示范工程数量变化（2010—2016 年）

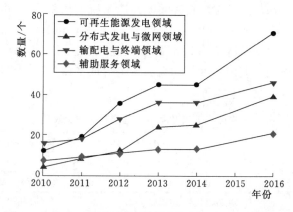

图 1.22 各类型兆瓦级及以上储能示范工程应用领域情况

储能系统一般由两大部分组成，即由储能元件组成的储能装置和由电力电子器件组成的电网接入系统。储能装置主要实现能量的储存、释放及储存环境和储存模式的控制，电网接入系统的主要功能有：充放电控制、电流变换、功率调节控制、运行参数检测与监控、安全防护等。智能能源管理是储能技术应用的重要组成部分。

储能系统的容量范围大，从几十千瓦到几百兆瓦；应用范围广，贯穿于发电、变电、输电、配电和用电的各个环节。应用于电网的三种储能系统及其在容量范围、主要应用和储能方式几个方面的对比见表 1.4。

E1.7
智能能源
管理

表 1.4   三种储能系统的对比

项目	集中储能（发电、输电）	分布式储能（配电、大用户）	分散储能（中小用户）
容量范围/MW	10~1000	1~100	0.1~10
主要应用	频率控制、旋转备用、负荷均衡、出力优化、系统稳定、无功支撑	削峰填谷、无功支撑、电能质量、可靠供电、新能源接入	电能质量（车辆到电网）用户能源管理
储能方式	抽水蓄能、压缩空气储能、超导储能等	电池蓄能、飞轮储能等	电池蓄能、蓄冷蓄热、储氢等

储能电池系统一般由电池柜、电池模块、模块连接母线和直流开关等组成。电网接入系统的组成部分包括电源逆变器、系统控制器、监测传感器和变压器等。电池在负荷低谷充电时，电网接入系统工作在整流状态，相当于一个大功率负荷；而在负荷高峰放电时，电网接入系统工作在逆变状态，相当于一个可实现稳定功率输出的电源。监控系统由电池监控系统、并网监控系统以及 PCS 自身监控系统等组合，功能完善的监控系统是储能系统安全可靠运行的保证。

1. 大规模储能系统工程应用实例

中国电力科学研究院许守平、惠东等评述了大规模储能系统发展现状及示范应用，详细地介绍了各类储能技术的国内外项目的安装地点、应用功能、储能系统规模和投产时间。这里仅重点介绍大型铅酸蓄电池储能系统和大型锂离子电池储能系统的工程应用情况。表 1.5 为国内外大型铅酸蓄电池储能系统一览表，从表中可以发现，美国早在 1987 年就开始了大型铅酸蓄电池储能系统的研发和应用，最大规模达到 36MW，相应储能容量达到 9000kW·h。国内起步较晚，但浙江温州洞头鹿西岛并网型微网示范工程中心的规模达到 2MW，相应储能容量达到 4000kW·h。从应用功能看，主要用于孤立电网、太阳能发电和风力发电等的平衡负荷、调频、削峰填谷等，从而提高系统稳定性，改善电能质量。

表 1.5　　　　　　　　国内外大型铅酸蓄电池储能系统一览表

安装地点	应用功能	储能系统规模	投产时间
美国北卡罗来纳州 Crescent	峰值调节	0.5MW×1h	1987 年
美国加利福尼亚州 Chino	热备用，平衡负荷，电能质量控制	10MW×4h	1988 年
波多黎各 PREPA	热备用，频率控制	20MW×0.7h	1994 年
美国加利福尼亚州 Vernon	改善电能质量，提高系统可靠性	3MW×1.5h	1995 年
美国阿拉斯加州 Metlakatla	提高孤立电网的稳定性	1MW×1.4h	1997 年
西班牙马德里 ESCAR	平衡负荷	1MW×4h	1997 年
德国 Herne-Sodingen	削峰填谷，改善电能质量	1.2MW×1h	1995 年
美国夏威夷 Maui	风电场的出力爬坡控制，改善电能质量	1.5MW×15min	2009 年
美国夏威夷 Koloa 3	兆瓦级光伏电站的调频和出力爬坡控制，备用电源	1.5MW×15min	2011 年
美国夏威夷 Oahu	30MW 风电场的出力爬坡控制，备用电源	15MW×15min	2011 年
美国新墨西哥州 Albuquer-que	与 500kW 的光伏电站组成一个可靠的分布式发电系统，解决可再生能源发电的间歇性问题，电压支撑，延缓输配电扩容升级，降低电力成本	0.5MW×5.5h	2011 年
美国科罗拉多州 Aurora	光伏电站的电压支持，爬坡控制和调频	1.5MW×15min	2011 年
美国得克萨斯州 Notrees	风电场的调频，削峰填谷，改善电能质量	36MW×15min	2012 年
美国密歇根州迪尔伯恩 Miller Road	用于当地福特汽车厂附属的光伏电站平抑电力波动，削峰填谷，提高系统的稳定性	0.75MW×2.6h	2012 年

续表

安装地点	应用功能	储能系统规模	投产时间
美国阿拉斯加州 Kodiak	风电场的调频，削峰填谷，改善电能质量	3MW×15min	2012 年
美国伯灵顿 Vermont	电量管理，可再生能源调频，削峰填谷	0.25MW×4h	2012 年
中国河北张北国家风电检测中心	跟踪风电计划出力，削峰填谷，改善电能质量	100kW×6h	2012 年
中国浙江温州洞头鹿西岛并网型微网示范工程中心	改善电网质量，提高电网可靠性	2MW×2h	2014 年

表 1.6 给出了国内外大型锂离子电池储能系统一览表，从表中可以发现，锂离子电池储能系统作为新型的储能系统，国内外起步时间相差不多，且国内发展势头强劲，其应用功能与铅酸蓄电池储能系统相同。

表 1.6   **国内外大型锂离子电池储能系统一览表**

安装地点	应用功能	储能系统规模	投产时间
美国加利福尼亚州 San Diego	用于对光伏电站进行削峰填谷，平滑出力控制，跟踪计划出力	50kW×1.67h	2009 年
智利阿塔卡马 Copiapo	用于对电网的调频和备用电源，提高电网的可靠性	12MW×0.33h	2009 年
美国田纳西州 Knoxville	平抑光伏发电出力波动、削峰填谷	55kW×1h	2011 年
美国西弗吉尼亚州 Elkins	用于 98MW 风电场的频率调节与出力爬坡控制	32MW×0.25h	2011 年
美国纽约 Johnson City	用于电网的频率调节，提高供电质量和可靠性	8MW×0.25h	2011 年
美国密歇根州 Detroit	用于新能源的电压支持，电量转移，调频，提高电网的可靠性，改善电能质量	1MW×2h	2011 年
智利安多法加斯大 Mejillones	用于对电网的调频和备用电源，提高电网的可靠性	20MW×0.33h	2011 年
美国华盛顿 Port Angeles	负荷调节，应急电源，削峰填谷	750kW×0.5h	2012 年
美国俄勒冈州 Salem	提高配电系统的可靠性，作为可再生能源发电的辅助设施，在电网负荷高峰时向电网提供功率支持	5MW×0.25h	2012 年
美国加利福尼亚州 Dublin	微网新能源发电，削峰填谷	2MW×2h	2012 年
美国纽约 Queens	用于电网的频率调节，削峰填谷，提高供电质量和可靠性，延缓电网设备升级	50kW×3h、100kW×1.5h	2012 年
美国加利福尼亚州 Tehachapi	备用电源，可再生能源削峰填谷，改善电能质量	8MW×4h	2012 年
韩国龙仁京畿道	电网调频，削峰填谷，改善电能质量	1MW×1h	2012 年
中国广东深圳	平抑峰值负荷，改善电能质量及提高系统的稳定性，削峰填谷和新能源灵活接入	1MW×4h	2010 年

安装地点	应用功能	储能系统规模	投产时间
中国河南郑州	平抑光伏发电出力波动，削峰填谷	200kW×1h	2010 年
中国广东东莞	削峰填谷，改善电能质量，备用电源	1MW×2h	2010 年
中国福建宁德	备用电源，削峰填谷，提高电网的可靠性	1MW×2h	2011 年
中国江苏常州	平抑光伏发电出力波动，削峰填谷	100kW×2h	2011 年
中国河北张北国家风电检测中心	平抑新电源出力波动，辅助可再生电源按计划曲线出力，削峰填谷	1MW×1h、900kW×4h	2011 年
中国河北张北风光储输示范工程	平缓风电波动，矫正风电预测偏差，削峰填谷，通过储能调整新能源出力	6MW×6h、4MW×4h、3MW×3h、1MW×2h	2011 年
中国福建安溪	有效提高配供电能力，削峰填谷	125kW×3h	2012 年
中国辽宁锦州塘坊风电场	提高风电场的风电电能品质，减少弃风，提高电网接纳风电能力	5MW×2h	2012 年

2. 国内典型的储能项目实例

(1) 上海。2006—2007 年，国家电网公司、上海市科学技术委员会和科技部分别下达经费共计 4910 万元，支持上海电网储能技术研究建设项目。到 2011 年年初，该项目已完成总额定容量 410kW/(1300kW·h) 电池储能系统的建设，分布在上海漕溪变电站、前卫变电站和白银变电站。其中，漕溪变电站建成镍氢电池 [6 组，额定容量为 100kW/(200kW·h)]、锂离子电池 [3 组，额定容量为 100kW/(200kW·h)] 和铁电池 [2 组，额定容量为 100kW/(80kW·h)] 储能系统；前卫变电站建成全钒液流电池 [额定容量为 10kW/(20kW·h)] 储能系统；白银变电站建成钠硫电池 [18 组，额定容量为 100kW/(800kW·h)] 储能系统。

(2) 浙江。浙江温州洞头鹿西岛并网型微网示范工程中心是国家"863"计划"含分布式电源的微电网关键技术研发"课题的两个示范工程之一。在鹿西岛上建设的风力发电系统、光伏发电系统、储能系统、微电网中央运行监控及能量管理系统以及单户模式微网系统，能实现并网和孤网两种运行模式的灵活切换，可以为全岛用户提供清洁可再生能源。大楼被 150 块太阳能板包围，这些太阳能板分布在楼顶和大楼附近的山坡上，总容量约 300kW。为应对台风，加固之后的太阳能板可经受 70m/s 的风速。两台风电机组由 10kV 线路与大楼相连，总容量可达 1560kW。在控制大楼内，还安装着由铅酸蓄电池组、超级电容器和双向变流器组成的储能系统。储能系统是在微网控制综合大楼内配置 2MW×2h 的铅酸蓄电池组、500kW×30s 的超级电容器和 5 台 500kW 的双向变流器。储能系统与风力发电系统、光伏发电系统共同组成一个风光储并网型微网系统，可以实现并网和孤岛两种运行模式的灵活切换。当太阳能、风能这类分布式电源足够岛上用电时，微网控制系统会把多余的电送入大电网，当分布式电源不足的时候则由大电网来供电，双向调节、灵活平衡，这也是"含分布式电源的微电网关键技术研发"课题的重要研究内容。该工程的投运充分开发和利用了岛上丰富的风能、太阳能等绿色资源，利用可靠的微型智能供电网络有效地解决了海岛电力供应问题；也是对分布式电源、储能和负荷构成的新型电网运营模式的有益探索，对推动新技术在海岛电网应用具有积极意义，为浙江乃至全国海岛供电提供了范本。

（3）河北。基于河北张北风光储输示范工程，探讨如何发挥化学储能系统的出力特性和调节作用，得出风光储联合发电系统的出力特性和联合发电组合方式。该示范工程总体规划建设风电 500MW，光伏发电100MW，储能系统 70MW；一期建设风电 98.5MW，光伏发电 40MW，储能系统 20MW，配备建设一座 220kV智能变电站。该示范工程结构如图1.23 所示。它利用风力发电和光伏发电的天然互补性，通过储能装置的快

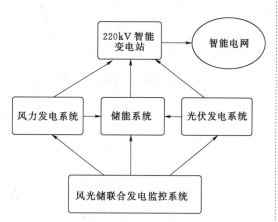

图 1.23　风光储联合发电系统示意图

速调节作用，使风光储联合发电功率输出平稳，减少对系统的冲击，使风力发电和光伏发电等不稳定的发电系统变得稳定可控，提高了电能质量，易于电网接纳。

图 1.24 为风光储输示范工程某典型日风力发电、光伏发电日出力曲线和总出力曲线，图 1.24（a）为当日的风力发电出力曲线，图 1.24（b）为当日光伏发电出力曲线，图 1.24（c）为风光联合发电出力曲线，在夜间光伏不出力，而白天风电出力较小，通过风光互补，风光联合出力功率变化较小，验证了风力发电、光伏发电的天然互补特性，更符合电网稳定运行需求。单独风力发电出力偏差在 30% 左右，而当风光比例为 1∶1 时，联合出力偏差可以减小到 12%。因此，有效利用风光互补作用，可以有效降低联合出力的波动性，改善出力特性。

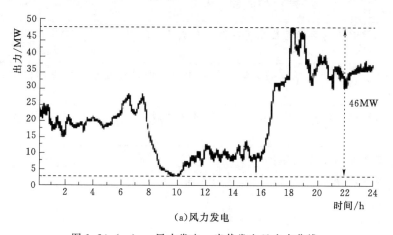

（a）风力发电

图 1.24（一）　风力发电、光伏发电日出力曲线

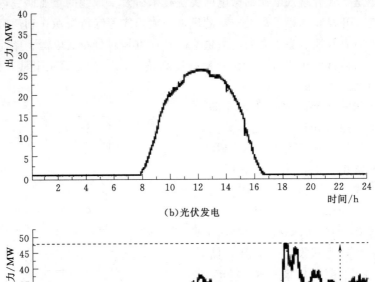

(b)光伏发电

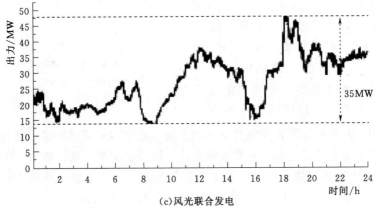

(c)风光联合发电

图 1.24（二） 风力发电、光伏发电日出力曲线

习 题

1. 填空题

（1）根据能量来源的不同，可以将能量产生分为如下 8 大类：

_____。

（2）化学储能的典型特征是将电能转化为化学能进行储存，常见的储能方式有：

_____。

（3）相变储能的典型特征是将能量转化为热能进行储存，常见的储能方式有：

_____。

（4）机械储能的典型特征是将电能转化为机械能进行储存，常见的储能方式有：

_____。

（5）储热材料主要包括：_____。

（6）能实现毫秒级全功率响应时间的储能技术有：_____。

2. 问答题

（1）请简述飞轮储能的工作原理。

（2）请简述超导磁储能的工作原理。

（3）试分析化学储能的发展趋势。

（4）试分析新能源技术中的储能技术的发展趋势。

参 考 文 献

［1］ 刘世林，文劲宇，孙海顺，等．风电并网中的储能技术研究进展［J］．电力系统保护与控制，2013，41（23）：145－153．

［2］ 李泓，吕迎春．电化学储能基本问题综述［J］．电化学，2015，21（5）：412－424．

［3］ 王超，苏伟，钟国彬，等．超级电容器及其在新能源领域的应用［J］．广东电力，2015，28（12）：46－52．

［4］ 彭道福．超级电容器储能系统在光伏发电系统中的研究与应用［D］．北京：北京交通大学，2011．

［5］ 李强，袁越，谈定中．储能技术在风电并网中的应用研究进展［J］．河海大学学报（自然科学版），2010，38（1）：115－122．

［6］ 陈建斌，胡玉峰，吴小辰．储能技术在南方电网的应用前景分析［J］．南方电网技术，2010，4（6）：32－36．

［7］ 王浩清，王致杰，黄麒元，等．各类重要储能系统综述［J］．通信电源技术，2016，33（3）：79－80．

［8］ 胡娟，杨水丽，侯朝勇，等．规模化储能技术典型示范应用的现状分析与启示［J］．电网技术，2015，39（4）：879－885．

［9］ 刘胜永，张兴．新能源分布式发电系统储能电池综述［J］．电源技术，2012，36（4）：601－605．

［10］ 许守平，李相俊，惠东．大规模储能系统发展现状及示范应用综述［J］．电网与清洁能源，2013，29（8）：94－100，108．

［11］ 潘进．大容量储能系统电池管理技术研究［D］．哈尔滨：哈尔滨工业大学，2012．

［12］ 杨国庆，张杨，赖犁，等．电池储能技术及其在上海电网中的实践［J］．电气时代，2012（4）：90－92．

［13］ 张翼．电力储能技术发展和应用［J］．江苏电机工程，2012，31（4）：81－84．

［14］ 陈义鹏．独立光伏发电系统储能技术及放电管理的研究［D］．秦皇岛：燕山大学，2012．

［15］ 梁廷婷．风光储联合发电系统运行特性的研究［J］．电力学报，2013，28（6）：484－488．

［16］ 李永亮，金翼，黄云，等．储热技术基础（Ⅰ）——储热的基本原理及研究新动向［J］．储能科学与技术，2013，2（1）：69－72．

［17］ 樊栓狮，梁德青，杨向阳．储能材料与技术［M］．北京：化学工业出版社，2004．

［18］ 周恩泽，董华．相变储热在建筑节能中的应用［J］．哈尔滨商业大学学报（自然科学版），2003，19（1）：100－103．

［19］ 崔海亭，杨锋．蓄热技术及其应用［M］．北京：化学工业出版社，2004．

［20］ Sharma A，Tyagi V，Chen C，et al．Review on thermal energy storage with phase change materials and applications［J］．Renewable and Sustainable Energy Reviews，2009，13（2）：318－345．

［21］ 郭茶秀，魏新利．热能存储技术与应用［M］．北京：化学工业出版社：2005．

［22］ 刘玲，叶红卫．国内外蓄热材料发展概况［J］．兰化科技，1998，16（3）：168－171．

［23］ Patel P，Kumar R．Comparative performance evaluation of modified passive solar still using sensible heat storage material and increased frontal height［J］．Procedia Technology，2016，23：431－438．

［24］ 张贺磊，方贤德，赵颖杰．相变储热材料及技术的研究进展［J］．材料导报，2014，28（7）：26－32．

第 2 章 储热原理与技术

提高能源转换和利用率是目前各国实施可持续发展战略必须优先考虑的重大课题，而发展储热技术，提高热能综合利用效率至关重要。本章主要介绍热能资源，储热技术的发展与应用，以及储热基本原理与方式等。

2.1 热 能 资 源

2.1.1 燃料能源

燃料是指能够通过燃烧而获得热能的物质。按形态可分为固体燃料、液体燃料和气体燃料。常见的固体燃料有煤，煤的干馏残余物，有机可燃页岩和泥炭，木柴、植物秸秆、木炭等；常见的液体燃料有醇类、石油及其炼制产品（包括汽油、煤油、柴油、重油等）、植物油等；常见的气体燃料有人造煤气（包括焦炉煤气、高炉煤气等）、天然气、液化石油气等。

2.1.1.1 燃料能源的发展

燃料能源在生活中主要用于汽车和大型工业。国内汽车工业的快速发展直接带动了车用燃料需求的持续增长，除了常见的汽油、柴油外，市场上陆续出现了车用天然气等多种非石油质车用燃料。车用燃料正逐步朝着替代燃料的方向发展，内燃机也在探寻着自己的代用燃料。未来内燃机燃料将向两极演变，即氢气和煤炭以及由煤炭派生出来的燃料，后者主要是醇类燃料及人工合成的汽油等。

2.1.1.2 燃料热值

燃料热值也称为发热量，指单位燃料完全燃烧所释放出来的热量。燃烧热值分为高位热值和低位热值。高位热值指的是将燃料放置于约20℃的温度下完全燃烧后将所得的燃烧产物冷却到初始温度并使其中的水蒸气凝结为水所释放出的热量。而低位热值与高位热值不同，低位热值是在获得燃烧产物后，水分以蒸汽形式存在所释放的热量。

2.1.2 太阳能

太阳向外以电磁波的形式传递能量，这个过程即为太阳辐射，太阳辐射所传递的能量称为太阳辐射能。太阳辐射能主要集中在波长为 $0.2 \sim 100 \mu m$ 的紫外到红外的范围。

2.1.2.1 太阳能资源

太阳能资源的分布与各地的纬度、海拔、地理状况和气候条件有关。资源丰度一般以全年总辐射量（单位为 MJ/m^2 或 $kW \cdot h/m^2$）和年平均辐照度表示。我国太阳能资源丰富，总体呈"高原大于平原、西部干燥区大于东部湿润区"的分布特点（表 2.1）。

E2.1
太阳能
资源

表 2.1   我国太阳辐射总量和区域分布表（数据来源：中国可再生能源学会）

名称	年太阳辐射总量 /($MJ \cdot m^{-2}$)	水平总辐射年总量 /($kW \cdot h \cdot m^{-2}$)	年平均辐照度 /($W \cdot m^{-2}$)	占国土面积 /%	主要地区
最丰富带	≥6300	≥1750	≥200	约 22.8	内蒙古额济纳旗以西、甘肃酒泉以西、青海 100°E 以西大部分地区、西藏 94°E 以西大部分地区、新疆东部边缘地区、四川甘孜部分地区
很丰富带	5040~6300	1400~1750	160~200	约 44.0	新疆大部、内蒙古额济纳旗以东大部、黑龙江西部、吉林西部、辽宁西部、河北大部、北京、天津、山东东部、山西大部、陕西北部、宁夏、甘肃酒泉以东大部、青海东部边缘、西藏 94°E 以东、四川中西部、云南大部、海南
较丰富带	3780~5040	1050~1400	120~160	约 29.8	内蒙古 50°N 以北、黑龙江大部、吉林中东部、辽宁中东部、山东中西部、山西南部、陕西中南部、甘肃东部边缘、四川中部、云南东部边缘、贵州南部、湖南大部、湖北大部、广西、广东、福建、江西、浙江、安徽、江苏、河南
一般带	<3780	<1050	<120	约 3.3	四川东部、重庆大部、贵州中北部、湖北 110°E 以西、湖南西北部

注   港澳台数据未列入。

2.1.2.2 太阳能利用

1. 太阳能热利用

太阳能热利用就是通过太阳能集热器将太阳辐射转换成热能并加以利用。太阳能热利用系统的核心是将太阳辐射转换成热能的集热系统，比较常见的太阳能集热器有平板型集热器和真空集热器。太阳能热利用的应用很多，最贴近民生的便是家用太阳能热水器、太阳能采暖，工业上则有太阳能海水淡化和太阳能热动力发电。

E2.2
集中集热
供水系统
运行原理

2. 光伏发电

光伏发电系统由太阳能电池方阵、蓄电池组、逆变器、控制器、防雷保护装置和计量装置等部分组成。太阳能独立光伏发电系统具有发电、输电、供电自成一体的特点，如今应用的光伏发电系统大多为独立光伏发电系统。而太阳能并网光伏发电系统则与公用电网发生紧密的电连接关系，光伏发电系统中发电较多时向电网供电，发电不足时由电网补给，形成能量互补关系。

2.1.3　核能

E2.3
核能、地
热能资源

2.1.3.1　核能资源

核能资源指用于裂变反应的铀、钍和用于聚变反应的氘、氚及锂等核燃料资源。地球上可供开发的核能资源所能提供的能量是矿石燃料的十多万倍。核能作为缓和世界能源危机的一种经济有效的措施，具有体积小而能量大、污染少等许多优点。

2.1.3.2　核能利用

核能利用的主要形式是核电站，核电站利用核反应堆作为热源产生高温高压蒸汽以驱动汽轮机发电，其主要组成部分有核岛、常规岛和配套设施等部分。如图2.1所示，首先，反应堆冷却剂进入反应堆，流经堆芯后从反应堆出口流出，进入蒸汽发生器，然后回到主泵。在反应堆冷却剂的循环流动过程中，反应堆冷却剂从堆芯带走核反应所产生的热量，并在蒸汽发生器中将热量传递给二回路的水。二回路的水又被加热成蒸汽，蒸汽再驱动汽轮机并带动发电机发电。简而言之，它是以核反应堆来代替火电站的锅炉，由核燃料在核反应堆中发生特殊形式的"燃烧"而产生热量来加热水使之变成蒸汽，蒸汽通过管路进入汽轮机，推动汽轮机发电，使机械能转变成电能，从而实现了核能—热能—电能的能量转换。

E2.4
核电站发
电原理

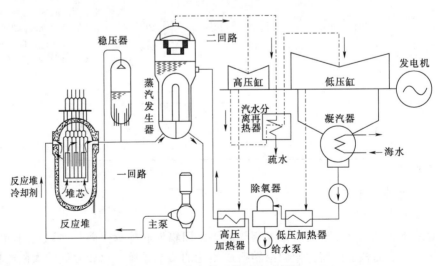

图 2.1　核电站工作原理示意图

2.1.4 地热能

2.1.4.1 地热能资源

地热能,全称"地下热能",是蕴藏在地球内部的能量。其主要来源是地球内部岩石中的放射性元素(主要是铀、钍和锂元素)在地球漫长的演变过程中自然发生缓慢衰变所积蓄的能量。

1. 地热能的特点

(1)储藏量大。地球上的地热能储藏量巨大,据估算,地球上的全部地热能资源储藏量是所有煤炭资源储藏量的 1.7 亿倍。

(2)可再生。地球内部的放射性元素不断进行着热核反应,能够产生极其庞大的能量,从某种意义上来说,地热能和太阳能一样,具有取之不尽用之不竭的可再生的优点。

(3)具有连续性。与水能、风能、太阳能等不同,地热能的利用不受白昼和季节变化的限制,一般不需要配备储能环节,而且运行稳定。

除此之外,地热能还具有分布广泛、清洁无污染、成本低廉、利用范围大等特点。因此,在如今全球能源形势严峻及各国开发使用新能源替代常规能源的大背景下,地热能是被人们所看好的具有良好发展前景的新能源之一。

2. 地热能资源的分布

(1)世界地热能资源的分布。地球可分为亚欧板块、太平洋板块、印度洋板块、非洲板块、美洲板块和南极洲板块,而地热能集中分布在构造板块边缘一带,这些区域也是火山和地震多发区。世界上著名的地热带有环太平洋地热带、大西洋中脊地热带、地中海及喜马拉雅地热带、中亚地热带、红海地热带、亚丁湾地热带、东非裂谷地热带等。世界高温型地热能资源概况见表 2.2。

表 2.2 世界高温型地热能资源概况

国家	资源状况	热田名称
中国	高温型地热资源分布在西藏、云南西部和台湾	西藏羊八井、台湾清水
意大利	有大量蒸汽分布在托斯卡纳、亚平宁山脉西南侧及西西里岛等	拉德瑞罗、蒙特阿米亚特
新西兰	沸点以上的高温蒸汽区密布于北部陶波火山带	怀拉开、卡韦劳、怀·欧·塔普、布罗德兰兹
冰岛	有 1000 多个热泉、30 多个活火山、28 个沸点以上的高温地热田,分布在冰岛西南及东北部	雷克雅末克、亨伊尔、雷克亚内斯、纳马菲亚尔、马克拉弗拉
菲律宾	有 71 个地热田,与新生代安山岩大山中心有关	吕宋岛的蒂威、汤加纳
墨西哥	有 300 多处地热显示区和大量沸点以上的高温蒸汽区、约有 9 座活火山,都集中分布在中央火山轴上	帕泰、塞罗普列托
日本	约有 22200 个 25℃ 以上的温泉,其中 90 处 90℃ 以上的高温蒸汽区,约有 50 个活火山	松川、大岳

（2）我国地热能资源的分布。我国在地质构造上位于亚欧板块的东南角，地热能资源主要分布在京冀、环渤海地区、东南沿海和藏滇地区，其中高温型地热资源主要分布在西藏、云南西部（腾冲现代火山区）和台湾，前两者属地中海及喜马拉雅地热带的东延部分，而台湾位居环太平洋地热带中。

2.1.4.2　地热能利用

1. 地热能发电

地热能发电是指利用地下蒸汽和热水作为动力源的新型发电技术，工作原理是通过打井找到正在上喷的天然热水流，由于水来自 1～4km 的地下深处，所以水处于高压状态。随后用热蒸汽和热水拖动汽轮机运转，使热能转化为机械能、再转化为电能，达到发电的目的。地热能发电系统可分为地热蒸汽发电系统、双循环发电系统、全流发电系统和干热岩发电系统四类。

2. 地热能直接利用

（1）地热能采暖。利用地热能采暖可以保持室内最佳环境温度，可以节约燃料，还可避免环境污染，因此，近年来利用地热采暖已引起国内外的广泛重视。

（2）地下热水在农林牧副渔业方面的利用。世界各国中低温地下热水资源分布广泛，多数分散在农村和边远地区，既不适于发电，也无法供城市、工厂利用。因此，因地制宜地将地下热水用于建设温室繁育良种、养鱼、灌溉农田、繁殖饲料和绿肥，发展农村生产和经济，为农林牧副渔业服务，有十分重要的意义。

（3）地热能在医疗卫生及旅游事业上的利用。地下热水具有较高的温度，有时还含有某些特殊的微量组分或气体成分以及少量的放射性物质，在一些热矿泉附近还常常积有矿泉泥，它们对人体的生理机能有益或有一定的医疗作用。我国的温泉疗养院已有 100 余所，在一些重要的热矿泉还建立了矿泉理疗机构，如北京小汤山、江西庐山、广东从化、重庆南温泉等。

2.2　储热技术的发展与应用

2.2.1　储热技术的发展

储热技术能够提高能源利用率和保护环境，可用于解决热能供给与需求不平衡以及热能供求在时间和空间上的矛盾。通过对储热技术的应用，能源的利用效率得到了很大提高。

众所周知，热能是人类生活中最重要的能源之一。但是，大多数热能都存在间断性和不稳定性，在很多情况下，人们都较难合理地利用热能，存在不需要热能时有大量热能产生、需要热能时热能供应却不足的问题。采用适当的储热方式、特定的装置和特定的储能材料把过剩或者多余的热能储存起来，并在需要的时候再利用，可解决由于时间和地点限制以及供热和用热的不匹配、不均匀所导致的能源利用率低等问题，这种技术称之为储热技术。由于储热材料对储热技术的发展起着关

E2.5
储热技术
简介

键的作用，决定着储热技术的发展水平，因此储热材料是储热技术中至关重要的因素。

1. 显热储热技术的发展

显热储热技术是一种最为简单也最为成熟的储热技术，也是储热技术中应用最早、推广最为普遍的，在工业应用上有很长的一段历史。而在显热储热技术中，熔融盐显热储热技术是其中原理较为简单、技术比较成熟、储热方式比较灵活并且成本较低的一种储热技术。早期，熔融盐储热技术中采用单一组分的熔融盐，但是单一组分的熔融盐熔点高、热稳定性差，采用混合熔融盐能降低其熔点并提高其热稳定性。通过研究，形成了以各种组分和不同比例配制成的混合熔融盐，优化了熔融盐储热技术。目前太阳能热发电领域的熔融盐显热储热技术已经得到了具体的应用（图 2.2）。

图 2.2　熔融盐显热储热技术

但是，尽管许多科研人员对于混合熔融盐的配制做出许多尝试，对于最适合、最合理的配制比例，目前仍然没有统一的理论指导，这也是制约熔融盐显热储热技术继续向前发展的瓶颈。除此之外，熔融盐的腐蚀问题也需要进一步研究。

2. 相变储热技术的发展

在众多的储热技术中，相变储热技术是最有发展前途、目前研究与应用最多且最重要的储热技术，其储能密度比显热储热密度高一个数量级。与其他储热技术相比，相变储热技术放温恒定，可以稳定地输出热量并且换热介质温度基本不变，使储热系统可以在稳定的状态下工作，但是它的储热介质往往存在过冷、导热系数较小、易老化、易腐蚀周围设备等缺点。

在相变储热技术中，影响相变储热技术的核心因素是相变储热材料。相变储热材料由主储热剂、相变点调整剂、防过冷剂、防相分离剂和相变促进剂等部分构成。这种材料具有能量密度高、所需装置简单、体积小的优良特性，且材料的设计灵活、使用起来也比较方便。

为了使相变储热技术得到更好的发展，国内外的研究者对各种相变储热材料的多功能性进行了大量研究。早在 20 世纪 60 年代，国外已经开始了对于相变储热材料的研究工作，并取得很大的成就。而我国是在 20 世纪 80 年代初才开始着手于相变储热材料的研究，且主要研究对象是相变储热材料中的无机水合盐类。除了相变储热材料，在相变储热技术中，影响储热系统性能的因素还包括储热系统的储能密度、储热时间、放热时间、储热效率等。

在相变储热技术中，相变储热材料主要包括有机类和无机类材料，储热温度主要包括高温和中低温。目前，利用昼间放热、夜间储冰的低温相变储热技术已经成为当前空调行业的研究热点。高温相变储热方面，20 世纪 80 年代中期，美国自由号空间站计划的实施极大地推动了高温相变储热技术的发展。高温相变储热技术的发展与近 20 年航天事业的发展有着密切联系。在空间站中，将太阳能转变为航天器能够直接利用的电能主要采用两种方法：一种是光电直接转换系统，利用光电电池直接将太阳能转变为电能；另一种是应用太阳能动力发电系统先将太阳辐射转变为热能，再利用动力循环将热能转变为机械能，最后用发电机将机械能转变为电能。但是，由于光电直接转换系统的光电转换效率太低，无法满足空间站的电力需求。而与光电直接转换系统相比，太阳能动力发电系统具有明显的优越性，如效率高、寿命长等。因此，各国都开始积极研究太阳能动力发电系统。在太阳能动力发电系统中，高温相变储热技术是其核心技术，随着人类对空间探索规模的不断扩大以及人类活动增多，高温相变储热技术得到了快速发展。

3. 化学反应储热技术的发展

化学反应储热技术主要利用化学反应实现热能与化学能的转化，从而将能量储存起来。与相变储热技术和显热储热技术相比，化学反应储热技术是一种高能量、高密度的储热技术，其储热材料的储热密度明显高于显热储热技术和相变储热技术，并且可以进行长时间的热能存储。但是，由于将化学反应储热技术应用于具体的储热体系时比较复杂，目前主要在太阳能发电领域受到重视。

对于化学反应储热技术，目前研究较多的是热分解反应中有机氢氧化物的热分解、无机氢氧化物的热分解、碳酸化合物的热分解以及金属氢化物的热分解。例如，太阳能发电领域中的化学反应储热技术主要利用无机氢氧化物分解为氧化物和水的可逆反应来储存太阳能。除此之外，无机氢化物的脱水反应也可以用来存储热能。目前对于无机氢氧化物中的 $Ca(OH)_2/CaO$ 和 $Mg(OH)_2/MgO$ 系统已经有了比较详细的研究。

总之，利用化学反应储热是一门新兴的技术，它具有储热密度高、储热性能好、可供选择材料多等优点。如果能够解决技术复杂、投资大等问题，那么化学反应储热技术将会在更多实际工程中得到广泛应用。

4. 移动储热技术的发展

移动储热技术是指利用储热材料来储存热量，以解决热源与热能需求在空间分布不匹配的问题，可以使热量在更广泛的范围内得到充分利用，满足热能供应的需要，同时可以减少化石燃料的燃烧，进而降低二氧化碳的排放。利用移动储热系统（图 2.3），不仅解决了热能的供需不平衡的问题，也打破了传统的管道输送模式。

在移动储热技术的发展进程中，最为核心的发展技术是储热技术。显热储热技术、相变储热技术都可以用于移动储热技术中。与相变储热技术相比，显热储热技术较为简单，但是当其应用于移动储热车上时，因其储热密度较低，并且在放热过程中温度会持续发生变化，使得显热储热技术在移动储热技术中的应用受到限制。而相变储热技术储能密度高、装置简单，因此，在移动储热技术中，应用相变储热技术是更好的选择。

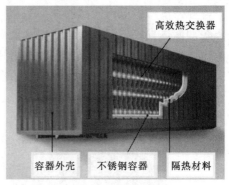

图 2.3　移动储热系统

2.2.2　储热技术的主要应用

储热技术已应用于多个领域，并且在各个领域发挥着不可代替的作用。当储热技术应用于太阳能领域时，太阳能的利用率得到很大提高；当储热技术应用于工业废热及余热的回收时，其回收率得到大大的提升；当储热技术应用于建筑和空调行业时，空调所耗费的能量得到了极大地节省。除此之外，储热技术还被广泛应用于化工及其他工业生产领域，通过储热技术将不稳定、不持续的热量储存起来，不但降低了企业能耗，也减少了由一次能源转变为二次能源的过程中产生的有害物质，由此也减少了有害物质对于空气的污染。

1. 储热技术在太阳能热储存中的应用

太阳是人类社会的重要能源宝库，可以为人类的生产和生活提供能量。太阳能资源非常丰富，但由于到达地球表面的太阳辐射能的密度很低，而且受地理、昼夜、季节变化、天气阴晴云雨的交替、环境等因素的影响，使得到达地面的太阳辐射强度也随之变化，所以实际上太阳能的利用率很低。正是因为在太阳能利用过程中，太阳能辐射强度具有极大的不稳定性、稀薄性以及间断性，导致供热装置和供电装置间断工作，使太阳能不能得到很好地利用。为了消除这些随机因素的制约，就需要有相应的储热技术和储热装置来实现太阳能热储存，使得供热装置和供电装置更加平稳地运行。

当太阳能辐射强度足够大时，应用储热装置能够将太阳能热能储存起来；而当太阳能辐射强度不够时，储热装置又会将储存的太阳能热能释放出来，以满足供热、供电、采暖、工业生产等方面对热能的需求，保证装置能够稳定、有效地运行。

2. 储热技术在电力调峰及电热余热储存中的作用

电力短缺一直以来都是人类社会的一个重要问题，但是人类对电力资源的浪费却不容小觑，如葛洲坝的水利枢纽工程，其用电高峰与低谷的发电输出功率分别为 220 万 kW、80 万 kW，用电低谷时减小的电能只有通过弃水解决，所放弃的能量总和非常之大。如果能够回收这部分能量，将在一定程度上缓解能源紧张问题。目前为止，储热技术仍是回收未并网的小水电、风力发电的一个重要手段。

在发电厂中应用储热技术，可以经济地解决高峰负荷的问题，填平需求低谷，以缓冲储热方式来调节机组，使其负荷更方便（图 2.4）。采用储热技术可以节约燃料，降低发电厂初始投资的投资费用和其燃料的耗费所需费用。运用储热技术还可以提高机组的运行效率，改善机组的运行条件，使机组更好地运行。这在很大程度上提高了能量的利用率，减少浪费。通过对余热和废热的储存，污染气体的排放也大大减少。

图 2.4　储热技术用于电力调峰

在核电站中运用储热技术，能够使核反应堆更加安全、经济地运行，因此储热技术在核电站中的应用颇受关注。采用储热技术，可以使核电站的初始投资得到充分利用，同时，对于高峰负荷采用储热结合核电机组的形式，可以减少低效率高峰机组的使用、减少单独对高峰机组的使用，使得核燃料元件按照基本负荷运行，对核燃料元件的损害降到最低。此外，储热技术在余热的存储中也具有光明的发展前景。当余热及废热产生时，储热装置将这些热量存储起来，到需要使用时，储热装置可根据工作温度释放储存的热量。

3. 储热技术在工业加工及热能储存中的作用

目前工业上主要是采用再生式加热炉和废热储能锅炉装置来存储热量，储热式电锅炉设备如图 2.5 所示。运用储热技术，不但可以回收电锅炉的烟气余热以及废热，还可以减少冷却过程中装置对于水的消耗量，同时减少工业生产过程中对空气的污染。目前储热技术在工业中的应用主要包括造纸业、纺织业、食品业以及采暖系统。

在造纸、制浆行业中，燃烧废弃木料的锅炉对于负荷的适应能力较差，这就使得储热技术对此行业尤为重要。通过储热技术的利用，装置适应负荷的能力得到了明显提升。

而在纺织业中，纺织过程中染色剂漂白时负荷经常发生波动，而储热装置可以

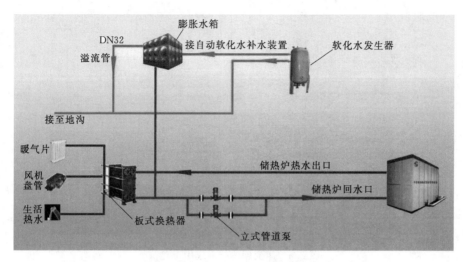

图 2.5 储热式电锅炉设备示意图

很好地适应这种波动。除此之外，利用储热技术，可以在纺织服装方面制成自动调温的服装。这种储热调温的纺织品能够根据外界环境温度的变化为人体提供舒适的气候环境。

在食品业的食品加工过程中，食品通常有洗涤、蒸煮、杀菌等过程，但是用于这些过程的装置常常存在负荷适应能力不强的问题，这就使得负荷时常发生波动。通过储热技术、储热装置来满足负荷的波动，使得洗涤、蒸煮、杀菌等过程能够很好地进行。

对于采暖系统，每年中采暖功率达到最高峰只有非常短的一段时间，因此采暖系统需要随着采暖的需求变化而随时调整，造成采暖锅炉由于需求波动而频繁启停，致使能量大量损失。通过储热装置，可以降低装置的设计功率，消除部分负荷运行的情况，从而提高能量的转换效率。同时，这也增加了系统的储热容量以满足波动负荷的需求，从而降低锅炉启停的频率，降低了对能量的消耗。

4. 储热技术在建筑工业中的作用

现代建筑逐渐向高层发展，这就需要采用轻质材料作为围护结构。但是，由于普通的轻质材料的热容比较小，将使得室内温度波动比较大，室内热环境不舒适，空调负荷增加，导致建筑能耗上升。这就需要向建筑物材料中加入相变储热材料，制成具有较高储热容量的轻质建筑材料，称之为相变储能建筑材料（图 2.6）。

利用相变储能建筑材料构筑建筑围护结构，其作用显而易见：首先，可以通过减小空气处理设备的容量使得空调及供暖系统利用夜间廉价的电力运行，从而降低其运行费用；其次，利用这种材料可以提高室内舒适度，降低室内温度，降低空调的使用；最后，利用相变储能建筑材料，不仅可以提高材料的耐久性，也可以降低热能的储存费用。

5. 储热技术在航空领域中的作用

在近几十年里，航天技术得到突破性的发展，人类在航空航天领域跨越了一个

图 2.6　相变储热技术应用于建筑

又一个的里程碑,对经济发展及社会进步起到了明显的推动作用。随着人类对于太空的探索越来越深入,作为探索太空最重要的空间基地,太空站也不断发展。与此同时,空间应用对于电力的需求也进一步增大,高效电源系统的开发与利用受到了越来越广泛的关注。而储热技术能够增强电力供应,使电源系统高效地运行,因此储热技术在空间站中的应用也越来越受到关注(图 2.7)。

图 2.7　储热技术用于航天领域

6. 储热技术在空调领域中的作用

　　空调是主要的耗电装置,也是电网谷峰形成的重要原因,要解决这一问题,就需要利用储热技术,以达到按需供应及充分利用峰谷电差价的目的。当电力负荷处于低峰时,可以利用储热材料的储热特性,把热能储存下来;而当电力负荷处于高峰期时，又可以将热能释放出来，以满足对热能的需求。因此，在空调领域应用储热技术，不仅可以调荷避峰，还可以减少人们对于电量的使用。

2.3 储热基本原理与概念

2.3.1 传热学基础知识

根据传热机理的不同，热能的传递有热传导、热对流及热辐射三种基本方式。

在大多数情况下，热量传递并不是以上述三种基本方式单独进行，而是两种或三种方式的综合传热。其中：两种具有温度差的流体之间由一个壁面隔开的情况，就是热对流与热传导的复合；真空管式太阳能热水器将太阳能转化为热能的过程就是三种基本传热方式的综合运用。如何运用综合传热并提高综合传热强度是需要解决的问题。

2.3.1.1 热传导

在物体内部无相对位移的情况下，只要物体内部具有温度差，热量便会从物体高温部分传到低温部分；此外不同温度的物体直接接触时也会发生热能传递，这种热能传递的方式就是热传导。因此，热传导可以归纳为是借助于物质微观粒子的热运动而实现的热能传递过程。

1. 稳态导热与非稳态导热

在分析导热问题时，若空间各位置温度不随时间变化则为稳态导热，否则就是非稳态导热。而现实中，稳态导热只是一种理想状态。由于不存在绝对隔热的物体，所以热传导现象可以说无处不在。在分析问题时，若在一定的时间段内，空间中某处的温度随时间的变化可以小到忽略不计，则可将其视为稳态导热处理。

对于非稳态导热，导热体温度随时间而变化，或是在垂直于热流量的方向上，每一截面的热流量都不相等。例如：盛满热水的水杯变冷的过程中，杯壁的温度变化；正在加热的电饭锅壁的温度变化；工程中的热力设备（发动机、内燃机等）在启动过程中引起的部件温度变化等导热过程都是典型的非稳态导热。非稳态导热强调导热的过程，按物体随时间的变化特点可分为瞬态导热和周期性导热。

2. 导热的基本定律——傅里叶定律

（1）温度场与等温面。空间中各点的温度受时间和位置的影响，其温度分布可以表示为空间位置和时间的函数，即

$$t = f(x, y, z, \alpha) \tag{2.1}$$

式中　　t——温度，℃；

　x, y, z——空间中某点坐标；

　α——时间，s。

由此可以定义：在某一时间点上，一定空间里各点温度的集合称为温度场。类

似于导热的分类，空间中各点温度分布不随时间改变时为稳态温度场，否则为非稳态温度场。若各点温度仅沿一个方向变化，或者其他方向上的温度变化可忽略不计时，称为沿某一方向的一维态温度场。

某一时间内，空间中所有温度相同的点连起来构成等温面，用一个平面截不同等温面可得到一簇等温线，由于空间中任一点不可能同时含有两个温度，所以任意两等温面或等温线不相交。

（2）温度梯度。在同一等温面上不存在温度差，只有跨越等温面才有温度差。自等温面某一点出发，沿该点法线方向可得到温度的最大变化率。如图 2.8 所示，

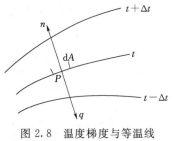

图 2.8　温度梯度与等温线

将两等温面之间的温度差 Δt 与等温面法向距离 Δn 之比的极限称为温度梯度，即

$$\nabla t = \lim_{\Delta n \to 0} \frac{\Delta t}{\Delta n} = \frac{\partial t}{\partial n} \tag{2.2}$$

温度梯度是一个向量，方向沿等温面法线指向温度增加的地方，即与热量传递的方向相反。而对于一维稳态导热，温度只沿某一线性维度 x 变化，可表示为 $\dfrac{\mathrm{d}t}{\mathrm{d}x}$。

（3）傅里叶定律。表示热传导过程的基本方程为

$$\mathrm{d}Q_c = -\lambda \mathrm{d}A \frac{\partial t}{\partial n} \tag{2.3}$$

式中　　Q_c——热传导传热速率，J/s 或 W；

　　λ——热导率，W/(m·K)；

　　A——导热面积，即垂直于热流方向的截面积，m^2；

　　$\dfrac{\partial t}{\partial n}$——温度梯度，℃/m 或 K/m。

傅里叶定律由法国科学家傅里叶于 1822 年提出，是热传导的基本定律，式（2.3）即为傅里叶定律的一般表达式。

由傅里叶定律可知，热传导传热速率与导热面积和温度梯度成正比，并与温度梯度的方向相反，即与热量传递方向相同。同时可定义热通量为

$$q = -\lambda \frac{\partial t}{\partial n} \tag{2.4}$$

对一维稳态热传导，傅里叶定律可表示为

$$Q_c = -\lambda A \frac{\mathrm{d}t}{\mathrm{d}x} \tag{2.5}$$

3. 热导率

热导率又称热导系数，是反映物质导热能力大小的物理量，单位是 W/(m·K)，它与材料的种类及所处的状态有关，同一种物质的热导率，固态时大于液态时，液态时大于气态时。热导率反映导热材料的导热性能，导热材料的热导系数越大，则其导热性越好。热导率在数值上等于单位梯度、单位导热面积所传导的热量，即单

位温度梯度下所传导的热通量。由式（2.3）变形可得到热导率定义式，即

$$\lambda = -\frac{Q_c}{\mathrm{d}A\dfrac{\partial t}{\partial n}} = -\frac{q}{\dfrac{\partial t}{\partial n}} \tag{2.6}$$

式中　q——热通量，$\mathrm{W/m^2}$。

λ 越大，导热越快，其中影响 λ 的因素有物质的组成、结构、密度、温度及压强等。各种物质的热导率差别也很大，一般有 $\lambda_{金属} > \lambda_{非金属固体} > \lambda_{液体} > \lambda_{气体}$，其中气体与非金属固体的热导率正比于温度，金属与液体的热导率随温度的升高而降低。

2.3.1.2 热对流

热对流是指流体通过运动、迁移、携带引发的热能传递，简称对流。结合热传导知识，当流体内部存在温度差时，会发生热传导现象，因此流体的热对流往往伴随着热传导一起产生。在自然界、人类生活和生产活动中存在大量的热对流现象，比如热水供暖散热器，内部是流动的水，外部是自然对流的空气。房屋的墙壁内外表面则可视为大平板的热对流，其基本原理如图2.9所示。工程中研究的热对流大都是指流体与固体壁面有相对运动，且存在温度差时引发的热能传递现象。

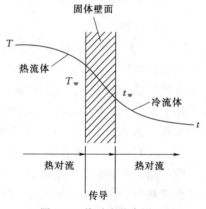

图 2.9　热对流基本原理

1. 热对流的分类

根据流体有无相变，热对流可分为有相变热对流和无相变热对流；若无相变，则可分为强制热对流和自然热对流；若有相变，则可分为冷凝传热与沸腾传热。

（1）强制热对流。强制热对流指流体在外力作用下产生宏观流动引起的传热过程。根据流体与壁面的相对位置，强制热对流又分为管内和管外两种情况，液体在管槽内强迫流动时，其边界条件在工程上主要有管壁温度恒定或壁面上的热流密度恒定两种。有多孔介质与强制热对流的研究表明：当多孔介质内没有流动或者只有缓慢流动，且流、固之间温差较小时，一般把多孔介质流固相按整体处理；但当流动较强，流、固之间有一定温差，则主要考虑强制热对流。

（2）自然热对流。自然热对流是指由于流体内部存在温差，使冷热流体的密度不同，从而发生自然循环流动所引起的传热过程。其因流体所处空间情况的不同可分为若干类型：若流体处于大空间内，自然热对流不受干扰，如在没有风的车间里的热力管道表面散热、冬天玻璃窗户内表面的传热等，表面的热边界层不受影响的空间称为大空间自然热对流，如图2.10所示；若流体被封闭在狭小空间内，如双层玻璃窗中的空气层、平板式太阳能集热器的空间夹层等，自然热对流运动受到空间限制，则称有限空间自然热对流，如图2.11所示。

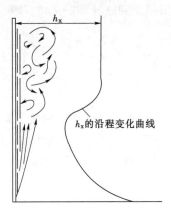
图 2.10　大空间自然热对流
h_x—管内热对流局部表面传热系数

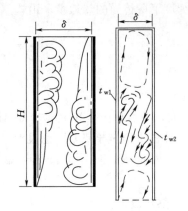
图 2.11　有限空间自然热对流
t_{w1}、t_{w2}—管壁温度；H—高度；δ—宽度

（3）冷凝传热。

1）膜状冷凝。若在蒸汽冷凝过程中，冷凝液先湿润壁面，形成一层液膜将壁面覆盖，该种冷凝方式称为膜状冷凝，如图 2.12 所示。膜状冷凝时蒸汽放出的潜热必须穿过液膜才能传递到壁面上去，此时，液膜层就形成壁面与蒸汽间传热的主要热阻。由于蒸汽冷凝时有相的变化，一般热阻很小，因此蒸汽冷凝传热的主要热阻几乎全部集中在该层冷凝液膜内。

2）滴状冷凝。若在蒸汽冷凝过程中，冷凝液不能完全湿润壁面，由于表面张力的作用，在壁面上形成许多液滴，并沿壁面落下，使壁面重新暴露在蒸汽中，这种方式称为滴状冷凝，如图 2.13 所示。滴状冷凝通常要对壁面进行特殊处理。由于没有大面积的冷凝液膜阻碍热流，因此滴状冷凝传热系数比膜状冷凝高几倍甚至十几倍。

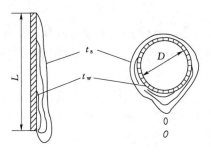
图 2.12　膜状冷凝
t_s—液面温度；t_w—壁面温度；
L—长度；D—直径

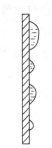
图 2.13　滴状冷凝

（4）沸腾传热。若在液体热对流的过程中伴有液相—气相的相变过程，即在液相内部产生气泡或气膜的过程，称为沸腾传热。液体沸腾的方法有两种：一种是将加热壁面浸没在无强制对流的液体中，液体受热沸腾，液体内存在着由温差引起的自然对流和由气泡扰动引起的液体运动，称为大容积沸腾；另一种是液体在管内流

动时受热沸腾，产生的气泡不能自由升浮，而是随液体一起流动，称为管内沸腾。

2. 热对流的基本定律——牛顿冷却定律

热对流是一个比较复杂的过程。1701 年，牛顿归纳总结出计算传热速率的简单数学表达式，简化了热对流的分析过程，其计算公式为

$$dQ_d = \alpha A \,|\, T_w - T_0 \,| = \alpha A \,\Delta t \qquad (2.7)$$

其中

$$Q_d = \frac{dq}{dt}$$

式中　Q_d——热对流传热速率，即单位时间内传递的热量，W 或 J/s；

　　　α——热对流传热系数，又称放热系数，$W/(m^2 \cdot ℃)$；

　　　A——传热面积，m^2；

　　　T_0——流体的平均温度，℃；

　　　T_w——固体壁面温度，℃；

　　　Δt——壁面与流体的温度差，壁面相对于冷流体来说为 $(T_w - T_0)$，壁面相对于热流体来说为 $(T_0 - T_w)$，℃。

式（2.7）采用微分形式，是因为温度、热对流传热系数在换热器中是不断变化的，因此式中的变量都是瞬时值，工程计算中用此表示热对流。

应指出的是，由于热对流，流体内部处处在进行着热量传递，即处处存在温度差，这里的流体的平均温度是指将流动横截面上的流体绝热混合后测定的温度，在计算中，如果没有明确说明，流体的温度一般是指这种横截面积的平均温度。

式（2.7）称为牛顿冷却定律，是研究热对流的基本定律，它表明，物体热量的散失率与它和使它冷却的流体间的温度差成正比，由此推得，物体温度下降的速率，也就是热量散失的速率与温度超过量（物体温度与流体温度之差）成正比。实际上牛顿冷却定律是将影响热对流过程的复杂因素都归结到热对流传热系数 α 上，从而简化了分析过程。因此，确定热对流传热系数在各种条件下的数值成为研究热对流的核心问题。

根据牛顿冷却定律表达式可得热对流传热系数的定义式为

$$\alpha = \frac{dQ_d}{A \Delta t} \qquad (2.8)$$

式（2.8）指出，热对流传热系数表示当流体与壁面的温差为 1℃ 时，$1m^2$ 的壁表面积上每秒钟所传递的热量，它反映的是热对流的快慢：α 越大，表示热对流越快。

2.3.1.3 热辐射

1. 热辐射的基本概念

（1）基本概念。热辐射是物体由于具有温度而辐射电磁波的现象，热辐射不需要物体间直接接触，也不需要任何介质。热辐射在传递中伴随着热能→辐射能→热能的转化。一切温度高于绝对零度的物体都能产生热辐射，且温度越高，辐射出的总能量就越大。热辐射的光谱是连续谱，波长覆盖范围理论上可为 0～∞。但能被物体吸收转变成热能的辐射线主要是可见光线和红外光线，即波长为 $0.4～20\mu m$，此部分就是热射线。波长为 $0.4～0.8\mu m$ 的可见光线的辐射能仅占很小的一部分，对热辐射起

决定作用的是红外光线。

（2）黑体、白体、透明体、灰体。为了研究与计算的方便，可定义黑体、白体、透明体和灰体这几种理想物理模型。如果物体能够吸收外来投入辐射所有方向的全波长的辐射能，即吸收比 $a=1$ 时，称之为黑体。无光泽的黑煤吸收比可达 0.98，接近黑体。而当物体反射全部辐射能，即 $\rho=1$ 时，称之为白体。磨光的铜镜，反射率可达 0.97，接近白体。当物体透过全部辐射能，既不吸收也不反射，即 $\tau=1$ 时，称为透明体。单原子和对称双原子气体可视为透明体。所谓灰体，是指单色吸收比与波长无关的物体，不论投入辐射是什么情况，物体的总吸收比 a 为定值。工业上的热辐射波长大多在红外线范围，而一般物体在红外线波长范围内的单色吸收比不随波长变动太大，所以在计算工程材料热辐射中，常常把工程材料作为灰体。

2. 热辐射的基本特征

（1）不需要介质。任何物体只要温度高于绝对零度，就一定向外发出辐射能量，两个温度不同的物体，辐射能量大的高温物体最终会向辐射能力小的低温物体传递能量。即使两物体温度相同，热辐射也在不断进行，只不过处于动态平衡中。热辐射可以在真空中传播，伴随能量形式的转变，具有强烈的方向性。

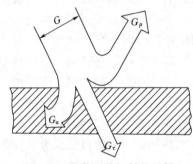

图 2.14　物体对热辐射的反射、吸收和透射

（2）受温度差影响较大。热对流传热量与物体温度之差成正比，而热辐射传热量与物体热力学温度的四次方之差成正比。因此，温度差对于热辐射影响很大。

（3）热辐射表面具有反射、吸收和透射特性。当辐射能量为 G 的热辐射落在物体表面时，一部分能量 G_α 被吸收，一部分能量 G_ρ 被反射，还有一部分能量 G_τ 透射过物体，如图 2.14 所示。

3. 热辐射的定律

（1）普朗克定律。1900 年，普朗克从量子理论出发，揭示了黑体辐射的变化规律，给出了黑体光谱辐射力 $E_{b\lambda}$ 和波长 λ、热力学温度 T 之间的函数关系，即

$$E_{b\lambda}=\frac{C_1\lambda^{-5}}{e^{\frac{C_2}{\lambda T}}-1} \tag{2.9}$$

式中　　$E_{b\lambda}$ ——黑体光谱辐射力，$W/(m^2\cdot\mu m)$；

　　　　λ ——波长，μm；

　　　　T ——热力学温度，K；

　　　　C_1 ——普朗克第一常数，$C_1=3.743\times10^8 W\cdot\mu m^4$；

　　　　C_2 ——普朗克第二常数，$C_2=1.439\times10^4\mu m\cdot K$。

普朗克定律的黑体光谱分布规律如图 2.15 所示。每条曲线代表同一温度下的黑体光谱辐射力随波长的变化关系，可知，黑体光谱辐射力随波长连续变化，当 λ

非常大或非常小时，$E_{b\lambda}$ 接近于 0；随着温度的升高，黑体辐射力 E_b 和黑体光谱辐射力 $E_{b\lambda}$ 都迅速增大，且峰值波长 λ_{max} 向波长短的方向移动。

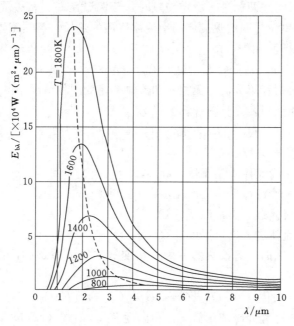

图 2.15　普朗克定律的黑体光谱分布规律

（2）维恩位移定律。1891 年，维恩用热力学理论推导出黑体光谱辐射力的峰值波长 λ_{max} 与热力学温度 T 之间的函数关系，可由普朗克定律将 $E_{b\lambda}$ 对波长求极值得到

$$\lambda_{max} T = 2897.6 (\mu m \cdot K) \tag{2.10}$$

由图 2.15 中的虚线可知：当温度升高，最大黑体光谱辐射力 $E_{b\lambda}$ 所对应的峰值波长 λ_{max} 向短波方向移动。

（3）斯蒂芬-玻尔兹曼定律。斯蒂芬-玻尔兹曼定律是热力学中的一个著名定律，其内容为：一个黑体表面单位面积在单位时间内辐射出的总能量（称为物体的辐射度或能量通量密度）与黑体本身的热力学温度（又称绝对温度）的四次方成正比，故又称四次方定律。其表达式为

$$E_b = C_b \left(\frac{T}{100} \right)^4 \tag{2.11}$$

式中　　E_b——黑体辐射力；W/m^2；

　　　　C_b——黑体辐射系数，$C_b = 5.67 W/(m^2 \cdot K^4)$。

可见，随着温度升高，热辐射将成为热交换的主要方式。以上定律是遥感技术应用的基础理论，是黑体辐射量的依据，这些公式所确定的辐射量是单位波长间隔内（或单位间隔频率内）单位面积向 2π 空间辐射的功率，斯蒂芬-玻尔兹曼定律确定的辐射量是单位面积向 2π 空间内辐射的总功率。

2.3.1.4　传热计算

1. 能量衡算

流体在换热器间壁两侧进行稳定传热时，若保温良好、无热量损失，则换热器的热负荷 Q_0，即单位时间内热流体向冷流体传递的热量，与热流体发出的热量 Q_1、冷流体吸收的热量 Q_2 相等，即

$$Q_0 = Q_1 = Q_2 \tag{2.12}$$

换热器的热负荷计算分流体无相变和流体有相变两种情况。

（1）流体无相变时，热负荷计算公式为

$$Q_0 = G_1 c_{p1}(T_1 - T_2) = G_2 c_{p2}(t_2 - t_1) \tag{2.13}$$

式中　Q_0——热负荷，J/s；

G_1、G_2——热、冷流体质量流量，kg/s；

c_{p1}、c_{p2}——热、冷流体平均定压比热容，J/(kg·℃)；

T_1、T_2——热流体进、出口温度，℃；

t_1、t_2——冷流体进、出口温度，℃。

（2）流体有相变时。若换热器一侧有相变（如热流体饱和冷凝），冷流体无相变，则

$$Q_0 = G_1 r = G_2 c_{p2}(t_2 - t_1) \tag{2.14}$$

若要求热流体冷凝并冷却到低于饱和温度 T_2，则式（2.14）可表示为

$$Q_0 = G_1 [r + c_{p1}(T_s - T_2)] = G_2 c_{p2}(t_2 - t_1) \tag{2.15}$$

式中　r——饱和蒸汽的冷凝潜热，kJ/kg；

T_s——饱和蒸汽温度，℃。

2. 传热的基本方程

间壁传热通常为热传导、热对流及热辐射中的两种或三种的组合，在稳定状态且传热系数受温度影响不大时，类比归纳三种传热方式的基本定理的方程，传热速率与传热面积和冷、热流体的平均温度差成正比，将比例系数定为总传热系数 K，可得

$$Q = KA\Delta t_m \tag{2.16}$$

式中　Q——传热速率，W；

K——总传热系数，W/(m²·K)；

A——传热面积，m²；

Δt_m——冷、热流体的平均温度差。

式（2.16）称为传热速率的基本方程，它还可以用传热推动力除以传热阻力的形式来表示，即

$$Q = \frac{传热推动力（温度差）}{传热阻力（总热阻）} = \frac{\Delta t_m}{R} \tag{2.17}$$

其中

$$R = \frac{1}{KA}$$

式中　R——总热阻，℃/W。

冷、热流体的温度差即为传热推动力，这一点简单直观，总传热速率 Q 很大程

度上受热阻的影响，所以提高传热速率的关键在于设法减小总热阻。因此，了解各种情况下总热阻的意义和取值至关重要。

2.3.1.5 换热器

换热器又称热交换器，是用来实现冷、热流体之间的热量传递，以满足规定的工艺要求的装置。换热器广泛应用于能源动力、机械、化工、石油、环境工程等众多领域，是各种工业部门最常见的通用热工设备。根据工作原理的差异，换热器通常分为回热式、混合式、热管式和间壁式四类。间壁式换热器是工程上使用得最为广泛的换热器，它是用壁面将冷、热流体隔开使之位于壁面两侧，通过冷、热流体的热对流和壁面的热传导这种复合传热实现热量传递。间壁式换热器的主要形式包括套管式、壳管式、交叉流式、板式和螺旋板式等。

（1）套管式换热器。套管式换热器是最简单的间壁式换热器形式之一，如图2.16所示，由两根同心圆管组成，冷、热流体分别在内、外管中流动。套管式换热器常用于流体流量或传热量不大的地方。

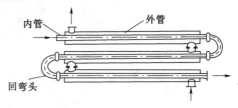

图2.16 套管式换热器

（2）壳管式换热器。壳管式换热器是间壁式换热器的一种主要形式，如图2.17所示，其传热面由铜管束组成，管子两端固定在管板上，铜管束与管板再封装在外壳内，外壳两端有封头。在壳体两端封头内加装必要数目的隔板构成多管程结构，可提高流体流速。由于湍流状态的流体比层流状态的流体传热效果好，因此常在外壳内装上折流板，可以加强壳程的传热，还可以支撑管壁。

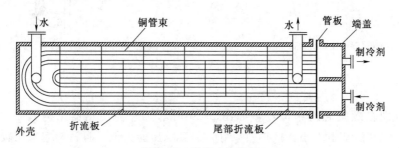

图2.17 壳管式换热器

（3）交叉流式换热器。按照换热表面结构不同，交叉流式换热器可分为管束式换热器、板翅式换热器和管翅式换热器，如图2.18所示。当换热器单位体积内所包含的换热面积（换热器紧凑程度）大于 $700\text{m}^2/\text{m}^3$ 时，可称为紧凑式换热器，如广泛应用于低温工程的板翅式换热器。

（4）板式换热器。如图2.19所示，板式换热器是由一组形状大小相同且相互平行的薄平板叠加而成，平板角上有流体的通道孔，两相邻平板间用特制的密封垫圈隔起来，形成冷、热流体间隔流动的通道。工程中常在平板上加工一些花纹以强化传热和增加平板刚度。平板式换热器易拆洗，适用于易结垢流体间的换热。

（5）螺旋板式换热器。螺旋板式换热器由两张平行的金属薄板卷制而成，冷、

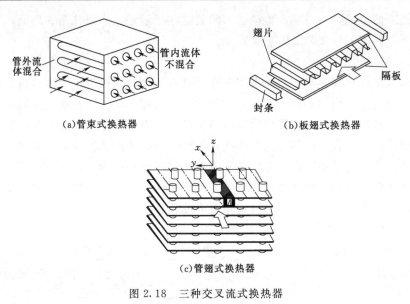

图2.18　三种交叉流式换热器

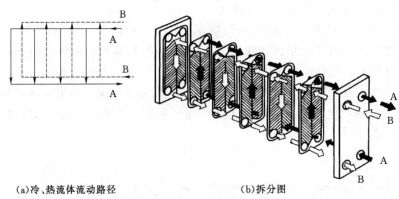

图2.19　板式换热器

A—冷流体；B—热流体

热流体分别在螺旋通道中流动，如图2.20所示。这种换热器结构紧凑（可达到100m²/m³），流动阻力小，换热效果好，但其承压能力低，且密封起来比较困难。

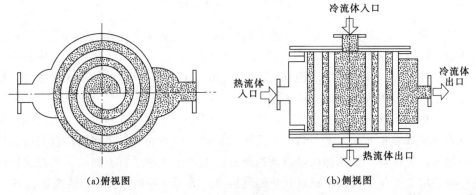

图2.20　螺旋板式换热器

2.3.1.6 强化传热

强化传热的主要任务是改善和提高传热速率，使设备紧凑、重量轻，还可以节省材料、节约能源。某些情况下则是为了控制设备零件的温度，使之安全运行。

根据传热的基本方程（$Q = KA\Delta t$）可以分析影响传热的各种因素，即欲增加 Q，可以通过增加传热面积 A、传热温度差 Δt 或总传热系数 K 三种方式实现。

（1）增加传热面积 A。增加传热面积是增强传热量的有效手段。值得注意的是，增大传热面积并不是通过加大设备的尺寸来实现，而是要考虑设备的结构，具体可通过以下途径：采用合适的内、外导流筒，最大限度地消除壳管式换热器管板处的传热不活跃区；热传递面采用扩展表面，比如在对流传热系数较小一侧的热传递表面附加翅面、筋片等；提高原有热传递表面，比如将表面处理成憎水性的覆盖层、多孔性的覆盖层等；采用螺旋式、波纹式、板式或其他异形管等新型换热器。

（2）增加传热温度差 Δt。在换热器中，冷、热流体的流动方式有顺流、逆流、交叉流和混合流四种。在冷、热流体进、出温度相同时，逆流的平均温度差最大，顺流时温度差最小，因此，增加传热量应尽可能采用逆流或接近于逆流的布置；或者可以增加冷、热流体进、出口温度差，但这样做只能增加有限的平均温度差，且会造成很大的损失。

（3）增加总传热系数 K。提高总传热系数 K 是目前强化传热的重点。当传热面为平壁时，总传热系数公式可以表示为 $\dfrac{1}{K} = \dfrac{1}{\alpha_1} + \dfrac{\delta}{\lambda} + \dfrac{1}{\alpha_2}$，其中 α_1、α_2 为冷、热流体与管壁之间的对流换热系数，δ 为换热管的厚度，λ 为换热管的导热系数。当 α_1 和 α_2 大小相当时，K 值接近 $\dfrac{\alpha_1}{2}$ 或 $\dfrac{\alpha_2}{2}$。例如水-水型、气-气型换热器，在此情况下，为有效强化传热，必须同时提高表面两侧传热系数；而当 α_1 和 α_2 大小相差悬殊时，K 值将比 α_1 和 α_2 中的最小的一个还小，K 值主要由 α_1 和 α_2 中的较小者决定。因此强化传热的有效措施是提高较小的一侧。例如气-水型换热器，应在气侧加装肋片。

若换热设备为金属壁，大多情况下可以忽略其导热热阻，但在运行中，当壁上生成污垢后，由于污垢的热导率很小，即使厚度不大，对传热过程也十分不利。

此外，强化传热技术通常分为主动式和被动式，主动式强化传热需要消耗外部能量，如采用电场、磁场、光照射、搅拌、喷射等手段；被动式强化传热则不需要消耗外部能量，是换热器强化传热采用的主要方法，如传热管的表面处理、传热管的形状变化、管内加入插入物等。

2.3.2 储热基本概念

2.3.2.1 显热

显热指当此热能变化时会导致物质温度的变化，而不发生相变的情况，即物体不发生化学变化或相变时，温度升高或降低所需要的热能称为显热。显热为物质的摩尔量、摩尔热容和温度差三者的乘积。

2.3.2.2　潜热

潜热是相变潜热的简称，指单位质量的物质在等温、等压情况下，从一个相变化到另一个相所吸收或放出的热量。这是物体在固、液、气三相之间以及不同的固相之间相互转变时具有的特点之一。固、液之间的潜热称为熔解热（或凝固热），液、气之间的潜热称为汽化热（或凝结热），固、气之间的潜热称为升华热（或凝华热）。

2.3.2.3　化学反应热

化学反应热是指当一个化学反应在恒压以及不做非膨胀功的情况下发生后，若使生成物的温度回到反应物的起始温度，这时反应体系所放出或吸收的热能称为化学反应热。即反应体系在等温、等压过程中发生物理或化学的变化时所放出或吸收的热能称为化学反应热。化学反应热有多种形式，如生成热、燃烧热、中和热等。化学反应热是重要的热力学数据，通常通过实验测定，所用的主要仪器称为"量热计"。

2.3.2.4　储热容量

储热容量表征材料单位质量或体积可储存热能的多少：显热储热材料的储热容量与比热容成正比，利用储能密度（即比热容与密度的乘积 $C_p \cdot \rho$）表示，单位为 $J/(m^3 \cdot K)$；潜热储热材料的储热容量即为相变材料发生相变时吸收的热量，单位为 J/g。

2.3.2.5　储热材料

储热材料是储热系统使用的储热媒介，根据储存热能的形式不同，分为显热储热材料、相变储热材料和化学反应热储热材料。

2.4　储热基本方式与材料

2.4.1　显热储热与常用材料

2.4.1.1　显热储热的一般原理

众所周知，每一种物质都具有一定的比热容。在物质形态不变的情况下，随着温度的变化，物质会吸收或放出热量。显热储热就是利用物质因温度变化而吸收或放出热能的性质来实现储热的目的。它是各种储热方式中原理最简单、材料来源最丰富、成本最低廉、技术最成熟的一种，因此成为实际应用很普遍的一种储能方式。

一般情况下，物体体积元 dV 在温度升高（或降低）时所吸收（或放出）的热量 dQ 可表示为

$$dQ = \rho(T, \vec{r})dV \cdot c(T)dT \qquad (2.18)$$

式中　$\rho(T, \vec{r})$ ——物质的密度，一般来说是温度 T 和位置坐标 $\vec{r}$ 的函数，kg/m^3；

$c(T)$ ——物质的比热容，一般来说是温度的函数，$J/(kg \cdot ℃)$；

$\vec{r}$ ——位置坐标，m；

V ——物质的体积，m^3。

当使用的显热储热材料大多是各向同性的均匀介质，且范围多在中、温区域时，ρ 和 c 可以视作常量，式（2.18）可转化为

$$\mathrm{d}Q = \mathrm{d}m \cdot c\mathrm{d}T \qquad (2.19)$$

其中

$$\mathrm{d}m = \rho\mathrm{d}V$$

式中　m ——物质的质量。

对质量为 m 的物体，温度变化为 $T_2 - T_1$ 时的显热计算公式为

$$Q = \int_{T_1}^{T_2} mc\,\mathrm{d}T = mc(T_2 - T_1) \qquad (2.20)$$

E2.6
显热储热
原理

2.4.1.2　显热储热材料选择

显热储热体的储热量与其质量、比热容的乘积成正比，与其所经历的温度变化值成正比。但是一般情况下，可利用的温度差与所使用的储热材料无关，而大多由系统确定。因此，显热储热所选材料的比热容和密度两者的乘积（即容积比热容）常常被视为评定储热材料性能的重要参数。常用显热储热材料的物理性质见表 2.3。

表 2.3　　　　　　　　　常用显热储热材料的物理性质

储热材料	密度 ρ /(kg·m^{-3})	比热容 c /(kJ·kg^{-1}·℃$^{-1}$)	容积比热容 ρc /(kJ·m^{-3}·℃$^{-1}$)	导热系数 λ /(W·m^{-1}·℃$^{-1}$)	备注
水	1000	4.18	4180	2.1	
防冻液（35%乙二醇水溶液）	1058	3.60	3810	0.19	
砾石	1850	0.92	1700	1.2~1.3	干燥
沙子	1500	0.92	1380	1.1~1.2	干燥
土	1300	0.92	1200	1.9	干燥
土	1100	1.38	1520	4.6	湿润
混凝土块	2200	0.84	1840	2.9	空心块
砖	1800	0.84	1340	2.0	
陶器	2300	0.84	1920	3.2	瓦
玻璃	2500	0.75	1880	2.8	透明盖板
铁	7800	0.46	3590	170	
铝	2700	0.96	2420	810	
松木	530	1.25	665	0.89	
硬纤维板	500	1.26	628	0.33	
塑料	1200	1.26	1510	0.84	
纸	1000	0.84	837	0.42	

注　摘自《太阳能热利用》，何梓年编著，中国科学技术大学出版社，2009 年。

选择储热材料时，需要综合考虑材料比热容、黏度、密度、毒性、腐蚀性、热稳定性及经济性等因素。对于不同材料，选择材料时优先选择比热容大的材料。由于气体的比热容过小，储能密度小，一般不会选做显热储热的材料，因此，通常的选择都是液体和固体储热材料。另外，在需要储热材料流动的储热系统中，黏度大的液体材料在输送过程中会消耗过多能量，需要的输送管径也大，无疑会增加运行成本和设备投资；而密度大的储热材料由于储存介质容积小、设备紧凑，可以降低成本。

目前公认的两种最佳液体和固体显热储热材料是：在中、低温度（特别是热水、采暖及空调系统适用的温度）范围内，液体材料中以水的性能最佳，表 2.3 中水的比热容最大，容积比热也最大，而且在实际应用中甚至能达到 4.2kJ/(kg·℃)；固体材料则首选沙子、砾石等材料，因为这些材料不仅比热容较大，来源丰富，价格低廉，而且都无毒性和腐蚀性，热稳定性也强。

2.4.1.3　显热储热的缺点

1. 效率低

利用显热储热技术得到的温度较低，通常低于 150℃，一般来说仅适用于取暖，其转换成机械能、电能或其他形式的能量的效率不高，并受到热动力学基本定律的限制。并且，显热储热系统规模较小，比较分散，难以高效地提供热量。

2. 热流不稳定且容易损失

由于显热储热材料是依靠储热材料温度变化来进行热量储存的，放热过程不能保持恒温，输入和输出热量时温度变化范围较大，因此难以满足储器具恒温和恒定的热流需求，比如，用这种方法为住宅供暖，因为室内温度变化范围比较大，人们很容易感到不舒服。解决的方法往往是添置调节和控制装置，但这样会增加系统运行的复杂程度，也提高了系统的成本。

另外，显热储热材料与周围环境存在温度差，容易造成热能损失，热能不能长期储存，难以长时间、大容量地储存热能。这就要求储热系统的隔热措施具有非常高的性能，不仅需要使用隔热性能良好的材料，还要增大隔热材料的使用厚度，这将导致储热系统成本增加。

3. 成本较高

为使储热设备具有较高的储热能力，要求储热材料有较高的密度和比热容。从表 2.3 中可以知道，常用的两类储热材料的比热容都不是非常大。在实际应用中，常用的固体材料比热容仅为 0.4～0.8kJ/(kg·℃)，无机材料为 0.8kJ/(kg·℃)，有机材料为 1.3～1.7kJ/(kg·℃)。由于密度和比热容的限制，一般所选择的显热储热材料的储能密度普遍较小，为了能够储存相当数量的热能，所需要的储热材料的质量和体积都比较大，因而所用储热器的体积也比较大，所需隔热材料也会增加。一方面，由于储热装置体积庞大，无疑会增加储热系统的设计难度，给安装带来极大不便，特别是在城市里或者人口比较密集的地区，或者在旧建筑区，将面临技术和成本的巨大挑战；另一方面，即使储热材料本身的价格比较低廉，但对于整个储热系统而言，大量的储热材料需求自然会提高成本，经济性究竟如何，还需要进行综合考虑。

2.4.1.4　液体显热储热的常用材料

利用液体材料（特别是水）因温度变化而产生的显热来储存热能，是各种显热储热方式中理论和技术都非常成熟、推广和应用都非常普遍的一种材料。一般除了要求液体显热储热材料具有较高的比热容外，还要有较低的蒸汽压和较高的沸点，前者是为了减少对储热器具产生的压力，后者是为了避免发生相变（变为气态）。表 2.4 列出了除了水以外的主要液体显热储热材料的使用温度范围。

表 2.4　　　　　　　主要液体显热储热材料的使用温度范围（除水之外）

材料	类型	温度范围/℃	比热容/(J·kg^{-1}·K^{-1})	备　注
CaloriaHT43	油	−9～310	2500	需要无氧化气氛，高温时有和非溶解聚合体聚合的可能，Therminol55 在大于 288℃时，由于过度挥发会使质量减少
Therminol55	油	−18～316	2500	
Therminol66	油	−9～343		550℃以上长时间的稳定性尚不清楚，450℃以上需要 SUS 容器，需要惰性气氛
Hitec	熔融岩	205～540	1560	
Drawsalt	熔融岩	260～550	1560	
Na	液体金属	125～760	1300	需要 SUS 等容器，密闭系统，与水、氧等有激烈反应
CaloriaHT43	液体金属	49～760	1050	

注　摘自《储能材料与技术》，樊栓狮，梁德青，杨向阳等编著，化学工业出版社，2004 年。

1. 液体储热材料的典型代表——水

水储热时将水加热到一定的温度，使热能以显热的形式储存在水中，当需要时再通过热交换将其释放出来或直接作为热水供人们使用。作为液体显热储存材料的代表，水以其独有的众多优点成为最为常用的显热储热方式。其优点如下：

（1）普遍存在，来源丰富，价格低廉。

（2）人们对水十分了解，其物理、化学以及热力性质很稳定，使用技术最成熟。

（3）汽化温度较高，适合平板集热器的温度范围。

（4）可以同时作为传热介质和储热介质，在储热系统内可以免除热交换器。

（5）在低温液态显热储热材料中，水的比热最大，单位储热量所要求的容积要比其他储热材料小得多。

（6）传热及流体特性好，常用的液体中，水的容积比热最大、热膨胀系数以及黏滞性都比较小，适合于自然对流和强制循环。

水也具有如下缺点：

（1）在储水容器中可能产生藻、真菌和其他污染物。

（2）凝固（即结冰）时体积会膨胀（达到 10%左右），易对容器和管道结构造成破坏。

（3）作为一种电解腐蚀性物质，所产生的氧气易造成锈蚀，且对大部分气体（特别是氧气）来说都是溶剂，因而易对容器和管道产生腐蚀。

（4）在高温下，水的蒸汽压随着绝对温度的升高呈指数增大，所以用水储热时，温度和压力都不能超过其临界点（347℃，2.2×10^7 Pa）。

综合来看，水是既方便又便宜的良好储热材料。选用水作为储热材料时，要求储热容器的外表面热传导、对流和辐射的损失最少，一定体积下，要求容器的表面积最小，因此，往往将容器制作成正圆柱形和球形。可以选用不锈钢钢筋水泥、铜、铝合金及塑料等各种材料制作储水容器，只需要注意所选材料的防腐蚀性和耐久性即可，避免水漏损。

一般来说，水的储热温度为 40～130℃。根据使用场合不同，对于生活用水，储热温度为 40～70℃，可以直接提供使用。对于开水，储热温度可达 100℃。对于末端为风机盘管的空调系统，一般储热温度为 90～95℃。1m³、$\Delta T = 50$℃ 的水所储存的热能约相当于相同体积的石蜡相变储热材料的潜热储热量（1m³ 的水温升50℃，其显热储热量为 5 万 kcal，1m³ 石蜡的潜热储热量为 4.88 万 kcal）。

地下含水层储热在近 20 年中受到了广泛的关注，它被认为是具有潜力的大规模跨季度储热方案之一，可应用于区域供热和区域供冷。采用地下含水层储热不仅简单有效，投资低廉，而且还可以储存冬季的冷能供夏季使用，储存夏季的热能供冬季使用，储热温度可达 150～200℃，能量回收率可达 70%，同时还可以降低储能系统的运行费用。

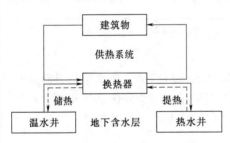

图 2.21　双井储热系统原理示意图
（供热系统）

地下含水层储热是通过井孔将温度低于含水层原有温度的冷水或高于含水层原有温度的热水灌入地下含水层，利用含水层作为储热介质来储存冷能或热能，待需要使用时用水泵抽取使用。图 2.21 为双井储热系统原理，储热时，温水井的水被抽出，经换热器内供热系统的水加热后，灌入热水井储存；提热时，热水井的水被抽出，经换热器加热供热系统的水，冷却后灌入温水井。如果用于供冷系统，则按与供热系统相反的方向运行。

另外还有一种单井储热系统，它是在冬季把净化过的水经过冷却塔冷却后，用回灌送水泵灌入深井中，到夏季时再用泵把冷水抽出，供空调降温系统使用。当然，也可以在夏季灌入热水，储存到冬季再提出使用，这种做法俗称"夏灌冬用"。

地下含水层储热利用的热源主要有太阳能、地热、生物质能以及工业生产过程中产生的废热等，可用于办公室、医院、机场等大型建筑物，也可用于工业生产中用于干燥、农业中用于暖房加热等。目前，上海、北京等城市正在试验或应用地下含水层储冷技术，已经取得了不同程度的效果。在荷兰、瑞典，地下含水层储热技术的应用每年以 25% 的速度增长；在加拿大、德国，已有大量的应用实例表明地下含水层储存 10~40℃的热能是成功的。

2. 其他液体储热材料

如果需要在较高温度下储存热量，则水不再适合做储存介质。因为水在一个大气压的常压下的沸点温度只有 100℃，如要让水升温到 150~200℃而不沸腾汽化，就要维持 0.5~1.6MPa 的压力，需要采用承压较高的容器。就成本而言，储热温度为300℃时的成本比储热温度为 200℃时高出 2.75 倍，在经济上明显不划算。因此，应采用其他一些能在 100℃以上用作储热材料而又不用加压的液体材料，比如一些有机化合物，其密度和比热容虽然比水小且易燃，但不需要加压的储热温度可以比较高，并且单位体积可以储存较大的热能。一些比热容较大的普通有机液体显热储热材料的物理性质见表 2.5。由于这些液体是易燃的，使用时必须有专门的防火措施。此外，针对黏度较大的有机液体，还需要加大管道和循环泵的尺寸。

表 2.5　　　　　　　普通有机液体显热储热材料的物理性质

液体储热材料	20~25℃的密度 /(kg·m^{-3})	20~25℃的比热容 /(kJ·kg^{-1}·℃$^{-1}$)	常压沸点 /℃
乙醇	790	2.4	78
丙醇	800	2.5	97
丁醇	809	2.4	118
异丙醇	831	2.2	148
异丁醇	808	3.0	100
辛烷	704	2.4	126

注　摘自《太阳能热利用》，何梓年编著，中国科学技术大学出版社，2009 年。

液态显热储热材料同时也可作为换热流体，实现热量的储存与运输。这类材料还包括导热油、液体金属、熔融盐等物质。1982 年在美国加利福尼亚州建成的首个大规模太阳能热试验电站 Solar One，其使用的储热材料就是导热油，但是导热油价格较高、易燃、蒸汽压大。

特殊的液体储热材料包括液体金属等。例如表 2.4 中提到的 Na 等液体金属，虽然在使用上还有着一定的困难，但与其他物质相比，其温度传导率更高，热能的输入、输出随动性好。

熔融盐体系价格适中、温域范围广，能够满足中、高温储热领域的高温高压操作条件，且无毒、不易燃，尤其是多元混合熔融盐，黏度、蒸汽压较低，是中、高温液体显热储热材料的研究热点。尽管熔融盐作为液态显热储热材料能够实现对流换热，大大提高了储热、换热效率，但是熔融盐通常凝固点较高，作为换热流体应用时操作温度不易控制，且易结晶析出。此外，熔融盐液相腐蚀性较强，对管道循环输送设备材料要求较高。目前，它多用于太阳能发电站储热。

2.4.1.5　固体显热储热的常用材料

1. 固体显热储热的优缺点

虽然液体显热储热具有许多优点，但也存在一些不足之处。例如，为了防止水对普通金属的锈蚀作用，需采用不锈钢等特殊材料来制作容器，造价比较高。固体显热储热的主要优点如下：

（1）在中、高温下利用岩石等储热不需加压，对容器的耐压性能没有特殊要求。

（2）以空气作为传热介质，不会产生锈蚀。

（3）储热和取热时只需利用风机分别吹入热空气和冷空气，因此管路系统比较简单。

固体显热储热的主要不足之处如下：

（1）固体本身不便输送，因此必须另外使用传热介质，一般使用空气。

（2）储热和取热时的气流方向恰好相反，故无法同时兼作储热和取热之用。

（3）较液体显热储热来说，储能密度小，所需使用的容器体积大。

2. 岩石储热

岩石、砂石等固体材料是除水以外应用最广的储热材料。一般固体材料的密度都比水大，但考虑到固体材料的热容量小，并且固体颗粒之间存在空隙，所以以质量计，固体材料的储能密度只有水的 1/4～1/10。尽管如此，岩石的优点是它不像水那样存在漏损问题，并且比较丰富，易于取得，也不会产生锈蚀，在岩石、砂石等固体材料资源比较丰富而水资源又很匮乏的地区，利用岩石、砂石等固体材料进行显热储热不仅成本低廉，也比较方便。简单的计算表明，虽然岩石的比热容只有水的 1/4，但密度大约是水的 2.5 倍。在体积相同时，它的储热能力是水的一半多一点，在夏季将 $1km^3$ 的岩石晒热到 60℃，其储存的热能相当于 300 万 t 标准煤的热值，可供一个大城市冬季取暖使用。

固体显热储热通常与太阳能空气集热器配合使用，由于岩石、砂石等颗粒之间导热性能不良而容易引起温度分层，这种利用岩石固体显热储热的方式通常适用于空气供暖系统。图 2.22 是利用砾石床储热的建筑实例，空气是传热介质。集热器装在建筑物旁的斜坡上，砾石床储热器则设置在地板下面。空气在集热器中被加热后密度变小，向上流入砾石床，放出热量后又回到集热器。系统依靠热虹吸效应形成循环，无需风机，不耗费电力。

通常也将岩石破碎成砾石，或用卵石充填在堆积床换热器中，这种接触式换热器具有较高的换热效率。图 2.23 为岩石堆积床换热器工作原理。

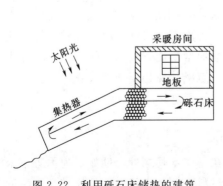

图 2.22　利用砾石床储热的建筑

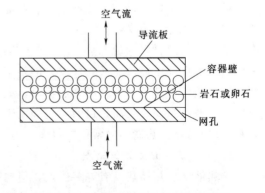

图 2.23　岩石堆积床换热器工作原理

在换热器的入口和出口装有导流板，使换热流体能够沿流动截面均匀流动，岩石放置在网状搁板上。岩石的大小对换热器和流动有很大影响，岩石直径越小，则换热面积越大，且温度梯度越小，对换热有利，但是直径太小又会增加换热流体流动阻力。通常砾石直径以 1～5cm 为宜，且大小基本均匀。

3. 中、高温固体显热储热材料

高温混凝土以及浇筑陶瓷材料来源广泛，适宜用作固态显热储热材料，在应用中通常以填充颗粒床层的形式与流体进行换热。高温混凝土中多使用矿渣水泥，其成本较低、强度高、易于加工成型，已应用在太阳能热发电等领域，但其导热系数不高，通常需要添加高导热性的组分（如石墨粉等），或者通过优化储热系统的结构设计来增强传热性能。浇筑陶瓷多采用硅铝酸盐铸造成型，所制备材料在比热容、热稳定性及导热性能等方面都优于高温混凝土，但其应用成本相对较高。中、高温固态显热储热材料的缺点包括储热密度低、放热过程很难实现恒温、设备体积庞大等。

作为高温显热储热材料，无机氧化物具有一系列独特的优点：

（1）高温时蒸汽压很低。

（2）不和其他物质发生反应。

（3）廉价易得。

但无机氧化物的比热容和热导率都比较低，使得储热系统和换热设备变得庞大和复杂。若把储热材料做成颗粒状，增大接触换热面积，将有助于储热、换热设备变得紧凑。

可考虑的高温显热储热材料还有花岗岩、铁（Fe）、氧化镁（MgO）、氧化铝（Al_2O_3）及二氧化硅（SiO_2）等。一些固体显热储热材料的物理性质见表 2.6。这些材料的平均热容量虽然不及液体储热材料，但是单位体积储存的热量并不算少，特别是花岗岩（且其价格最为便宜）。氧化镁和氧化铝都有较高的热容量，而从导热和费用上看，氧化镁更好一些。

表 2.6 一些固体显热储热材料的物理性质

固体储热材料	50～100℃的密度 /(kg·m⁻³)	50～100℃的比热容 /(kJ·kg⁻¹·℃⁻¹)	50～100℃的容积比热容 /(kJ·m⁻³·℃⁻¹)
铝	2700	0.88	2376
硫酸铝	2710	0.75	2031
氧化铝	3900	0.84	3276
砖	1698	0.84	1426
氯化钙	2510	0.67	1682
干土	1698	0.84	1426
氧化镁	3570	0.96	3427
氯化钾	1980	0.67	1327
硫酸钾	2660	0.92	2447

续表

固体储热材料	50~100℃的密度 /(kg·m⁻³)	50~100℃的比热容 /(kJ·kg⁻¹·℃⁻¹)	50~100℃的容积比热容 /(kJ·m⁻³·℃⁻¹)
碳酸钠	2510	1.09	2736
氯化钠	2170	0.92	199
硫酸钠	2700	0.92	2484
铸铁	7754	0.46	3567
河卵石	2245~2566	0.71~0.92	1594~2361

注　摘自《太阳能热利用技术》，邵理堂，刘学东，孟春站主编，江苏大学出版社，2014 年。

为克服固体储热材料储能密度小的缺点，可将液体储热和固体储热结合，比如将岩石堆积床中的岩石改为由大量灌满了水的玻璃瓶罐堆积而成，这种储热方式兼备了水和岩石的储热优点，相比单纯的岩石堆积床提高了容积储热密度。

2.4.2　相变储热与常用材料

2.4.2.1　相变储热的基本原理

E2.7
相变储热
原理

物质从一种状态变到另一种状态叫做相变。物质的相变形式通常有固-气相变、液-气相变、固-固相变和固-液相变，其中固-固相变是指从一种结晶形式转变为另一种结晶形式。相变过程中伴随能量的吸收或释放，这部分能量称为相变潜热。相变潜热一般比较大，不同物质的相变潜热差别也比较大，利用相变储热材料潜热大的特点，可以将物质升温过程吸收的相变潜热和吸收的显热一起存储起来加以利用。

因此，相变储热技术的基本原理是：将物质在等温相变过程中释放的相变潜热通过盛装相变储热材料的容器将能量储存起来，待需要时再把热（冷）能通过一定的方式释放出来供需求者使用。

E2.8
汗蒸房的
加水升温
原理

相变储热材料作为介质，其储存的潜热大小等于质量为 m 的物体在相变时吸收（或放出）的热量 $Q_{热}$，即

$$Q_{热} = m a_m \Delta h \tag{2.21}$$

式中　a_m——熔融百分比；

　　　Δh——单位熔融热，J/kg。

相变储热材料由 T_i 加热到 T_f 时，若中间经过相变温度点（熔点）T_m，则相变储热材料储热量将由低温 T_i 到相变温度点 T_m、T_m 到高温 T_f 时的显热，以及达到 T_m 时所释放（或吸收）的潜热三部分热量之和组成。潜热储存系统的储热能力的计算公式为

$$Q_{热} = \int_{T_i}^{T_m} m c_p \mathrm{d}T + m a_m \Delta h + \int_{T_m}^{T_f} m c_p \mathrm{d}T \tag{2.22}$$

$$Q_{热} = m[c_{sp}(T_m - T_i) + a_m \Delta h + c_{lp}(T_f - T_m)] \tag{2.23}$$

式中　T_m——熔点，℃；

　　　T_i——最初温度，℃；

T_f ——最终温度，℃；

m ——储热介质质量，kg；

c_p ——比热容，J/(kg·K)；

c_{sp} —— $T_i \sim T_m$ 的平均比热容，kJ/(kg·K)；

c_{lp} —— $T_m \sim T_f$ 的平均比热容，kJ/(kg·K)；

a_m ——熔融百分比；

Δh ——单位熔融热，J/kg。

相变储热材料有多种分类方式，根据其相变形式和相变过程，可分为固-气相变储热材料、液-气相变储热材料、固-固相变储热材料及固-液相变储热材料四类，见表 2.7。目前，固-液相变储热材料是相变储热材料中研究最多和应用最广的一类材料，主要包括结晶水合盐类、熔盐类、金属合金、高级脂肪烃、脂肪酸以及有机高分子合成材料等，种类繁多、性能各异。固-固相变储热材料主要包括多元醇、高密度聚乙烯以及层状钙钛矿等。固-气相变储热材料、液-气相变储热材料具有相变潜热高的特性，但气体体积变化也很大，不便封装保存，经济实用性差，目前在储热实际应用中比较少。

表 2.7　　　　　相变储热材料按照相变形式和相变过程的分类

分　类	优点	缺点	解决方案
固-气相变储热材料	相变潜热大	有气体存在，体积变化大	控制体积变化
液-气相变储热材料			
固-固相变储热材料	相变可逆性好，不存在过冷和相分离现象	相变潜热较低，导热系数低，价格高	将两种多元醇按不同比例混合，降低相变温度
固-液相变储热材料	高储能密度	存在过冷和相分离现象，易泄漏	添加成核剂、增稠剂（甲纤维素），微胶囊封装

此外，按其物理属性可将相变储热材料分为无机盐相变储热材料、有机小分子相变储热材料和高分子相变储热材料。其中无机盐相变储热材料主要包括：结晶水合盐类、熔融盐类、金属或合金类等；醇类、芳香烃类、酰胺类等；高分子类有聚烯烃类、聚多元醇类、聚烯酸类、聚酰胺类、聚烯醇类等。根据相变温度范围，相变储热材料又分为高温相变储热材料、中温相变储热材料和低温相变储热材料。其中低温相变储热材料的相变温度为 $-20 \sim 200$℃，中温相变储热材料的相变温度为 $200 \sim 500$℃，高温相变储热材料的相变温度为 $500 \sim 2300$℃。

2.4.2.2　相变储热的特点

相变储热过程是通过相变储热材料来实现的，因此，相变储热材料是相变储热技术的基础；相变储热具有以下一些特点。

1. 储能密度高

相变储热利用物质在相态变化时单位质量（体积）相变储热量大的特点把热能储存起来加以利用。因此，相变储热具有储能密度高的显著优点，比一般显热储热

E2.9
水的显热
与潜热
对比

材料储热多。

物质在相变时所吸收（或放出）的潜热为数百至数千千焦每千克，例如，常见水的比热容仅为 4.2kJ/(kg·℃)，而冰融化时的潜热可达 335kJ/kg。在低温范围内，目前常用的相变储热材料的溶解热大多为几百千焦每千克的数量级。所以，若要储存相同的热量，所需的相变储热材料的质量往往仅为水的 1/4～1/3 或岩石的 1/20～1/5，而所需相变储热材料的体积仅为水的 1/5～1/4 或岩石的 1/10～1/5。

表 2.8 对相变储热材料与显热储热材料进行了比较，假设其储热量均为 106kJ。

表 2.8　　　相变储热材料与显热储热材料的比较（储热量均为 106kJ）

材　　料	显热储热材料		相变储热材料
	水	岩石	
比热容/(J·kg⁻¹·K⁻¹)	4.2	0.84	2.1
相变潜热/(kJ·kg⁻¹)	—	—	230
密度/(kg·m⁻³)	1000	2260	1600
质量/kg	14000	75000	4350
体积/m³	14	33	3.7

2. 温度恒定

物质在等温或者近似等温条件下发生相变，因此，在储热和放热过程中温度和热流基本恒定。

一般的相变储热材料在储热或者放热时的温度波动幅度仅为 2～3℃，只有像石蜡这样的有机化合物类，储热和放热的温度变化范围才比较大，为十几摄氏度。因此，只要选取合适的相变储热材料，其相变温度可与供热对象的要求基本一致，系统中除了调节热流量的装置以外，几乎不需要其他的温度调节或调控系统。这样不仅使设计和施工大为简化，也能够降低不少成本。

当然，相变储热也存在以下不可避免的缺点：

（1）当系统温度在熔点附近时，相变储热材料往往以固、液两相存在，不宜泵送，故相变储热材料通常不能兼做传热介质。因此，收集、储存和释放热量过程中，一般都要两个独立的流体循环回路。

（2）相变储热材料往往不可能同时具有较大的热扩散系数和比热容，因为材料热导系数 k、扩散系数 a 和定压比热容 c_p 之间的关系为

$$a = \frac{k}{c_p \rho} \tag{2.24}$$

对于相变储热材料来说，除要求其具有尽量大的热溶解潜热外，还希望有尽可能大的比热容。然而，同时符合这两项要求的典型相变储热材料一般都只具有较低的热导系数和扩散系数，所以，通常需要设计和制作特殊的热交换器，从而导致系统更加昂贵。

3. 成本高

换热流体不能与相变储热材料直接接触，因此，必须通过耐相变储热材料腐蚀的换热器来实现储、放热量，因此成本高。

（1）为了保证相变储热材料的凝固缩率（也即放热缩率）与取热速率协调一致，通常也需要对换热器进行特殊设计。

（2）对于分别用于供暖和空调的系统来说，两者的最佳放热温度并不相同，故一般需要采用两种不同的相变储热材料和两个分开的储热容器。此外，如果相变储热材料的储热和放热温度与环境温度之间差别较大，则还需对储热容器采取特殊的保温措施。

（3）相变储热材料（特别是无机盐水合物）常会发生过冷现象以及晶液分离现象，所需添加的成核剂和增稠剂在经过多次热力循环后可能受到破坏，相变储热材料对容器壁面的长期腐蚀会产生杂质……这些都为系统的正常运行带来了各种问题，要求给予特殊考虑。目前，通常用于相变储热的装置可分为胶囊型和管壳型两种结构，其典型结构如图 2.24 所示。

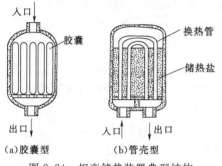

图 2.24　相变储热装置典型结构

（a）胶囊型　（b）管壳型

入口　胶囊　出口　*换热管　储热盐　入口　出口*

2.4.2.3　常用相变储热材料

相变储热材料发生相变时伴随着潜热的储存和释放，是热能储存的直接介质，因此，所选材料各方面性能的优劣将直接影响储热系统储热量的多少和储热、放热效率的高低。主要有无机类、有机类和混合类相变储热材料。

2.4.3　化学反应储热与可供选择的化学反应

2.4.3.1　化学反应储热的一般原理

化学储热技术因其具有储能密度高的显著优点，近年来得到了广泛关注。显热储热和相变储热都要求绝热保温，但要做到完全绝热相当困难；而且绝热性能随时间下降，储存的热量会逐渐散失，难以做到长时间储热。如果储热温度要求较高，则难度更大。为此可考虑利用化学反应的方法来储热。

化学反应储热主要基于一种可逆的热化学反应。例如，有许多物质在进行化学反应的过程中需要吸收大量的热量；而当进行该反应的逆反应时，则放出相应的热量。这种热量称为化学反应热，化学反应储热就是利用这一原理来储存、释放热能。

作为储热的化学反应一般可表示为

$$A+热 \rightleftharpoons C+D \tag{2.25}$$

或

$$A+B+热 \rightleftharpoons C+D \tag{2.26}$$

当物质 A（或 A 和 B）在某一温度下吸热以后，反应自左向右方向进行，生成 C 和 D，这是储热过程；待需要热能时，使 C 和 D 逆向进行反应，即自右向左进行反应，此时放热，并还原成 A（或 A 和 B）。

在反应生成物的储存问题上，可分为两种情况：如若逆反应须有触媒，否则该逆反应就不能进行，对此种情况，反应生成物 C 和 D 就可在常温下混合储存；如若逆反应无需触媒就能进行，对此种情况，则 C 和 D 必须分开储存，但在储存期间不需要绝热。

2.4.3.2　化学反应储热的特点

化学反应储热较显热储热和相变储热有以下优点：

（1）储能密度高。在储能密度上，化学反应储热明显优于其他两种储能方式，计算表明，与显热储热和相变储热相比，化学反应储热的储能密度要高 2～10 倍。

（2）正、逆反应可以在高温下进行，从而可得到高品质的能量，满足特定的要求。

（3）可以通过催化剂或将产物分离等方式，在常温下长期储存分解物。这一特性减少了抗腐蚀性及保温方面的投资，易于长距离运输。

（4）可供选择的材料较多，加之大多数材料适于低中温热量储存，目前在太阳能应用、化学热泵、化学热管、化学热机等方面都有较大的应用价值。

（5）许多化学反应生成物中的两者或其中之一是气体，可用管道把生成的气体输送到需要热能的地方，然后在那里进行逆反应重新获取热能。因此，化学反应储热也成为一种热输送的手段。

表 2.9 是三种储热方式的优缺点比较。

表 2.9　　　　　　　　　　　　三种储热方式的优缺点比较

特性	显热储热	相变储热	化学反应储热
储热容量	小	较小	大
复原特性	在可变温度下	固定温度下	在可变温度下
隔热措施	需要	需要	不需要
热量损失	长期储存时较大	长期储存时相当大	低
工作温度	低	低	高
运输情况	适合短距离	适合短距离，也适合长距离	适合短距离，也适合长距离

注　摘自《绿色建筑能源系统》，王如竹，翟晓强编著，上海交通大学出版社，2013 年。

2.4.3.3　可供选择的化学反应

有的化学反应并不适合储热，能用于储热的化学反应可根据下列原则选择：

（1）吸热反应在比热源温度低的情况下进行。

（2）放热反应在比所需要温度高的情况下进行。

（3）反应热大。

（4）如果逆反应无需触媒，反应生成物必须容易分离并可稳定储存。

（5）可逆性：反应必须是可逆的，且不能有显著的附带反应。

（6）反应速率：正向和逆向过程的反应速率都应足够快，以便满足对热量输入和输出的要求；同时，反应速率不能随时间而有明显改变。

（7）可控性：必须能够根据实际需要，随时使反应进行或停止。

（8）储存简易：反应生成物体积小，反应物和产物都应能简易而廉价地加以储存。

（9）安全性：反应物和产物都不能由于其腐蚀性、毒性及易燃性等而对安全造成危害。

（10）廉价和易得：所有的反应物和产物都必须容易获得，并且价格低廉。

显然，要选择满足上述全部条件的化学反应相当困难。在这些条件中，可逆性和反应速率最为关键，尤其是可逆性，因为可逆性好的化学反应非常少。

$Ca(OH)_2$ 的热分解反应基本能满足上述条件，利用吸热反应储存热能，用热时则通过放热反应释放热能。但是，$Ca(OH)_2$ 在大气压下脱水反应的温度高于 500℃，加入催化剂虽可降低反应温度，但仍偏高。所以，对化学反应储热尚需进行深入研究。其他可用于储热的化学反应还有金属氢化物的热分解反应、硫酸氢铵循环反应等。

2.4.3.4 化学反应储热的前景及存在的问题

从原理上讲，化学反应储热拥有更好的用途，比如最近显示出美好前景的化学热管、化学热泵、化学热机、电化学热机、热化学燃料电池和光化学热管等。但该技术要求储热介质必须具备可逆的化学分解反应，因此在一定程度上限制了储热材料的选择范围。同时，目前利用化学反应储热也存在技术复杂、有一定的安全性要求、一次性投资大以及整体效率比较低等其他难题，因而尚需要解决如下问题：

（1）化学上的要求，包括反应种类的选择、反应的可逆性、附带的反应控制、反应速率和催化剂寿命。

（2）化学工程上的要求，包括运行循环的描述、最佳循环效率。

（3）热运输方面的要求，包括反应器、热交换器的设计，催化反应器的设计，各种化学反应床体的特性，气体、固体等介质的导热性。

（4）材料上的要求，包括腐蚀性、混杂物的影响、材料的消耗。

（5）系统分析上的要求，包括技术和经济分析，投资、收益研究，负载要求等。

化学反应储热具有很多优点，但由于存在上述问题，该技术目前多处于理论分析和实验研究初期阶段，实现化学反应系统与储热系统的结合以及中高温领域的规模应用仍需进一步研究。

2.5 储热技术评价依据与经济性

2.5.1 储热技术评价依据

储热技术在各个领域都有广泛的应用，它不仅能回收、二次利用工业废热及余热，减少环境污染，还可以实现节能减排，替代不可再生能源。可以从技术依据、环境依据、经济依据、节能依据、集成依据和存储耐久性等方面来评价储热系统的性能。

2.5.1.1　技术依据

在储热系统中对相变储热材料的选择要符合以下要求：

（1）热性能要求，包括合适的相变温度、较大的相变潜热、合适的导热性能（导热系数一般宜大）。

（2）化学性能要求，包括在相变过程中不应发生熔析现象，以免导致相变介质化学成分的变化；必须在恒定的温度下融化及固化，即必须是可逆相变，不发生过冷现象（或过冷很小），性能稳定；无毒，对人体无腐蚀；与容器材料相容，即不腐蚀容器；不易燃；较快的结晶速度和晶体生长速度。

（3）物理性能要求，包括低蒸汽压、体积膨胀率较小、密度较大。

（4）经济性能要求，包括原料易购、价格便宜。

在设计储热系统工程之前，设计者应该考虑储热的技术信息，即储存的类型、所需储存的数量、存储效率、系统的可靠性、花费和可以采用的储存系统的类型以及相变储热材料的选择等。例如，若需要在某个地区建立储热系统，但由于区域的限制，能量储存实施困难，并且要在能量储存的装置上有较大投入，尽管投资是有益的，但从技术和经济的角度来分析仍不太合适。

2.5.1.2　环境依据

用于储热系统的材料不能使用有毒的物质，材料废物要易回收、易降解，且降解时不能产生有毒物质，系统在运行过程不能对人的健康、环境或生态的平衡造成危害。

2.5.1.3　经济依据

判断储热系统是否经济可行，需要从初始投资和运行成本两个方面与发电装置进行比较，比较时必须是相同负荷和相同的运行时间。一般来说，储热系统的初始投资要高于发电装置，但运行成本要低。例如，由于控制方法的改进，加拿大的某储热系统用于加热时费用是 $20 \sim 60$ 加元/（kW·h），而用于空调时，由于可以采用了比较小的制冷机代替传统的制冷机，所以其费用是 $15 \sim 50$ 加元/（kW·h），初始投资费用比传统的制冷方式的要低。同时，制备储热系统所用原料要易得、价格便宜。

2.5.1.4　节能依据

好的储热系统首先要降低工程的成本，其次要能减少电的消耗，达到节能的目的。许多建筑物中，主要是中午和下午的集中空调或热泵系统消耗电能，若将储冷（热）系统与它们配套使用，则可利用"削峰填谷"来缓解电网负荷，提高能源利用率，减少一次能源的使用，达到节能和环保的目的。若进一步与冷空气分布系统配套使用，则可大大提高储冷（热）系统的效率。美国电力研究院的研究表明，具有储冷系统和冷空气分布系统的集中空调运行费用要比一般空调系统低 $20\% \sim 60\%$。

2.5.1.5　集成依据

当需要在现有热能设备中集成储热系统时，必须对该设备的实际操作参数做出估计，然后分析可能采用的储热系统。

2.5.1.6 存储耐久性

不同场合要求热量在系统中存放的时间也不同，所以按储存时间的长短，储热系统可以分为短期、中期和长期三类。短期储存是为了减小系统规模或者充分利用一天的能量分配，只能持续几小时至一天；中期储存的储热时间为 3～5 天（或至多一周），主要目的是满足阴雨天的热负荷需要；长期储存是以季节或年为存储周期，存储时间是几个月或一年，其目的是调整季节间或年间热量供需的不平衡。短期储存投资小、效率最高，可超过 90%；长期储存效率最低，一般不超过 70%。

2.5.2 储热技术的经济性

储热技术是一种大容量储能技术，是解决电网调峰和新能源消纳并实现清洁能源供暖的一种主要方案，同时其在太阳能光热电站中作为一种重要部件可用于提升能源系统效率。

2.5.2.1 电网调峰

夏季高峰负荷使消费者和生产者的能源成本都极为昂贵。工业上采用效率低的调峰电厂来满足这些高峰负荷，这些电厂一般采用燃气涡轮机，比其他能源的投资成本低，但运行所需的燃料费高，对环境产生的影响大。

热电联产机组"以热定电"运行所导致的调峰能力不足是造成目前我国"三北"电网大量弃风的一个重要原因，大型抽汽式热电厂通过配置储热可以提高机组调峰能力。配置储热后可调节的电功率和热功率的范围变宽，更有利于汽轮机供热不足或供热剩余部分情况下由蓄热罐进行补偿供热或蓄热以维持总供热功率的稳定，从而提高了机组的调峰能力。

2.5.2.2 新能源消纳

风电近年来在我国发展迅速，但弃风问题突出，风电消纳问题已成为制约风电产业持续健康发展的关键问题。系统调峰能力不足是导致限电弃风的一个主要原因，我国风电发展的主要地区是"三北"地区（东北、华北、西北），电源结构以燃煤火电机组为主，调节能力较差。跳出电力系统范畴，在热电联合系统中解决新能源消纳问题，利用大容量储热提高能源系统大时空范围优化配置能力，可提高新能源消纳能力。例如，研究者基于对电力系统和热力系统耦合关系的分析，在热电联产机组处和电供热负荷处加装大容量储热系统，通过对储热环节的控制，打破"以热定电"的热电刚性耦合关系，实现电、热供需曲线的时间平移和优化匹配，可以有效提高电力系统的调节能力，促进风电消纳。应用储热系统的可选位置如图 2.25 中虚线框所示，一是在电源侧，二是在负荷侧。在电源侧应用大容量储热技术可实现热电联产机组的热电控制解耦，打破"以热定电"的刚性约束，有效提高热电联产机组的调节能力，增强电力系统的灵活性，解决风电消纳问题；在负荷侧应用包含大容量储热的风电供热系统，利用弃风电量实现清洁供热，既能有效增加地区用电负荷，又能提高地区电力系统的调节能力，促进新能源的就地消纳。

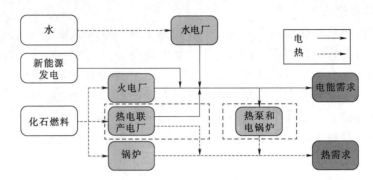

图 2.25 储热系统的应用位置（虚线框）

2.5.2.3 在太阳能热发电系统（CSP）中的应用

太阳能是巨大的能源宝库，但到达地球表面的太阳辐射能量密度却很低，而且辐射强度也不断发生变化，具有显著的稀薄性、间断性和不稳定性。为了提高太阳能热发电系统的稳定性和可靠性，需要设置储热装置，在太阳能不足时将储存的热能释放出来以满足发电需求。太阳能热发电系统中采用储热技术的目的是降低发电成本，提高发电的有效性，以实现容量缓冲、可调度性和时间平移，提高年利用率，电力输出更加平稳和高效满负荷运行等。

储热时间与太阳倍数（SM）是影响槽式太阳能热发电系统经济性的两个重要因素：由图 2.26 可以看出，太阳倍数不变，项目总体投资随着储热时间的增加而增加；由图 2.27 可以看出，在相同的太阳倍数下，随着储热时间增加，上网电价呈现先降低后上升的趋势，故存在一个储热时间点，使得上网电价最低，系统最经济。

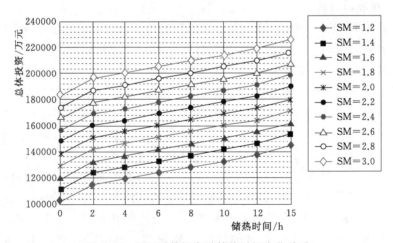

图 2.26 项目总体投资随储热时间变化关系

目前，太阳能热发电系统中的储热形式有显热储热、相变储热和化学反应储热。太阳能热发电系统是一种既能提供清洁电力又不影响电力系统可靠性的新能源

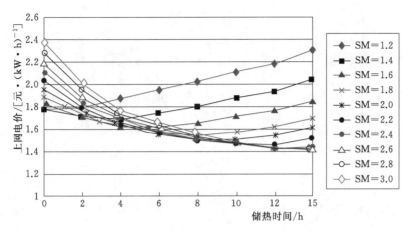

图 2.27 电价随储热时间及太阳倍数变化曲线

电源,其通常配有大规模的储热系统(TES),储热系统不仅可以提供阴雨天等太阳辐射不足时系统持续发电所需的能量,还可使太阳能热发电系统在一定范围内根据发电计划调整并平滑出力,使其能够适应电网的需求。储热系统的储能效率可达 95%~97%,而其成本仅为大规模蓄电池储能成本的约 1/30。因此,储热系统可以使太阳能热发电系统像常规火电厂一样稳定、安全地向电网提供可靠电力,是太阳能热发电系统非常重要的组成部分,只有配置了储热系统的太阳能热发电系统才能保证长时间持续稳定运行,具有可调性,能够参与电网调峰。目前,太阳能热发电系统中常用的储热系统有单罐储热系统和双罐储热系统,单罐储热系统(图 2.28)建设成本低,但技术风险较高,操作较复杂,如何更好地实现冷、热流体分层是未来的一个研究方面。以熔融盐为介质的双罐储热系统(图 2.29)易于实现,可保证太阳能热发电系统连续、稳定地发电,目前主要应用于塔式系统和以导热油为传热介质的槽式系统中。

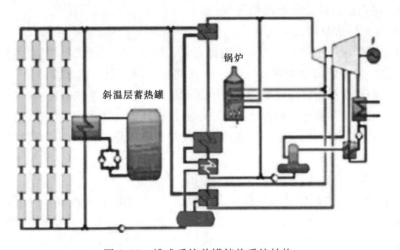

图 2.28 槽式系统单罐储热系统结构

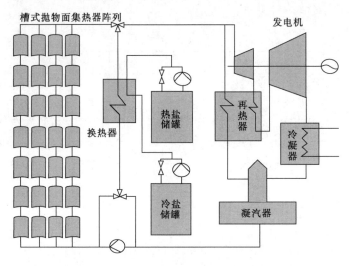

图 2.29　槽式系统双罐储热系统结构

2.6　储热技术应用与新进展

2.6.1　储热技术在提高热能综合效率中的应用及新进展

2.6.1.1　提高热能综合效率的意义

E2.10
相变储热
清洁供暖
新技术

目前，许多能源利用系统中都存在着能量供应和需求不匹配的矛盾，造成能量利用不合理和大量浪费。如太阳能、工业余热等能源利用效率较低，不仅浪费资源，也对大气环境造成不可忽视的热污染。为此，提高能源转换和利用率就成为各国实施可持续发展战略必须优先考虑的重大课题，而发展储热技术、进行热能的综合有效利用至关重要。

2.6.1.2　提高热能综合效率的新进展

1. 提高太阳热能的利用效率

太阳能是新能源中最重要的基本能源，它"取之不尽、用之不竭"，且分布广泛、无污染，是经济型的清洁能源。太阳每时每刻都在释放巨大的能量，是一座巨大的"宝库"。太阳热能利用将阳光聚合，利用其能量产生热水、蒸汽和电力。除了运用太阳能电站来收集太阳能外，城市建筑物亦可通过设计，增加适当的装备以利用太阳的光和热能，例如巨型的向南窗户，或使用能吸收并缓慢释放太阳热的材料，以提高太阳热能的利用效率。

2. 干热岩利用技术

随着传统化石能源的日渐短缺，干热岩（HDR）作为一种清洁的可再生地热资源，符合现代化工业社会的需求，对干热岩资源特征及开发利用的研究越来越得到人们的重视，成为新能源开发和研究的热点。干热岩热能提取和利用的研究可以追溯到 1970 年，其概念首先由美国科学家提出。干热岩利用技术采用人工压裂的方式，在干热岩体中产生连通的裂隙，打一口井到目标岩层，注入冷水流经岩层，储存在干热岩岩体的热量转移到注入的冷水中，将这些载热液体收集到生产井，用于发电或者其他用途，排出的液体冷却以后又可以注入井中循环利用。干热岩代表着一种庞大的潜在能源，据报道，在美国地面以下 3～10km 深度，干热岩总热量超过了 14×10^6 EJ。我国处于亚欧板块的东南边缘，东部和南部分别与太平洋板块和印度洋板块连接，是地热资源较丰富的国家之一。其中东南沿海受菲律宾板块碰撞挤压，在台湾、海南和东沿海形成一个高地温地区；东部受太平洋板块挤压，形成长白山、五大连池等休眠火山或火山喷发区，以及京津、胶东半岛等高地温梯度区。这些地区存在着丰富的高温地热资源，是干热岩地热资源的优先开发区。不同研究者的评估显示，我国大陆 3～10km 深度处的干热岩所蕴藏的热量为（20.9～25）×10^6EJ。其热量可以提供电能、替代原油辅助采油以及采暖等。开发利用干热岩可满足快速增长的能源要求，是重要的能源策略。目前，世界各地积极研究开发干热岩的技术，创建了多个干热岩技术开发示范点。我国也在积极参与干热岩技术的开发工作，但在储热计算、技术应用等多方面还存在不足。

3. 低温余热利用技术

低温余热是系统即使进行优化改造仍较难利用的低温热能资源，如炼油厂低温余热是指炼油生产过程中产生的高于油品储存温度或工艺本身需要温度但未被回收利用的热量。利用低温余热的新技术有热泵技术、制冷技术、余热发电技术、热管技术及变热器技术，见表 2.10。

表 2.10　　　　　　　　常见低温余热利用技术比较[17]

名称	技术特征	余热回收情况	技术进展	投资回收期
热泵技术	通过做功，将低级热直接变为高级热	热效率高，可将低温余热升温 90℃	技术比较成熟，应用较广	数月
制冷技术	以较低温余热为热源，靠工质相变制冷	可获得 −60～10℃ 温度范围冷量，温降达 100℃	技术比较成熟，应用较广	数月
余热发电技术	针对大规模集中低温余热的回收利用技术	热效率 80% 以上，可使发电机增加 20% 的发电量	技术较成熟，钢铁、水泥工业应用最广	不大于一年
热管技术	靠优越的导热性能进行热回收	热效率最高可达 98%，余热温升 80～90℃	技术较成熟，应用逐渐扩大	数月
变热器技术	类似热泵技术，主要靠废热驱动，高级热消耗少	可回收 50% 低温余热，余热温升可达 80℃	技术有待进一步开发，工业应用尚在起步阶段	不大于两年

2.6.2　太阳能储热技术及新进展

太阳能资源具有取之不尽、用之不竭且易得的特性，世界各国越来越重视太阳能的热利用。但太阳辐射具有间断性，因此需要有效地将热能储存起来，以提高太阳能热利用效率。太阳能储热最主要的方式为显热储热和相变储热。采用相变储热材料的相变储热技术是最有效的热能储存方式之一，其最常见的应用领域有太阳能热发电、太阳能热泵、太阳能热水系统、太阳能节能建筑等。

1. 相变储热材料在太阳能热发电系统中的应用

太阳能热发电系统（图 2.30）的基本原理是通过聚光装置产生高热密度的太阳能来加热热流体（空气、水、导热油、熔盐、金属 Na 等），再由热流体直接或间接地把热能输送到发电系统发电，从而实现"光—热—电"的能量转化过程。太阳能热发电系统一般由聚光装置、吸收/接收器、传热/储热系统、发电系统、控制系统 5 大部件组成。太阳能热发电系统有多种分类形式，按聚焦方式来分，可分为点聚焦和线聚焦两种；按聚光装置和吸收/接收器来分，可分为槽式、碟式、塔式、菲涅尔式等。

(a)塔式太阳能热发电系统　　　　　(b)槽式太阳能热发电系统

图 2.30　太阳能热发电系统[52]

注：图片来源于网络。

目前，塔式和槽式太阳能热发电系统可以实现商业化运营，但碟式系统尚处于示范阶段。其中槽式热发电系统最成熟，成本也最低。储热材料及储热系统是太阳能热发电系统中的重要组成部分。研究性能可靠、高效、低成本的储热材料及储热系统一直是该领域的研究方向和目标。储热材料在太阳能热发电系统中的应用一般有导热油、水/水蒸气、空气、金属 Na、油/岩石、熔融盐、陶瓷、混凝土等。此外，在很多太阳能热发电系统中，储热材料要起到储热的作用以及热量输送和传递的介质——热流体（HTF）的作用。在太阳能热发电系统中，熔融盐、高温混凝土、金属合金这三类高温储热材料具有较为广阔的应用前景。

2. 相变储热材料在太阳能热泵中的应用

根据储热器在太阳能热泵供热系统中的位置，可以分为低温储热器和高温储热器。在图 2.31 所示的太阳能空气源热泵系统流程中，与集热器直接相连的为低温储热器，因储热温度较低、热损失较小，故对于隔热措施的要求不高，结构也比较简单；与房间供热设备直接相连的为高温储热器，为了使所储存的热量在整个储热时间内能保持所需的热级，就必须采用良好的隔热措施，造价也相应提升。在太阳能热泵中，由于成本问题，很少使用高温储热器，一般通过变频技术和电子膨胀阀控制压缩机制冷剂的循环量和进入室内换热器的制冷剂的流量来调节热泵对房间的供热量。在热泵供热不能满足房间负荷要求时，使用电加热补充。所以本书重点介绍只有低温储热器的太阳能热泵储热工作流程。为了保证供暖系统运行的稳定性和连续性，综合考虑各种气候条件、太阳辐射情况、电网电价等因素，主要工作模式如下：

（1）冬季晴朗白天，载热介质在集热器中获取太阳辐射能后，流入储热器，通过箱内的换热盘管将部分热量传递给储热介质，然后进入蒸发器与制冷剂换热，并通过热泵循环系统进行供热，降温后的集热介质在管道泵的作用下又流回太阳能集热器，由此完成一次循环。

（2）夜间（或阴雨天），从蒸发器流出的载热介质不流经太阳能集热器，而是通过三通阀直接流入储热器，从储热介质中吸取热量后流回蒸发器，再通过热泵循环进行供热。

（3）当无太阳能可利用，且储热器中的储热量不充足，不能使热泵满足供热需要时，调整系统为储热器及电加热模式供热，即从冷凝器出来的热水经电加热至供热温度后供给用户。

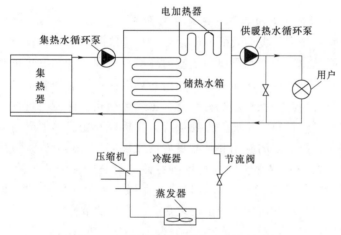

图 2.31　太阳能空气源热泵系统流程

3. 相变储热材料在太阳能热水系统中的应用

相变无水箱式太阳能热水器是一种集集热器、储热装置为一体的新型真空集热管的太阳能热水器。这种新型真空集热管内部一般填充了相变储热材料，就如何将相变储热材料应用于太阳能热水器的问题，研究者们提出了不同形式的太阳能相变储热结构，比如常见的一体式太阳能热水储热装置、带螺旋换热盘管的相变储热装置、适用于间接强制循环系统的储热装置、平板集热器改装式相变储热装置、热管式太阳能热水相变蓄热装置，以及大量的圆柱体堆积型太阳能热水相变储热装置和球体堆积型相变储热装置等。

相变无水箱式太阳能热水器如图 2.32 所示。最普遍的结构类型为相变储热材料封装在真空管内，同时管路分布在相变储热材料中，利用真空管涂层对相变储热材料加热，放热时利用水压或自来水流提供动力，管内流入冷水进行取热。该类型太阳能热水器具有以下特点：①无水箱，结构紧凑，外形美观，安装简便且不受楼层限制；②水质新鲜、健康、水温恒定、操作简单；③热水器承压，直接走水工作，运行耗能低；④热水器性能优良，抗冻能力强，适用于北方严寒地区。相变储热材料应用于太阳能储热领域具有很大的潜力，无水箱太阳能热水器潜在市场广阔。

(a)实物产品图　　　　　　　　(b)热水器民房安装图

图 2.32　相变无水箱式太阳能热水器

注：图片来源于网络。

4. 相变储热材料在太阳能节能建筑中的应用

E2.11
相变储能
天花板
吊顶

相变储热材料作为一类高效的储能物质，与传统的建筑材料复合既可以提升建筑材料功能、降低建筑能耗和调整建筑室内环境舒适度，又能够将可利用的热能以相变潜热的形式进行储存，从而实现可利用的热能在不同时间和不同空间的储存与转换。相变储热材料与传统的建筑材料复合主要包括相变储能石膏板、相变储能混凝土、建筑保温隔热材料、相变储能地板或天花板以及相变储能砂浆等，目前在建筑节能中得到了日益增多的应用并具有良好的发展前景，其研究、应用也一直是能源领域中的热点之一。相变墙体的出现将对储能材料的建筑用途有很大的推动作用。武汉市开始推行的节能房，就是将一些保温材料放于墙体和屋顶，可以节能43%，相信相变储热材料应用于节能房之后，将会更加节能，也会更受欢迎。

习　　题

1. 填空题

(1) 热量传递的三种基本方式有：_____、_____、_____。

(2) 储热基本方式有：_____、_____、_____。

(3) 显热储热材料的储热容量与_____成正比，利用_____表示。

(4) 相变储热材料的储热容量为_____的热量。

2. 判断题

(1) 高位热值指燃料完全燃烧后，所得燃烧产物中的水分以蒸汽形式存在所释放的热量。　　　　　　　　　　　　　　　　　　　　　　　　　　　　（　　）

(2) 地热能具有储藏量大、不可再生、连续性等特点。　　　　　　　　（　　）

(3) 我国太阳辐射总量分为很丰富带、较丰富带、一般带三个等级。　（　　）

(4) 储热技术可解决热能供给与需求之间的不平衡以及热能供求在时间和空间

上的矛盾。 （　　）

（5）真空管式太阳能热水器将太阳能转化为热能的过程涉及热辐射、热传导、热对流三种基本传热方式。 （　　）

（6）同一种物质的导热系数，液态大于固态。 （　　）

（7）一般情况下，显热储热材料与相变储热材料的储热容量相当。 （　　）

3. 简答题

（1）简述显热储热与相变储热的区别。

（2）简述化学反应热储热的原理。

（3）储热技术的主要作用有哪些？

（4）简述储热技术的评价依据。

（5）目前储热技术在哪些领域出现了新的应用？

参 考 文 献

[1]　李沪萍，向兰，夏家群，等. 热工设备节能技术 [M]. 北京：化学工业出版社，2010.

[2]　邓长生. 太阳能原理与应用 [M]. 北京：化学工业出版社，2010.

[3]　刘鉴民. 太阳能利用原理·技术·工程 [M]. 北京：电子工业出版社，2010.

[4]　张秀清，李艳红，张超. 太阳能电池研究进展 [J]. 中国材料进展，2014，33 (7)：436-441.

[5]　刘柏谦，洪慧，王立刚. 能源工程概论 [M]. 北京：化学工业出版社，2009.

[6]　李志茂，朱彤. 世界地热发电现状 [J]. 太阳能，2007 (8)：10-14.

[7]　樊栓狮，梁德青，杨向阳，等. 储能材料与技术 [M]. 北京：化学工业出版社，2004.

[8]　张贺磊，方贤德，赵颖杰. 相变储热材料及技术的研究进展 [J]. 材料导报，2014，28 (7)：26-32.

[9]　李爱菊，张仁元，周晓霞. 化学储能材料开发与应用 [J]. 广东工业大学学报，2002，19 (1)：81-84.

[10]　杨波，李汛，赵军. 移动蓄热技术的研究进展 [J]. 化工进展，2013，32 (3)：515-520.

[11]　J Gasia，L Miró，L F Cabeza. Materials and system requirements of high temperature thermal energy storage systems：a review. part 2：thermal conductivity enhancement techniques [J]. Renewable and Sustainable Energy Reviews，2016，60：1584-1601.

[12]　崔海亭，袁修干，侯欣宾. 蓄热技术的研究进展与应用 [J]. 化工进展，2002，21 (1)：23-25.

[13]　A Sharma，V Tyagi，C Chen，et al. Review on thermal energy storage with phase change materials and applications [J]. Renewable and Sustainable Energy Reviews，2009，13 (2)：318-345.

[14]　崔海亭，杨锋. 蓄热技术及其应用 [M]. 北京：化学工业出版社，2004.

[15]　O Palizban，K Kauhaniemi. Energy storage systems in modern grids—matrix of technologies and applications [J]. Journal of Energy Storage，2016，6：248-259.

[16]　郭茶秀，魏新利. 热能存储技术与应用 [M]. 北京：化学工业出版社，2005.

[17]　李友荣，吴双应，石万元，等. 传热分析与计算 [M]. 北京：中国电力出版社，2013.

[18]　比安什，福泰勒，埃黛. 传热学 [M]. 王晓东，译. 大连：大连理工大学出版社，2008.

[19]　刘彦丰，高正阳，梁秀俊. 传热学 [M]. 北京：中国电力出版社，2015.

[20]　昌友权. 化工原理 [M]. 北京：中国计量出版社，2006.

[21]　李建秀，王文涛，文福姬. 化工概论 [M]. 北京：化学工业出版社，2005.

［22］　姚玉英. 化工原理（上册）［M］. 天津：天津科学技术出版社，2004.

［23］　刘传安. 牛顿冷却定律的研究［J］. 宜春师专学报，1999，21（2）：37 - 39.

［24］　杨祖荣. 化工原理［M］. 北京：化学工业出版社，2004.

［25］　张洪流. 化工原理：流体流动与传热分册［M］. 北京：国防工业出版社，2009.

［26］　李友荣，吴双应，石万元，等. 传热分析与计算［M］. 北京：中国电力出版社，2013.

［27］　崔海亭，彭培英. 强化传热新技术及其应用［M］. 北京：化学工业出版社，2005.

［28］　张熙民，朱彤，安青松，等. 传热学［M］. 北京：中国建筑工业出版社，2014.

［29］　邵理堂，刘学东，孟春站. 太阳能热利用技术［M］. 镇江：江苏大学出版社，2014.

［30］　何梓年. 太阳能热利用［M］. 北京：中国科学技术大学出版社，2009.

［31］　施钰川. 太阳能原理与技术［M］. 西安：西安交通大学出版社，2009.

［32］　埃尔纳维，比斯瓦斯. 可再生能源与环境［M］. 沈建国，译. 北京：中国环境科学出版社，1985.

［33］　张志英，鲁嘉华. 新能源与节能技术［M］. 北京：清华大学出版社，2013.

［34］　王如竹，翟晓强. 绿色建筑能源系统［M］. 上海：上海交通大学出版社，2013.

［35］　A Abhat. Low temperature latent heat thermal energy storage：heat storage materials［J］. Solar Energy，1983，30（4）：313 - 332.

［36］　吴其胜，戴振华，张霞. 新能源材料［M］. 上海：华东理工大学出版社，2012.

［37］　S Khare，M Dell'Amico，C Knight，et al. Selection of materials for high temperature latent heat energy storage［J］. Solar Energy Materials and Solar Cells，2012，107：20 - 27.

［38］　姚俊红，刘共青，卫江红. 太阳能热水系统及其设计［M］. 北京：清华大学出版社，2014.

［39］　F S Barnes. 大规模储能技术［M］. 肖曦，聂赞相，等，译. 北京：机械工业出版社，2013.

［40］　赵嵩颖，付言. 太阳能—混凝土桩储热系统经济性及节能性分析［J］. 洁净与空调技术，2013（3）：58 - 60.

［41］　M Alizadeh，S M Sadrameli. Development of free cooling based ventilation technology for buildings：thermal energy storage（TES）unit，performance enhancement techniques and design considerations - a review［J］. Renewable and Sustainable Energy Reviews，2016，58：619 - 645.

［42］　陈磊，徐飞，闵勇，等. 储热提升风电消纳能力的实施方式及效果分析［J］. 中国电机工程学报，2015，35（17）：4283 - 4290.

［43］　G Li，X Zheng. Thermal energy storage system integration forms for a sustainable future［J］. Renewable and Sustainable Energy Reviews，2016，62：736 - 757.

［44］　李然，封春菲，田增华. 槽式太阳能热发电站系统配置的经济性分析［J］. 电力勘测设计，2015，（1）：71 - 75.

［45］　郭苏，杨勇，李荣，等. 太阳能热发电储热系统综述［J］. 太阳能，2015（12）：46 - 49，42.

［46］　F M Rad，A S Fung. Solar community heating and cooling system with borehole thermal energy storage - review of systems［J］. Renewable and Sustainable Energy Reviews，2016，60：1550 - 1561.

［47］　吴建锋，宋谋胜，徐晓虹，等. 太阳能中温相变储热材料的研究进展与展望［J］. 材料导报，2014，28（9）：1 - 9，29.

［48］　李石栋，张仁元，李风，等. 储热材料在聚光太阳能热发电中的研究进展［J］. 材料导报，2010，24（11）：51 - 55.

［49］ 陈昕，范海涛. 太阳能光热发电技术发展现状［J］. 能源与环境，2012（1）：90 - 92.

［50］ Z Yao，Z Wang，Z Lu，X Wei. Modeling and simulation of the pioneer 1MW solar thermal central receiver system in China［J］. Renewable Energy，2009，34（11）：2437 - 2446.

［51］ 孙志林，屈宗长. 相变储热技术在太阳能热泵中的应用［J］. 制冷与空调，2006，6（6）：44 - 48.

［52］ 郭春梅，张志刚，吕建，等. 相变材料在太阳能热泵系统的应用［J］. 煤气与热力，2011，31（2）：8 - 10.

［53］ 王志强，曹明礼，龚华安，等. 相变储热材料的种类、应用及展望［J］. 安徽化工，2005，134（2）：8 - 11.

［54］ 倪海洋，朱孝钦，胡劲，等. 相变材料在建筑节能中的研究及应用［J］. 材料导报，2014，28（11）：100 - 104.

第3章 相变储热技术与材料

物质的存在通常认为有三种相态，即固相、液相和气相，相变指的是物质从一种相态变化到另一种相态。相变储热是利用储热材料在相变过程中吸收和释放相变潜热的特性来储存和释放热能的方法，因此又称为潜热储存，其中利用相变潜热进行储热的介质常称为相变储热材料。本章将详细介绍相变储热材料与相变储热技术的发展现状、相变储热技术的原理与特点、相变储热材料、储热换热装置和系统设计基础，以及相变储热技术的工程应用。

3.1 相变储热材料与相变储热技术的发展历史

相变储热材料是能源材料的一种，是指能被利用其在相态变化时所吸收（放出）的大量热能用于能量储存的材料。利用相变储热材料的相变潜热来实现能量的储存和利用称为相变储热，与显热储热相比，相变储热具有储热密度高、体积小巧、质量轻、节能效果显著等优点，是近年来能源科学和材料科学领域中的前沿研究方向。此外，相变储热和放热过程近似等温，有利于热能与负载的配合，过程也更易于控制。但是由于相变储热材料通常扩散系数小、相分离以及储热介质老化等现象，导致其储热能力降低的问题，需要通过一定技术途径解决和优化。

20 世纪 60 年代，NASA 为了载人宇宙飞船中的工作人员和精密仪器免受太空中剧烈温度变化的影响，大力资助马绍尔空间飞行中心进行相变储热材料方面的研究工作，研究表明，相变储热材料在热能储存和控制材料方面存在很大的应用潜力。20 世纪 70 年代，日本三菱电子公司和东京电力公司联合进行了用于采暖和制冷系统的相变储热材料研究，包括水合硝酸盐、磷酸盐、氟化物和氯化钙等。东京科技大学工业与工程化学系的 Yoneda 等人研究了一些可用于建筑取暖的硝酸共晶化合物，从中筛选出性能较好的 $MgCl_2 \cdot 6H_2O$ 和 $Mg(NO_3)_2 \cdot 6H_2O$ 共晶盐（熔点 59.1℃）。20 世纪 80 年代，美国农业部南方实验室把相变储热材料应用到了纺织行业，Vigo 和 Bruno 等人将聚乙二醇、水合无机盐以及脂肪醇等添加到纺织纤维里，并将该材料应用到滑雪服上，对其进行了储热性能分析，效果显著。20 世纪 90 年代初，美国 TRDC 公司研制出了一种具有可逆储热特点的纤维，是将石蜡类碳氢化合物封装在微胶囊中，然后与聚合物一起纺丝制得。该技术被用于保暖内衣、毛毯、滑雪服和运动袜等。同时，TRDC 也将 MicorPCMs（microencapsulated

phase-change materials）冷却技术应用于宇航服冷却，使冷却剂在宇航服系统内进行内循环，冷却效果明显。此外，TRDC 首次将 MicroPCMs 应用于农业，这项研究将 MicroPCMs 与微胶囊化水（MicroH$_2$O）技术相结合，用于改善种子和作物周围的微气候：把种子、MicroPCMs 和 MicroH$_2$O 一同埋入土壤中，保证种子能够在沙漠等恶劣环境下发芽生长。21 世纪初，日本将 MicorPCMs 应用于热电厂和核电厂的废热回收领域，进行热量储存，节约了能源。使用含有相变微胶囊的硅油在循环管道内与废水发生热交换，相比冷水作为换热剂，相变微胶囊能够吸收潜热而温度几乎不发生变化，且体积大为缩小，从而使得设备体积大幅降低，效率提升。

在我国，中国科学技术大学、中国科学院广州能源研究所等单位在 20 世纪80 年代初就开始了对无机盐、无机水合盐、金属等相变储热材料的研究。20 世纪 90 年代初，中国科学院广州能源研究所和广东工业大学张仁元、何秀芳等对金属材料进行特性研究，金属具有储热密度大、储热温度高、热稳定性好、导热系数高、相变时过冷小、相偏析小等特点，其在中、高温相变储热的应用中优势明显。北京航空航天大学袁修干等针对空间太阳能热动力发电系统的相变储热关键技术进行了研究。徐伟强进行了热管式吸热器相变储热材料容器内相变储热过程的理论研究和仿真计算，开展了填充泡沫金属改善相变储热材料容器性能的理论分析，提出了复合相变储热材料的立体骨架模型及其等效导热系数的计算方法，并通过地面模拟试验验证了填充泡沫金属对相变材料容器储热性能的改善。清华大学的张寅平是我国最早开始研究相变储热材料的学者之一，做了很多基础性的研究工作，比如进行了相变储热材料的研究制作和相变墙体的具体应用等，并根据不同地区的气候特点，提出了在新疆等昼夜温差较大的地区使用相变墙体，效果显著。李发学采用 PG/NPG（三羟甲基乙烷/新戊二醇）体系填充涤纶中空纤维，制成含 87.3% 相变储热材料、20cm×20cm 的试样，将其覆盖人体胳膊进行热像仪测试，可实现有效伪装，持续时间达 100min。黄琮喜等人探讨了以脲、甲醛、三聚氰胺制备石蜡微胶囊的工艺，相变潜热略有降低，相变温度稍有上升。根据不同情况将微胶囊分散于泡沫状物质中、依附在织物上或与胶粘剂混合后直接喷涂于目标上，通过吸收目标放出的热量，进而维持相对较低的温度，达到有效降低目标热红外辐射强度的目的。

3.2　相变储热技术

3.2.1　相变储热技术基本原理

相变潜热的数值大小与材料本身特性有关，故不同材料的相变潜热差别也较大。物理学中，可以依据其分子的自由程度来确定其具有能量的大小。在气、液、固三相中，气相中分子之间是完全自由的，几乎没有吸引力，具备的能量最高，液相中的分子自由度高于固相的分子，因此气、液、固三相的相变潜热值依次降低。按照上述理论，液-气和固-气两种相变的气化潜热数值比较高，但是由于液-气和

E3.2

相变潜热值大小

固-气两种相变过程中气体所占的体积过大,限制了二者的应用。

相比以上两种相变,固-液相变虽然潜热数值较小,但是与显热相比依旧大很多,此外,固-液相变过程中,材料体积变化不大,是最可行的相变储热方式。通常情况下,固-固相变比固-液相变的潜热值要小,但是固-固相变发生过程中,体积变化很小,过冷度也很小,不需要容器,因此也是一种可行的储能方式。

综上所述,相变储热技术的基本原理可以概括为:物质(材料)在发生相态变化时,等温释放相变潜热,通过盛装相变储热材料的容器将能量存储起来,待需要时再将能量通过一定的方式释放使用。

3.2.2　成核与过冷

E3.3
成核与
过冷

结晶是固体物质以晶体状态从蒸汽、溶液或熔融物中析出的过程。在一定的压力下,通过冷却使液体温度降至熔点就可以凝固成固体,很多情况下这些固体是具有特定微观结构的晶体,即结晶。由于结晶过程会出现过冷、析出及导热性能差等现象,而与之相对的熔化过程则无类似的不良现象。因此,固-液相变过程的机理分析,多数集中在凝固过程。

动力学上,固-液相变往往是一个初期以成核为特征的活化过程。液态系统中的结构涨落使某个局域的分子有序聚集为固相团簇,也称为晶核,形成晶核的过程称为成核。

结晶过程中,必须形成晶核并且不断生长,过程才能继续。但是很多相变储热材料存在过冷现象,即当温度降到凝固点时,结晶过程不再进行。

在熔点处,分子由液相转化为固相,化学势不变,但生成的液-固界面必然引起系统 Gibbs 自由能的增大,因此凝固相变一般并不能在熔点处发生。对于温度低于熔点的液体,固相团簇的生成在体积项方面引起化学势和系统 Gibbs 自由能的降低,在表面项方面仍然引入界面能从而造成系统自由能的增大。其过程可由经典成核理论(CNT)描述,即

$$\Delta G = -\Delta\mu n + \sigma A \tag{3.1}$$

式中　ΔG —— 系统的自由能差;

　　　$\Delta\mu$ —— 固、液相的体积项化学势差;

　　　n —— 生成团簇的分子数;

　　　σ —— 液-固界面自由能;

　　　A —— 生成团簇的表面积。

在一定的热力学条件下,温度低于熔点的液体也可以不发生凝固而保持亚稳定的液体状态,这种亚稳态的液体称为过冷液体,过冷液体的温度 T 与同压力下的熔点 T_m 之差 ΔT 称为过冷度。

众所周知,材料的性能与其中原子的排列方式等微观结构密切相关,材料的制备和加工工艺对产物的微观结构及性能具有决定性的影响。如无机水合盐通过结晶来完成放热过程,由于无机水合盐有较强的过冷度,因此在提取热量时,通常不能在材料的熔点将潜热提出。因此,可以通过添加成核剂来降低相变储热材

料中的过冷度。为了将相变储热材料更好地应用于实践中，人们已经研发出很多先进的设备和加工技术。但是对结晶现象的研究还不是很深入，往往通过实验和观察来确定特定相变储热材料适合选用的成核剂种类。

3.2.3 相变储热技术的特点

对于相变储热技术的研究主要包括两项：一是相变储热材料的选择、制备、开发；二是储热和换热系统的设计、制造、安装和保温等问题。相变储热技术有以下特点：

（1）储热过程是通过相变储热材料来实现的，因此相变储热材料是相变储热技术的基础。相变储热材料作为储热的载体，针对不同的应用场合和应用目的，应该选择不同的相变储热材料。关于相变储热材料的筛选应该遵循下列原则：

1）高储热密度。相变储热材料应具较高的潜热和较大的比热容。

2）相变温度。熔点应满足应用要求。

3）相变过程。相变过程应完全可逆并只与温度相关，要求相变时具有体积变化小、过冷度低和晶体生长率高等特点。

4）导热性。大的导热系数有利于储热和提热。

5）稳定性。相变储热材料经过反复相变后，其储热性能应衰减小、稳定性好。

6）密度。相变储热材料两相的密度应尽量大，可降低容器成本。

7）压力。相变储热材料工作温度下对应的蒸汽压力应较低。

8）化学性能。应具有稳定的化学性能，无腐蚀、无害无毒、不可燃。

在实际研制过程中，要找到满足这些理想条件的相变储热材料非常困难。因此往往先考虑有合适的相变温度和较大的相变潜热，而后再考虑其他影响研究和应用的因素。此外相变储热材料的成分配比、相变过程中的能量传递及物理化学性质的变化、新型相变储热材料的开发也是相变储热技术的发展方向。

（2）相变储热材料相变时潜热大，因此，它比显热储热密度要大很多。

（3）物质相变时是在等温或近似等温条件下发生的，因此在储热和放热过程中，温度和热流基本恒定。

（4）换热流体不能与相变储热材料直接接触，必须通过耐腐蚀的储热换热器来实现热量交换，初始投资成本增加。

（5）相变储热材料在反复熔化与凝固过程中，其热物性发生变化，性能衰减。此外，体积变化、耐腐性和毒性也是相变储热技术研究的重点。

（6）低温相变储热时，保温技术比较容易解决，但是在进行高温相变储热时，对储热系统的绝热保温技术就提出了更高的要求。

（7）储热和换热装置的设计、选材、加工工艺等都是完成相变储热系统的一部分。以放热功能为例，换热器的性能好坏直接影响整个系统运行。对于换热器的强化传热方面也是相变储热技术的研究重点。

3.2.4 相变储热系统的基本要求

相变储热系统的设计主要从相变储热材料和换热方面进行分析，任何相变储热系统都应该包含三个基本组成部分：①根据要求的温度范围，选取合适的相变储热材料；②为了盛装相变储热材料，必须有合适的容器；③为了将热能从外界热源传给相变储热材料，再通过相变储热材料再将热能传给用户，应该具备合适的换热器。相变储热系统研发流程如图 3.1 所示。

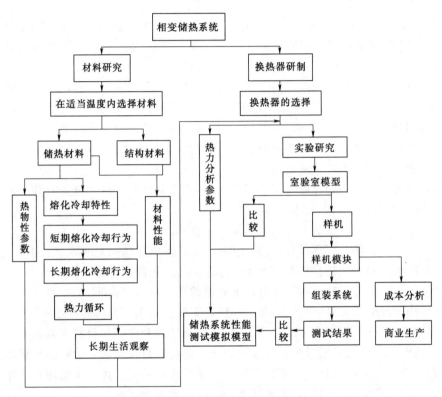

图 3.1　相变储热系统研发流程图

3.3　相变储热材料

3.3.1　相变储热材料种类

E3.4
相变储热
材料

通常情况下，能够发生相变的物质均可以看做相变材料。理论上，任何相变材料都能作为相变储热材料，但实际上相变储热材料不仅需具有合适的相变温度和较大的相变潜热，还必须综合考虑材料的物理特性和化学稳定性、熔融材料凝固时的过冷度以及对容器的腐蚀性、安全性及价格水平等。

按照储热的温度范围不同，相变储热材料可以分为高温和中低温两类（图3.2），一般将熔点低于120℃的称为中低温相变储热材料，常用的中低温相变储热材料主要包括结晶水合盐、石蜡类和脂肪酸类三类。高温相变储热材料主要用于小功率电站、太阳能发电和低温热机等方面，常用的高温相变储热材料可分为单纯盐、混合盐、金属（合金）、碱等。

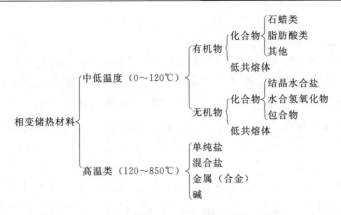

图 3.2 相变储热材料分类（按储热温度范围）

按照相态变化对相变储热材料进行分类，如图 3.3 所示。由于液-气和固-气两种相变过程中，气体体积变化过大，限制了二者的应用，因此，本书以固-液和固-固两种相变为重点。

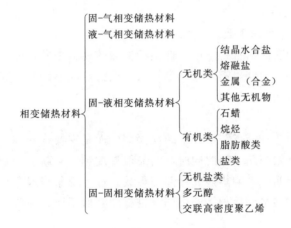

图 3.3 相变储热材料分类（按相态变化）

3.3.2 固-液相变储热材料

固-液相变储热原理是当温度高于相变储热材料相变温度时，物质相态由固相变成液相，吸收热量；当温度低于相变温度时，物态由液相变成固相，放出热量。该过程是可逆的，故相变储热材料可以重复利用。

目前固-液相变储热材料一般可以分为无机类和有机类两种。无机类相变储热材料主要以结晶水合盐为主，一般呈中性，其优点是使用范围广、价格便宜、导热系数较大、溶解热大和体积储热密度大；缺点是容易出现相分离和过冷现象。有机类相变储热材料主要包括石蜡等，优点是在固体状态时成型性较好、一般不容易出现过冷和相分离现象、材料的腐蚀性较小、性能比较稳定、毒性小、成本低；缺点是导热系数小、密度较小、相变过程中体积变化较大，并且有机物一般熔点较低，不适合在高温场合中应用，易挥发、易燃烧甚至爆炸或被空气中的氧气缓慢氧化而老化等。

3.3.2.1 结晶水合盐

物质所含水分主要分为两种,分别是附着水和结晶水。附着水是水附着在物质表面,并没有和物质内部结构结合,是物理变化。例如,氯化钠晶体受潮,空气中的水分就会附着在氯化钠上,但是并没有和晶体结构相结合,换言之,如果加热氯化钠,水分就会被蒸发掉。相比之下,结晶水是以化学键的形式结合在物质结构内部,水合结晶中的结晶水的排列和取向更紧密,更有规律,离子间以化学键结合,是晶体结构的组成部分。

结晶水合盐就是具备一定比例的结晶水和热效应的相变储热材料。结晶水合盐通过融化与凝固过程放出和吸收结晶水,进而进行储热和放热。结晶水合盐的通式可以表示为 $AB \cdot mH_2O$。

相变换热机理为

$$AB \cdot mH_2O \longrightarrow AB + mH_2O - Q_{潜} \tag{3.2}$$

$$AB \cdot mH_2O \longrightarrow AB \cdot pH_2O + (m-p)H_2O - Q_{潜} \tag{3.3}$$

式中 $Q_{潜}$——潜热;

m、p——结晶水的个数。

结晶水合盐相变储热材料是中、低温相变储热材料中重要的一类,其特点有导热系数大、溶解热高、储热密度高、潜热大,性价比高等。但是其存在过冷结晶和无机水合盐析出等问题。

1. 过冷结晶

即物质冷凝到"冷凝点"时并不结晶凝固,而是需要冷却到"冷凝点"以下的一定温度值时才开始结晶,与此同时,结晶使温度迅速重新上升到冷凝点,导致材料不能及时发生相变,影响热能的存储与释放。过冷现象普遍存在于所有结晶水合盐材料中,根据结晶水合盐种类的不同,过冷度有所不同,一般从几摄氏度到几十摄氏度不等。

减小过冷度的措施主要有杂质法、添加成核剂法、冷手指法、超声波成核法、弹性势能法和搅拌法等。

(1)杂质法。杂质对于相变储热材料的熔解和凝固行为影响较大,有时可以认为杂质本身就是很好的成核剂,能够使相变储热材料的过冷度大大降低,这就是有时使用工业纯原料比使用优质纯、分析纯、化学纯原料效果更好的原因。但是如果工业纯原料中含有的杂质太多,应用效果也会很差。

(2)添加成核剂法。根据非均匀成核理论,在无机水合盐相变材料中加入成核剂是降低过冷度的有效方法。公认的成核剂材料有同构的、同型的和取向附生的三类。同构和同型成核剂与其附着层盐的晶体结构和晶格参数接近,但是同构成核剂与其附着层的化学结构过于相似,可能会形成融合的晶体。取向附生成核剂同附着层的晶体结构不同,但其成核表面在晶格面上给所附晶体提供了优先沉淀的位置。

(3)冷手指法。冷手指法保留一部分固态相变储热材料,即保持一部分冷区,使未融化的一部分晶体作为成核剂。该方法效果较好,且非常简单。

（4）超声波成核法。由超声波发生器产生超声波，通过埋在相变储热材料中的电极诱发相变储热材料在接近熔点时成核，从而减少相变储热材料的过冷度。

（5）弹性势能法。利用埋在过冷液内的弹性金属片产生的弹性波动来诱发结晶。原理是诱发结晶后相变储热材料释放的热量中的相当一部分可用于加热过冷液体本身，因而热量的释放时间将会缩短许多。

（6）搅拌法。在相变储热装置中安装一根电动回转轴，以每分钟三转的速度回转时，回转轴的位置提供晶核，同时回转轴旋转搅拌使相变储热材料更均匀，使容器内的温度保持接近壁温。如果液体温度低于结晶点，核发生装置促发结晶，可防止容器壁上析出结晶造成传热效率的降低。该方法可以解决过冷、相分离、储热材料和热工质的传热、结晶生长速度和包晶反应速度等问题。

2. 无机水合盐的析出

无机水合盐之所以会出现析出现象，是因为其本身有稳定水合盐和不稳定水合盐之分。

稳定水合盐是指其被加热，由固相变成液相时，相态变化前后具有相同的组成。可参见式（3.2），无机水合盐 $AB \cdot mH_2O$ 在固态中 AB 含量与液态中 AB 的含量相同，并且稳定存在而不分解，也被称为共融结晶水合盐。

不稳定水合盐的析出过程可参见式（3.3），无机水合盐 $AB \cdot mH_2O$ 加热至熔点融化时，会转变成含有较少结晶水的 $AB \cdot pH_2O$，而 $AB \cdot pH_2O$ 会部分或者全部溶解于余下的 $(m-p)H_2O$ 中，此过程中，一些盐水混合物变成无水盐，可全部或者部分溶解于水。如果盐的溶解度高，无机盐水混合物可以完全溶解；溶解度不高的情况下，即使加热到熔融温度以上，有些盐还是不能溶解完全，此时，就会出现固态残留，进而沉到容器的底部。伴随着加热与冷却的往复循环，底部的沉积物越来越多，导致系统的储热能力变弱。克服晶液分离的方法主要包括：振动法、"浅盘"容器法、增稠剂法、化学修正法、直接接触法等。常见结晶水合盐的热物性见表 3.1。

表 3.1 常见结晶水合盐的热物性

结晶水合盐	熔点/℃	溶解热/(kJ·kg^{-1})	结晶水合盐	熔点/℃	溶解热/(kJ·kg^{-1})
$CaCl_2 \cdot 6H_2O$	29.7	170	$Na_2S_2O_3 \cdot 5H_2O$	48.5	210
$Na_2SO_4 \cdot 10H_2O$	32.4	241	$Ca(NO_3)_2 \cdot 4H_2O$	47.0	153
$Na_2CO_3 \cdot 10H_2O$	32.0	267	$Na(CH_3COO) \cdot 3H_2O$	58.0	265
$Na_2HPO_4 \cdot 12H_2O$	40.0	279	$Al(NO_3)_3 \cdot 9H_2O$	72.0	155

3.3.2.2 石蜡

石蜡是精制石油的副产品，由原油的蜡馏分中分离而得，需要经过常压蒸馏、减压蒸馏、溶剂精制、溶剂脱蜡脱油等工艺提炼出来。石蜡作为一种石油提炼品，无论是精炼石蜡、半精炼石蜡，还是具备高纯度的直链烷烃（C_nH_{2n+2}）系列产品，都已经被广泛应用于储热材料中。

石蜡主要由直链烷烃混合而成，分子通式为 C_nH_{2n+2}，其性质非常接近饱和碳氢化合物。短链烷烃熔点较低，例如乙烷（C_6H_{14}）为 $-95.4℃$，癸烷（$C_{10}H_{22}$）为 $-29.7℃$。链增长时熔点先增长较快，然后逐渐减缓，例如 $C_{30}H_{62}$ 熔点为 $65.4℃$，$C_{40}H_{82}$ 是 $81.5℃$，链再增长熔点将趋于一定值。由于空间的影响，奇数和偶数碳原子的烷烃有所不同，偶数碳原子烷烃的同系物有较高的溶解热，链更长时溶解热趋于相等。C_7H_{16} 以上的奇数碳原子烷烃和 $C_{20}H_{42}$ 以上的偶数碳原子烷烃在 $7\sim22℃$ 时会发生两次相变：低温的固-固相变是由链围绕长轴旋转形成的；高温的固-液相变，总潜热值接近于溶解热，它被看作储热中可利用的热能。

石蜡中含有油质，会降低其熔点及其使用性能。石蜡呈中性，通常情况下不与酸性（硝酸除外）和碱性溶液发生作用，化学性能稳定。常用石蜡的热物性可从表3.2 中查找。

表 3.2　　　　　　　　　　常见有机相变储热材料的热物性

有机相变储热材料	熔点/℃	溶解热/(kJ·kg⁻¹)	有机相变储热材料	熔点/℃	溶解热/(kJ·kg⁻¹)
石蜡 C14	4.5	165	石蜡 C20~C33	48~50	189
石蜡 C15~C16	8	153	石蜡 C22~C45	58~60	189
聚丙三醇 E400	8	99.6	切片石蜡	64	173.6/266
二甲基亚砜	16.5	85.7	聚丙三醇 E6000	66	190.0
石蜡 C16~C18	20~22	152	石蜡 C21~C50	66~68	189
聚丙三醇 E600	22	127.2	联二苯	71	119.2
石蜡 C13~C24	22~24	189	丙酰胺	79	168.2
1-十二醇	26	200	萘	80	147.7
石蜡 C18	27.5/28	243.5/244	丁四醇	118.0	339.8
1-十四醇	38	205	HDPE	100~150	200
石蜡 C16~C28	42~44	189	四苯基联苯二胺	145	144

选择不同碳原子个数的石蜡类物质，其相变温度不同。石蜡相变潜热较高，几乎没有过冷现象，自成核，没有相分离，性价比高，无腐蚀性。但是石蜡的导热系数和密度较小，为了提升石蜡的导热性能，可在石蜡中添加金属粉末、金属网、石墨等。

3.3.2.3　脂肪酸类

脂肪酸类也是有机相变储热材料的一种，其分子通式为 $C_nH_{2n}O_2$，主要有羊蜡酸、月桂酸、棕榈酸和硬脂酸等及其混合物，脂肪酸的性能与石蜡类相类似，其熔点温度为 $30\sim60℃$，储热密度中等，可用于室内取暖、保温。常见脂肪酸相变储热材料的热物性见表3.3。

3.3.2.4　金属和合金

金属和合金相变储热材料最大的优点是储热密度大，热导率高，体积变化小，但是由于其比热容较小，在热过载的情况下温度波动过大，影响容器的寿命。选择金属和合金相变储热材料必须考虑毒性低、价格便宜的材料，铝及其合金因其熔化热大、导热性好、蒸汽压力低，是一种较好的相变储热材料。常见金属和合金相变储热材料的热物性见表3.4。

表3.3　　　　常见脂肪酸相变储热材料的热物性

脂肪酸相变储热材料	熔点 /℃	溶解热 /(kJ·kg^{-1})	脂肪酸相变储热材料	熔点 /℃	溶解热 /(kJ·kg^{-1})
棕榈酸丙酯	10	186	二甲基沙巴盐	21	120～135
棕榈酸异丙酯	11	95～100	乙烯丁酯	27～29	155
（癸酸-月桂酸）+ 十五烷（90：10）	13.3	142.2	癸酸	31.5/32	152.7/153
硬脂酸异丙酯	14～18	140～142	12-羟基-十八 烷酸甲酯	42～43	120～126
辛酸	16/16.3	148.5/149	月桂酸	42～44	177.4/178
癸酸-月桂酸 35%～65%（摩尔分数）	18	148	肉豆蔻酸	49～51	186.6/187/204.5
硬脂酸丁酯	19	140	棕榈酸	61/63/64	185.4/187/203.4
癸酸-月桂酸 45%～55%（摩尔分数）	21	143	硬脂酸	69/70	202.5/203

表3.4　　　　常见金属和合金相变储热材料的热物性

金属和合金相变 储热材料	熔点 /℃	溶解热 /(kJ·kg^{-1})	金属和合金相变 储热材料	熔点 /℃	溶解热 /(kJ·kg^{-1})
Li	181	435	Al-Si-Zn	560.0～608.6	349.4
Al	660	398	Al-Mg	591.2～630.0	223.0
Cu	1083	205	Al-Cu-Zn	522.1～647.8	229.4
Al-Si	572.6～590.1	448.6			

3.3.3　固-固相变储热材料

固-固相变储热材料利用相变发生前后固体晶体的改变而进行的热量转换。由于其是固相到固相的相态转变，前后体积变化非常小，过冷度小，使用周期长，且无毒无腐蚀，对容器的材料与制作工艺要求不高，应用前景广阔。固-固相变储热材料主要包括无机盐类、多元醇和交联高密度聚乙烯三大类。

1. 无机盐类

无机盐类相变储热材料主要通过固体状态下不同晶体结构的转变而进行吸热和放热。相变温度较高，适用于高温范围的储热，主要包括层状钙钛矿、Li_2SO_4、KHF_2等物质。

2. 多元醇

多元醇相变储热材料的潜热较高，固-固变化时体积变化小，过冷度轻，由于没有液体出现，所以无泄漏，循环使用周期长。多元醇也存在不足：价格较高；多元醇的升华因素，即随着温度增加，由晶态固体变成塑性晶体，塑性晶体易挥发，使用时仍需容器封装；传热能力较差；稳定性能较差等。

多元醇的相变储热原理与无机盐类似，也是通过晶型之间的转变来吸收或放出热量，相变焓比较大，为 114～270J/g。多元醇相变储热材料主要包括新戊二醇（NPG）、2-氨基-2-甲基-1，3-丙二醇（AMP）、三羟甲基乙烷（PG）、三羟甲基氨基甲烷（TAM）、季戊四醇（PETA）等，热物性见表 3.5。PETA、TAM、PG 等在相变时有较高的相变潜热，与固-液相变的熔化热相比较，因其相变后无液相产生，对容器的要求不高，不发生相分离，腐蚀性小，是一类较好的相变储热材料，但对于日常使用成本较高。

表 3.5　　　　　　　　常见多元醇的热物性

多元醇	缩写	相变温度/℃	相变热焓/(J·g⁻¹)
新戊二醇	NPG	44.1	116.5
2-氨基-2-甲基-1，3-丙二醇	AMP	57.0	114.1
三羟甲基乙烷	PG	81.8	172.6
三羟甲基氨基甲烷	TAM	133.8	270.3
季戊四醇	PETA	185.5	209.5

此外，多元醇的相变温度较高（40～200℃），适用于中、高温的储能应用，每一种多元醇发生固-固相变时都有其固定的相变温度，为扩宽相变温度范围，满足实际应用，可以采用将两种多元醇按照不同比例进行混合、组合成多元醇二元体系的方法。如 PETA-NPG 二元体系的相变温度略低于 NPG 的 44.1℃，相变温度随着 PETA 质量百分含量的变化幅度较小，相变起始温度为 32.0～37.0℃，相变终止温度为 38.5～44.0℃。当 PETA 的质量百分含量低于 16% 时，PETA-NPG 二元体系的相变热随组成的变化幅度较小；但当 PETA 的质量百分含量超过 20% 后，PETA-NPG 的相变热随组成的变化幅度急剧下降。因此，通常选择 PETA 质量百分含量为 16%～20% 的 PETA-NPG 二元体系作为低温相变储热材料，相变热介于 57.7～99.0J/g，基本符合低温相变储热材料的要求，储热性能较好。

3. 交联高密度聚乙烯

此种相变储热材料的性能稳定，无过冷和层析现象，便于加工成各种形状，是真正意义上的固-固相变储热材料，发展前景较好。其熔点一般都在 125℃ 以上，但通常在 100℃ 以上使用时就会软化。经过辐射交联或化学交联之后，其软化点可提高到 150℃ 以上，满足晶体转变的温度范围（120～135℃）。但是交联会使高密度聚乙烯的相变潜热有较大降低，普通高密度聚乙烯的相变潜热为 210～220J/g，而交联聚乙烯只有 180J/g。在氮气环境下，采用等离子体轰击使高密度聚乙烯表面产生交联的方法，可以基本上避免因交联而导致的相变潜热降低，但因技术不成熟，这种方法目前还没有大规模使用。

固-固相变储热材料的开发时间相对较短,大量的研究工作还没深入开展,因此其应用范围没有固-液相变储热材料广阔。

3.3.4 定型相变储热材料制备方法

相变储热材料主要包括无机类、有机类和混合类。无机类相变储热材料一般具有腐蚀性,存在过冷和相分离的缺点,有机类相变储热材料相变潜热低,易挥发、易燃烧、价格昂贵,特别是其热导率较低,相变过程中的传热性能差,从而限制了它们在相变储热技术的应用。为了克服单一相变储热材料的缺点,更好地发挥其优点,定型相变储热材料(Shape-Stabilized Phase Change Materials,SSPCM)应运而生。定型相变储热材料是由相变储热材料、高分子支撑和封装材料组成的复合储热材料,由于高分子囊材的微封装和支撑作用,作为芯材的相变储热材料发生固-液相变时不会流出,且整个复合材料即使在芯材熔化后也能保持原来的形状不变并且有一定的强度。它既能有效克服单一的无机类或有机类相变储热材料存在的缺点,又可以改善相变储热材料的应用效果,拓展其应用范围。目前定型相变储热材料的制备方法有微胶囊法、多孔无机载体复合法、溶胶-凝胶法、压制烧结法和熔融共混法五种。

1. 微胶囊法

为了解决相变材料在发生固-液相变后液相的流动泄漏和腐蚀性问题,人们设想将相变储热材料封闭在胶囊中,制成胶囊型复合相变储热材料来改善应用性能。胶囊相变储热材料(Encapsulated Phase-change Materials,EPCMs)是在固-液相变储热材料微粒表面包覆一层性能稳定的膜而构成的具有核壳结构的复合相变储热材料。EPCMs利用胶囊中包含的相变储热材料在相变温度附近发生固-液(或液-固)相变产生的热效应来达到吸收、储存或释放热能的效果。微胶囊相变储热材料在相变过程中,内核发生固-液相变,而其外层膜保持为固态,因此该类相变储热材料在宏观上表现为固态微粒。

根据一般胶囊的分类办法,按照粒径的不同可以分为:相变储热材料纳胶囊(Nanoencapsulated Phase-change Materials,NanoPCMs)、相变储热材料微胶囊(Micro-encapsulated Phase-change Materials,MicroPCMs)和相变储热材料大胶囊(Macroencapsulated Phase-change Materials,MacroPCMs)。粒径小于 $1\mu m$ 的称为纳胶囊;粒径为 $1\sim1000\mu m$ 的称为微胶囊;粒径大于 1mm 的称为大胶囊。以上也可笼统称为微胶囊。

在设计一种微胶囊时,必须根据芯材特性和所需微胶囊的性能要求来选择适当的微胶囊化方法。综合考虑各种因素和制备微胶囊的方法,将其中的有益性能优化,制备出适合实际需要的微胶囊产品。一般的微胶囊的成型方法包括化学法、物理法和物理化学法三大类。化学法包括原位聚合法、界面聚合法、锐孔-凝固浴法和化学镀法等;物理法包括空气悬浮法(Wurster法)、喷雾干燥法、喷雾冷冻法与喷雾冷却法、真空蒸发沉积法、超临界流体法和静电结合法等;物理化学法包括水相分离法（凝聚法）、油相分离法、干燥浴法（复相乳液法）、熔化分散冷凝法、粉末床法和囊芯交换法等。目前常用的微胶囊制备方法主要有原位聚合法、界面聚合法、复凝聚法和喷雾干燥法等。其中，采用原位聚合法和界面聚合法占主导地位，具体如下：

（1）原位聚合法。原位聚合法是把反应性单体（或其可溶性预聚体）与催化剂全部加入分散介质（或连续相）中，芯材物质为分散相。实现原位聚合法的必要条件为单体可溶，而聚合物不可溶，所以聚合反应在分散相芯材上发生。原位聚合法制备微胶囊采用的反应单体主要是尿素-甲醛、三聚氰胺-甲醛及其共聚和改性单体聚合物。原位聚合法的技术特点为单体和引发剂全部置于囊芯的外部，且要求单体可溶，而生成的聚合物不可溶，聚合物沉积在囊芯表面并包覆形成微胶囊。

（2）界面聚合法。界面聚合法工艺是将芯材乳化或分散在一个有壁材的连续相中，然后单体经聚合反应在芯材表面形成微胶囊。主要反应方式有界面加成聚合和界面缩合聚合，它既适用于制备水溶性芯材的微胶囊，也适用于油溶性芯材的微胶囊。此种制备微胶囊的工艺优点为可以在常温下操作，方便简单且效果较好。缺点为：①对壁材要求较高，被包覆的单体要具备较高的反应活性；②制备出的微胶囊夹杂有少量未反应的单体；③界面聚合形成的壁膜，其可透性一般较高，不适于包覆要求严格密封的芯材。能够用于界面聚合的单体主要有二异氰酸酯、二胺、二酰胺等。近年来采用苯乙烯、二乙烯和丙烯酸酯为囊壁材料的研究逐步增多，且采用界面聚合法制备微胶囊的文献呈现上升趋势，这与重视环保以后，尽量避免使用甲醛有关。

微胶囊不仅解决了固-液相变储热材料相变时体积变化以及泄漏问题，还阻止相变储热材料与外界环境的直接接触，从而起到保护相变储热材料的作用。另外，由于粒径很小而比表面积很大，微胶囊相变储热材料提供了巨大的传热面积，并且由于囊壁很薄，传热得到了很大的改善。但有些胶囊体的材料采用热导率较低的高分子物质，从而降低了相变储热材料的储热密度和热性能。此外，寻求工艺简单、成本低以及便于工业化生产的胶囊化工艺也是需要解决的难题。

2. 多孔无机载体复合法

传统的相变储热材料在实际应用中需要加以封装或使用专门的容器防止其泄漏，这不仅会增加热源设备与相变储热材料之间的热阻，降低了传热效率，还增加了装置的重量。为解决上述问题，目前采用多孔介质吸附有机相变储热材料是应用较为广泛的定型技术。多孔无机载体复合法是利用具有大比表面积微孔结构的无机物作为支撑材料，当有机类或无机类相变储热材料在微孔内发生固-液相变时，通过微孔的毛细作用力将液态的有机类或无机类相变储热材料（高于相变温度条件下）吸入到微孔内，液相的相变储热材料很难从微孔中溢出，形成复合相变储热材料。多孔无机载体的种类繁多，物理结构表面孔隙丰富，主要包括石膏、黏土矿物、膨胀珍珠岩、膨胀页岩、多孔混凝土等。采用多孔无机载体作为相变储热材料的封装材料可使复合相变储热材料具有结构一体化的优势，解决固-液相变储热材料泄漏问题，节约空间，具有很好的经济性。此外，多孔介质还将相变储热材料分散为细小的个体，有效提高了其相变过程的换热效率。

3. 溶胶-凝胶法

无机或者金属有机化合物经过溶胶-凝胶化和热处理形成氧化物或其他固体化合物的方法称为溶胶-凝胶法。以溶胶为原料，在液相中混合均匀并进行反应，生成稳定且无沉淀的溶胶体系，放置一段时间后转变为凝胶，经脱水处理，在溶胶或凝胶状态下成型为制品。该法反应条件温和，可用于制备纳米粉体、纳米纤维，纳米膜、纳米复合材料及纳米组装材料。

4. 压制烧结法

压制烧结法是制备高温定型相变储热材料常用的方法。首先需要将基体材料与相变储热材料磨成粉末，使其粒径在几十微米大小，然后将两者混合均匀加入添加剂进行压制，最后将压制成的块体在电炉中烧结而成。

5. 熔融共混法

熔融共混法比较适合制备工业和建筑用低温定型相变储热材料。利用相变物质和基体混合、加热熔化、搅拌均匀，再冷却制成组分均匀的储能材料。以石蜡和聚乙烯为例，将两者以一定的质量比在较高温度下熔融搅拌，使两种材料均匀混合，然后降温冷却，由于两者的熔点相差较大，聚乙烯首先凝固形成空间网状结构，石蜡则被束缚其中，由此形成定型相变石蜡。此种材料可以制成粒状、棒状，也可以制成板材。

通过微胶囊法、多孔无机载体复合法、溶胶-凝胶法、压制烧结法、熔融共混法制备的定型相变储热材料具有较好的热稳定性能，应用前景较好。尤其是通过多孔吸附法制备的定型相变储热材料，应用于混凝土、砂浆、石膏板中，可通过吸收和释放相变潜热，使室内外温度波动减弱，提升保温性能，降低能源消耗。然而定型相变储热材料与基材的结合会影响基材的一些性能，因此，为更好地利用定型相变储热材料的储热调温功能，拓展定型相变储热材料的应用领域，应加强对其制备方法和工艺的研究。

3.3.5 相变储热材料在实际应用中存在的问题和发展方向

相变储热材料制备技术日趋成熟，应用领域也在不断扩大，天然与合成的相变储热材料已经从最初的 500 种发展到 4300 种。但是，相变储热材料还存在以下问题：

（1）相变储热材料的耐久性。相变储热材料的耐久性问题主要包括：①相变储热材料在循环相变过程中热物理性质的退化问题；②有的相变储热材料会从基体材料中渗漏，在材料表面出现结霜或者冒油的现象；③在相变循环发生过程中，有些相变储热材料对基体材料产生应力作用，从而破坏基体材料。目前绝大多数的无机类相变储热材料都有不同程度的耐久性问题，相比而言，有机类相变储热材料具有较好的储能可逆性和稳定性，是相变储热材料的重要发展方向。

（2）相变储热材料的储能性能和经济性。为使储能装置更加小巧和轻便，要求相变储热材料具有更高的储能性能。目前的相变储热材料的储能密度普遍小于

120J/kg，具有合适的相变温度的高储能性能相变储热材料仍是开发的重点。此外，与其他储热方法相比，相变储热材料的价格较高，导致单位热能的储存费用上升。

相变储热材料的开发已逐步进入实用阶段，并已经广泛应用于纺织品、传热流体、建筑物、军事、农业等领域。今后相变储热材料的发展方向主要体现在以下方面：

（1）相比固-液相变储热材料，固-固相变储热材料相变时无液相出现，无需进行密闭封装，可降低相变储热材料应用成本，且具有收缩膨胀小、热效率高等优点。但是目前相变温控装置中较少采用固-固相变储热材料，主要原因是现有的固-固相变储热材料都存在一些问题。例如：多元醇类相变储热材料相变时易挥发和易溶于水，使用时仍然需要进行密封处理来防止挥发损失和防潮；层状钙钛矿类相变储热材料价格较贵、相变焓值偏低（小于 100J/g），限制了其应用等。因此，开发稳定性好、价格便宜和相变焓高的固-固相变储热材料是未来的研究方向。

（2）进一步筛选有机相变储热材料，如可再生的脂肪酸及其衍生物。对这类相变储热材料的深入研究，可以有效提升相变储能建筑材料的生态意义。

（3）开发多元相变组合材料。同一储热或储冷装置中采用相变温度不同的材料进行合理组合，可显著提高系统效率，维持相变过程中相变速率的均匀性。

（4）克服单一相变储热材料的缺点，研制出多品种的复合相变储热材料，加强对其制备方法和工艺的研究，更好地利用相变储热材料的储热调温功能，拓展相变储热材料的应用领域。

（5）进一步关注高温储热（太阳能、工业余热等）和超低温储冷（−163℃液化天然气产生的冷量），可成为重要的节能手段，形成新的产业链。有专家从空间太阳能热动力发电系统的应用研究入手，进行了高温相变储热机理的研究、相变储热过程的数值仿真与地面试验研究及储热容器的强化传热等。另外，低温储热技术是当前空调行业研究开发的热点，并将成为重要的节能手段。

（6）纳米复合材料领域的不断发展为制备高性能复合相变储热材料提供了很好的机遇。现阶段纳米复合相变储热材料主要是将有机类相变储热材料与无机物进行纳米尺度上的复合，包括在有机基质上分散无机纳米微粒和在纳米材料中添加有机物，充分结合有机类相变储热材料和无机纳米材料的优势。纳米材料不仅存在纳米尺寸效应，而且具有巨大比表面积和界面效应。将相变储热材料充分结合纳米材料的特点是制备高性能复合相变储热材料的新途径。

3.4　储热换热装置和系统设计基础

E3.5
储热换热
装置简介

目前，由于使用范围和工艺条件的不同，储热换热装置的形式也多种多样，但是无论形式如何变化，都包括储热材料、盛装储热材料的容器以及绝热结构。储热过程是将外界的电能、太阳能以及工业废热等形式的能量转换成热能，热能通过热传导、热对流和热辐射的形式传给储热材料，然后，储热材料通过显热和相变潜热的形式吸收热量，并利用绝热结构进行保存，从而完成了能量的储存，待到需要使用时放出热量即可。这样就解决了能量在转换和利用过程中，供求之间在时间和空间上的不匹配。

热传导主要是通过接触进行热量的传导，因此热传导形式的储热换热装置结构简单；热对流的本质主要是通过流体进行热量的传递，因此储热装置需要加入流动介质，如气体和液体，通常以强迫对流的形式进行热能的转换，对流储热换热装置的形式较复杂；而热辐射形式的储热换热装置在实际应用中则较少。

3.4.1 相变储热中的强化换热方法

虽然相变储热材料在能量储存领域中因其储能密度大、充放热过程中温度较稳定而受到关注，但距离其实际应用还有一定的距离。由于在相变储热过程中，固相结晶随着结晶的生长逐渐削弱了传热性能，且大多数相变储热材料的导热性能较差，导致采用相变储热材料进行储热的系统在充放热过程中换热效率非常低，热量无法快速地进行储存和释放。因此，提高相变储热材料的导热性能，使相变储热材料得到更为广泛的应用成为了学者们研究的焦点。目前，在相变储热领域中主要采用的强化换热方法有采用翅片等扩展表面、复合相变储热材料、碳纤维及相变储热材料微封装技术等。

1. 采用翅片等扩展表面

采用翅片等扩展表面来强化换热是应用较成熟的强化换热手段。Akhilesh 等人针对翅片数量对相变储热的影响进行了实验，指出单位长度的翅片数量越多，换热面积就越大，相变储热材料的熔化速率也越快。但是，当翅片数量超过某一临界值后，再继续增加其值将不能起到强化换热的效果。Gray 发现由于相变储热材料导热性能较差，大约有 25% 的相变储热材料没有凝固或者熔化，造成了浪费。因此对其进行强化传热实验。相变储热材料选为 $LiF-CaF_2$ 时，实验用厚度为 0.25mm 和 0.51mm 的翅片间隔固定在中心铜棒上，实验效果较好，传热效果可提升 160%。

综上所述，添加翅片因技术简单、易于加工制造以及成本低等优点而发展成为最常用的相变传热强化措施。

2. 复合相变储热材料

通过在相变储热材料中添加具有高热导率的功能材料制备的复合相变储热材料，可有效克服单纯相变储热材料存在的导热系数低的缺点，可以改善相变储热材料的应用效果，进而拓展其应用范围。高热导率物质可以是铝、铜等金属基体，也可以是石墨等天然多孔材料。

国内学者也对复合相变储热材料的强化传热进行了研究，如张正国等制备了石蜡膨胀石墨复合材料，经分析后发现膨胀石墨吸附石蜡后仍可保持原来疏松多孔的蠕虫状形态，石蜡被膨胀石墨微孔所吸附，复合相变储热材料的相变温度与石蜡相似，其相变潜热与基于复合材料中石蜡含量的潜热计算值相当。含 80% 石蜡的复合相变储热材料的储热时间比纯石蜡的减少 69.7%。张寅平等在实验后发现，在石蜡中加入质量百分比为 5%～20% 的铝粉和铜粉可提高相变储热材料的热导率（如掺加铝粉后，相变储热材料的热导率提高了 20%～50%；掺加铜粉后，相变储热材料的热导率提高了 10%~26%），并通过理论推导出在低热导率材料中加入金属网后有效热导率的计算方法。

3. 碳纤维

上述强化传热的方法主要是采用金属翅片结构和添加高热导率物质的方法。加入金属填料会增大整个储热装置的重量，同时还容易出现添加物下沉、与相变储热材料不兼容等问题，因而，寻求一种密度低、热导率高且与大多数相变储热材料都兼容的添加物十分必要。相比较而言，碳纤维是一种比较高效的强化换热功能材料，具有很强的耐腐蚀能力，同时与绝大多数的相变储热材料都兼容。许多价格便宜的碳纤维具有和铝、铜一样的高热导率，而且碳纤维的密度一般低于 2260kg/m³，比那些常用于强化换热的金属密度小。Fukai 等人利用碳纤维进行强化换热，主要是在壳管式换热器中加入碳素纤维并观察换热效果。管壳式储热器中碳刷质量分数为 1% 的复合相变储热材料的熔化、凝固速率分别比纯相变储热材料高 30% 和 20%。同时，与任意分布的碳纤维相比，纤维丝方向与热流方向相同的碳纤维刷会在一定程度上抵消换热过程中自然对流的作用。在相变储热材料中不定向地加入体积百分比为 2% 的碳素纤维后发现，相变储热材料的有效热导率可以提升大约 6 倍。

4. 相变储热材料微封装技术

相变储热材料与热源间的强化换热也可以通过相变微胶囊来实现。微胶囊技术将相变储热材料封闭在球形胶囊中，从而得到微米（纳米）胶囊复合相变材料，可防止相变储热材料与周围环境发生反应，同时还解决了相变储热材料的泄露、相分离及腐蚀性问题，应用中将相变储热材料微胶囊分散悬浮于单相传热流体中而构成一种固-液两相流体。由于相变储热材料分散于微米级微胶囊中，所以换热表面积非常大，而且在换热过程中，这种两相流体与外界是以强制对流形式进行热量交换的，可明显增强换热效果。微胶囊的粒径尺寸会对储热、放热效果产生直接影响。其中纳米级胶囊因壁薄、换热面积大等优点，而使相变储热材料的传热效果明显。但是，微胶囊粒径尺寸的减小会导致材料过冷、耐热性降低和封装成本增加等问题。有专家等对溴代十六烷为相变储热材料的相变微胶囊悬浮液进行了强化换热性能测试和分析，整体雷诺数为 400~1900，斯蒂芬数为 1.1~8.8。实验结果表明：与水相比，使用相变微胶囊悬浮液可降低壁面温度 3.9℃，努西尔数可提高 27%~42%。

3.4.2　热传导式相变储热换热装置

储热体是储热换热装置的核心部件，其作用是完成热量的储存和释放。在进行热量转换的过程中，储热体其实是一个换热器，根据储热、放热方式的不同，相变储热体也应该相应地变化：如果是工业余热、太阳能等外界能量，就应该在储热体上安装换热管；如果是电能的储存，可在储热体上加装加热管，即可实现热量的传递。储热体通过换热装置接受外来热能，通过内部的相变储热材料进行热量的储存。

中国科学院广州能源研究所和广东工业大学张仁元、何秀芳等对相变储热换热装置方面进行了大量的研究。应用相变点为 577℃ 的 Al-Si 合金设计制造的第一代电热相变储热热水/热风联供装置不仅效率高，使用寿命长，且体积仅为广泛推广的蓄水供能装置的15％～20％。以一种简单的热传导式相变储热换热装置为例，其换热过程为：将电能通过电热管转换成热能，再利用接触以热传导形式进行热量的释放。利用热传导式相变储热换热装置时，首先，大致确定该储热装置的形式；其次，储热体应该被安置在四面保温的条件下，与外界绝热，通过传导进行热量的传递。外界能量为电能的热传导式相变储热换热装置的基本结构如图 3.4 所示。

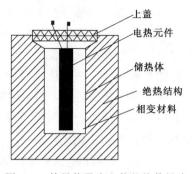

图 3.4　外界能量为电能的热传导式相变储热换热装置的基本结构

从能量传输的角度进行分析，热量的传输过程可分为储热过程和放热过程。

（1）储热过程。外界能源为电能时，储热过程通过电热管将电能转换成热能，以接触进行热传导的形式将热能传递给相变储热体。储热体中的相变储热材料吸收热量后温度继续上升，到达相变点后融化温度保持不变，发生相变过程吸收大量的潜热，相变完成后，温度再升高。储热体吸收的热量通过四周和上盖的绝热结构进行保温绝热。

（2）放热过程。当用户需要时，打开上盖以接触进行热传导或者热对流换热的形式进行热能的释放。此种装置尤其适用于电力调峰和风力发电，例如 23：00 到次日 7：00 或强风时的风力电力，将此部分电能以热能的形式进行存储，待到电网峰期或者风力较弱时，将储存的能量进行释放，给用户供热，完成能量在时间上的转移，从而起到电网调峰和克服风能间歇性的作用。

1. 储热过程理论分析

储热过程可分为储热体的温度随时间变化的集热过程和储热体温度不变的相变过程，主要包括了储热体温度随时间变化的不稳定传热过程和储热体温度不随时间变化的稳定传热过程。对于不稳定传热过程，在工程上考虑到整个储热装置绝热结构的热容量不大，因而，作为整体可以用逐步稳定法加以近似。

根据能量守恒的原则，以储热装置为整体考虑，向储热装置输入的热量（电热管供给的热能），一部分用于装置储存，另一部分用于向外界的热量传递。热平衡方程为

$$KA\theta\mathrm{d}t + C_\mathrm{v}\mathrm{d}\theta = IA\,\mathrm{d}t \tag{3.4}$$

其中
$$\theta = T_\mathrm{i} - T_\mathrm{a}$$

式中　　K ——绝热结构的总传热系数；

A ——储热装置的当量传热面积；

θ ——装置的储热体以环境温度为基点的温度；

$\mathrm{d}t$ ——微分的时间；

C_v ——装置的总热容；

$\mathrm{d}\theta$ ——在 $\mathrm{d}t$ 内的温度变量；

I —— 电热管供给的恒定热流；

T_i —— 储热体温度；

T_a —— 环境温度。

储热体吸收的热量总体可分为未发生相变、发生相变、相变结束三个阶段。

在未发生相变阶段，储热体吸收的热能为

$$Q_1 = C_{ps}(T_m - T_i)m \tag{3.5}$$

式中　C_{ps} —— 固相比热容；

T_m —— 储热介质的相变温度；

T_i —— 储热介质的初始温度；

m —— 储热材料的质量。

当储热材料处于相变阶段，此时储热体的温度保持恒定，令其为 T_m。在这种情况下，外界热流向储热装置的供热量，一部分用于潜热储存；另一部分用于向外界的热量传递。热平衡方程为

$$IA\,dt = rm + KA(T_m - T_a)dt \tag{3.6}$$

式中　r —— 单位质量相变储热材料的潜热值；

T_m —— 储热材料的相变温度。

在发生相变阶段，储热体吸收的相变潜热为

$$Q_2 = rm \tag{3.7}$$

随着温度的上升，相变储热材料由熔融状态转化成为液态，相变结束，继续进行显热储热，其吸收的热量为

$$Q_3 = C_{pl}(T_e - T_m)m \tag{3.8}$$

式中　C_{pl} —— 液相比热容；

T_e —— 储热介质储热的最终温度。

通过以上分析，储热装置从开始加热到结束，可得外界向储热装置的供热总量为

$$Q_总 = Q_1 + Q_2 + Q_3 \tag{3.9}$$

2. 储热装置的热效率和保温效率

储热装置的热效率是指在一个完整的热循环中，储热装置释放的有用能量与加入此装置的总能量之比，即

$$\eta_a = \frac{Q_u}{Q_e} \tag{3.10}$$

式中　η_a —— 储热装置的热效率；

Q_u —— 在一个完整的热循环中储热装置释放的有用能量；

Q_e —— 在一个完整的热循环中加入储热装置的总能量。

储热装置的保温效率定义为：在空载情况下，装置经过一个热循环后，剩余的能量与加入该装置的总能量之比，即

$$\eta_i = \frac{Q_e - Q_L}{Q_e} \tag{3.11}$$

式中　η_i——储热装置的保温效率；

　　　Q_e——在一个热循环中加入储热装置的总能量；

　　　Q_L——在一个热循环中储热装置总散热量。

3.4.3　储热换热装置和系统设计计算

储热换热装置的形式多样，一般情况下，主要包括储热元件、储热换热器、气-水换热器等。本节将通过谷期的电力转变为热能进行储存为例，以储热换热装置和系统设计计算两者结合的形式进行论述。

储热换热器是储热换热系统的核心部件，由储热体和外围的保温结构组成。储热体主要完成储热和换热过程，集存储器和换热器为一体。在23：00到次日7：00或强风（风力发电）时，该装置是储热过程，在储热介质中添加电热管，将电能转换为热能，相变储热材料发生相变进行热量的吸收；在电网峰期或者风力较弱时，该装置是放热过程，即实现换热器的功能，例如采用管壳式换热器形式，壳内填充相变储热材料，管程内填充换热流体，进而完成两者的换热。根据储热换热装置的运行过程，其设计主要包括储热容量、储热元件换热面积计算和保温结构与电加热管设计。

1. 储热系统容量

储热系统容量需考虑储热量和储热介质质量。储热系统容量的计算应该根据不同的应用场合进行处理，应先确定供暖功率和储热供暖模式。综合相应的技术经济分析，供暖功率和储热功率都可以根据供热和储热要求查询相应的设计规范进行计算。

储热体的储热量计算公式为

$$Q_{总} = \frac{Q_h t_{sh}}{\eta_t} \qquad (3.12)$$

式中　$Q_{总}$——储热量；

　　　Q_h——供热功率；

　　　t_{sh}——储热供暖时间；

　　　η_t——系统热效率。

储热元件填充的储热介质质量决定了储热元件的体积和尺寸，与储热介质的相变潜热、比热容、密度以及热能储存的温度范围有关，计算公式为

$$m = \frac{Q_{总}}{C_{ps}(T_m - T_i) + r + C_{pl}(T_e - T_m)} \qquad (3.13)$$

式中　m——储热介质质量；

　　　C_{ps}——固相比热容；

　　　T_m——储热介质的相变温度；

　　　T_i——储热介质的初始温度；

　　　r——单位质量相变储热材料潜热值；

　　　C_{pl}——液相比热容；

　　　T_e——储热介质的最终温度。

2. 储热元件换热面积计算

以管壳式相变储热换热器为例，利用传热学的基本理论进行分析，管壳式相变储热换热器的结构和换热过程的温度变化情况为：对于管壳式换热器，换热管通常是按正方形排列，电加热管则放置在管子之间的中心位置；在电力谷期，电加热管提供热能并传递给相变储热材料，温度上升至相变温度，储存潜热，部分热能通过相变介质传递给流经换热管的热空气，因此在金属相变合金储热换热器的导热性能较好的情况下，加热过程中电热管的表面温度与相变温度接近。此外，在储热供暖阶段，储热介质所储存的热量以潜热的形式释放给换热管内的空气，管子之间的中心可认为是保持在相变温度。

忽略流程对换热的影响，进出口的换热器温差可以表示为

$$\Delta'_t = T_m - T_{fi} \tag{3.14}$$

$$\Delta''_t = T_m - T_{fo} \tag{3.15}$$

式中　T_{fi}——储热换热器空气进口温度；

　　　T_{fo}——储热换热器空气出口温度。

平均温差利用对数温差的形式，即

$$\Delta T_m = \frac{\Delta''_t - \Delta'_t}{\ln \dfrac{\Delta''_t}{\Delta'_t}} \tag{3.16}$$

热空气所带走的热量，即空气一侧输出的功率为

$$Q = KF\Delta T_m \tag{3.17}$$

式中　K——综合换热系数；

　　　F——总传热面积。

综合换热系数 K 为

$$K = \frac{1}{\dfrac{1}{h} + \dfrac{\delta/2}{\lambda_s}} \tag{3.18}$$

式中　h——换热器内空气的换热系数；

　　　δ——换热管间相变储热材料的厚度；

　　　λ_s——相变储热材料固相导热系数。

热空气所带走的热量，即为满足供热需求的热量，气侧输出功率为供热功率。由式（3.17）可以计算出储热元件的总换热面积。由于空气输送管道有一定的热损失，为了保证换热效果，保险系数取为 1.1～1.2。

3. 保温结构与电加热管设计

保温结构的好坏直接影响相变储热换热器热效率，因此保温结构应该进行合理设计。保温结构的设计主要包括两方面：①保温材料的选取，要求材料的导热系数和比热容低、能承受一定的温度，尤其对于高温相变储热换热器，保温结构内部温度较高、外部温度较低，因此，保温结构应设计为多层结构保温材料；②保温结构厚度的确定，可以通过稳态导热过程进行计算，即

$$q_1 = \frac{T_{wi} - T_{wo}}{\dfrac{\delta_{wi}}{\lambda_{wi}} + \cdots + \dfrac{\delta_{wo}}{\lambda_{wo}}} \tag{3.19}$$

式中　T_{wi}——保温结构内侧温度；

　　　T_{wo}——保温结构外侧温度；

　　　δ_{wi}——内侧保温材料厚度；

　　　δ_{wo}——外侧保温材料厚度；

　　　λ_{wi}——内侧保温结构的导热系数；

　　　λ_{wo}——外侧保温结构的导热系数。

保温结构内侧与储热体紧密接触，在导热性能较好的情况下，可以认为保温材料内侧温度等于储热体外壁温度。由于储热元件在进行潜热储存和释放过程中，其大部分时间均处于相变过程，可将 T_{wi} 取为相变温度，T_{wo} 则以不高于环境温度 10℃为计算值。保温结构外侧温度越低，散热损失越小。

散热热流还可以通过保温结构外侧的自然对流散热量进行计算，即

$$q_1 = h_a(T_{wo} - T_a) \tag{3.20}$$

式中　h_a——空气自然对流换热系数；

　　　T_a——环境温度。

对于电加热管的设计主要包括功率和尺寸的设计，相变储热换热器全天各时段的加热功率与储热供暖模式有关，加热功率可分为谷期的储热功率和供热功率。对于半储热供暖模式，加热功率还包括平段期的供热功率。储热功率与储热量和谷期的时间有关，即

$$Q_{sh} = \frac{E_s}{t_{sh}} \tag{3.21}$$

式中　Q_{sh}——储热功率；

　　　E_s——储热量；

　　　t_{sh}——电力谷期时间。

电加热管的尺寸与加热功率和表面热流密度有关，过大的表面热流密度会导致电加热管表面温度过高，甚至超过管材的最高使用温度，降低了其使用寿命。对于插入相变合金的电热管，表面热流密度的取值范围为 $2 \sim 5\text{W/cm}^2$，电加热功率和表面热流密度的关系为

$$q_w = \frac{Q}{\pi d l} \tag{3.22}$$

式中　q_w——表面热流密度；

　　　Q——电加热功率；

　　　d——电加热管管径；

　　　l——电加热管管长。

在实际设计计算中，应该先根据储热换热器的内部结构确定电加热管的管径 d，然后再利用式（3.22）确定管长。此外，电加热管应尽量均匀分布在储热元件中，以保证储热材料内部温度均匀，避免局部过热。

3.5　相变储热技术的工程应用

相变储热技术在日常生活中的应用比较早，在 19 世纪就出现了利用相变储热材料制成的取暖装置，但在之后的近百年中，储热技术的发展一直比较缓慢。20 世纪 60 年代，NASA 为了保护宇宙飞船内的精密仪器和宇航员不受外界剧烈变化的温度影响，资助马绍尔空间飞行中心开展相变材料的研究，先后研究了 500 余种相变储热材料的性能，发现相变储热材料在热能储存和控制方面存在很大的应用潜力。储热技术的基础理论和应用技术研究在很多国家迅速崛起并得到不断发展。目前，相变储热技术的研发已逐步进入实用阶段，中、低温储热主要用于建筑节能等领域。

3.5.1　在建筑节能中的应用

近年来，随着我国经济的飞速发展和城镇化水平的不断提升，新建居住和商业建筑每年都在上升，为了满足建筑供暖的需求，需要消耗大量的能源。同时，由于人们对生活和居住环境舒适性要求的提升，建筑耗能不断增加。据统计，2017 年我国全年能源消费总量达 44.9 亿 t 标准煤，比 2016 年增长 2.9%。经过近 20 年的发展，我国建筑节能技术水平有了很大的提升，国家相继颁布了多个建筑节能法规、标准和规范。但是我国现有的建筑中，有近 95% 是高耗能建筑，达不到节能标准，新建建筑中能够达到节能标准的也很少，建筑高能耗问题愈加突出。

3.5.1.1　相变储热材料在墙体中的应用

1. 相变储热材料掺入混凝土墙板

相变型混凝土墙板是以混凝土材料为基体的复合相变调温型墙板，有利于墙室内温度的稳定，提升热舒适度，进而达到节能要求。例如：有研究者建造了两间实验房，一间房采用传统的混凝土结构，另一间采用的混凝土墙板中掺混了 5% 的相变储热材料，如图 3.5 所示。加入相变储热材料的混凝土墙板热惯性增加，材料的内部温度变化不大，室内温度变化较平缓。

图 3.5　实验房对比

2. 相变储热材料掺入石膏板

将相变储热材料掺入轻质建材中，制成相变储能建筑构件，可以有效增加建筑围护结构的热惯性，提高室内热舒适度，节约采暖空调能耗。例如：有研究者设计了墙体，外墙为轻质保温墙体，外侧是 50mm 膨胀聚苯板，内侧是 200mm 加气混凝土；内墙为轻钢龙骨石膏板隔墙，单侧石膏板厚为 20mm。观察掺入相变储热材料的石膏板全天的储热和放热过程发现，掺入相变储热材料的石膏板表面温度全天波动很小，夜间基本维持在相变温度区间内，能持续向房间放热，而普通石膏板由于储热能力太差，夜间基本不具备供热能力。

3.5.1.2 相变储热材料在供暖中的应用

低温热水相变地板是以低温热水为工质，通过循环系统将工质输送到相变地板的盘管内，加热盘管，同时将热量储存于相变层中，在需要时放热为室内供暖，满足供暖需求。

清华大学建成的超低能耗示范楼使用的就是相变储热地板，如图3.6和图3.7所示。把相变储热材料（相变温度为20～22℃）作为部分填充物安置在普通的活动地板里，在冬季的白天，储热体将由玻璃幕墙和窗户进入室内的太阳辐射热吸收并储存起来，在晚上，相变储热材料就可以把储存的热量释放到室内，从而使室内的温度波动控制在6℃以下。

图3.6　相变活动地板　　　　　　图3.7　相变混凝土地板

3.5.2　相变储热材料在其他领域的应用

1. 相变储热材料在军事伪装中的应用

根据斯蒂芬-玻尔兹曼定律，物体的红外辐射强度与物体的表面发射率和绝对温度的4次方成正比，因此可通过改变目标表面的物理温度而改变其热红外辐射强度，进而达到热红外伪装的目的。

国防科学技术大学对相变储热材料在军事伪装方面的应用设计进行了研究，图3.8是10m和50m距离观测到的坦克红外热成像图，可以看出炮裙、裙板及车轮、炮管和发动机排烟口四个部位的温度分布特征明显，这些热特征即是坦克被发现、识别和跟踪的主要依据。通过设计以上部位的相变储热模具，可对其进行伪装，满足热红外假目标的仿真需求。

(a)10m 距离观测　　　　　　　　(b)50m 距离观测

图3.8　不同探测距离的坦克红外热成像图

2. 相变储热在工业余热利用中的应用

在冶金、玻璃、水泥、陶瓷等领域都有大量的各式高温窑炉，它们的能耗非常大，但热效率通常低于 30％，工业领域的节能重点是回收烟气余热（热损失达 50％以上）。相变储热技术的突出优点之一就是可以将生产过程中多余的热能储存起来，并在需要时提供稳定的热源，特别适合于间断性的工业加热过程或具有多台不同时工作的加热设备的场合，且储热设备体积可较传统的显热蓄热装置减小 30％～50％，并同时实现节能 15％～45％。有研究者利用国防工程内部相变储热站来吸收、储存发电机组产生的余热，能够在与外界无热交换的情况下，较好地解决电站降温和热能回收再利用问题，对国防工程内部电站排烟口伪装具有重要意义。

3. 相变储热技术在太阳能热动力发电系统中的应用

太阳能热动力发电系统是一种新型的空间电力供应系统，作为未来载人飞船、大容量通信卫星、空间站等大型空间飞行器的电力来源，具有良好的发展前景。吸热器是空间太阳能热动力发电系统关键部件之一，其功能是在日照期吸收太阳能反射器反射的太阳光，将部分能量传递给循环工质以驱动热机发电，其余热能被高温相变储热材料储存，用于热动力系统处于阴影期时的正常连续运行。研究者通过对组合相变储热材料吸热器的熔化率、功率和温度变化情况进行比较，组合相变储热材料吸热器的各方面模拟性能比单一相变储热材料吸热器要好很多。采用组合相变储热材料吸热器不仅大大缓解了出口工质温度的波动，降低了容器的最大壁温，提高了相变储热材料的利用率，而且能够在保证系统性能要求的情况下，最大限度地利用相变储热材料储热和放热，降低吸热器的体积和质量，达到吸热器质量轻量化的要求，提升了经济性，是应用于先进空间太阳能热动力发电系统的极具发展潜力的吸热器方案之一。

习　　题

1. 判断题

（1）物质相变是在等温或近似等温条件下发生的。　　　　　　　　（　　）

（2）相变储热材料是指能被利用其在物态变化时所吸收（放出）的大量热能用于能量储存的材料。　　　　　　　　　　　　　　　　　　　　　　　（　　）

（3）相变储热材料都会存在过冷现象，即当温度降到凝固点时，结晶过程不进行。　　　　　　　　　　　　　　　　　　　　　　　　　　　　　　　（　　）

（4）脂肪酸类是有机相变储热材料一种。　　　　　　　　　　　　（　　）

（5）液-气相变、固-气相变比固-固相变、固-液相变的应用范围广。（　　）

（6）固-固相变储热材料主要包括无机盐类、多元醇类和交联高密度聚乙烯。
　　　　　　　　　　　　　　　　　　　　　　　　　　　　　　　（　　）

2. 单项选择题

（1）下列哪个选项不属于金属相变储热材料的特点（　　　）。

A. 储热密度大　　　B. 热导率高　　　C. 体积变化小　　　D. 比热容大

（2）与显热储能相比，相变储热的优势包括（　　　）。

A. 储能密度低　　　B. 体积小巧　　　C. 温度控制恒定　D. 节能效果显著

（3）结晶水合盐储能材料的优点是（　　）。

A. 导热系数大、溶解热高　　　　　　　B. 储热密度高、潜热大

C. 性价比高　　　　　　　　　　　　　D. 过冷结晶

（4）下列哪一项不属于相变储热材料的筛选原则（　　）。

A. 反复相变后，储热性能衰减小

B. 相变时，体积变化小

C. 高过冷度和低晶体生长

D. 应具有稳定的化学性能，无腐蚀、无害无毒

（5）下列哪个选项不属于相变储热中强化换热的方法（　　）。

A. 碳纤维

B. 相变储热材料微封装技术

C. 增加相变储热材料质量

D. 采用翅片结构

3. 简答题

（1）请简述相变储热材料的分类。

（2）请简述无机相变储热材料优缺点。

（3）请简述有机相变储热材料优缺点。

（4）请简述相变储热系统的基本要求。

（5）举例说明相变储热在科学研究和实际生产中的应用。

参 考 文 献

［1］ 张仁元，等. 相变材料与相变储热技术［M］. 北京：科学出版社，2009.

［2］ Vigo T L, Bruno J S. Temperature adaptable textile fibers and method of preparing same ［J］. Textile Chem Color, 1989, 21（5）：13 - 17.

［3］ 肖伟，王馨，张寅平. 轻质建筑中定形相变内隔墙板冬季应用效果研究［J］. 工程热物理学报，2011，32（1）：123 - 125.

［4］ 李发学. 新型红外伪装纺织品的研究［D］. 南京：东华大学，2003.

［5］ 黄琮喜，刘祥萱，王煊军，等. 具红外隐身功能石蜡微胶囊制备工艺研究［J］. 化工新型材料，2007，35（2）：70 - 72.

［6］ Abhat A. Thermal energy storage ［M］. Dordrecht：D. Reidel Publishing Company, 1981.

［7］ 袁修干，徐伟强. 相变蓄热技术的数值仿真及应用［M］. 北京：国防工业出版社，2013.

［8］ Zalba B, Marin J M. Cabeza L F, et al. Review on thermal energy storage with phase change：materials, heat transfer analysis and applications ［J］. Applied Thermal Engineering, 2003, 23（3）：251 - 283.

［9］ 张兴祥，王馨，吴文健，等. 相变材料胶囊制备与应用［M］. 北京：化学工业出版社，2009.

［10］ Akhilesh R, Narasimhan A, Balaji C. Method to improve geometry for heat transfer enhancement in PCM composite heat sinks ［J］. International Journal of Heat and Mass Transfer, 2005, 48（13）：2759 - 2770.

［11］ Gray R L, Pidcoke L H. Test of heat transfer enhancement for thermal energy storage canister ［J］. IECEC - 889164, 1988.

［12］　张正国，王学泽，方晓明．石蜡/膨胀石墨复合相变材料的结构与热性能［J］．华南理工大学学报：自然科学版，2006，34（3）：1 - 5.

［13］　张寅平，胡汉平，孔祥冬，等．相变贮能：理论和应用［M］．合肥：中国科学技术大学出版社，1996.

［14］　Fukai J，Hamada Y，Morozumi Y，et al. Improvement of thermal characteristics of latent heat thermal energy storage units using carbon - fiber Brushes：experiments and modeling ［J］. International Journal of Heat and Mass Transfer，2003，46（23）：4513 - 4525.

［15］　陈斌娇，王馨，曾若浪，等．相变微胶囊悬浮液层流强迫对流换热实验研究［J］．太阳能学报，2009，30（8）：1018 - 1022.

［16］　Cabeza L F，Castellon C，Nogues M，et al. Use of microencapsulated PCM in concrete walls for energy savings ［J］. Energy and Buildings，2007，39（2）：113 - 119.

［17］　肖伟，王馨，张寅平，等．轻质建筑中相变蓄能石膏板热性能研究［J］．建设科技，2008，123：84 - 88.

［18］　吕亚军，谢珂．相变材料在轻质围护结构中的应用研究——以天津地区为例［M］．北京：中国水利水电出版社，2015.

［19］　朱颖心，张寅平，周翔，等．一种相变材料降温服［P］．中国专利：CN1602771. 2005 - 04 - 06.

［20］　张寅平，王馨，朱颖心，等．医用降温服热性能与应用效果研究［J］．暖通空调，2003（33）：58 - 61.

［21］　Thomas J，Alphonse UB，Moritz V，et al. Phase change material for thermotherapy of buruli ulcer：a prospective observational single centre proof - of - principle trial ［J］. PLos Neglected Tropical Diseases. 2009，3（2）：e380.

［22］　M·组舒茨，R·格劳什．在电子元器件的散热器中相变材料的应用［P］．中国专利：CN1329361. 2002 - 1 - 2.

［23］　Tan F L，Tso C P. Cooling of mobile electronic devices using phase change materials ［J］. Applied Thermal Engineering，2004，24：159 - 169.

［24］　满亚辉．相变潜热机理及其应用技术研究［D］．长沙：国防科学技术大学，2010.

［25］　茅靳丰，张华，窦文平，等．相变材料技术在国防工程内部电站余热利用中的应用［J］．解放军理工大学学报，自然科学版，2004，5（4）：57 - 60.

［26］　Ahmet Kurklo. Energy storage applications in greenhouses by means of phase change materials （PCMs）：a review ［J］. Renewable Energy，1998，13（1）：89 - 103.

［27］　王宏丽．相变蓄热材料研发及在日光温室中的应用［D］．杨凌：西北农林科技大学，2013.

第4章 铅酸蓄电池

铅酸蓄电池（Lead-acid Battery，LAB）是电池中最古老的二次电池。铅酸蓄电池的电极主要由铅及其氧化物制成，电解液是硫酸溶液。放电状态下，正极主要成分为二氧化铅，负极主要成分为铅；充电状态下，正负极的主要成分均为硫酸铅。本章将主要介绍铅酸蓄电池的发展历史、基本概念、工作原理、特点、分类、材料、设计与制造、测试技术和应用。

E4.1
铅酸蓄电池介绍

4.1 铅酸蓄电池的发展历史

铅酸蓄电池是 1859 年由法国科学家普兰特（G Plante，图 4.1）发明的，1860 年，普兰特在法国科学院展示了世界上第一个铅酸蓄电池，至今已逾一个半世纪。

铅酸蓄电池加上反向电流即可进行充电，充电之后电池就可以继续使用，这标志着第一个可以重复使用的电池的问世。铅酸蓄电池改变了电池只能随着反应物耗尽而废弃的历史，自发明之时起就在化学电源中占有绝对优势。60 年以来，随着研究人员的不断研究与改进，铅酸蓄电池得到了极大的发展。在 19 世纪 80 年代初期，相对简单的铅酸蓄电池制造工艺和高容量的蓄电池被开发出来，得到了广泛的实际应用。例如，第一艘由铅酸

图 4.1 普兰特

蓄电池驱动的潜艇于 1886 年在法国下水服役；1899 年，用铅酸蓄电池驱动的电动汽车时速达到了 109km/h。20 世纪中叶开始，铅酸蓄电池开始了一轮技术发展高潮，许多新材料和新工艺迅猛发展。为了寻求铅酸蓄电池的密封化技术，各国都开展了研究。1957 年，德国阳光公司首先在民用产品市场推出实用性胶体电解质密封铅酸蓄电池，即阀控式密封铅酸蓄电池（Valve-Regulated Lead/Acid Batteries，VRLA）的 GEL 技术；美国 Gates 公司研制出铅钙合金，引领了密封铅酸蓄电池（SLA）的开发热；1969—1970 年，美国 EC 公司开发了最早的商业用阀控式密封铅酸蓄电池，该电池采用了吸液式超细玻璃纤维（AGM）隔板的贫液式系统；20世纪 70—80 年代，日本汤浅公司对小型圆筒形密封铅酸蓄电池进行改进，采用铅

钙合金板栅研制出带有气体复合装置的阀控式密封铅酸蓄电池，进一步开发了摩托车用及大容量固定型阀控式密封铅酸蓄电池，开始确定阀控式密封铅酸蓄电池的基本工艺。20 世纪 90 年代，美国出现一种称作"水平电池"的密封铅酸蓄电池，3 小时率比能量已达到 50W·h/kg。1992 年，世界上阀控式密封铅酸蓄电池用量在欧洲和美洲都大幅度增加，亚洲国家电信部门提倡全部采用阀控式密封铅酸蓄电池；1996 年，阀控式密封铅酸蓄电池基本取代传统的富液式电池，阀控式密封铅酸蓄电池得到了广大用户的认可。20 世纪末期，随着其他新概念电池的出现，专家曾预测铅酸蓄电池会逐年缩小份额，但近些年铅酸蓄电池市场的持续发展证明了铅酸蓄电池强大的市场生命力。2001 年，铅酸蓄电池在二次电池市场中稳居 60％以上份额。在储能电池领域，相对于锂离子电池和其他电池的产业规模，铅酸蓄电池仍为全球占有率最高的储电装置产品，占据储能市场 70％左右的产业规模。

近年来，我国铅酸蓄电池产业发展较快，特别是加入 WTO 后，随着国家相关产业的拉动及国际电池生产厂商在华投资的增多，我国铅酸蓄电池产业年增长速度为 20％左右。随着市场需求的变化，铅酸蓄电池的生产方式及工艺不断完善，制造水平不断提升，电池比能量、循环寿命、性能一致性、使用安全性和环保性不断提高。同时随着国际市场需求的不断增加，我国也成为世界上最大的铅酸蓄电池出口国之一，表 4.1 为 2009—2013 年我国铅酸蓄电池产量统计数据。

表 4.1   2009—2013 年我国铅酸蓄电池产量统计数据

年份	产量/(kVA·h)	同比增长/％
2009	119302547.24	—
2010	144166775.08	20.84
2011	142297329.40	−1.30
2012	174862154.52	22.89
2013	205027427.77	17.25

近年以来，电动自行车作为代步工具发展迅速，我国电动自行车的动力电池 95％以上采用铅酸蓄电池。1998 年电动自行车开始商品化上市，当年产量达 5.8 万辆，至 2013 年，年产量已达 3600 万辆，15 年间足足增长了 600 倍。可以预料，在今后相当长的一段时间内，电动自行车用蓄电池产品仍将蓬勃发展，我国的铅酸蓄电池产业也进入了一个蓬勃的发展时期。

4.2 铅酸蓄电池的基本概念

蓄电池的充电涉及许多相关的专业知识，本节先简单地介绍有关铅酸蓄电池的基本概念。

1. 铅酸蓄电池

铅酸蓄电池的电极主要由铅及其氧化物制成，电解液是硫酸溶液。铅酸蓄电池通过充电将电能转换为化学能储存起来，使用时再将化学能转换为电能释放出来。

2. 电池容量

电池容量是蓄电池使用过程中的一个重要参数，是指蓄电池在规定的放电条件下电池输出的电量，用 C 表示，其单位常用 A·h、mA·h 表示。蓄电池的容量不是定值，除受温度等因素影响外，其值还取决于放电电流的大小。一般用电流和时间的积分来定义电池的容量，如果放电电流为 I，放电时间为 T，则容量为

$$C = \int_0^T I \mathrm{d}t \tag{4.1}$$

容量又分为标准容量（额定容量）和剩余容量。额定容量是指在规定的条件下，蓄电池完全充电后所能提供的、由电池生产者规定的、表征电池容量的标准值，一般规定用恒定电流在 20℃ 或室温下的放电容量作为额定容量。剩余容量是指蓄电池在经过一定时间放电后所能继续放出的电量。

3. 放电速率

放电速率是表示放电快慢的一种度量，为了对不同容量的电池加以比较，电池的放电电流不用电流的绝对值来表示，而是用电池容量 C 和放电时间 T 的比表示，称为电池的放电速率。例如一个容量为 50A·h 的电池，对它进行 2h 的放电后，电池的电量完全放完，则它的放电速率为

$$I = C/2 = 0.5C \tag{4.2}$$

充电速率的描述和放电速率的描述相同，采用这种形式来描述电池的充放电更为直观和方便。

4. 荷电状态（State of Charge，SOC）

荷电状态是指某时刻电池所剩电量 C_r 与电池标称总容量 C_t 之比，即

$$\mathrm{SOC} = \frac{C_r}{C_t} \times 100\% \tag{4.3}$$

通常把在一定温度下电池充电到不能再吸收能量的状态定义为完全荷电状态或 100% 荷电状态，而将电池不能放出能量的状态定义为 0% 荷电状态。

5. 放电深度（Depth of Discharge，DOD）

放电深度是指蓄电池在使用过程中，电池放出的容量 C_e 与电池标准容量 C_t 之比，也就是电池所放的安时数占它的标准容量安时数的百分比，即

$$\mathrm{DOC} = \frac{C_e}{C_t} \tag{4.4}$$

容易得出，SOC 和 DOD 满足

$$\mathrm{SOC} + \mathrm{DOC} = 1 \tag{4.5}$$

放电深度的高低和蓄电池的充电寿命有很密切的关系，蓄电池的放电深度越深，其充电寿命就越短，会导致电池的使用寿命变短。当放电深度为 100% 时，电池的实际使用寿命为 200~250 次充放电循环；当将电池的放电深度减至 50% 时，它所允许的充放电循环可增至 500~600 次；当电池放电深度减为 30% 时，允许的充放电循环可达 1200 次左右。因此，为延长电池的使用寿命，在使用时应尽量避免电池处于深度放电状态。

6. 放电特性曲线

放电特性曲线通常指蓄电池在不同温度下分别以不同的电流值放电时，电池电压对于放电时间的关系曲线。蓄电池放电时的电压值不仅依赖于放电电流、温度和时间，而且与自身的种类和结构有关。

7. 充电特性曲线

充电特性曲线通常指蓄电池在不同温度下分别以不同的电流值恒流充电时，电池电压对于充电时间的曲线；或者分别以不同的电压进行恒电压充电时，充电电流对于充电时间的关系曲线。蓄电池的充电特性曲线依赖于自身的种类和结构、荷电状态与新旧程度、充电的电流值或电压值以及电解液的浓度和温度。

8. 比能量（Specific Energy）

比能量为单位质量或单位体积的蓄电池的实际电性能，通常用 W · h/kg、W · h/L 表示。

9. 平均电压（Mean Voltage）

平均电压为蓄电池在充电或放电期间的电压的平均值。

10. 充电终止电压（End-of-charge Voltage）

充电终止电压是指在规定的恒流充电期间，蓄电池达到完全荷电状态时的电压。

11. 自放电（Self-discharge）

自放电是指当蓄电池不与外电路连接时，由于蓄电池内自放电反应而引起的化学能的损失。

12. 过充电（Overcharge）

电池完全充电后仍连续进行充电，则电池处于过充电状态。

4.3　铅酸蓄电池的工作原理

铅酸蓄电池的化学表达式为

$$（-）Pb | H_2SO_4 | PbO_2（+）$$

铅酸蓄电池是典型的二次电池，能满足二次电池的要求：①电极反应可逆，是一个可逆的电池体系；②只采用一种电解质溶液，避免因采用不同的电解质而造成电解质之间的不可逆扩散；③放电产生难溶于电解液的固体产物，可避免充电时过早生成枝晶和两极产物的转移。

4.3.1　铅酸蓄电池充放电原理

铅酸蓄电池的正极活性物质是 PbO_2，负极活性物质是海绵状金属 Pb，电解液是稀硫酸。

负极反应化学式为

E4.2
铅酸蓄电池充放电动画

$$Pb + HSO_4^- - 2e^- \xrightarrow[\text{充电}]{\text{放电}} PbSO_4 + H^+ \tag{4.6}$$

正极反应化学式为

$$PbO_2+3H^++HSO_4^-+2e^- \underset{充电}{\overset{放电}{\rightleftharpoons}} PbSO_4+2H_2O \qquad (4.7)$$

电池反应化学式为

$$Pb+PbO_2+2H^++2HSO_4^- \underset{充电}{\overset{放电}{\rightleftharpoons}} 2PbSO_4+2H_2O \qquad (4.8)$$

铅酸蓄电池充放电原理如图 4.2、图 4.3 所示。

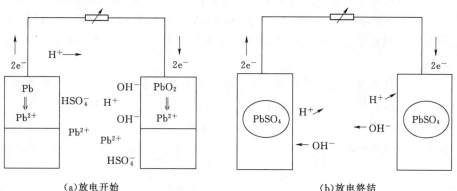

（a）放电开始　　　　　　　　　　（b）放电终结

图 4.2　铅酸蓄电池放电过程两极反应原理

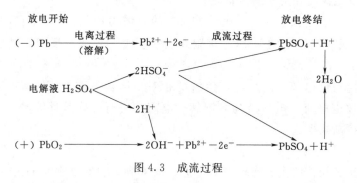

图 4.3　成流过程

4.3.2　放电过程

1. 放电前的状态

铅酸蓄电池在放电前处于完全充足电的状态，即正极板为具有多孔性的活性物质 PbO_2，负极板为具有多孔性的活性物质 Pb，正负极板放在硫酸溶液之中。

2. 溶解电离产生电动势

（1）正极板：PbO_2 属于碱性氧化物，与硫酸作用，生成过硫酸铅 $[Pb(SO_4)_2]$ 和 H_2O，产生可逆的氧化还原反应（电离），即

$$PbO_2+2H_2SO_4 \longrightarrow Pb(SO_4)_2+2H_2O \qquad (4.9)$$

其中 $Pb(SO_4)_2$ 不稳定，它又被分解成为 Pb^{4+} 和 $2SO_4^{2-}$，即

$$Pb(SO_4)_2 \longrightarrow Pb^{4+}+2SO_4^{2-} \qquad (4.10)$$

Pb^{4+} 沉淀覆盖在正极板上，SO_4^{2-} 溶入电解液中。所以，正极板相对电解液具有 2.0V 的电位。先电离出来的正负离子将分别阻碍后电离出来的正负离子。随着电离的进行，电离与反电离将达到平衡。

（2）负极板：根据电极电位原理，金属 Pb 在硫酸溶液的溶解张力作用下，Pb^{2+} 溶解到电解液中，而负极上留下 $2e^-$，即

$$Pb \longrightarrow Pb^{2+} + 2e^- \tag{4.11}$$

所以，负极板相对电解液形成约 -0.1V 的电位。先溶解出来的离子和电子将分别阻碍后电离出来的离子和电子。随着溶解的进行，溶解与反溶解将达到平衡。由此可见，铅酸蓄电池将产生电动势 E，即 $E = 2.0V - (-0.1V) = 2.1V$。

3. 放电

当外路接通时，在正负极板间的电场力作用下，负极板的电子将沿着外电路定向移动到正极板形成放电电流。正极板上的 Pb^{4+} 将得到 $2e^-$ 变成 Pb^{2+}，即

$$Pb^{4+} + 2e^- \longrightarrow Pb^{2+} \tag{4.12}$$

Pb^{2+} 很容易与溶液中的 SO_4^{2-} 结合，成为较稳定的 $PbSO_4$，沉附于正极板上，即

$$Pb^{2+} + SO_4^{2-} \longrightarrow PbSO_4 \tag{4.13}$$

电离与反电离的相对平衡被打破。

负极板上由于失去了 $2e^-$，Pb^{2+} 与 $2e^-$ 的束缚力消失，Pb^{2+} 很容易与另一个 SO_4^{2-} 结合，成为较稳定的 $PbSO_4$ 沉附在负极板上。溶解与反溶解的相对平衡被打破。

以上电离与反电离、溶解与反溶解的相对平衡被打破，溶解、电离将继续进行，以维持放电电流。电解液随着溶解、电离的进行，硫酸逐渐减少，水逐渐增多，故比重逐渐减少。

4. 放电的生成物

放电后正负极板的生成物均为 $PbSO_4$，电解液中的生成物为 H_2O。理论上讲，随着放电的进行，上述过程将进行至正负极板上的活性物质全部转变为 $PbSO_4$，电解液全部变成水，电动势减少到零为止，即完全放电状态。但实际上是不可能的，因为电解液很难渗透到极板的最内层去。

4.3.3　充电过程

1. 充电前的状态

铅酸蓄电池充电前处于完全放电状态，而充电是放电的逆反应，充电的反应物就是放电的生成物。

2. 溶解电离

$PbSO_4$ 虽然稳定，但仍属微溶性物质，微量的 $PbSO_4$ 溶解于电解液中，并进行电离，即

$$PbSO_4 \longrightarrow Pb^{2+} + SO_4^{2-} \tag{4.14}$$

3. 充电

在外电场力的作用下，正极板处 Pb^{2+} 失去 $2e^-$，并沿外电路定向移动到负极板，形成充电电流 I_c。正极板处 Pb^{2+} 由于失去 $2e^-$ 变成了 Pb^{4+}，即

$$Pb^{2+} - 2e^- \longrightarrow Pb^{4+} \tag{4.15}$$

Pb^{4+} 与 2 个 SO_4^{2-} 结合生成 $Pb(SO_4)_2$，即

$$Pb^{4+} + 2SO_4^{2-} \longrightarrow Pb(SO_4)_2 \tag{4.16}$$

$Pb(SO_4)_2$ 再与水作用，生成 PbO_2 和 H_2SO_4，即

$$Pb(SO_4)_2 + 2H_2O \longrightarrow PbO_2 + 2H_2SO_4 \tag{4.17}$$

PbO_2 则沉淀覆盖在正极板上，H_2SO_4 溶解于电解液之中。

负极板处，Pb^{2+} 获得从正极板过来的 $2e^-$ 而变成 Pb，即

$$Pb^{2+} + 2e^- \longrightarrow Pb \tag{4.18}$$

Pb 沉附于负极板上，电解液随着充电的进行，硫酸逐渐增多，水逐渐减少，故比重逐渐增大。

4. 充电后的生成物

充电后，正极板中的生成物为 PbO_2，负极板中的生成物为 Pb，电解液中的生成物为 H_2SO_4。

4.4 铅酸蓄电池的特点

近几十年，尽管有更多品种的二次电池出现，但铅酸蓄电池所具备的一系列优点是其他电池无法综合替代的，具体如下：

（1）工作电压高，可大电流脉冲放电，可以满足车辆起动和加速的功率要求，减少了大功率电子控制器件的使用，提高了车辆能量的利用效率。

（2）安全可靠。铅酸蓄电池易于识别电池荷电状态，可在较宽的温度范围内使用，放电时电动势较稳定。

（3）易于保养维护。使用期间，只需要做简单的维护即可。

（4）寿命较长。耐震和耐冲击性能好，不易损坏。

（5）可循环使用。铅酸蓄电池在放完电以后，可以用充电的方法获得复原，能再次使用，能充放电数百个循环，并且废旧铅酸蓄电池也可以通过修复、翻新的方法得到再次利用，既节约成本，又可减少旧电池对环境所造成的污染。

（6）造价较低，原材料容易得到，取材方便，而且价格便宜。

（7）原材料容易回收利用。铅酸蓄电池回收再生率远远高于其他二次电池，是镍氢电池和锂离子电池的 5 倍。

但是，铅酸蓄电池也具有以下缺点：

（1）过充电容易析出气体。在充电的末期或过充电时，反应的超电势增大，H_2 和 O_2 析出的副反应将占主导。

（2）腐蚀性强。铅酸蓄电池中硫酸溶液的溢出会污染环境。

（3）比能量偏低，实用比能量只有 $10 \sim 50W \cdot h/kg$，远远低于理论比能量（$170W \cdot h/kg$）。这是由于铅酸蓄电池的集流体、集流柱、电池槽和隔板等非活性部件增大了它的重量和体积，但活性物质的利用率却不高。

（4）循环寿命较短。虽然铅酸蓄电池循环寿命比镍镉电池和镍氢电池要高很多，但还是低于国际循环寿命指标值。影响铅酸蓄电池寿命的主要因素有热失控、环境温度、浮充电压、正极板栅的腐蚀、负极硫酸盐化、水损耗及 AGM 隔板弹性疲劳等。

4.5　铅酸蓄电池的分类

1. 按用途分类

按照用途分类，铅酸蓄电池主要分为起动用铅酸蓄电池、动力用铅酸蓄电池、固定用铅酸蓄电池和其他用途铅酸蓄电池，见表 4.2。

表 4.2　　　　　　　　　　　　铅酸蓄电池按用途分类

序号1	大类	序号2	小类	用途
一	起动用铅酸蓄电池	1	车辆用铅酸蓄电池	用于汽车、拖拉机、农用车起动、照明
		2	舰船用铅酸蓄电池	用于舰、船发动机的起动
		3	内燃机车用排气式铅酸蓄电池	用于内燃机车的起动及辅助用电设备
		4	内燃机车用阀控式密封铅酸蓄电池	用于内燃机车的起动及辅助用电设备
		5	摩托车用铅酸蓄电池	用于摩托车的起动、照明
		6	飞机用铅酸蓄电池	用于飞机的起动
		7	坦克用铅酸蓄电池	用于坦克的起动、照明
二	动力用铅酸蓄电池	8	牵引用铅酸蓄电池	用于叉车、电瓶车、工程车的动力源
		9	煤矿防爆特殊型电源装置用铅酸蓄电池	用于煤矿井下车辆动力源
		10	电动道路车辆用铅酸蓄电池	用于电动汽车、电动三轮车的动力源
		11	电动助力车辆用铅酸蓄电池	用于电动自行车、电动摩托车、高尔夫球车及电动滑板车等动力源
		12	潜艇用铅酸蓄电池	用于潜艇的动力源
三	固定用铅酸蓄电池	13	固定型防酸式铅酸蓄电池	用于电信、电力、银行、医院、商场及计算机系统的备用电源
		14	固定型阀控式密封铅酸蓄电池	用于电信、电力、银行、医院、商场及计算机系统的备用电源
		15	航标用铅酸蓄电池	用于航标灯的直流电源
		16	铁路客车用铅酸蓄电池	用于铁路客车车厢的照明
		17	储能用铅酸蓄电池	用于风能、太阳能发电系统储存电能及太阳能、风能储用和路灯照明电源

续表

序号1	大类	序号2	小类	用途
四	其他用途铅酸蓄电池	18	小型阀控式密封铅酸蓄电池	用于应急灯、电动玩具、精密仪器的动力源及计算机的备用电源
		19	矿灯用铅酸蓄电池	用于矿灯的动力源
		20	微型铅酸蓄电池	用于电动工具、电子天平、微型照明直流电源

注　来源于中国产业信息网。

（1）起动用铅酸蓄电池用于各种汽车、拖拉机、柴油机、船舶和海上平台的内燃机起动、点火和照明，要求此类铅酸蓄电池启动时具有大电流放电、低温启动性能可靠、电池内阻小。

（2）动力用铅酸蓄电池是为各种蓄电池车、铲车、矿用电机车、叉车等提供动力的铅酸蓄电池，要求此类铅酸蓄电池的极板厚、容量大。

（3）固定用铅酸蓄电池用于发电厂、变电站、通信、医疗等机构，作为保护、自动控制、事故照明、通信的备用电源，要求此类铅酸蓄电池电解液稀、寿命长，浮充使用。

（4）其他用途铅酸蓄电池包括小型阀控式密封铅酸蓄电池、矿灯用铅酸蓄电池、微型铅酸蓄电池等。

2. 按荷电状态分类

按荷电状态分类，铅酸蓄电池主要分为干式放电铅酸蓄电池、干式荷电铅酸蓄电池、带液式充电铅酸蓄电池、湿式荷电铅酸蓄电池、免维护铅酸蓄电池和少维护铅酸蓄电池。

（1）干式放电铅酸蓄电池。极板为放电态，放在无电解液的蓄电池槽中，开始使用时灌入电解液，需要进行较长时间的初充电后方可使用。

（2）干式荷电铅酸蓄电池。极板有较高的储电能力，放在干燥的充电态的无电解液的蓄电池槽中，开始使用时灌入电解液，不需要初充电即可使用。

（3）带液式充电铅酸蓄电池。充电态、带电液的蓄电池。

（4）湿式荷电铅酸蓄电池。充电态，开始使用时灌入电解液，不需要初充电即可使用，但储存时间没有干式荷电铅酸蓄电池时间长。

（5）免维护铅酸蓄电池。电解液的消耗量非常小，在规定的工作寿命期间不需要维护加水，具有耐高温、体积小、自放电率小的特点，使用寿命一般为普通蓄电池的两倍。市场上的免维护铅酸蓄电池有两种：一种是在购买时一次性加电解液，以后使用中不需要维护（添加补充液）；另一种是电池本身出厂时就已经加好电解液并封死。

（6）少维护铅酸蓄电池。在规定的工作寿命期间只需要少量维护，较长时间内加一次水，为充电态带液电池。

3. 按发展历程分类

按铅酸蓄电池的发展历程分类，其大致经历了开口式（富液式）铅酸蓄电池、富液式免维护铅酸蓄电池和阀控式密封铅酸蓄电池三个阶段的发展。

（1）开口式（富液式）铅酸蓄电池。无永久性盖子，内部有流动的电解液，充电、放电时产生的气体和酸雾可以自由逸出，内部硫酸溶液在使用、运输过程容易溢出，造成环境污染，对使用者有一定的危险性，而且电池需经常加水维护（频繁时 1 次/月），使用不便，现基本被淘汰。

（2）富液式免维护铅酸蓄电池。20 世纪 70 年代，出现了富液式免维护铅酸蓄电池，采用铅钙合金，水分解的速度减小，在一定程度上解决了电池充电失水问题，蓄电池在 3～5 年的使用期限内不需补加水，主要应用于汽车等车辆起动。

（3）阀控式密封铅酸蓄电池。美国发明了 AGM 技术，其主要特点是蓄电池装有安全阀，当电池内压力过大时可排出气体，外界气体不能进入电池内部。阀控式密封铅酸蓄电池利用吸附式 AGM 隔板和气体再化合原理，充电过程产生的氧气可以在电池内部再化合为水，充放电过程中没有水分的损失、没有酸雾的逸出，解决了电池漏酸、腐蚀、污染环境、维护问题，电池性能大大提高。具有维护工作量小、使用寿命长、安全性高、占地空间小、搬运方便等优势。阀控式密封铅酸蓄电池的应用结束了 100 多年来铅酸蓄电池的开口时代，开创了铅蓄电池发展历史上的一个新的里程碑。

4. 铅酸蓄电池新结构

随着铅酸蓄电池技术的不断发展和创新，铅酸蓄电池的性能不断得到改进，新的功能不断增加，开发出水平式、卷绕式、双极性式等多种新结构的铅酸蓄电池。

（1）水平式铅酸蓄电池。1987 年美国电源公司开始在玻璃纤维外包敷导电铅布，在此基础上开发制造先进的阀控式密封铅酸蓄电池，其独特的结构使得电池可以水平放置和使用，因而被称为水平式铅酸蓄电池，主要应用在电动汽车领域。其特点是：水平式铅酸蓄电池在生产过程中没有铅蒸汽产生，也没有板栅洗涤产生的含有酸、重金属的废水排放，所以被称为绿色铅酸蓄电池。水平式铅酸蓄电池具有高比能量、高功率、大电流放电性能好、能实现快速充电、满足动力电池要求的优点，但寿命较短。在提高循环寿命、加强工艺质量控制、降低生产成本后，水平电池将从研制阶段转为实用阶段。

（2）卷绕式铅酸蓄电池。20 世纪 60 年代末，美国 GATES 公司开始研发卷绕式铅酸蓄电池。卷绕式铅酸蓄电池首先应用于军事领域（装甲车、坦克和潜艇等）。卷绕式铅酸蓄电池是将很薄的铅箔作为极板基片，将正极板、隔板、负极板交替叠放，紧紧地卷绕在一起，制成单体为圆筒状的电池。由于卷绕式铅酸蓄电池的极板很薄，从而提高了电极的表观面积，降低了充放电时电极所承担的电流，减少了电化学极化。因此卷绕式铅酸蓄电池具有启动电流高、启动速度快、充电迅速、自放电速率小、安全性能好、比能量和比功率较高的优点，而且循环寿命得到很大的提高。目前国内的卷绕式铅酸蓄电池主要应用于医疗设备、特殊仪器、电动玩具、电动工具、通信系统、计算机、应急照明电压开关、各类型摩托车、汽车、电力、电信、国防、消防等。

（3）双极性式铅酸蓄电池。双极性式铅酸蓄电池就是由双极性板、正负单极性板、双极性隔板和电解液组成的电池，如图 4.4 所示。双极性是指一块基板的两面分别涂上正极膏和负极膏，形成的两个极性。双极性式铅酸蓄电池的优点是减少了板栅个数及汇流排铅零件的重量。与传统的铅酸蓄电池相比，双极性式铅酸蓄电池铅耗量少40%左右，重量减轻40%，体积减小40%，比能量提高约50%，循环寿命延长1倍以上，具有大电流

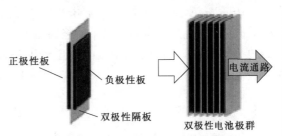

图 4.4 双极性式铅酸蓄电池结构示意图

放电、短时间充电、深循环寿命、成本低、低污染的优点。目前 OPTIMA 与 VOLVO 汽车制造商合作开发了一种 Effpower 双极性陶瓷隔膜密封铅酸蓄电池，采用了以"铅-渗透-陶瓷"作为单体电池间隔墙的技术，目前已安装在本田的 Insight 混合动力电动车上作为动力电池，其优点是输出功率高、循环寿命长。

5. 按容量分类

铅酸蓄电池采用 2V、4V、6V、8V、12V、24V 等系列，200~3000A·h 的 10 种容量型号，合适的铅酸蓄电池容量选择一直是工程建设人员主要关注的重点，容量选择不合适会导致建设或维护成本增加。目前广泛使用的汽车铅酸蓄电池为 12V 和 36V 汽车铅酸蓄电池：12V 实用化汽车铅酸蓄电池是当前汽车使用得较多的产品，但达不到作为汽车动力电源的要求；36V 实用化汽车电池把大起动能力与耐深充放电结合在一起，可适当耐热，并为汽车动力提供足够的能量。36V 电压可以通过由 3 支 12V 电池配组和通过逆变器两种途径实现。

6. 按制造方法分类

根据铅酸蓄电池的制造方法分为浇铸板栅、拉网板栅以及铅布板栅铅酸蓄电池等。

4.6 铅酸蓄电池的材料

尽管铅酸蓄电池的种类、用途、型号、规格有着很大的差别，但其制造技术和所用原材料大体相同。铅酸蓄电池的主要由电池外壳、正极板、负极板、隔板、安全阀、电解液等部分组成。

4.6.1 电池外壳

根据不同电池外壳设计的要求，其原料选用主要分为丙烯腈-丁二烯-苯乙烯共聚物（ABS）和聚丙烯（PP）两种塑料。铅酸蓄电池外壳材料大部分是 ABS，汽车用的大电池一般用 PP。

ABS 是微黄色固体，有一定的韧性，密度为 $1.04\sim1.06g/cm^3$，具有较强的抗酸、碱、盐腐蚀的能力，是一种强度高、韧性好、易于加工成型的热塑型高分子材料。ABS 表面硬度高，抗压、抗拉和抗弯曲性好，具有良好的耐热性、耐低温性、耐化学药品性及电气性，还具有易加工、制品尺寸稳定、表面光泽性好等特点，容易涂装、着色。

E4.4
铅酸蓄电池结构解剖

PP 是一种无毒、无臭、无味的乳白色高结晶的聚合物，密度只有 0.90～0.91g/cm³，是目前所有塑料中最轻的品种之一。PP 对水特别稳定，在水中的吸水率仅为 0.01％，为 ABS 的 1/16。因此为尽量减少水分的损失，可以考虑选用吸收率较低的 PP 材质。

4.6.2　正极板

铅酸蓄电池正极板栅为铅-锑合金和铅-钙合金，氧化铅为活性物质，保证足够的容量，长时间使用中保持蓄电池容量，减小自放电。

1. 铅

铅是柔软和延展性强的非磁性有毒金属，是铅酸蓄电池的主要材料。国家电池标准规定了铅纯度等级为 99.99％。

2. 铅-锑合金

与纯铅相比，铅-锑合金熔点较低，熔融状态下流动性好，铸造性能好，凝固后强度高（抗拉、硬度）；缺点是极板板栅的气体析出超电势低，易自放电，导致电池失水。为了减少铅酸蓄电池充电时气体析出，减少自放电并提高耐腐蚀性，需要降低锑含量，铅酸蓄电池正极板栅中锑含量已由传统的 5％～7％逐步降低至 2％左右甚至更低。

3. 铅-钙合金

铅-钙合金是用来制造免维护铅酸蓄电池板栅的一种含钙铅合金，优点是耐腐蚀能力强，产氢少，制成的铅酸蓄电池失水缓慢，可以达到少维护或免维护的技术要求；缺点是流动性差，钙易被氧化烧损，不宜用于深循环放电。研究发现，铅-钙合金晶间腐蚀现象严重，钙含量不易控制，电池的使用寿命较短。Bagshaw 等发现添加锡能改善钝化膜的性能，增加流动性，可改善铅-钙合金的早期能量损失，防止钙烧损，提高电池的深循环性能。

4.6.3　负极板

铅酸蓄电池负极板栅为铅-锑合金和铅-钙合金，海绵状纤维为活性物质，保证足够的容量，长时间使用中保持蓄电池容量，减小自放电。

4.6.4　隔板

隔板是蓄电池的重要组成部分，不属于活性物质。隔板的主要作用是防止铅酸蓄电池正极与负极短路、保持电解液、防止活性物质从电极表面脱落但又不使电池内阻明显增加等。因此，隔板的电阻对隔板的性能有重要影响，它是由隔板的厚度、孔率、孔的曲折程度决定的。隔板应是多孔质的，允许电解液自由扩散和离子迁移，并具有比较小的电阻。隔板的材料选择遵循孔径小、孔数多、间隙的总面积大、机械强度好、耐酸腐蚀、耐氧化以及不析出对极板有害的物质的原则。

20 世纪 50 年代起动用铅酸蓄电池隔板材料为木质，但木隔板在硫酸中不耐氧化腐蚀，致使铅酸蓄电池寿命短。为了提高铅酸蓄电池寿命，选择木隔板与玻璃丝棉混用的方法，提高了蓄电池寿命，但对电池容量、起动放电有不利影响。20 世纪 60 年代中期，研发出微孔橡胶隔板，与木隔板相比，它具有较好的耐酸性和耐氧化腐蚀性，明显地提高了蓄电池的寿命。20 世纪 90 年代相继出现 PP 隔板、聚乙烯（PE）隔板和超细玻璃纤维隔板及其复合隔板。

目前，阀控式密封铅酸蓄电池的隔板材料普遍使用 AGM 隔板，该隔板具有孔率高、比表面积大及润湿性良好的优点，能够吸附最大量的电解液。超细玻璃纤维为多孔材料，具有体质轻、导热系数低、热绝缘和吸声性能好、不燃、耐腐蚀、无毒、憎水率高等优点，并具有良好的化学稳定性。

一般而言，铅酸蓄电池的隔板要求包括：致密程度适中，厚度均匀，弹性好，外观平整，强度高，有害杂质（铁氯离子）含量低，微孔及大孔有适宜的比例、分布和方向，电解液保持能力强而且均匀，吸液快，耐酸好，价格低廉，运输便捷等。

4.6.5 安全阀

安全阀的主要作用是当电池内压高于正常压力时释放气体，保持压力正常，同时阻止氧气进入。安全阀的材质为具有优质耐酸和抗老化性能的合成橡胶。

4.6.6 电解液

铅酸蓄电池中所使用的电解液为环保硫酸水溶液，硫酸作为电解液传导离子，使电子能在电池正负极活性物质间转移，参与电能的生成和积累过程。硫酸在铅酸蓄电池中是重要的原材料之一，其在常温下是无色透明的液体，质量分数为 96% ～ 98% 的浓硫酸在 25℃时的密度为 1.841kg/L。世界各国对铅酸蓄电池硫酸的要求都较严格，我国也有专供铅酸蓄电池用的硫酸标准（HG/T 2692—2015《蓄电池用硫酸》），该标准规定了蓄电池用硫酸产品的技术指标，见表 4.3。

表 4.3 蓄电池用硫酸产品的技术指标

项 目	指 标			
	稀硫酸		浓硫酸	
	优等品	一等品	优等品	一等品
硫酸的质量分数/%	≥34.0		≥92.0	
灰分的质量分数/%	≤0.01		≤0.02	≤0.03
锰的质量分数/%	≤0.00002		≤0.00005	≤0.0001
铁的质量分数/%	≤0.0005	≤0.002	≤0.005	≤0.010
砷的质量分数/%	≤0.00002		≤0.00005	≤0.0001
氯的质量分数/%	≤0.0001		≤0.0002	≤0.0003
氮氧化物（以 N 计）的质量分数/%	≤0.00004		≤0.0001	≤0.001
铵的质量分数/%	≤0.0004	—	≤0.001	—
二氧化硫的质量分数/%	≤0.002		≤0.004	≤0.007
铜的质量分数/%	≤0.0002		≤0.0005	≤0.005
还原高锰酸钾物质（以 O 计）的质量分数/%	≤0.0004		≤0.001	≤0.002
透明度/mm	≥350		≥160	≥50

E4.5
铅酸蓄电
池生产制
造过程

4.7　铅酸蓄电池的设计与制造

铅酸蓄电池主要由极板、隔板、电解液（硫酸）、电池槽等组成。因此电池产品的设计和制造主要围绕这些方面进行。

4.7.1　极板的设计

极板主要包括铅膏和板栅两个部分。极板是整个铅酸蓄电池最重要的部件，对铅酸蓄电池的性能起着决定作用。

由于汽车用铅酸蓄电池要求能够大电流放电，需要设计成薄极板。

4.7.1.1　铅膏配方

铅膏是由一定氧化度和表观密度的铅粉与水和硫酸溶液通过机械搅拌混合而形成的具有一定可塑性的膏状物质，它是极板活性物质的母体。铅膏在铅酸蓄电池中的作用主要是为电化学反应提供、储存所需要的物质。

铅膏的主要组成成分是：氧化铅、硫酸铅、一碱式硫酸铅、三碱式硫酸铅、四碱式硫酸铅、金属铅、氢氧化铅、水及各种添加剂。

为了满足汽车用铅酸蓄电池初始容量高的要求，铅膏中三碱式硫酸铅的含量应较高。铅膏有正极板铅膏和负极板铅膏，正极板铅膏和负极板铅膏的成分不尽相同。

正负极板铅膏配方见表 4.4。

表 4.4　　　　　正负极板铅膏配方

正极板铅膏配方		负极板铅膏配方	
物料名称	用量	物料名称	用量
铅粉	(500 ± 2)kg	铅粉	(500 ± 2)kg
硫酸（1.400g/cm³）	32L	硫酸	29～31L
去离子水	59～61L	去离子水	59～61L
调整水	0～5L	调整水	0～5L
炭黑	0.25～0.35kg	炭黑	0.80～1.20kg
短纤维	0.24～0.26kg	乙炔黑	0.80～1.20kg
		硫酸钡	2.4～2.6kg
铅石膏密度	4.1～4.5g/cm³	铅石膏密度	4.3～4.7g/cm³

4.7.1.2　板栅的设计

板栅是由铅基合金通过浇铸或压铸而成的，在铅酸蓄电池中的作用有：①作为活性物质的载体起着骨架的支撑和黏附活性物质的作用；②作为电流的传导体起着集流、汇流和输流的作用；③作为极板的均流体起着使电流均匀分布到活性物质中的作用。板栅的材质是各种不同的铅基合金，一般有铅-锑合金和铅-钙合金，也可以在铅-钙合金体系中加入其他金属。

1. 板栅合金的选择

（1）铅-锑合金抗强拉强度、延展性、硬度及晶粒细化作用明显优于纯铅极板。板栅在制造中不易变形，其熔点和收缩率低于纯铅，具有优良的铸造性能，最重要的是铅-锑合金能有效改善板栅与活性物质之间的黏附性，增强了板栅与活性物质之间的裹附力，有利于铅酸蓄电池循环充放寿命。同时锑是二氧化铅成核的催化剂，阻止了活性物质晶粒的长大，使活性物质不易脱落，提高了电池的容量和寿命。但是传统铅-锑合金正极板栅制成的铅酸蓄电池在使用时，尤其在充电时，锑将会从正极板上溶解到溶液中，沉积到负极活性物质上，随着正极板栅中锑含量及循环次数的增加，负极活性物质上积累的锑量增加。而氢在锑上放电具有较低的过电位，锑的存在会使铅酸蓄电池过充，储存时析氢量增加；此外，一部分锑吸附在正极活性物质上，降低了氧在正极析出的超电势，使水的分解电压下降，充电时水容易分解，存放时加速了自放电。使用铅-锑合金板栅的铅酸蓄电池无法制成密封式，需经常向电解液加水，以补充因充电和自放电而失去的水分。

（2）铅-钙合金。免维护铅酸蓄电池最普遍使用的板栅材料是铅-钙合金。设 ω 为钙含量的质量百分数，根据钙含量可分为高钙（$\omega=0.09\%\sim0.13\%$）、中钙（$\omega=0.06\%\sim0.09\%$）和低钙（$\omega<0.04\%$）铅-钙合金。合金为沉淀硬化型，即在铅基质中形成 Pb_3Ca，金属间化合物沉淀在铅基中成为硬化网络。铅-钙合金的最主要的优点是其析氢过电位比铅-锑合金高约 $200mV$，从而有效地抑制了电池的自放电和充电时的析氢量，具有较好的免维护性能。铅-钙合金的导电能力和低温性能优于铅-锑合金。

2. 板栅尺寸的设计

对板栅的要求是要能容纳一定质量的活性物质，同时，在电流通过时，电压降的损失小。板栅的结构包括多种型式，其主要部分为周围边框、极耳、板脚、垂直肋、水平肋。

（1）板栅结构设计。板栅结构主要有垂直筋条方格型、斜筋条改进型、辐射型、半辐射型等。

（2）栅格设计。栅格应该设计成长方形，同样的活性物质量，长方形栅格所能达到的容量比正方形栅格多 20% 左右。相同的道理，同样容量的电池，使用长方形栅格能节省 20% 的铅用量，从而节约成本，而且长方形栅格与活性物质的黏结性更好，从而防震性更好。

（3）极板厚度设计。

1）厚极板与薄极板的寿命不同。在电池充放电过程中，极板内的活性物质会收缩、膨胀。随着电池使用时间的增加，活性物质会逐渐脱离板栅筋条，软化、脱落，造成电池容量衰减、电池短路等，最终导致电池寿命终止，所以厚极板比薄极板寿命长。

2）厚极板与薄极板的大电流放电性能不同。从极板的网络来说，一般横筋条主要起支撑活性物质的作用，纵筋条起导电作用。电池放电时，活性物质离散的电流聚集在纵筋条上，汇聚于极耳，筋条与活性物质的距离越短，电流汇聚需要的时间越短，短时间放出的电流越大。一般厚极板在寿命方面要求高，其板栅栅格大，这样电流到达纵筋条的时间比薄极板要长，极板越薄，大电流放电性能越优越。另外，薄极板硫酸流通的距离短，这是其大电流放电性能强于厚极板的重要原因。

虽然薄极板有利于大电流放电，但也有如下缺点：①铅合金本身较软，极板太薄，机械强度不够，防震性差；②一般而言，薄极板不利于铅膏黏结；③极板在充放电过程会发生形变，极板太薄，活性物质易脱落；④正负极板在电池使用和储存期间都会发生腐蚀，极板太薄会导致极板损坏，使电池报废。

（4）极耳宽度设计。极耳是整个极板电流的汇集和发散部位，极耳重量需与极板容量成正比，大容量用大极耳，小容量用小极耳。

（5）板脚的设计。为了增加极板的防震性，汽车用铅酸蓄电池一般采用矮脚设计。

（6）板栅筋条的设计。筋条排布设计需要考虑到：①保证隔板不变形；②保证隔板方向一致；③单面隔板效果好；④极板两边铅膏一致，在化成时不会变形。

4.7.2　隔板的选用

1. 隔板主要作用

（1）防止正负极板接触短路并保证负极板实现最短的距离。

（2）保证电解液中的正负离子顺利通过并参加反应。

（3）电解液的载体。

（4）阻缓正负极板铅膏物质的脱落及极板的受震损伤。

（5）阻止一些对电极有害的物质通过隔板进行迁移和扩散。

AGM隔板是用超细玻璃纤维经抄纸法制成的非压缩玻璃纤维多层毡型和片型结构的隔板。这种隔板具有吸酸量高、吸液速度快、亲水性好、表面积大、孔隙率高、孔径小、电阻低、耐酸性好、抗氧化性强等优点。对于阴极吸收式结构的蓄电池能提供良好的气体通道。AGM隔板主要用于贫液式阀控式密封铅酸蓄电池。

2. 电池的装配压力

在许可范围内适当增大电池的装配压力有如下好处：

（1）使活性物质在浮充寿命或循环寿命期间一直紧贴隔板，让电解液浸渍整个极板，使活性物质充分被利用；同时可减小隔板与极板的接触电阻，以增大铅酸蓄电池使用容量；还有利于氧气穿透隔板顺利扩散至负极。极板处于较大的压力作用时，AGM隔板的半通道被压缩，类似于小孔的孔径变小。

（2）避免蓄电池过早进入寿命衰退期。贫液式阀控式密封铅酸蓄电池在投入现场运行初期，存在容量衰退现象，主要原因是正极板、板栅腐蚀，正极活性物质脱落和负极难溶性 $PbSO_4$ 生成。

（3）极板间保持良好的接触。铅酸蓄电池要采用加压紧装配，使隔板与极板能够紧密接触，有利于氧气扩散。极群的装配压缩比不容许过高，因为过高的压缩比要多用隔板，造成隔板孔隙降低，吸酸值减少。

3. 装配设计

为了增强隔板的拉伸强度，防止隔板破损，应采用外层附有粗玻璃纤维的复合隔板。同时，为了防止活性物质脱落，常常把正负极板都用粗玻璃纤维包裹。

4. 隔板的大小

隔板的大小应该比极板大，以防止短路。

4.7.3 硫酸的选用

铅酸蓄电池用电解液是由硫酸与去离子水或蒸馏水配制而成的稀硫酸溶液，它在电池中的作用是：①参加电化反应；②传导溶液中的正负离子；③扩散极板产生的热量。

1. 硫酸浓度的选择

在铅酸蓄电池中，硫酸也是反应物，体积一定时，增加电解液的浓度就是增加反应物质，所以在实际使用的电解液浓度范围内，随着电解液浓度的增加，电池容量也增加，特别是高倍率放电并由正极限制电池容量时更是如此。

电解液浓度的提高对正极有利，对负极则不同，特别是在大电流低温放电时，这种差异更为显著，这时负极可能成为限制铅酸蓄电池容量的因素。

虽然高浓度电解液对正极容量有利，但超过一定限制时，电解液的固有电阻增加，黏度变大，同时自放电也增大，对电池的容量反而不利。电解液的相对密度为 $1.220\mathrm{g/cm^3}$ 时，电导率呈极大值，但是在电池放电的过程中，酸的浓度发生变化。相对密度在 $1.310\mathrm{g/cm^3}$（25℃）以上的硫酸，除会增大自放电外，还会加速电池隔板、板栅的腐蚀，一般情况下应避免使用高浓度硫酸。

铅酸蓄电池电解液的相对密度一般是 $1.24\sim1.31\mathrm{g/cm^3}$，应根据不同的使用条件选择不同的相对密度。如寒冷地区应使用相对密度较高的电解液；同一地区使用的铅酸蓄电池，冬季的电解液相对密度应较夏季高。

2. 酸量的计算

AGM 密封铅酸蓄电池必须严格控制电解液用量，使隔膜只被电解液充满到 $85\%\sim90\%$，剩下一定的空隙作为气体通道。

酸量包括两部分：被极板吸收的酸及被隔板吸收的酸。极板和隔板都只能吸收 90% 的酸。

阀控式密封铅酸蓄电池正极活性物质孔隙率为 $42\%\sim46\%$，负极活性物质孔隙率 $45\%\sim55\%$。

正极吸收的酸量为

$$V_{正极} = 正极铅膏体积 \times 孔隙率$$

负极吸收的酸量为

$$V_{负极} = 负极铅膏体积 \times 孔隙率$$

AGM 隔板的孔隙率能达到 90%，30kPa 压缩后的孔隙率为 $80\%\sim85\%$。

隔板吸收的酸量为

$$V_{隔板} = 隔板体积 \times 孔隙率$$

总酸量为

$$V = 90\% \times (V_{正极} + V_{负极} + V_{隔板})$$

4.7.4　电池槽的设计

电池槽用于盛装正负极群和电解液，盖体由于防止杂物进入铅酸蓄电池内部及防止电解液溅漏和排气，槽和盖应具有很好的绝缘性能、机械强度和防腐、防酸、耐热性。

汽车上使用的电池槽必须满足下列条件：

（1）不受密度为 1.3kg/L 的硫酸的影响。

（2）在 −40～90℃温度下应能保持尺寸稳定。

（3）耐充放电。

（4）耐合理的挤压缩。

（5）抗拉强度好，但不脆（特别在低温时）。

如果电池槽周围的负极板留有一定的空间，则氧在负极复合的空间增大，可提高 AGM 密封铅酸蓄电池的氧循环效率。

4.7.5　铅酸蓄电池制造流程

铅酸蓄电池的制造包括铅粉制造、板栅铸造、极板制造、极板化成和铅酸蓄电池化成等工艺，需要很多专业设备，包括：①铅粉制造设备，如铸粒机或切段机、铅粉机及运输储存系统；②板栅铸造设备，如熔铅炉、铸板机及各种模具；③极板制造设备，如和膏机，涂片机，表面干燥、固化干燥系统等；④极板化成设备，如充放电机；⑤水冷化成及环保设备。

铅酸蓄电池的制造工艺如下：

（1）铅粉制造。将电解铅用专用设备铅粉机通过氧化筛选制成符合要求的铅粉。

（2）板栅铸造。将铅-锑合金、铅-钙合金或其他合金铅用重力铸造的方式铸造成符合要求的各种板栅。

（3）极板制造。用铅粉和稀硫酸及添加剂混合后涂抹于板栅表面再进行干燥固化。

（4）极板化成和铅酸蓄电池化成。正负极板在直流电的作用下与稀硫酸通过氧化还原反应生产氧化铅，再通过清洗、干燥产生可用于电池装配的正负极板。

（5）装配电池。将不同型号、不同片数的极板根据不同的需要组装成各种不同类型的铅酸蓄电池。

1. 铅粉制造

铅粉制造有岛津法和巴顿法，其结果均是将 1 号电解铅加工成符合铅酸蓄电池生产工艺要求的铅粉。铅粉的主要成分是氧化铅和金属铅，其质量与制造的质量有非常密切的关系。在我国多用岛津法生产铅粉，而在欧美多用巴顿法生产铅粉。

岛津法生产铅粉的过程简述如下：

（1）将化验合格的电解铅经过铸造或其他方法加工成一定尺寸的铅球或铅段。

（2）将铅球或铅段放入铅粉机内，铅球或铅段经过氧化生成氧化铅。

（3）将铅粉放入指定的容器或储粉仓，经过 2～3 天时效，化验合格后即可使用。

铅粉主要控制参数有氧化度、视密度、吸水量、颗粒度等。

2. 板栅铸造

板栅是活性物质的载体，也是导电的集流体。普通开口铅酸蓄电池板栅一般用铅-锑合金铸造，免维护铅酸蓄电池板栅一般用低锑合金或铅-钙合金铸造，而阀控式密封铅酸蓄电池板栅一般用铅-钙合金铸造。

板栅铸造步骤如下：

（1）根据电池类型确定合金铅型号，放入铅炉内加热熔化，达到工艺要求后将铅液铸入金属模具内，冷却后出模，修整码放。

（2）修整后的板栅经过一定的时效后即可转入下道工序。

板栅主要控制参数有板栅质量、板栅厚度、板栅完整程度、板栅几何尺寸等。

3. 极板制造

极板是铅酸蓄电池的核心部分，其质量直接影响着铅酸蓄电池各种性能指标。涂膏式极板生产过程如下：

（1）将化验合格的铅粉、稀硫酸和添加剂用专用设备制成铅膏。

（2）将铅膏用涂片机或手工填涂到板栅上。

（3）将填涂后的极板进行固化、干燥，即得到生极板。

生极板主要控制参数有铅膏配方、视密度、含酸量、投膏量、厚度、游离铅含量和水分含量等。

4. 极板化成和铅酸蓄电池化成

极板化成和铅酸蓄电池化成是铅酸蓄电池制造的两种不同方法，可根据具体情况选择。极板化成一般相对较容易控制，但成本较高且存在环境污染，需专门治理。铅酸蓄电池化成质量控制难度较大，一般对所生产的生极板质量要求较高，但成本相对低一些。

阀控式密封铅酸蓄电池化成过程如下：

（1）将化验合格的生极板按工艺要求装入电池槽密封。

（2）将一定浓度的稀硫酸按规定数量灌入电池。

（3）经放置后按规格大小通直流电，一般化成后需进行放电检查配组后入库。

铅酸蓄电池化成主要控制参数有灌酸量、酸液密度、酸液温度、充电量和充电时间等。

5. 装配电池

铅酸蓄电池装配对汽车用铅酸蓄电池和阀控式密封铅酸蓄电池有较大的区别：阀控式密封铅酸蓄电池要求紧装配，一般用 AGM 隔板；而汽车用铅酸蓄电池一般用 PE、PVC 或橡胶隔板。装配过程如下：

（1）将化验合格的极板按工艺要求装入焊接工具内。

（2）铸焊或手工焊接的极群组放入清洁的电池槽。

（3）汽车用铅酸蓄电池经过穿壁焊和热封后即可。而阀控式密封铅酸蓄电池若采用 ABS 电池槽，需用专用黏合剂粘接。

电池装配主要控制参数有汇流排焊接质量和材料、密封性能、正负极性等。

4.8　铅酸蓄电池的测试技术

4.8.1　早期铅酸蓄电池电压的测量法

铅酸蓄电池的性能状态最终体现在电池的容量与落后程度上。电池落后程度是指电池在运行过程中由于内在因素引起的损坏程度，导致容量减少、内阻变大。电池的电压可以在一定程度上反映出电池性能的好坏，当电池放电到一定程度后，其电压值便开始明显降低。在早期的电池维护中，由于测试仪器的匮乏，维护人员普遍采用万用表对电池电压进行测量，通过电压高低来简单判断电池性能的好坏。而电池的实际放电能力只能通过电池实际容量反映出来，通过测量电池端电压只能在一定程度上反映电池的落后程度。实际操作中，经常会发现在浮充状态下，坏电池或者落后电池与正常电池的电压没有明显区别，也没有太好的规律性可言，大量研究实践证明，即便是浅度放电状态，单纯通过测量电池电压也不能作为以判别电池性能的条件。

4.8.2　核对放电法

长期以来，铅酸蓄电池放电试验主要沿用两种方式：一是利用实际负载进行核对性放电试验；二是利用传统电阻箱进行放电试验。传统电阻箱放电容量试验中，铅酸蓄电池组须脱离系统，利用电阻箱对铅酸蓄电池组进行放电试验，经过数小时后，可以找出最后完成放电的电池，以其到达终止电压时的放电时间与放电电流来估算其容量，并以此容量作为整组电池的容量。

容量试验是检测铅酸蓄电池容量最直接和最可靠的方法，无论是在线还是离线检测，都必须设置备用电源作为防范措施，以保证通信安全。

传统的核对放电设备普遍采用电阻丝或者水阻进行核对放电，并且是人工操作，因此程序繁琐，存在一定的人身危险，正在逐步被淘汰。目前，国内外普遍采用了新型的智能核对放电技术，该技术利用脉冲宽度调制原理，根据放电过程中电池组放电电压的变化，对放电假负载进行实时调整，以保证电池组恒流放电。

核对放电法具有容量测试准确可靠的优点，因此，仍然是目前世界上检测铅酸蓄电池性能的最可靠的方法，同时，由于核对放电本身可以对电池起到一定的维护作用，所以，核对放电是其他设备暂时还不能替代的。不过它的缺点也很突出，主要表现如下方面：

（1）核对放电时间长、风险大，电池组须脱离系统，铅酸蓄电池组所储存的化学能全部以热能形式消耗掉，既浪费了电能又费时费力，并且增加了系统的断电风险。

（2）进行核对放电试验必须具备一定的条件：首先，尽可能在市电基本保障的条件下进行；其次，机房必须有备用电池组。所以，更适于具备一主一备电池组结构的机房。

（3）目前，核对放电法只能测试整组电池的容量，不能测试每一节单体电池的容量，以容量最低的电池容量作为整组容量，而其他部分电池由于放电深度不够，其劣化或落后程度还不能完全暴露出来。

（4）频繁地对铅酸蓄电池进行深放电会产生 $PbSO_4$ 沉淀，导致极板硫酸化，容量下降，电池落后，因此，不适宜对铅酸蓄电池频繁进行深放电。

综上所述，核对放电法只能对铅酸蓄电池进行定期维护，无法满足日常维护的需要。

4.8.3　在线快速容量测试法（电池巡检法）

在放电状态下，对铅酸蓄电池组的各单体电池的端电压进行巡检，找出端电压下降最快的一节，将其确认为"落后电池"，再利用核对放电仪器，对该节电池进行核对放电，检测其容量，即代表该组电池的容量。

目前，用在线快速测试法可以较快地判定电池组中部分或者个别落后或劣化电池，但还不足以准确测定电池的好坏程度，包括电池的容量等指标，仅适宜作为定性测试参考。这种技术研究的思路是值得推广的，不过技术研究情况以及在各地基站进行的实地测试表明，除少数情况外，本方法一般都达不到理想的效果。其中影响因素有铅酸蓄电池的生产制造工艺、铅酸蓄电池电化学特性、铅酸蓄电池的实际使用与维护问题实际测试条件等。

电池巡检法的优点是操作简单、风险系数小，并可以快速查找落后电池；其最大的缺点是测试精度低，只能作为电池落后状态判定依据，不能准确测算电池的好坏程度及电池的容量指标，同时测试要求较高，如要达到一定的测试精度，则机房一般应满足包括放电因素在内的系列条件，而机房实际情况却各有差别，达不到相应的测试要求，因此测试情况并不理想，尤其是容量测试准确度较低。

4.8.4　电导（内阻）测量法

电导测量是向铅酸蓄电池两端加一个已知频率和振幅的交流电压信号，测量出与电压同相位的交流电流值，其交流电流分量与交流电压的比值即为电池的电导。电导是频率的函数，不同的测试频率下有不同的电导值，在低频率下，电池电导与电池容量相关性很好，一般测量频率在 $30Hz$ 左右。根据不同容量的电池，其测量频率一般会作相应调整，电池的容量越小，电池电阻越大，电导值越小。

电导测量法能准确查出完全失效的电池，大量的实验分析及研究结果证明，电池的容量只有降低到 50%，内阻或者电导才会有较大变化；降低到 40%，会有明显变化。因此，根据电池电导值或者内阻值，可以在一定程度上确定电池的性能，但对于电池的好坏程度，还不能提供准确的数据依据。因此，采用电导测试法测试电池的内阻或电导是判定铅酸蓄电池好坏的一种有价值的参考思路，但却不足以准确地测算出铅酸蓄电池的实际性能指标，尤其是容量指标。

电导测量法虽然测试工作比较简单，但是，由于内阻与容量线性关系不好，所以，测试结果不能很好地反映铅酸蓄电池的真实性能状。

4.8.5　容量测试技术发展趋势

在各地区的实际应用中，阀控式密封铅酸蓄电池的使用寿命是否终结的主要判据为：电池的剩余容量是否满足机房工作要求，或者满足有关维护规程的要求。随着对电池构造、工艺、工作原理的深入理解和掌控，发明了更为准确的测试方法，即通过放电检测的手段来测试电池的实际容量。国家有关电源维护规程中的核对放电试验仍是目前公认的测试剩余容量的最有效的方法，它是衡量铅酸蓄电池在关键时刻能否发挥作用、确保通信畅通与生产正常的重要手段，但由于风险大、时间过长、工作量过大，只适宜每年一次或者三年一次进行核对放电测试。

针对目前的实际情况，快速、准确、可靠、安全的铅酸蓄电池测试技术仍在探索中。

对电池组进行实际容量测试的目的在于能够准确掌握电池组的实际放电能力，根据国家有关电源维护规程以及铅酸蓄电池维护效果要求，电池组荷电容量达不到80％便应整组淘汰，但是，一般客户在使用过程中，即便电池容量已降至60％以下，有的甚至降至40％以下也还在继续使用，特别是在某些相对落后地区，电池组实际容量甚至不到20％，这非常危险，一旦发生停电事故，会造成严重的后果。铅酸蓄电池更换费用昂贵，一线工程师还不能及时、快速、准确、可靠地掌握机房电池的实际荷电能力，在这种情况下，快速定量的铅酸蓄电池容量测试技术与产品的推出就显得更为迫切。这种技术或者产品的推出，将有效解决目前困扰铅酸蓄电池测试领域的一个世界性难题。

4.9　铅酸蓄电池的应用

铅酸蓄电池经过百余年的发展与完善，已成为一种世界上广泛使用的化学电源，具有可逆性良好、电压特性平稳、使用寿命长、适用范围广、原材料丰富（且可再生使用）及造价低廉等优点，主要应用在交通运输、通信、电力、铁路、矿山、港口、国防、计算机、科研等国民经济的各个领域，是社会生产经营活动和人类生活中不可缺少的产品。

4.9.1　汽车、摩托车起动用铅酸蓄电池

1. 汽车

汽车行业是国家重点发展的支柱产业，随着汽车工业的飞速发展，铅酸蓄电池的用量也迅速增加，大约占整个铅酸蓄电池总用量的80％。我国汽车的需求居世界首位，2015 年汽车年产量达到 2450 万辆，社会保有量将达到 1.72 亿辆，如果起动

用铅酸蓄电池开发成功，将有相当大的市场，若汽车的电气系统电压由12V升至24V或36V，将给铅酸蓄电池带来新的机遇，无论使用何种电压，都必须将电源分成两部分：一部分用于为大电流放电负载服务，如用于发动机起动，传统的富液式铅酸蓄电池能适合这种要求；另一部分用于低倍率深循环用途，阀控式密封铅酸蓄电池最适合这种用途。

2．摩托车

我国是世界摩托车第一生产与销售大国，1993年我国摩托车产量首次超过日本，直到现在，我国摩托车市场仍处于需求高峰，电动摩托车作为摩托车市场的重要领域，为铅酸蓄电池开辟了新的巨大市场。目前摩托车行业使用的铅酸蓄电池仍以开口电池为主，但密封电池取代开口电池已是必然的趋势。

4.9.2　通信用铅酸蓄电池

通信行业是铅酸蓄电池的主要用户，特别是阀控式密封铅酸蓄电池占目前市场需求总量的2/3。中小型密封电池在通信系统的主要应用领域为用户接入网和通信专网。

4.9.3　电力用铅酸蓄电池

随着阀控式密封铅酸蓄电池在我国其他领域尤其是邮电通信方面的广泛应用，以及阀控式密封铅酸蓄电池的生产制造在国内的兴起，我国电力系统将阀控式密封铅酸蓄电池用于火力发电厂、变电所的控制保护和动力的直流系统中，全国各地新建、扩建的各类型发变电工程和已投运的发电厂、变电所都不同程度地采用了阀控式密封铅酸蓄电池。

4.9.4　铁路内燃机车及电力机车用铅酸蓄电池

近几年我国对基础设施的投入不断加大，铁路建设是基础建设的重点之一，"十三五"期间，国家在铁路系统的总投资达到3.5万亿元，内燃机车及动力机车用的铅酸蓄电池的需求量将非常巨大。

4.9.5　UPS电池

UPS即不间断电源，主要与计算机及精密仪器配套使用，停电的时候，它能快速转换到"逆变"状态，从而保障使用中的计算机等仪器在突然停电时不会丢失重要文件。一般家用UPS电池使用的大多是免维护型铅酸蓄电池。

4.9.6　电动汽车及电动自行车用铅酸蓄电池

1．电动汽车

随着我国经济的发展，燃油汽车拥有量剧增，汽车尾气排放成为城市大气污染的主要来源之一，为此我国政府将环境保护作为实施可持续发展战略的重要内容。我国于1996年启动汽车重大科技产业化工程项目，包括概念车的研制，电动汽车关键部件攻关（电池、电池管理等）等。作为电动汽车动力的电池种类很多，有铅酸蓄电池、镉镍电池、氢镍电池、钠氯化镍电池、锂离子电池、燃料电池等。根据我国电动汽车发展计划，期望将公交车、出租车作为电动汽车使用的主要对象，因此需要发展价格低廉的电动汽车电池。

2. 电动自行车用电池

进入 20 世纪 90 年代以来，随着经济的快速发展，人们对生活质量越来越重视，从环保和拥有轻便的私人交通工具的角度出发，产生了对电动自行车的需求。目前电动自行车所配置的电池大部分是阀控式密封铅酸蓄电池，这种铅酸蓄电池在密封铅蓄电池的基础上经过了性能改进，比能量和循环寿命方面有所突破，国内已有 108 家公司及研究所对电动自行车用阀控式密封铅酸蓄电池进行开发，但目前都还存在中高速率时比能量不够高和深循环寿命不够长等缺点，很大程度上影响了电动自行车行业的高速成长。国内自行车保有量为 2 亿辆，每年销售量为 2500 万～3000 万辆，电动自行车目前的年销售量为 10 万辆左右，一旦技术成熟，将会有一个爆发性的增长，每年的需求至少可以达到 200 万辆，以平均配置 24V、12A·h、平均寿命一年计，则年配套电池用量可望达到 58 万 kW·h，社会零售量可达 288 万 kW·h。从目前阀控式密封铅酸蓄电池的技术开发情况来看，完全有可能满足这一产品的需要。

4.9.7　储能用铅酸蓄电池

新能源（如风能、太阳能）发电时，除小部分直接输入电网外，大部分还要和电池配合，如发电时先给铅酸蓄电池充电，通过逆变器将铅酸蓄电池的直流电变换为交流电，然后对外供电。二次电池用于供电系统被认为是替代昂贵的燃气或者燃油涡轮发电机来满足用电高峰时进行负载平衡的供电方式，某些场合需要的大型电池组可达 50MW·h/1000V 量级。这一应用场合回避了铅酸蓄电池在比能量方面的不足，且使用温度范围广、安全、价格低，具有很好的性价比，因而铅酸蓄电池被认为是在短期内能满足这种应用的首选方案。远期的目标是达到 2000 次循环或 10 年运行期间成本为 90 美元/(kW·h)。

为了选择合适的铅酸蓄电池，需要全面地分析铅酸蓄电池充电和放电需求，包括负载、输出、太阳能或其他能源的类型、操作温度以及充电和其他系统组件的效率等。高尔夫车用型铅酸蓄电池和改造的电动汽车用铅酸蓄电池被广泛应用于小型固定储能系统中，因这种电池已经商品化，是最经济的选择。这样的电池（100A·h）不需维护操作，月自放电率小于 5%，在 8h 内可以充满电，在 80% 深放电条件下可循环 1000～2000 次。

习　题

1. 填空题

（1）铅酸蓄电池在放电前处于完全充足电的状态，即正极板为具有多孔性的活性物质_____，负极板为具有多孔性的活性物质_____，正负极板放在_____

的溶液之中。

（2）根据铅酸蓄电池的发展历程分类，其大致经历了三个阶段的发展，分别是_____、_____和_____。

（3）铅酸蓄电池的端电压是直流电压表测得_____之间的电压值。

（4）无需维护的铅蓄电池又叫_____。

（5）干式放电铅酸蓄电池的极板为_____，放在无电解液的蓄电池槽中，开始使用时灌入电解液，需要进行较长时间的_____后方可使用。

2. 选择题

（1）铅酸蓄电池放电时，正负极板上生成的物质是（　　）。

A. Pb　　　　　　　B. PbO_2　　　　　　C. $PbSO_4$　　　　　　D. H_2O

（2）铅酸蓄电池放电时，电解液中生成的物质是（　　）。

A. Pb　　　　　　　B. PbO_2　　　　　　C. $PbSO_4$　　　　　　D. H_2O

（3）铅酸蓄电池充电时，正极极板中生成的物质是（　　）。

A. Pb　　　　　　　B. PbO_2　　　　　　C. $PbSO_4$　　　　　　D. H_2SO_4

（4）铅酸蓄电池充电时，电解液中生成的物质是（　　）。

A. Pb　　　　　　　B. PbO_2　　　　　　C. $PbSO_4$　　　　　　D. H_2SO_4

（5）铅酸蓄电池额定容量与（　　）有关。

A. 单格数　　　　　　　　　　　B. 电解液数量

C. 单格内极板片数　　　　　　　D. 单格蓄电池极板间的隔板片数

（6）不同容量的铅酸蓄电池串联充电，充电电流应以（　　）容量的电池为基准进行选择。

A. 最大　　　　　B. 最小　　　　　C. 平均容量　　　　　D. 任意

（7）铅酸蓄电池电解液相对密度一般为（　　）。

A. 1.24～1.31　　　B. 1.34～1.65　　　C. 1.00～1.20　　　D. 1.6～1.84

（8）测量蓄电池存电量较为准确的仪器是（　　）。

A. 密度计　　　　B. 高率放电计　　　C. 数字式万用表　　　D. 示波器

3. 问答题

（1）铅酸蓄电池有哪些优点和缺点？

（2）按荷电状态分类，铅酸蓄电池主要分为哪些种类？这些种类的铅酸蓄电池的特点是什么？

（3）制造铅酸蓄电池都需要哪些材料？

参 考 文 献

［1］ 德切柯·巴普洛夫. 铅酸蓄电池科学与技术［M］. 段喜春，苑松，译. 北京：机械工业出版社，2015.

［2］ 金玫华. 铅酸蓄电池企业的职业性铅危害与防治［M］. 上海：复旦大学出版社，2011.

［3］ 刘广林. 铅酸蓄电池工艺学概论［M］. 北京：机械工业出版社，2011.

［4］ 石光，陈红雨. 铅酸蓄电池隔板［M］. 北京：化学工业出版社，2010.

［5］ 陈红雨，等. 铅酸蓄电池分析与检测技术［M］. 北京：化学工业出版社，2011.

［6］　周志敏，纪爱华. 铅酸蓄电池修复与回收技术 ［M］. 北京：人民邮电出版社，2010.

［7］　沈阳蓄电池研究所. 电池标准汇编：铅酸蓄电池卷 ［M］. 北京：中国标准出版社，2010.

［8］　刘广林. 铅酸蓄电池技术手册 ［M］. 北京：宇航出版社，1991.

［9］　戚艳. 铅酸蓄电池快速充电器的设计 ［D］. 天津：天津大学，2009.

［10］　赵瑞瑞，任安福，陈红雨. 中国铅酸蓄电池产业存在的问题与展望 ［J］. 电池，2009，39（6）：333 – 334.

［11］　张扬，王峰光. 铅酸蓄电池维护与测试现状及测试技术发展趋势 ［J］. 电源技术应用，2004（11）：697 – 701.

［12］　陈红雨，熊正林，李中奇. 先进铅酸蓄电池制造工艺 ［M］. 北京：化学工业出版社，2010.

［13］　柴树松，等. 铅酸蓄电池制造技术 ［M］. 北京：机械工业出版社，2014.

［14］　李党国，周根树，郑茂盛. 铅酸蓄电池板栅材料的研究进展 ［J］. 电池，2004，34（2）：132 – 134.

［15］　中华人民共和国工业和信息化部. 蓄电池用硫酸：HG/T 2692—2015 ［S］. 北京：化学工业出版社，2015.

第5章 镍基二次碱性电池

镍基碱性二次电池主要有镍镉电池、镍氢电池、镍铁电池、镍锌电池等。它们一般以氧化镍作为正极，以强碱溶液作为电解液。这类碱性电池大都具有轻便、寿命长、易保养等优点。本章将详细阐述具有广泛应用和优异电池性能的镍镉电池和镍氢电池。

5.1 镍 镉 电 池

5.1.1 镍镉电池概况

镍镉电池是 1899 年由瑞典尤格尔（W Jungner）发明的，至今已经历三个发展阶段：在 20 世纪 50 年代以前，镍镉电池的电极结构是极板盒式（或袋式），主要用作起动、照明、牵引及信号灯的电源；50 年代至 60 年代初期，主要发展了大电流放电的烧结式电池，用于飞机、坦克、火车等各种引擎的起动；60 年代以后，着重发展了密封式电池，可满足大功率放电的要求，用于导弹、火箭及人造卫星的能源系统，在空间应用中常与太阳能电池匹配。

我国自 20 世纪 50 年代后期开始研制镍镉电池，60 年代初开始工业化生产。镍镉电池的优点是循环寿命长（可达 2000～4000 次）、电池结构紧凑、牢固、耐冲击、耐振动、自放电较小、性能稳定可靠、可大电流放电、使用温度范围宽（−40～40℃）；缺点是电流效率、能量效率、活性物质利用率较低，价格较贵。

工业上生产的大容量镍镉电池仍以极板盒式电池为主，中小容量镍镉电池多为半烧结式或烧结式、密封箔式。

5.1.2 镍镉电池的工作原理

5.1.2.1 开口式镍镉电池

镍镉电池的结构由负极金属镉（Cd）、正极羟基氧化镍（NiOOH）和电解液氢氧化钠（NaOH）或氢氧化钾（KOH）组成。其电化学式为

$$(-)Cd\,|\,NaOH(或\,KOH)\,|\,NiOOH(+)$$

负极反应为

$$Cd+2OH^- \underset{充电}{\overset{放电}{\rightleftharpoons}} Cd(OH)_2+2e^- \tag{5.1}$$

E5.1
镍镉电池
工作原理

127

正极反应为

$$2NiOOH+2H_2O+2e^- \underset{充电}{\overset{放电}{\rightleftharpoons}} 2Ni(OH)_2+2OH^- \tag{5.2}$$

总反应为

$$Cd+2NiOOH+2H_2O \underset{充电}{\overset{放电}{\rightleftharpoons}} 2Ni(OH)_2+Cd(OH_2) \tag{5.3}$$

镍镉电池成流反应示意如图 5.1 所示。

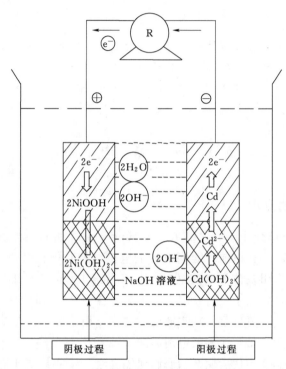

图 5.1　镍镉电池成流反应示意图

电池放电时，负极上的镉被氧化，形成 $Cd(OH)_2$；正极的 $NiOOH$ 接受负极由外电路流过来的电子，被还原成 $Ni(OH)_2$。在充电时，变化正好相反。

电池正极是 $NiOOH$，放电产物是 $Ni(OH)_2$，电池正极的氧化还原过程是通过半导体晶格中电子缺陷和质子缺陷的转移来实现的。而纯 $Ni(OH)_2$ 不导电，但在充电过程中，$Ni(OH)_2$ 也会随之被氧化，具有了半导体性质，具体表现为 $Ni(OH)_2$ 晶格中某一些数量的 OH^- 被 O^{2-} 代替，且同一数量的 Ni^{2+} 被 Ni^{3+} 代替。$Ni(OH)_2$ 半导体晶格示意图如图 5.2 所示。

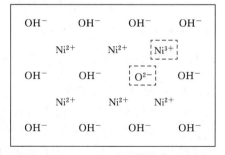

图 5.2　$Ni(OH)_2$ 半导体晶格示意图

当电极进入电解液时，界面形成双电层。这里双电层含义为：任何两个不同的物相接触都会在两相间产生电势，这是因电荷分离引起的。两相各有过剩的电荷，电量相等，正负号相反，相互吸引，形成双电层，如图 5.3 所示。$Ni(OH)_2$ 晶格中的 OH^- 释放出 H^+，通过双电层电场，经过电极表面转移到溶液中，与 OH^- 结合生成水，即

$$H^+_{(s)} + OH^-_{(l)} \longrightarrow H_2O + W_{H^+} + W_e \tag{5.4}$$

式中　s——固相；

　　　l——液相；

　W_{H^+}——质子缺陷，代表晶格中的 O^{2-}；

　W_e——电子缺陷，代表晶格中的 Ni^{3+}。

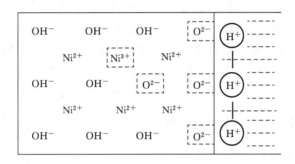

图 5.3　溶液界面双电层

在电极放电过程中，羟基氧化镍电极中的 Ni^{3+} 会接受外线路传导来的电子，结合形成 Ni^{2+}，而质子 H^+ 从溶液越过双电层，占据质子缺陷，即与 O^{2-} 结合形成 OH^-。

$$H_2O + W_{H^+} + W_e \longrightarrow H^+_{(s)} + OH^-_{(l)} \tag{5.5}$$

需要注意，当充电过程中，羟基氧化镍电极电位不断升高，在到达极限的情况下，表面层的 $NiOOH$ 会变成 NiO_2（NiO_2 可以视为吸附在 $NiOOH$ 上的化合物），此时电极的电位可以使 OH^- 氧化析出 O_2。

羟基氧化镍电极的充放电过程中电极材料的转化情况为

$$\underset{OH\quad OH}{Ni(II)} \underset{\text{放电}}{\overset{\text{充电}}{\rightleftharpoons}} \underset{O\quad OH}{Ni(III)} + H^+ \underset{\text{放电}}{\overset{\text{充电}}{\rightleftharpoons}} \underset{O\quad O}{Ni(IV)} + 2H^+ \tag{5.6}$$

电池负极是金属镉，其反应机理是溶解沉积机理，即

$$Cd + 2OH^- - 2e^- \underset{\text{充电}}{\overset{\text{放电}}{\rightleftharpoons}} Cd(OH)_2 \tag{5.7}$$

放电时，负极上的镉失去两个电子后变成 Cd^{2+}，然后立即与溶液中的两个 OH^- 结合生成 $Cd(OH)_2$，沉积到负极板上，由于 $Cd(OH)_2$ 结构疏松多孔，不会影响到 OH^- 的液相移动，不会影响电极内部的继续氧化，极大地提高了电极活性物质的利用率。充电时，负极板上的 $Cd(OH)_2$，先电离成 Cd^{2+} 和 OH^-，然后 Cd^{2+} 从外电路获得电子，生成 Cd 附着在极板上，而 OH^- 进入溶液参与正极反应。

镉电极在较高的过电位、过低温度或者过低电解液浓度下，会引起镉电极钝化，主要原因是 $Cd(OH)_2$ 脱水后，在表面形成一层 CdO。因此，对镉电极，只要

严格控制镉电极的充电电流，就可以控制氢析出。而且镉作为负极活性物质相比其他的负极材料（如：锌、铁、铅等）更具有优越性，因为镉电极还原时极化小，在碱性溶液中不发生自溶解，自放电小，并且氢在各电极表面具有较大的析出过电位。

镉电极自放电反应过程为

$$Cd-2e^- +2OH^- \longrightarrow Cd(OH)_2 \tag{5.8}$$

$$2H_2O+2e^- \longrightarrow H_2+2OH^- \tag{5.9}$$

5.1.2.2　密封式镍镉电池

密封式镍镉电池电极反应机理与开口式相同，但它可以防止电解液外漏，而且在使用过程中不必加电解液和水，工作时不会析出气体。但是在过充电时，负极析氢，正极析氧。因此，密封式镍镉电池一般加入过量的负极活性物质消减析氢的影响，电池内部也有气室，便于气体的迁移；隔膜也要选用气体容易通过的类型，保障氧气迅速向负极扩散，这些都是维持密封镍镉电池内压稳定的一些方法。

5.1.3　镍镉电池的型号和主要特征

5.1.3.1　镍镉电池的型号

根据国标 GB 7169—2011《含碱性或其他非酸性电解质的蓄电池和蓄电池组型号命名方法》标准，电池型号命名采用汉语拼音字母与阿拉伯数字相结合的表示方法。单体电池型号的组成及排列顺序为系列代号、形状代号、放电倍率代号、结构形式代号、额定容量。

（1）镍镉电池系列代号为 GN，G 为负极镉的汉语拼音的第一个大写字母，N 为正极镍的汉语拼音的第一个大写字母。

（2）电池形状代号：开口电池不标注形状代号；密封式电池形状代号用汉语拼音第一个大写字母表示，Y 表示圆形，B 表示扁形，F 表示方形。全密封式电池在其形状代号的右下角加一个脚注"1"，例用 Y_1、B_1 和 F_1 来分别表示圆形、扁形和方形的全密封电池。

（3）电池放电倍率代号：用放电倍率汉语拼音第一个大写字母表示。D、Z、G、C 分别表示低、中、高、超高倍率放电。

常见镍镉电池型号及名称见表 5.1。

表 5.1　　　　　　　　　　常见镍镉电池型号及名称

型号	名 称 及 意 义
GNY4	圆柱形密封镍镉电池，容量为 4A·h
18GNY500m	圆柱形密封镍镉电池组，由 18 只容量为 500mA·h 的单体电池组成
GN20	方形开口镍镉电池，容量为 20A·h
20GN17	方形开口镍镉电池组，由 20 只容量为 17A·h 的单体电池组成
GNF20	方形全密封镍镉电池，容量为 20A·h
36GNF30	方形全密封镍镉电池组，由 36 只容量为 30A·h 的单体电池组成

5.1.3.2 镍镉电池的主要特征

（1）高寿命。镍镉电池可以提供 500 次以上的充放电周期，寿命几乎等同于使用该种电池的设备的服务期。

（2）记忆效应。当镍镉电池重复经过几次维持在低容量的放电、充电后，如果必须做一个较大量的放电过程时，电池会无法作用，这种情形称为"记忆效应"。记忆效应可能是镍镉电池中最容易被误解的问题。放电终止电压随着使用的电压变低，表面上看起来似乎随之降低，但是放电电压的低下可以由 $1\sim2$ 次的完全放电来解决。建议 10 次充电后进行 1 次放电，以防止记忆效应。

（3）优异的放电性能。在大电流放电的情况下，镍镉电池具有低内阻和高电压的放电特性，因而应用广泛。

（4）储存期长。镍镉电池储存寿命长而且限制条件少，在长期储存后仍可正常充电。

（5）高倍率充电性能。镍镉电池可根据应用需要进行快速充电，满充时间仅为 1.2h。

（6）大范围温度适应性。普通型镍镉电池可以应用于较高或较低温度环境。高温型电池可以在 70℃ 或者更高温度的环境中使用。

（7）可靠的安全阀。安全阀提供了免维护功能。镍镉电池在充放电或者储存过程中可以自由使用。由于密封圈使用的是特殊材料，再加上密封剂的作用，使得镍镉电池很少出现漏液现象。

（8）广泛的应用领域。镍镉电池容量范围为 $100\sim7000mA\cdot h$ 不等。通常使用的有标准型、消费型、高温型和大电流放电型等四大类，可应用于任何无线设备。

（9）高质量、高可靠性。产品通过了 QS 9000 质量认证。

5.1.4 镍镉电池的设计与制造

5.1.4.1 镍镉电池的设计

镍镉电池的设计（表 5.2）思路为：一方面，镍镉电池的正负极材料和电解液都存在着一定程度的缺点，针对这些缺点使用不同的解决办法；另一方面，由于镍镉电池在充放电过程中会产生有害杂质，需要做一些提前防护措施。

表 5.2　　　　　　　　　　镍 镉 电 池 设 计

电池组分	影响电池性能因素	解决办法（添加剂）	有害杂质
正极	导电性差、质子固相扩散慢	Co、Zn、La、Yb	Fe、Mg、Ca、Si
负极	镉电极钝化	25 号变压器油、Fe、Co 等	Al、Ti、Ca
电解液	$Ni(OH)_2$ 凝结在镍极上，阻碍充电	LiOH	—

密封式镍镉电池由于正负极在充放电过程中析出气体，必须设计出能解决内部气压变化的方法。具体的设计思路如图 5.4 所示。

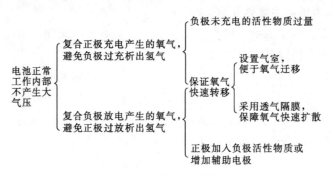

图 5.4　密封式镍镉电池设计思路

5.1.4.2　镍镉电池的制造

1. 活性物质的制备

（1）正极活性物质的制备。正极活性物质 $Ni(OH)_2$ 可分为普通型 $Ni(OH)_2$ 和球型 $Ni(OH)_2$。

普通型 $Ni(OH)_2$ 制备的反应方程式为

$$NiSO_4 + 2NaOH \longrightarrow Ni(OH)_2 \downarrow + Na_2SO_4 \qquad (5.10)$$

球型 $Ni(OH)_2$ 制备的反应方程式为

$$Ni^{2+} + 2OH^- \longrightarrow Ni(OH)_2 \downarrow \qquad (5.11)$$

或

$$Ni^{2+} + 4NH_3 + 2H_2O \longrightarrow [Ni(NH_3)_4(H_2O)_2]^{2+} \qquad (5.12)$$

$$[Ni(NH_3)_4(H_2O)_2]^{2+} + 2OH^- \longrightarrow Ni(OH)_2 \downarrow + 4NH_3 + 2H_2O \qquad (5.13)$$

普通型 $Ni(OH)_2$ 和球型 $Ni(OH)_2$ 制备工艺流程如图 5.5 所示。

（a）液相沉淀法制备普通型 $Ni(OH)_2$ 工艺流程图

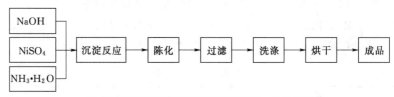

（b）氨催化液相沉淀法制备球型 $Ni(OH)_2$ 工艺流程图

图 5.5　$Ni(OH)_2$ 制备工艺流程图

（2）负极活性物质的制备。一般先制备出 CdO，再用 CdO 制备 Cd 电极，在电池化成时将 CdO 转化成 Cd 电极；也可以直接制备海绵状金属镉。另外，由于电池在实际使用中，金属镉会发生钝化，如在较高过电位下、较大的放电电流时或是反复充放电中金属镉发生重结晶。因此，在制备负极中加入一定量的表面活性剂或是添加剂来抑制金属镉发生钝化。实际生产中常用的是苏拉油或是 25 号变压器油，

添加剂常用的是 Fe_3O_4。

2. 电极制备

镍镉电池的电极根据制造工艺对电池性能要求的不同可分为有极板盒式电极和无极板盒式电极，其中无极板盒式电极又包括烧结式电极、黏结式电极、泡沫镍电极、纤维镍电极和电沉积式电极，各类电极制备的比较见表5.3。

（1）有极板盒式电极。又称为袋式电极，有结构牢固、耐振动、寿命长、自放电小、制造成本低等优点，但比能量较低。

（2）烧结式电极。根据极板厚度一般分为板式烧结电极和箔式烧结电极。其中：①板式烧结电极正极厚度为 2～3mm，负极厚度为 1.3～1.8mm，其特点为电极寿命长、自放电小、制造成本低，但比表面积小，限制了其充放电速率；②箔式电极的极板厚度为 0.5～1.0mm，比表面积大，组装成的电池内阻小，适合大电流放电，耐过充电性能好，但自放电比板式电极要大。

表 5.3　　　　　　　　　各类电极制备的比较

电极		原料特别成分	填充方式	骨架
有极板盒式电极		—	直接填充	穿孔镀镍钢带制成的扁平盒子
无极板盒式电极	烧结式电极	造孔剂	浸渍	烧结而成的多孔镍基板
	黏结式电极	黏结剂	压成/涂膏	穿孔镀镍钢带
	泡沫镍电极	—	压成/涂膏	泡沫镍基体
	纤维镍电极	—	压成/涂膏	纤维镍基体
	电沉积式电极		电解	穿孔镀镍钢带

（3）黏结式电极。其制作工艺简单，耗镍量少，成本最低。

（4）泡沫镍电极。容量密度高达 $500mA \cdot h/cm^3$，电极活性物质利用率高达 90% 以上，制作工艺简单、设备投资少、快速充放电性能好，但是受限于生产技术，电极性能不大稳定。

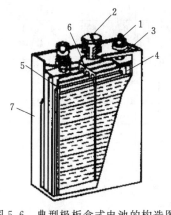

图 5.6　典型极板盒式电池的构造图
1—极柱；2—气塞；3—盖；4—正极板；
5—负极板；6—绝缘棍；7—外壳

（5）纤维镍电极。以纤维镍毡状物做基体，向基体孔隙填充活性物质。此类电极强度高，导电性能较好，具有高比容量和高活性，制造工艺简单，成本低，可大规模连续生产，但镍纤维容易造成电池正负极微短路，导致自放电变大。

（6）电沉积式电极。具有制造工艺简单、生产周期短、活性物质利用率高、比容量高等特点。但是电沉积过程的影响因素较多，重复性较差。

E5.2
镍镉电池
结构解剖

3. 镍镉电池的制造

典型极板盒式电池的构造如图 5.6 所示，其制造过程为：首先，将正负极活性物质分别经过包粉、拼条压纹、切片装筋，最后进行极板成型，制成正负极板；其次，正负极板交替穿插，负极板比正极板多一片，各极板之间用绝缘隔离物隔开；然后，装入铁壳或塑料外壳，封盖，极柱从盖的极柱孔中引出；最后，进行化成，这一步骤是为了清除硫酸盐和碳酸盐，除去电极表面浮灰，使活性物质活化。

5.1.5　镍镉电池的性能与保养

5.1.5.1　镍镉电池的性能

通常用 LAND（蓝电）测试系统对镍镉电池进行充放电测试，考察电池容量、电压和循环寿命等性能指标。表征电池性能的一个很重要的参数是电池容量，其单位为 A·h，用来表示充放电速率快慢的参数有倍率和小时率，两者呈倒数关系。小时率可简单理解为完成充（放）电所需时间，倍率可简单理解为充放电电流的大小，倍率通常以 xC（Capacity，容量）表示，即数值上为电池容量的倍数。

1. 充放电特性

密封镍镉电池在不同充电倍率下的充电曲线如图 5.7（a）所示。可见，充电电流越大，充电电压越高；且这些充电曲线都有一个最高点，这是因为此时电池刚充满电，正极上析出氧气后转移到负极被复合，导致电压有所降低。镍镉电池的放电特性如图 5.7（b）和图 5.7（c）所示，观察图中镍镉电池低倍率的放电情况，放电平台（在图像中为近似水平线）在 1.2V 左右。从放电曲线还可看出镍镉电池容量会受放电温度和放电倍率的影响。

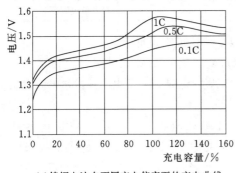

（a）镍镉电池在不同充电倍率下的充电曲线

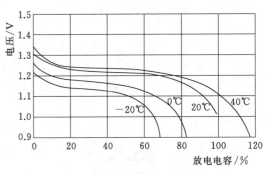

（b）镍镉电池在不同温度下的1C放电曲线

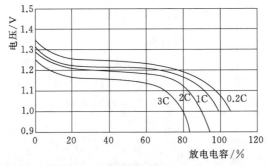

（c）镍镉电池不同倍率下的放电曲线

图 5.7　镍镉电池充放电曲线

2. 自放电特性和储存特性

自放电指电池在不对外界放电的情况下，内部进行自我放电。这是由充电产生的 NiO_2 不稳定造成的。镍镉电池不同储存温度下的保存容量曲线如图 5.8（a）所示，可知高温储存下电池自放电严重，储存能力会随着环境温度的升高而减弱。

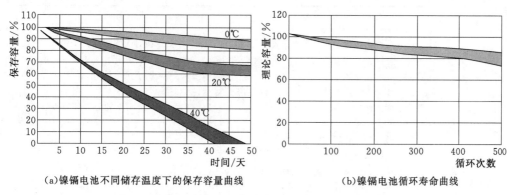

(a)镍镉电池不同储存温度下的保存容量曲线　　　(b)镍镉电池循环寿命曲线

图 5.8　镍镉电池保存容量和循环寿命曲线

3. 循环寿命

循环寿命指电池在一定的充放电条件下，容量跌至某规定值时（比如初始容量的 70%）所经历的充放电次数。一次充放电称为一个循环或周期。镍镉电池的循环寿命如图 5.8（b）所示，可知镍镉电池循环寿命长达 400 次以上。

4. 记忆效应

记忆效应，通俗来说是电池在没有完全放完电的情况下对电池进行充电，会出现电池容量无法回到原来水平的现象，多见于烧结式电极。

一般可通过再调节法来改善，如以小电流放电到 1V，再以小电流进行一次全充放，如此重复几次。

5.1.5.2　镍镉电池的保养

镍镉电池的保养原则如下：

（1）镍镉电池应少用大电流充电，应使用匹配的充电器，不宜过充。

（2）镍镉电池若暂时不用，应充满存放在干燥阴凉通风处，且定期进行一次充放电或涓流充电。

（3）多节镍镉电池的使用应选用性能相近的电池，不应新旧电池混用。

（4）严禁对镍镉电池反向充电。

5.1.6　镍镉电池的应用

镍镉电池也是较早出现的电池，最早应用于手机、笔记本电脑等设备，它具有良好的大电流放电特性、耐过充放电能力强、维护简单。镍镉电池是由两个极板组成，一个是由羟基氧化镍组成，另一个由镉组成，这两种金属在电池中发生可逆反应，因此电池为可以重新充电的二次电池。

镍镉电池的特点是效率高、循环寿命长、能量密度大、体积小、重量轻、结构紧凑、价格便宜、不需要维护，在工业和消费产品中得到了广泛应用。通常使用的有标准型、消费型、高温型和高倍率放电型等四大类，可应用于任何无线设备。不同类型镍镉电池的特征和应用实例见表 5.4。

表 5.4　　　　　　　　　　不同类型镍镉电池的特征和应用实例

类　型	特　征	应 用 实 例
标准型	(1) 高寿命：超过 500 次的充放电周期。 (2) 免维护：操作简单 (如干电池)，但请避免过放或过充。 (3) 性能稳定：低度热敏感，可以应用于大范围温度条件	(1) 对讲机，无绳电话。 (2) 量具，计算器。 (3) 遥控汽车及其他电动玩具。 (4) 摄影灯，探照灯。 (5) 家用电器，如电动剃须刀等
消费型	(1) 高寿命：超过 500 次的充放电周期。 (2) 大电流放电。 (3) 可替代 1.5V 干电池：虽然标称电压为 1.2V，但该类型电池完全可以应用于使用 1.5V 干电池的设备	(1) 家用电器，如电动剃须刀，录音机等。 (2) 耳机立体系统，CD 机，收音机。 (3) 量具，计算器
高温型	(1) 优异的高温充放电性能：在 35～70℃ 的高温下，仍拥有很高的小电流充电效率。 (2) 高寿命及高可靠性。 (3) 良好的耐过充性能	(1) 应急灯。 (2) 导向灯
高倍率放电型	(1) 优异的大电流放电特性：以 0.2C 放电的额定容量为基准，6C 放电可放出 90%，10C 放电可放出 85%。 (2) 经济性及性能稳定性	(1) 家用电器，如电动剃须刀，录音机等。 (2) 耳机立体系统，CD 机，收音机。 (3) 量具，计算器。 (4) 其他高功率放电设备

另外，大型极板盒式和开口式镉镍电池主要用于铁路机车、矿山、装甲车辆、飞机发动机等作起动或应急电源。圆柱密封式镉镍电池主要用于电动工具、剃须器等便携式电器。小型扣式镉镍电池主要用于小电流、低倍率放电的无绳电话、电动玩具等。由于废弃镍镉电池对环境的污染，镍镉电池将逐渐被性能更好的镍氢电池所取代。

5.2　镍　氢　电　池

5.2.1　镍氢电池概况

镍氢电池是继镍镉电池之后的新一代高能二次电池，由于其具有高容量、大功率、无污染等特点而备受人们的青睐，是当今二次电池重要的发展方向之一。

镍氢电池是一种绿色环保电池，由于储氢合金材料的技术进步，大大地推动了镍氢电池的发展，而且淘汰镍镉电池的步伐也已加快，镍氢电池发展的黄金时代已

到来。镍氢电池的技术发展大致经历了三个阶段：第一阶段即 20 世纪 60 年代末至
70 年代末，为可行性研究阶段。第二阶段即 20 世纪 70 年代末至 80 年代末，为实
用性研究阶段：1984 年开始，荷兰、日本、美国都致力于研究开发储氢合金电极；
1988 年美国 Ovonic 公司，以及 1989 年日本松下、东芝、三洋等电池公司先后成功
开发镍氢电池。第三阶段即 20 世纪 90 年代初至今，为产业化阶段。我国于 20 世纪
80 年代末研制成功电池储氢合金，1990 年研制成功 AA 型镍氢电池，截至 2005 年
年底，全国已有 100 多家企业能批量生产各种型号规格的镍氢电池，国产镍氢电池
的综合性能已经达到国际先进水平。在国家"863"计划的推动下，镍氢动力电池
是"十五"计划中我国电池行业重点之一，镍氢电池作为动力在电动汽车和电动工
具方面应用的研究已经取得了一定的成效，目前镍氢电池逐步向高能量型和高功率
型双向发展。

镍氢电池可分为高压镍氢电池和低压镍氢电池两类。高压镍氢电池是 20 世纪
70 年代初由美国的 Klein 和 Stockel 等首先研制的，单体电池采用氢电极为负极，
镍电极为正极，在氢电极和镍电极间夹有一层吸饱 KOH 电解质溶液（20℃密度为
1.30g/cm^3）的石棉膜。氢电极是以活性炭作载体和聚四氟乙烯（PTFE）作为黏结
剂的多孔气体扩散电极，由含铂催化剂的催化层、拉伸镍网导电层、多孔聚四氟乙
烯防水层组成。镍电极可以用压制的 $Ni(OH)_2$ 电极，也可用烧结的 $Ni(OH)_2$ 电
极。高压镍氢电池有其独特的优点，见表 5.5。但由于其缺点也比较明显，如需耐
高压容器、自放电较大、电池密封难度大和成本高等，因此目前研制的高压镍氢电
池主要应用在空间技术领域。对于民用领域，则主要采用低压镍氢电池。

表 5.5　　　　　　　　　　　　　　高压镍氢电池的特点

优点	(1) 具有较高的比能量。 (2) 寿命长。 (3) 耐过充过放。 (4) 可以通过氢压来指示电池荷电状态
缺点	(1) 需耐高压容器，充电后氢压达 3～5MPa。 (2) 自放电较大。 (3) 电池密封难度大，不能漏气，安全性差。 (4) 成本高

5.2.2　镍氢电池的工作原理

镍氢电池以储氢合金作为负极，氢氧化镍作为正极，氢氧化钾碱性水溶液作为
电解液。在电化学反应过程中，镍和氢在发生反应时，氢的电位电动势比镍的电位
电动势低，从而形成电势差，在充电的时候，正极 $Ni(OH)_2$ 被氧化成 NiOOH，负
极上的 H_2O 得到电子变为 OH^- 及氢原子嵌入到储氢合金；而放电的时候是相反的
过程，从而形成一个可逆的化学反应，如图 5.9 所示。

充电时，正极反应为

E5.3
镍氢电池
的工作
原理

$$Ni(OH)_2 + OH^- \xrightarrow{\text{充电}} NiOOH + H_2O + e^- \tag{5.14}$$

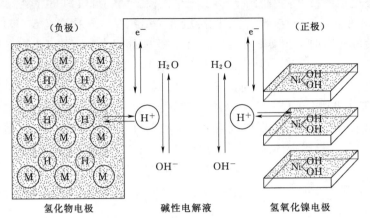

图 5.9　镍氢电池的工作原理图

负极反应为

$$M + H_2O + e^- \xrightarrow{\text{充电}} MH + OH^- \tag{5.15}$$

总反应为

$$M + Ni(OH)_2 \xrightarrow{\text{充电}} MH + NiOOH \tag{5.16}$$

放电时，正极反应为

$$NiOOH + H_2O + e^- \xrightarrow{\text{放电}} Ni(OH)_2 + OH^- \tag{5.17}$$

负极反应为

$$MH + OH^- \xrightarrow{\text{放电}} M + H_2O + e^- \tag{5.18}$$

总反应为

$$MH + NiOOH \xrightarrow{\text{放电}} M + Ni(OH)_2 \tag{5.19}$$

式中　M——储氢合金；

　　　MH——吸附了氢原子的储氢合金，最常用的储氢合金为 $LaNi_5$。

5.2.3　镍氢电池的型号和特点

5.2.3.1　镍氢电池的型号

　　镍氢电池通常有 A、AA、AAA、AAAA、SC、C、D、F 等型号，民用电池 5 号为 AA 电池，7 号为 AAA 电池，1 号为 D 电池，2 号为 C 电池。常见型号镍氢电池尺寸及其容量范围见表 5.6。

表 5.6　　　　　　　　　　常见型号镍氢电池尺寸及其容量范围

型号	光身直径/mm	标准高度/mm	容量范围/(mA·h)
AAAA	8.2	40.0	300 以下
AAA	10.0	43.0	700 以下
	10.1	43.0	1000 以下

续表

型号	光身直径/mm	标准高度/mm	容量范围/(mA·h)
AA	13.9	49.0	1500 以下
	14.1	50.0	2500 以下
A	16.5	50.0	2500 以下
SC	22.0	43.0	3500 以下
C	25.2	49.0	4500 以下
D	32.2	60.0	9000 以下
F	32.2	90.0	13000 以下

5.2.3.2　镍氢电池的特点

（1）充电特性。温度与充电速率对镍氢电池的充电电压有明显的影响：温度高，充电电压低；充电速率快，充电电压高。

（2）放电特性。镍氢电池放电过程总的容量和电压与使用条件有关，如放电倍率、环境温度等。一般情况下，放电倍率越大，放电容量与放电电压越低；环境温度下降，放电容量与放电电压下降。

（3）温度特性。由于充电效率依赖于温度，因此，在较高的温度下充电时，电池的放电容量会降低。在相同放电倍率下，环境温度不同，放电电压也不同。随着放电倍率提高，温度对放电容量的影响越来越显著，特别是在低温条件下放电时，放电容量下降更明显。

（4）自放电特性。引起镍氢电池自放电的因素很多，其中储氢合金的组成、使用温度、电池的组装工艺对其影响较大。其中：储氢合金的析氢平台压力越高，氢气越容易从合金中逸出，自放电越明显；温度越高，镍氢电池自放电越大；隔膜选择不当，组装不合理，随着电池充放电次数的增加，合金粉末出现脱落或形成枝晶等现象，都会加速自放电，甚至短路。

（5）循环寿命。镍氢电池的容量随着充放电次数的增加而减少，要提高镍氢电池的循环寿命，除了改善电极的性能之外，还要改善电池的组装工艺。

5.2.4　镍氢电池的设计与制造

电池设计是电池制备中的关键一步，它是根据电池的工作电压、工作电流、工作时间、循环寿命、工作环境的极限条件、电池尺寸等性能指标要求，最终确定制备电池时的电极尺寸、活性物质用量、电解液、隔膜、装配工艺等参数，并依据这些参数制成电池。

E5.4
镍氢电池
结构解剖

5.2.4.1　镍氢电池工艺参数的设计

镍氢电池的极片尺寸包括极片高度、厚度、长度。在电池体积比容量的要求一定时，三者相互制约，同时与电池的极片电流密度和电池的装配松紧度相关，设计时必须兼顾如下内容：

（1）根据极片质量、极片的活性物质填充密度确定正极片的体积。在镍氢电中，采取正极限制容量，即正极容量为电池容量。

（2）正负极配比的确定。在实际应用中，为了增加电池的耐过充过放性能及提高正极材料的利用率，镍氢电池通常应采取负极容量过剩的方案。

（3）根据极片质量、极片的压实密度确定负极片的体积。

（4）根据电池高度确定极片宽度。

（5）极片厚度和长度受电流密度和装备松紧度的影响，正极极板厚度一般为 0.5~0.8mm，极片长度为 180~360mm；电池负极极片的长度根据正极长度来确定，以卷绕时末端刚好盖住正极为宜，极片面积越大，单位面积通过的电流密度越小，高倍率放电性能越好。

（6）电池隔膜尺寸的确定。隔膜长度一般取为正负极长度之和，再加上小隔膜长度（小隔膜用于电池起卷处防止正负极短路）。

（7）电池装配松紧度的验证。电池的松紧度不能太高，超过 95% 将会导致装壳困难；也不可太松，低于 85% 将会影响电池性能的发挥。

（8）电解液浓度与用量的确定。电解液量对电池输出功率有影响，并且电解液的用量和电池的寿命有关系，在保证电池不漏液的情况下应尽可能多注碱液。

5.2.4.2　镍氢电池制备工艺流程

镍氢电池的工业制备通常有如下流程：

（1）电池正极采用粉末轧制成型工艺制备，将活性物质球型 $Ni(OH)_2$ 按一定比例的 PTFE 乳液（60%）搅拌均匀，用加毛刷的拉粉机填充在发泡镍骨架上。发泡镍经过预压后进入粉箱由毛刷上粉，再经辊压机压制成型，除尘装置除去电极表面粉尘和预留槽位粉尘，切片后电极的底端边缘浸一定比例的 PTFE 乳液（60%），然后烘干，再经过称重分级，软化使之柔软适宜卷绕，去除毛刺，送至下一工序。

（2）负极也采用粉末压制成型工艺制备，比正极更加简单方便，将储氢合金粉不加任何添加剂和铜编织网通过金属斗状模具和辊压机轧制成型，浸入 SBR：H_2O 为 1:30 的胶水，于 120℃烘干后切片，称重送至下一工序。

（3）电池的卷绕方式是在专门开发的卷绕设备上制备电池极芯，卷绕过程中控制正极板、负极板和隔膜互相错位，并在正极端面上焊接集流片，然后把极芯经过端面焊接，插入底垫发泡镍的钢壳，滚槽、涂油、点焊盖帽、注碱、封口。

（4）电池化成工艺采用变电流并结合高温陈化的化成工艺，电池先在室温下（25℃）搁置48h，用小电流充电活化后，再入 35~45℃烘箱中搁置 24h，然后取出降至室温后，将电池分选为不同容量档次的电池。

（5）化成后电池即可分级包装，组合，最后交付入仓。

镍氢电池制备工艺流程如图 5.10 所示。

图 5.10　镍氢电池制备工艺流程图

5.2.5 镍氢电池的性能测试与保养

镍氢电池性能指标包括电池容量、工作电压、充/放电性能、循环性能、自放电、储存性能、温度特性和安全性能等。一般来说,电池性能主要通过以下方面来评价:

(1) 电池容量。电池容量是指在一定放电条件下可以从电池获得的电量,即电流对时间的积分,一般用 $A \cdot h$ 或 $mA \cdot h$ 来表示,它直接影响电池的最大工作电流和工作时间,是实际应用中决定电池性能优劣的关键因素。电池容量分理论容量、实际容量和额定容量。

(2) 循环寿命。循环寿命是指二次电池按照一定的制度进行充放电,其性能减小到某一程度(例如,容量初始值的 60%)时的循环次数。

(3) 温度特性。电池的工作环境和使用条件要求电池在特定的温度范围内具有良好的性能。

(4) 储存性能。电池储存一段时间后,会因某些因素的影响使性能发生变化,导致电池自放电、电解液泄漏、电池短路等。

对于不同种类的电池,如原电池与二次电池,其检测的手段与检测的指标是有区别的。原电池的检测,如容量的检测有破坏性,其容量在检测后不可恢复;而二次电池对容量的检测不具有破坏性,只有在进行寿命测试时才具有破坏性。同样对于二次电池而言,镍氢电池与锂离子电池本身的特性不同,因而对其检测时所采用的设备与方式也存在着一定的区别。

5.2.5.1 镍氢电池的性能指标与测试

1. 电池容量

放电容量是镍氢电池的一个最重要的性能参数。从 20 世纪 90 年代初镍氢电池实现实用化以来,其电池的容量得到不断的提高。对于日常应用比较普遍的 AA 型电池,容量由最初的 $1000mA \cdot h$ 左右提高到 1993 年的 $1200mA \cdot h$,1997 年前后已提高到 $1500mA \cdot h$。目前主流 AA 型电池的容量普遍都达到了 $2300mA \cdot h$,有的企业甚至已有超过 $2700mA \cdot h$ 的产品。

在测试时,电池的实际容量受到理论容量的限制,但与实际充、放电过程的电流大小密切相关,有时会出现偏离额定容量的现象。在大电流放电条件下,电池的实际容量一般都低于额定容量。这是因为大电流放电时,电极的极化增强,内阻增大,放电电压下降很快,电池的能量效率降低,因此实际放出的容量较低。同理,充电电流对放电容量也会有影响。充电电流倍率增大,电极极化增加,有利于镍氢电池中氧气的析出-复合反应,所以充电效率和放电容量较低。

搁置时间也会影响镍氢电池的放电容量,搁置时间对镍氢电池放电容量的影响实际上就是镍氢电池的自放电问题。搁置时间对放电容量的影响是由于荷电态的金属氢化物不稳定引起的,这种不稳定性在刚充完电时表现尤为明显,而后渐趋平衡和稳定,因而镍氢电池放电容量随搁置时间的延长而下降,刚开始时下降很快。

目前镍氢电池工艺已经基本成熟,对于壳体容积一定的电池,依靠填充更多活性物质的方法对容量的提高已经极其有限，而且可能影响电池其他方面的性能。因此，将来继续提高镍氢电池容量的关键在于提高电池活性材料的利用率。

2. 工作电压

工作电压又称放电电压。镍氢电池工作电压为 1.2V，指的是放电电压的平台电压，它是镍氢电池的重要性能指标，它的高低与放电过程中电压的衰减密切相关。

电池工作电压的数值及平稳程度也依赖于放电条件。由于负载特性的不同，电池放电时有三种工作方式：恒电阻放电、恒电流放电和恒功率放电。恒电阻放电时，电池的工作电压和放电电流均随着放电时间的延长而下降；恒电流放电时，工作电压随着放电时间的延长而下降；而恒功率放电应用较少。测量极化曲线是研究电池性能的主要手段之一，如图 5.11 所示。其中：曲线 a 表示工作电压随放电电流变化的关系曲线；曲线 b、c 分别表示正、负极的极化曲线。

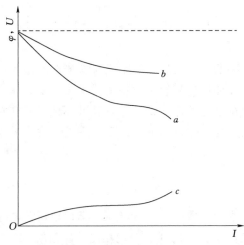

图 5.11　电池的电压-电流特性和电极极化曲线

φ—电势差

从图 5.11 可以看出，随着放电电流的加大，电极的极化增加，欧姆压降也增大，使电池的工作电压下降；随着镍氢电池放电深度的增大，电池中活性组分浓度的降低，电池的电动势、开路电压和工作电压都逐渐下降。

3. 电池充电性能测试

（1）充电性能参数。电池充电性能测试是对二次电池而言的。充电过程中的主要参数有充电最高电压、充电接受能力（充电效率）、耐过充性能等。

1）充电最高电压是充电电压在充电过程中所达到的最高电压，是镍氢电池的重要特性，往往标志了整个充电过程的电压。

2）充电效率是指电池在充电时用于活性物质转化的电能与充电时所消耗的总电能之比，以百分数表示。

3）在充电过程中，电池的耐过充性能也是一个重要指标。一种性能优异的二次电池应具有良好的耐过充性能，即使电池处于极端充电条件的情况下，也能拥有较为优良的使用性能。

（2）充电终点控制。充电过程的终点控制是一个非常实际的问题，无论电池的检测还是充电器的开发都必须考虑这一问题，适当的充电控制对优化电池性能、确保电池安全是十分必要的。以镍氢电池为例，最常见的充电终点控制方法有时间控制、$-\Delta U$ 控制、温度控制等。

因此，比较理想的充电条件是根据具体应用需求选用其中的几种测试条件综合应用，以使电池既能充足电，又不会损坏电池。在实际操作中，通常采用的方式有

时间控制和 $-\Delta U$ 控制等。如 1200mA·h 容量 AA 型镍氢电池 1C 倍率充电的条件可设定为：$I=1200mA$，$t=75min$，$-\Delta U=10mV$。图 5.12 是该条件下 1200mA·h 容量 AA 型镍氢电池的充电曲线。

4. 电池放电性能测试

电池放电主要分恒电流放电和恒电阻放电两种。此外，还有恒电压放电，定电压、定电流放电，连续放电和间歇放电等。

根据不同的电池类型及不同的放电方式，规定的电池放电终止电压也不同。一般来说，在低温或大电流放电时，终止电压可定得低些，小电流放电时终止电压可定得高些。因为低温大电流放电时，电极的极化大，活性物质不能得到充分利用，电池的电压下降快；小电流放电时，电极的极化小，活性物质能得到较充分的利用。

图 5.13 是 1200mA·h 标准 AA 型镍氢电池的放电曲线。放电电流的大小直接影响到电池的放电性能。因此，在标注电池的放电性能时，一定要标明放电电流的大小。

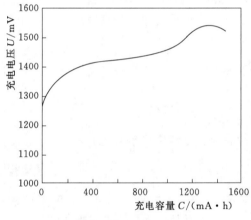

图 5.12 1200mA·h 容量 AA 型镍氢电池
的 1C 充电曲线

图 5.13 1200mA·h 标准 AA 型镍氢
电池的放电曲线

电池的放电电压是衡量电池放电性能的一个重要指标。一般来说，电池的放电特性可以用放电曲线加以表征。放电曲线反映了整个放电过程中工作电压的变化过程。

5. 循环寿命试验

循环寿命试验前，电池应以 0.2C 恒流放电至终止电压 1.0V。所有型号的电池都应在环境温度为 20℃±5℃下进行循环寿命试验。试验期间，应防止电池外壳温度超过 35℃，必要时可采取强制通风措施。需要注意的是，决定电池性能的是电池的实际温度，而不是电池的环境温度。

循环寿命试验按照表 5.7 的程序进行。第 1 次循环采用 0.1C 倍率充电，0.25C 倍率放电；按照程序进行到第 50 次循环时，以 0.1C 倍率充电，0.2C 倍率放电，放电终止电压为 1V。当任意一次第 50 次循环的放电时间达不到 3h 时，按同样的条件再进行一次试验，如果放电时间还达不到 3h，循环寿命试验可以终止。试验结束时，达到的循环次数应不少于 500 次。

表 5.7　　　　　　　　　　　　　　循 环 寿 命 试 验 程 序

循环次数	充电	充电态搁置	放电
1	0.1C，16h	无	0.25C，2h20min
2～48	0.25C，3h10min	无	0.25C，2h20min
49	0.25C，3h10min	无	0.25C，放电终止电压 1V
50	0.1C，16h	1～4h	0.2C，放电终止电压 1V

注　1. 电池在完成 50 次循环后，允许开路搁置足够的时间，以便正好隔两周后开始第 51 次循环；在第 100 次、150 次、200 次、250 次、300 次、350 次、400 次和 450 次循环时可采取相同的方法（程序）。
　　2. 如果放电电压低于 1.0V，则可以停止放电。

6. 电池的自放电和储存性能测试

对于所有化学电源而言，即使在没有与外电路连接或是接触的情况下开路放置，容量也会自然衰减，将这种现象称为自放电，也称荷电保持能力。自放电越快，荷电保持能力也就越差。常用自放电率（或自放电速率）来衡量电池自放电的快慢。自放电率用单位时间内容量降低的百分数表示，即

$$X = \frac{C_1 - C_2}{C_1 t} \times 100\%$$ （5.20）

式中　C_1、C_2——储存前、后电池的容量；

　　　　t——储存时间，常用天、月或年计算。

在实际的测试中，人们更习惯用指定时间内容量的保持率来表示，即

$$X = \frac{C_1}{C_2} \times 100\%$$ （5.21）

充电态的镍氢电池开路搁置 28 天后容量保持率应大于 60%。自放电率越低，即容量保持率越高，则充电态电池在一定条件下保存后所能放出的电量也越多。

自放电率主要受外部环境（如电池储存的温度和湿度条件等因素）的影响。温度升高，则正负极材料的反应活性也相应提高，同时电解液的离子传导速度加快，隔膜等辅助材料的强度降低，从而使自放电反应速率提高。湿度的影响与温度条件相似，环境湿度太高也会加快自放电反应。一般来说，低温和低湿的环境条件下，电池的自放电率低，有利于电池的储存。但是温度太低也可能造成电极材料的不可逆变化，使电池的整体性能大大降低。

电池的储存性能是指电池在一定条件下储存一定时间后主要性能参数的变化，包括容量的下降、外观情况和有无变形或渗液情况。国家标准对电池的容量下降和外观变化及漏液比例均有限制。

电池在储存过程中容量下降主要是由电极自放电引起的，自放电率高对电池储存非常不利，所以一般镍氢电池都遵从即充即用的原则，不适宜较长时间地放置。镍氢电池的存放条件为：存放区应保持清洁、凉爽、通风；温度应为 10～25℃，一般不应超过 30℃；相对湿度应不大于 65% 为宜。除了合适的储存温度

和湿度条件外，必须注意以下方面：

（1）长期放置的电池应该采用荷电状态储存，一般可预充 50％～100％的电量后储藏。

（2）在储存过程中，要保证至少每 3 个月对电池充电一次，以恢复到饱和容量。这是因为放完电的电池（放电到终止电压）在储存的过程中，一方面会继续自放电造成过放；另一方面电池内的正负极、隔膜和辅助材料也经常会发生严重的电解液腐蚀和漏液现象，对电池的整体性能造成致命的损害。

图 5.14 为镍氢电池在不同温度下的容量保持率与时间的关系曲线。从图中可以看出，自放电与温度有很大的关系，温度越高，自放电越大。

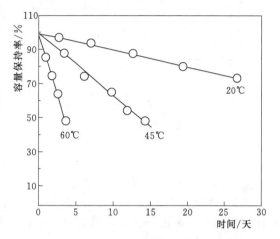

图 5.14 镍氢电池在不同温度下的容量保持率与时间的关系曲线

7. 温度特性的测试

由于电池中电极材料的活性和电解液的电迁移率等都与温度密切相关，环境温度对镍氢电池性能的影响非常关键。

镍氢电池的中高温放电容量明显比低温时放电容量大，说明中高温放电性能强于低温放电性能，因为温度高有利于合金中氢原子的扩散，提高了合金的动力学性能，且电解液中 KOH 的电导率也随温度升高而增加。但温度过高，如超过 45℃，虽然电解质电导率大，电流迁移能力强，迁移内阻减小，但电解液溶剂水分蒸发快，增加了电解液的欧姆内阻，两者相互抵消。

高温或低温对电池的充电或放电性能都会带来影响，应分别对各温度下的充电和放电性能作出测试才算完成了一个完整的高低温性能测试。

充电效率随温度而发生改变，图 5.15 是 AA 型镍氢电池的充电效率与充电温度的关系，另外，不同温度下，电池的容量、内阻也会发生变化。

8. 安全性能测试

安全性能是电池实际应用中必须注意的问题，也是电池工业生产的重要方面。因此 IEC 标准和国家标准都对电池的安全性能测试进行了严格的规定，安全性能合格的电池才能进入实际应用。

对密封式二次电池来说，在过充和过放情况下，都会引起气体在密闭容器内的迅速积累，从而导致内压迅速上升，因此镍氢电池都设计了安全阀，当电池内压上升到一定程度时，安全阀就会自动打开，释放出一部分气体，从而减缓内压的升高。如果安全阀不能及时开启，可能会使电池发生爆裂。

电池安全性测试项目主要包括短路测试、过充电过放电测试、坠落测试、撞击试验、穿刺试验等。同时，对电池进行振动试验、碰撞试验、高温加速试验、高温

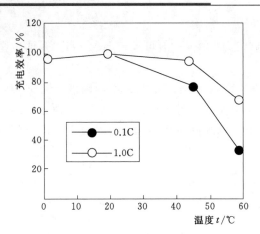

图 5.15　AA 型镍氢电池充电效率与
充电温度的关系

注：充电为 0.1C×150%，1.0C；放电为 1.0C，20℃。

高湿试验、温升试验、温度循环试验、温度振荡试验等热学和力学性能测试，考察电池在实际使用环境下的性能情况。一般来说，这些测试项目都是在极端条件下进行的，基本上包含了实际应用中可能出现的各种情况。在工业生产中，电池的安全性能要经过严格的测试，合格的电池才能出厂。

5.2.5.2　镍氢电池的保养与维护

为了延长镍氢电池的使用寿命，保持电池的良好性能，防止发生安全事故，必须掌握镍氢电池的保养和维护技术。

1. 新电池的充电方法

新买的镍氢电池经过出厂后一段时间的放置，期间一直发生的自放电过程，常常使电池进入"钝化"状态，无法向负载提供正常的电压、容量。在这种情况下，第一次使用电池时，一定要在电池充满电后进行使用，才能使电压恢复到原有的水平。事实上，长时间储存的镍氢电池也一样会产生这种"钝化"现象，需要"激活"才能重新使用。

2. 禁止过充电

在循环寿命之内的镍氢电池在使用过程中禁止过充电。这是因为过充电易使正负极发生膨胀，造成活性物质脱落、隔膜损坏、导电网络破坏、电池欧姆极化变大等弊端。

3. 预防短路

短路是指电池的正负极没有经过负载而通过导线直接连接在一起。短路会给镍氢电池带来严重的后果。正在使用中的镍氢电池或电池组发生短路时，不仅会损害电池，也会给用电设备带来灾难性的后果。短路放电对任何电池都是极其危险的，所以使用中应当特别预防短路的发生。

为了有效预防短路的发生，要经常检查电池的状态，除了仔细检查外观外，必要时应使用专门的测量仪器；塑封受到破坏的电池一般要报废处理，如果要继续使用必须加上可靠的绝缘塑封；不要将电池与金属物体等导电体放置在一起，必要时使用专门的电池盒盛放电池。

4. 避免混用

日常应用中大部分用电器都需要多个电池组合使用，但是多个电池组合在一起使用时应该特别注意，要保证这几个电池在性能上基本一致，推荐使用同一品牌的同批次、同规格产品。

如果将不同容量的电池或新旧电池混在一起使用，有可能出现漏液、零电压等现象。对于工业包装的散装电池，应该特别注意这个问题，因为散装电池性能参差不齐，质量通常难以保证。

此外，镍氢电池通常不能使用简单的镍镉电池充电器进行充电，而应该使用专用的镍氢电池充电器，推荐使用和电池配套的原装充电器。电池也要远离高温和低温环境，不要接近火源，防止剧烈振动和撞击，更不能随意拆卸电池。

5.2.6 镍氢电池的应用

目前电池的发展主要集中在"一大一小"和"高功率"上，即电动汽车用大容量电池，手机和便携式电子设备用 AA 规格以下的小型号电池，电动工具和电动汽车等用高功率电池。另外，镍氢电池在军事和航天中也有应用。

5.2.6.1 镍氢大容量电池的应用

目前镍氢电池等在混合动力电动汽车（HEV）和纯电动汽车（BEV）中的应用已成为国际上研究开发的热点之一，其优异特性如图 5.16 所示，参数见表 5.8 和表 5.9。镍氢电池用于纯电动汽车和混合动力电动汽车已进入产业化阶段，丰田公司利用松下公司的镍氢电池组装电动汽车已年产近 10 万台，供应美国和欧洲市场，本田公司也有相似产品上市。

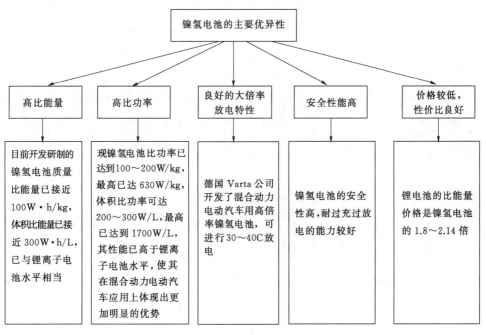

图 5.16　镍氢电池的优异特性

不过，国际电动车的开发方向已由纯电动汽车向混合动力电动汽车转变，混合动力电动汽车更具有环保、节能和市场效应。归纳起来，混合动力电动汽车的优点有：①采用小功率发动机；②优化发动机效率，提高燃油经济性；③回收减速、刹车时的能量损失，降低能耗；④降低废气排放量；⑤降低对化石燃料的依赖；⑥起动迅速。

表 5.8　　　　　　　　　　各主要公司电动汽车用镍氢电池参数

参数	韩国现代 HM-90	美国 GM-Ovonic GM02	日本		香港金山 90EVH	法国 SAFT NH-12.4
			松下 EV-95	JSB HER-100		
容量/(A·h)	90	95	95	100	90	109
质量/kg	18.5	17.4	18.7	19.4	17.8	18.7
体积/L	7.41	6.93	7.88	8.32	7.93	13.8
质量比容量/(W·h·kg^{-1})	70	70	65	62	64	70
体积比能量/(W·h·L^{-1})	161	171	145	145	136	160
质量比功率/(W·kg^{-1})	195	240	200	190	250	162
体积比功率/(W·L^{-1})	490	605	450	445	531	370
循环寿命/周次	600	600	1000	1000	1500	1250
工作温度/℃	—	-20~60	-20~45	-15~60	—	—
额定电压/V	13.2	12	12	110	12	12
单元电池数/个	11	10	10	12	10	10

表 5.9　　　　　　　　　　混合动力汽车用镍氢电池参数

参数	美国 GM Ovonic			日本松下		德国 VARTA
	HEV-60	HEV-28	HEV-20	EV-28	EV-6.5	
单元电池数/个	13	7	12	10	6	1
单元电压/V	13.2	7.2	12	12	7.2	1.2
容量/(A·h)	60	28	20	28	6.5	10
质量/kg	12.2	4.3	5.2	6.5	1.1	0.19
体积/L	5.1	2	2.3	3.2		
质量比容量/(W·h·kg^{-1})	68	50	48	53	—	60
体积比容量/(W·h·L^{-1})	160	102	110	105		
输出功率/kW	7	2.4	2.9	1.95	0.55	0.16
质量比功率/(W·kg^{-1})	600	550	550	300	500	850
体积比功率/(W·L^{-1})	1400	1200	1300	610	—	
功率:能量/[W·(W·h)$^{-1}$]	9	11	11.5	6	11	14

5.2.6.2　镍氢小型号电池的应用

　　近年来，个人电脑、移动电话等便携式电子产品飞速发展，促使与之配套的小型二次电池向小型化、高容量、快充电方向快速发展。镍氢电池的发展，给小型二次电池的发展注入新的活力，并迅速进入竞争市场。

　　20 世纪 90 年代初期，AA 型镍氢电池容量为 1050mA·h，1997 年达到了

1500mA·h，目前常规 AA 型电池容量普遍已经达到 2300mA·h，甚至多家公司企业都已有超过 2700mA·h 的产品。2001 年世界镍氢电池产量约 15 亿只，2005年已经超过 20 亿只。

小型镍氢电池在发展中一方面要与镍镉电池比价格，另一方面又受到与锂离子电池比能量的竞争。随着镍氢电池的产业化、规模化，大大降低了成本，目前已取代了一部分镍镉电池市场。为了与锂离子电池竞争，镍氢电池正向高容量、小型化发展，目前 AA 型电池容量已达到 2800mA·h。为适应移动电话向小型化、低电压发展的趋势，AAAA 型（直径 8.4mm）镍氢电池已问世。

5.2.6.3　镍氢高功率电池的应用

目前，小型镍氢电池在市场竞争中面临低成本的镍镉电池和高比能量的锂离子电池的两面夹击。镍氢电池在朝着低成本化、高容量化和轻质化发展的同时必须致力于拓展新的应用市场。电动自行车、电动工具和新一代 42V 汽车电气系统为综合性能优良、价格适中的镍氢电池提供了广阔的市场空间，但对镍氢电池也提出了新的性能要求，特别是要求其具有优异的高功率特性。

镍氢电池在向小型化和高容量化发展的同时，为适应高功率放电特性需要，在比能量是镍镉电池 1.5 倍的前提下，放电倍率从 5C 提高到 15C 以上。提高功率特性采取的主要措施有：增加薄极板面积、多极耳集流体、端面焊、提高电极表面导电性等技术。目前，高功率镍氢电池已进入长期被镍镉电池占据的电动工具市场。随着欧洲逐渐禁止使用镍镉电池，高功率镍氢电池的市场占有率将快速增长。

1. 镍氢电池在电动自行车中的应用

采用铅酸蓄电池作为动力，则电池本身质量就有十几千克，采用镍氢电池，电池质量将大大降低，这样电动自行车将会变得轻巧、便捷、安全、廉价，将会受到越来越多的欢迎。高能动力镍氢电池的研制成功，不仅代表了高效、清洁、环保的世界新能源产业发展方向，还将为消费者带来实实在在的便利。高能动力镍氢电池的电动自行车具备以下性能：一次充电可行驶 100km，累计行驶里程可达 6 万 km，预计一般使用年限长达 5 年，循环充电高达 600 次，最高车速可达 20km/h，载重量超过 75kg。

2. 镍氢电池在电动工具中的应用

绿色环保型镍氢电池与镍镉电池具有互换性（电压均为 1.2V），且容量是镍镉电池的 1.5 倍以上，随着镍氢电池制备技术的日益成熟，其高功率特性也得到很大提高。电动工具电池的关键技术是研制高功率、高能量、长寿命、可快速充电、价格较低且符合环保要求的新型电源和相关材料。

目前，日本松下公司的 HHR SC 300P 3500mA·h 型镍氢电池已进入电动工具市场。国内的 2.2A·h 镍氢电池已实用化，它比镍镉电池在电动工具中的工作能力有显著提高。德国 Varta 公司也开发了用于电动工具的超高功率镍氢电池。在我国，江苏海四达电源股份有限公司等也开发出用于电动工具高倍率放电的镍氢电池，并开始投放市场。北京有色金属研究院已研究出 150A·h 的电动用蓄电池，更有企业已有高功率镍氢动力电池上市并出口欧洲。

3. 镍氢电池在新一代 42V 汽车电气系统中的应用

42V 汽车电气系统的优点是很明显的。较高的电压容许电池提供更高的功率，因而汽车可以使用更多的电子控制设备，如电动机械阀、电动方向盘、电动空调、汽车稳定性控制器等。最有利的是可以使用整合启动发电机（Integrated Starter Generators，ISG），ISG 使汽车具有协调多种特性的功能。

42V 汽车电气系统，特别是采用 ISG 的 42V 汽车电气系统非常依赖于 42V 电池系统的高功率、长寿命和低温性能。

为了解决日益增长的汽车电力供需之间的矛盾，美国通用公司已经研制出一种 42V 的汽车电气系统。欧洲的电池公司如法国 SAFT、德国的 Varta 均已着手开发用于 42V 汽车电气系统的高功率镍氢电池。

5.2.6.4　镍氢电池在军事和航天中的应用

小容量圆柱形镍氢电池应用广泛，不仅为各类电动车提供电动力，为各类电器提供电力，还可以在雷达通信车、飞机、坦克、火炮等军事和航天领域应用。

超高倍率的镍氢电池在国内外还没有在飞机上做起动和随航备用电源的报道。从目前国内外对高功率镍氢电池的开发和应用成果看，今后随着技术的不断进步和电池性能水平的进一步提高，作为飞机起动及随航备用电源是可行的。镍氢电池作为飞机起动及随航备用电源应解决低温放电性能差和荷电保持能力不高等问题。

习　题

1. 判断题

(1) 在镍氢电池设计中，采取负极限制容量，即负极容量为电池容量。（　　）

(2) 镍氢电池在装配过程中松紧度越高越好。（　　）

(3) 电池的内压和内阻之间并没有关系。（　　）

(4) 高温或低温对电池的充电或放电性能都会带来影响。（　　）

(5) 长时间储存放置的镍氢电池不需要"激活"再使用。（　　）

(6) 镍镉电池放电倍率越大，放电容量与放电电压越高。（　　）

(7) 镍氢电池放电容量与放电电压随环境温度下降而下降。（　　）

2. 选择题

(1) 下列哪个选项不属于普通型镍镉电池的特点（　　）。

A. 高寿命　　　　　　　　　　　B. 免维护

C. 性能稳定　　　　　　　　　　D. 大电流

(2) 生活中，常见的应急灯主要应用哪种镍镉电池（　　）。

A. 标准型　　　　　　　　　　　B. 消费型

C. 高温型　　　　　　　　　　　D. 高倍率放电型

(3) 下列哪一个不是镍镉电池的特性（　　）。

A. 优异的放电性能　　　　　　　B. 无记忆效应

C. 高倍率充电性能　　　　　　　D. 储存期长

(4) 影响镍氢电池自放电特性的因素不包括（　　）。

A. 储氢合金的组成   B. 使用温度

C. 电池的组装工艺   D. 电池容量

(5) 开口电池与密封电池相比，结构上最大的差异是（   ）。

A. 外观形状   B. 泄气装置

C. 电极制备   D. 隔膜成分

3. 简答题

(1) 写出镍镉电池充放电过程中的电池反应式。

(2) 说明充放电倍率及温度对镍镉电池充放电特性的影响。

(3) 叙述镍镉电池的主要特征。

(4) 简述镍氢电池的工作原理及其电极反应。

(5) 简述镍氢电池的整体工艺流程。

(6) 镍氢电池储存时需要注意哪些事项？

参 考 文 献

［1］ 郭炳焜，李新海，杨松青，等. 化学电源——电池原理及制造技术［M］. 长沙：中南大学出版社，2009.

［2］ 赵力. 电池辞典［M］. 北京：化学工业出版社，2012.

［3］ 程新群. 化学电源［M］. 北京：化学工业出版社，2008.

［4］ 史鹏飞. 化学电源工艺学［M］. 哈尔滨：哈尔滨工业大学出版社，2006.

［5］ 王东. 太阳能光伏发电技术与系统集成［M］. 北京：化学工业出版社，2011.

［6］ 郭华军，李新海，王志兴，等. 充放电方式对 MH/Ni 电池容量测试的影响［J］. 电池，2000，30（4）：168－170.

［7］ 王玉国，何宗虞. 镍氢电池内压及内阻的探讨［J］. 电池，1997，27（5）：225－226.

［8］ 杨化滨，魏进平，陈东英，等. AA 型密封 MH－Ni 电池的充电过程研究［J］. 电源技术，1995，19（3）：19－23.

［9］ 唐有根. 镍氢电池［M］. 北京：化学工业出版社，2007.

［10］ 陈军，陶占良. 镍氢二次电池［M］. 北京：化学工业出版社，2006.

［11］ 刘元刚. 高性能镍氢电池及其新型正极材料的研究［D］. 天津：天津大学，2006.

［12］ 陈卫华. 氢氧化镍材料的合成、修饰及其电化学性能研究［D］. 武汉：武汉大学，2009.

［13］ 王艳芝. Ni/MH 电池复合电极合金的结构与电化学性能［D］. 秦皇岛：燕山大学，2009.

［14］ 郭智强. 电动车用金属氢化物-镍电池［J］. 电源技术，2001，3（25）：235－241.

第6章 锂离子电池

锂离子电池是一种二次电池（充电电池），主要通过锂离子在正极和负极之间反复嵌入和脱嵌实现充放电功能：充电时，锂离子从正极材料脱出，经过电解质嵌入负极材料，负极材料处于富锂状态；放电时则相反。本章节重点介绍了锂离子电池的工作基本原理、基本概念和部分电极材料的性能，并详细介绍了锂离子电池的制作工艺及相关测试技术。

6.1 锂离子电池的发展历史

20世纪末，伴随不可再生的化石能源（如石油、煤和天然气）的不断耗竭，世界各国政府都在致力于寻求新的可替代能源。科学技术日新月异的发展带动了二次电池的蓬勃发展。移动通信、笔记本电脑及便携式电子设备的迅猛发展，推动二次电池向小型化、轻型化和长寿命方向发展。电池本身无毒和无污染的环境保护要求也推动了无汞电池以及取代镉镍电池的新型二次电池的发展。同时，致力于解决汽车尾气污染的问题，很大程度上推动了高比能量、长寿命二次电池及电动汽车行业的发展。

为了满足新形势下能源结构和产业发展的需求，大量新型化学电源迅速诞生并发展起来，锂离子电池顺应时代应运而生，是一种理想的高能量密度二次电池。在所有金属中，锂具有原子量最小（6.94）、密度最小（0.534g/cm^3，20℃）、电极电位最低（−3.045V）、质量比容量较高（3680mA·h/g）等特点，是高能量密度电池的首选电极材料。

20世纪60年代后期，金属锂被当作二次锂离子电池的负极材料进行广泛研究。20世纪70年代，Whittingham提出了锂离子电池（Lithium-ion Batteries）和插层电极（Intercalation Electrodes）的概念，以层状TiS$_2$为正极，Li-Al合金为负极。20世纪80年代，Armand提出"摇椅式"电池（Rocking Chair Batteries，RCB）的构想，用低嵌锂电位的Li$_y$M$_n$Y$_m$层间化合物做负极，以高嵌锂化合物A$_z$B$_w$做正极，组成了没有金属锂的锂离子二次电池，成功解决了锂负极材料的安全性问题。Scrosati等人对这种类型的"摇椅式"电池进行了细致研究，他们以Li$_y$M$_n$Y$_m$（LiWO$_2$或Li$_6$Fe$_2$O$_3$）作为电池的负极材料，以A$_z$B$_w$（TiS$_2$、NbS$_2$、WO$_3$或V$_2$O$_5$）作为正极材料，组装成LiWO$_2$（或Li$_6$Fe$_2$O$_3$）/LiCO$_4$＋PC/TiS$_2$（NbS$_2$、

WO$_3$ 或 V$_2$O$_5$ 等）电池，这类电池具有工作电压高和充放电效率高等特点，但也存在材料制备工艺复杂、比容量低、不能快速充电等不足之处。

自此以后，许多科学研究小组对锂离子二次电池进行了系统且深入的研究。1980年，Goodenough 等人研究了 LiCoO$_2$ 的嵌锂动力学行为；1983 年，Yazami 研究了石墨材料嵌锂的电化学行为；1983 年，Thackeray 和 Goodenough 等人发现了 LiMn$_2$O$_4$ 正极材料；1987 年，Auborn 和 Barberio 研究了 MoO$_2$/LiPF$_6$＋PC/LiCoO$_2$ 电池的电化学性能；1989 年，Goodenough 和 Manthiram 发现了高电位的聚阴离子正极材料。1990 年，日本 SONY 公司组装并研究了 Li$_y$C$_6$/LiX＋PC－EC/Li$_{1-y}$CoO$_2$（或 Li$_{1-y}$YO$_2$）电池，其中 LiX 为 LiClO$_4$ 等锂盐，Y 为 Ni 或 Mn 等，石油焦作为负极材料，该研究具有开创性，标志着锂离子电池的诞生。1991 年，SONY 公司推出了第一款商业化锂离子电池。同年，Dahn 等人研究组装成了 Li$_x$C$_6$/LiN(CF$_3$SO$_3$)$_2$＋EC－DMC/Li$_{1-x}$NiO$_2$ 锂离子电池，Tarascon 和 Guyomard 提出了组成为 Li$_x$C$_6$/LiClO$_4$＋EC－DMC/Li$_{1+x}$Mn$_2$O$_4$ 的锂离子电池。1996 年，Goodenough 和 Padhi 发现了橄榄石结构的磷酸盐正极材料。2002 年，Chiang 等人实现重大突破，通过掺杂 LiFePO$_4$ 显著提高了材料的电导率，有力地推动了 LiFePO$_4$ 的商业化应用。

20 世纪 90 年代以来，世界移动通信的迅速发展对电池的旺盛需求为锂离子电池的蓬勃发展创造了良好的机遇。1992 年，索尼公司圆柱形锂离子电池实现商业化，极大促进了开发锂离子电池的热潮。此后，伴随手机、便携式计算机市场对于锂离子电池需求的迅猛增长，锂离子电池所占的市场份额也在迅速增加。进入 21 世纪以来，能源短缺问题愈加严峻，环境污染日益加剧。为了减缓一次能源消耗，减少 CO$_2$ 排放，以二次电池作为动力的新能源汽车越来越受到各国政府的高度重视，全球又掀起了一波锂离子电池的研究热潮。2016 年以来，在电动汽车产量高速增长的带动下，全球及我国锂离子电池产业继续保持快速增长态势，行业创新加速，新产品、新技术不断涌现，各种新电池技术相继问世。

6.2　锂离子电池的工作原理

根据 Whittingham 和 Armand 的理论，锂离子电池的工作原理是：充电时，锂离子从正极中脱出进入电解液中，正极材料被氧化，这部分脱出的锂离子与溶解于电解液的导电锂盐中的锂离子同时在电解液中扩散并穿过隔膜，嵌入负极材料中，负极材料被还原；放电时，负极材料被氧化，锂离子在负极中脱出进入电解液，再穿过隔膜嵌入到正极材料，正极材料被还原。在脱嵌锂过程中，物质的化学键没有断裂，电极材料的结构没有破坏。

以 LiCoO$_2$/石墨锂离子电池为例，具体的工作原理如图 6.1 所示。

以石墨材料为负极，LiCoO$_2$ 为正极的锂离子电池，化学表达式为

$$（-）\text{C}/\text{LiPF}_6＋\text{PC}-\text{EC}/\text{LiCoO}_2（+）$$

正极反应为

$$\text{LiCoO}_2 \underset{\text{放电}}{\overset{\text{充电}}{\rightleftharpoons}} \text{Li}_{1-x}\text{CoO}_2 + x\text{e}^- + x\text{Li}^+ \tag{6.1}$$

负极反应为

$$6C + xLi^+ + xe^- \underset{\text{放电}}{\overset{\text{充电}}{\rightleftharpoons}} Li_xC_6 \qquad (6.2)$$

电池反应为

$$LiCoO_2 + 6C \underset{\text{放电}}{\overset{\text{充电}}{\rightleftharpoons}} Li_xC_6 + Li_{1-x}CoO_2 \qquad (6.3)$$

E6.1
锂离子电
池的工作
原理

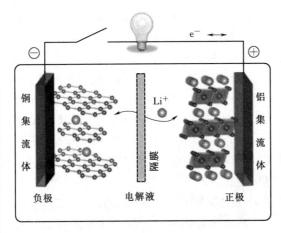

图 6.1　锂离子电池的工作原理示意图

锂离子电池包括电极、电解质、隔膜和外壳四个基本组成部分。

电极是锂离子电池的核心部件，由活性物质、导电剂、黏结剂和集流体组成。活性物质（或称电极材料）是锂离子电池在充放电时能通过电化学反应释放出电能的电极材料，它决定了锂离子电池的电化学性能和基本特性。活性材料包括正极材料和负极材料，正极材料主要有电势比较高（相对于金属锂电极）的、粉末状的复合金属氧化物，如 $LiCoO_2$、$LiMn_2O_4$、$LiNi_{1-x-y}$ $Mn_xCo_yO_2$、$LiCo_xNi_{1-x}O_2$、$LiFePO_4$ 等，负极材料包括碳材料、合金材料和金属氧化物材料。目前广泛应用于便携式设备的锂离子电池的主要正负极材料分别为 $LiCoO_2$ 和石墨。另外，在电极制作过程中通常需要加入导电剂（如乙炔黑等）提高正负极材料的低电导率，以更好满足锂离子电池的实际应用需要。为了能够使颗粒状的正负极材料和导电剂能牢固地附着在电流集流体上，通常需要加入黏结剂，常用的黏结剂分为水系黏结剂和油系黏结剂，油系黏结剂主要有聚偏氟乙烯（PVDF）和聚四氟乙烯（PTFE）等，水系黏结剂主要有羧甲基纤维素钠/丁苯橡胶（CMC/SBR）等。集流体的主要作用是将活性物质中的电子传导出来，并使电流分布均匀，同时还起到支撑活性物质的作用，通常要求集流体具有较高的机械强度、良好的化学稳定性和高电导率，正极的集流体是铝箔，负极的集流体是铜箔。

电解质的作用是传导正负极间的锂离子，电解质的选择在很大程度上取决于电池的工作原理，影响着锂离子电池的比能量、安全性能、循环性能、倍率性能、低温性能和储存性能。目前商业化的锂离子电池主要采用的是非水溶液电解质体系，非水溶液电解质包括有机溶剂和导电锂盐。有机溶剂是电解质的主体部分，与电解质的性能密切相关，通常采用碳酸乙烯酯、碳酸丙烯酯、二甲基碳酸酯和甲乙基碳酸酯等的混合有机溶剂。导电锂盐是提供正负极间传输的锂离子，由无机阴离子或有机阴离子与锂离子组成，目前商业化的导电锂盐主要是 $LiPF_6$。新形势下，为实现锂离子电池的电化学性能的改善和一些特殊功能，通常会往电解质中加入一些功能添加剂，如阻燃剂等。

隔膜置于锂离子电池正负极之间，目的是防止锂离子电池正极和负极直接接触而导致短路，同时其微孔结构可以让锂离子顺利通过。隔膜直接影响电池的容量、循环以及安全性能，性能优异的隔膜对提高电池的电化学性能具有重要的作用。锂离子电池一般采用高强度薄膜化的聚烯烃多孔膜，常用的隔膜有聚丙烯和聚乙烯微孔隔膜，以及丙烯与乙烯的共聚物、聚乙烯均聚物等。

外壳就是锂离子电池的容器，常用的外壳有钢质外壳、铝质外壳和铝塑膜等。通常要求外壳能够耐受高低温环境的变化和电解液的腐蚀。

通常，锂离子电池以低插锂电位的材料（碳材或非碳材）为负极，以高插锂电位的过渡金属氧化物为正极，如锂化合物 $LiCoO_2$、$LiNiO_2$、$LiMn_2O_4$ 等，以锂盐和非质子有机溶剂组成的溶液为电解质。

锂离子电池由锂电池发展而来。锂电池由于采用了低电位的金属锂做负极而具有高比容量的优点，但同时金属锂也带来一些问题：金属锂反应活性高，易和溶剂发生反应，从而导致电池的容量下降、循环寿命降低；在充电时，锂离子还原容易生成结构疏松的锂枝晶，可能刺破电池的隔膜，造成电池短路，易造成电池爆炸、烧毁等一系列安全事故。鉴于此，科研工作者采用石油焦、石墨等可嵌锂的碳材料代替金属锂做负极。同时，碳负极的嵌锂电位略高于金属锂，为此锂离子电池通常采用高电位的正极材料来弥补负极的电位损失，以保证高电压、高比能量的特性。

6.3 锂离子电池的基本概念

6.3.1 电压

当电池的电极中没有电流通过，且电极处于平衡状态时，与之相对应的是可逆电极电势，此时对应的电压是电动势。电池的电动势是指当电池处于热力学平衡状态且通过电池的电流为零时，正负电极之间的可逆电极电势之差。根据热力学原理，则有

$$-\Delta G = nF \cdot E \tag{6.4}$$

$$E = -\frac{\Delta G}{nF} \tag{6.5}$$

式中　ΔG——吉布斯自由能；

　　　n——得失电子的物质的量；

　　　F——1mol 电子所带的电量，即法拉第常数，其值为 96485C/mol；

　　　E——电池电动势。

电池的电动势只与参与电化学反应的物质本性、电池的反应条件及反应物与产物的活度有关，而与电池的几何结构、尺寸大小无关。电池的电动势 E 与电池反应的焓变的关系可以用吉布斯-亥姆霍兹方程进行描述，即

$$E = -\frac{\Delta H}{nF} + T\left(\frac{\partial E}{\partial T}\right)_P \tag{6.6}$$

式中　ΔH——锂离子电池反应焓变；

　　　T——热力学温度；

　　　P——恒压强。

电池的开路电压是正负极之间所连接的外电路处于断路时两极间的电势差。此

时正负极在电解质中不一定处于热力学平衡状态，因此电池的开路电压总是小于电动势。电池的电动势是由热力学函数计算得到的，而开路电压是通过测量得到。测量开路电压时，测量仪表内的电流应该为零。

　　标称电压是人为设定的，是表示和识别一种电池的电压近似值，也称为额定电压，可用来区别电池类型。例如铅酸蓄电池开路电压约为 2.1V，标称电压定为 2.0V；锌锰电池标称电压为 1.5V；镍氢电池标称电压为 1.2V；锂离子电池标称电压为 3.6V。

　　电池充放电过程中，随着电流密度的增大，电极反应的不可逆程度也增大，电极电势值偏离可逆电势值也增大。当有电流通过电极时，电极电势偏离可逆电势值时的现象称为电极的极化。根据极化产生的不同原因，通常可将极化分为：欧姆极化、电化学极化和浓差极化三类。欧姆极化是由电极对通过的电流所产生的阻力而导致的；电化学极化是由电极表面发生的电化学反应比较缓慢所产生的阻力而导致的；浓差极化是由电极中通过电流时电极附近溶液的浓度和本体溶液的浓度存在差别而导致的。

　　电池的工作电压又称为负载电压、放电电压，是存在极化时所产生的电压，指有电流通过外电路时电池正负极之间的电势差。当电池内部有电流通过时，必须克服电池内阻所造成的阻力，因此工作电压总是小于开路电压。

　　当电动势等于开路电压，即 $E = U_{\text{开}}$ 时，满足

$$U = E - IR_{\text{内}} = E - I(R_\Omega + R_f) \tag{6.7}$$

式中　U——工作电压；

　　　E——电动势；

　　　I——放电电流；

　　$R_{\text{内}}$——电池内阻；

　　R_Ω——欧姆内阻；

　　R_f——极化内阻。

　　由式（6.7）可以看出，电池内阻越大，电池的工作电压越低。在内阻上损失的能量以热能的形式留在电池内导致电池温度上升，这可能导致安全性问题。显然电池的工作电压与电池的工作条件有关，即与放电方式（恒电流放电、恒电阻放电和恒功率放电）有关。在电池放电时，欧姆内阻通常是不断变大的。

　　通常将电池放电刚开始时的电压称为初始工作电压，电压下降到不宜再继续放电的最低工作电压称为终止电压，终止电压并不为零。根据不同的放电方式和对电池寿命的要求，其终止电压略有不同。低温或大电流放电时，其终止电压可以低一些，小电流放电时则高一些。这是由于放电电流较大时，极化较大，电压下降也较快，正负极活性物质利用不充分，因此把终止电压规定得低一些，有利于输出较多的能量。而放电电流较小时，正负极活性物质利用比较充分，终止电压可以规定得适当高一些，这样可以减少深度放电造成的电池寿命降低。

6.3.2　电流

　　放电电流是电池工作时的输出电流，通常也称为放电速率，常用时率（又称为

小时率）和倍率表示。时率是以放电时间表示的放电速率，也就是以一定的放电电流放完电池的全部容量所需的时间表示。比如额定容量为 20A·h 的电池以 10 小时率进行放电是指以 2A 的电流放电。倍率是电池在规定时间内放完全部容量时，用电池容量数值的倍数表示的电流值，例如额定容量为 20A·h 的电池以 2 倍率（2C）放电是指以 40A 的电流进行放电，对应的时率为 0.5 小时率。

6.3.3 内阻

电池的内阻是指电流流过电池时所受到的阻力，包括欧姆内阻和电化学反应中电极极化所导致的极化内阻。

欧姆内阻与电解质、隔膜和电极材料的性质有关。电解质的欧姆内阻与电解质的组成、浓度和温度有关。通常，电解液的浓度值多选在电导率最大的区间以降低欧姆内阻，不过还需要考虑电解液浓度对电池其他性能的影响，如对计划内阻、自放电、电池容量等的影响。隔膜对电解液锂离子迁移所造成的阻力称为隔膜的欧姆内阻，即电流通过隔膜微孔中电解液的电阻。隔膜的欧姆内阻与电解质种类、隔膜的材料和孔率等有关。电极的欧姆内阻包含正负极活性物质的电阻，活性物质与铜箔、铝箔的接触电阻以及铜箔、铝箔的电阻。电池的欧姆内阻还与电池的尺寸、装配、结构等因素有关，装配越紧凑，电极间距就越小，欧姆内阻就越小。

极化内阻指化学电源的正负极在进行电化学反应时所引起的内阻，包括由于电化学极化和浓差极化所引起的电阻之和。极化内阻与活性物质的特性、电极的结构和电池的制造工艺有关，由于电化学极化和浓差极化随反应条件而变化，所以极化内阻随放电制度和放电时间的改变而变化。

6.3.4 容量和比容量

锂离子电池的容量是指在一定放电条件下可以释放的电量，容量的单位用 A·h 表示，可以分为理论容量、实际容量和额定容量。

理论容量是假设活性物质全部参加电池的电化学反应时所能释放出来的电量，可以根据活性物质的质量由法拉第定律计算得到。由法拉第定律可知，电极上参加电化学反应的物质的质量与通过的电量成正比。根据计算，1mol 的活性物质参加锂离子电池的成流反应（电池放电时正、负极上发生的形成放电电流的主导的电化学反应），所释放出的电量为 1F＝96500C＝26.8A·h**❶**。由此，电极的理论容量为

$$C_0 = 26.8 n \frac{m}{M} \tag{6.8}$$

式中　C_0——理论容量，mA·h/g；

　　　m——活性物质完全反应时的质量；

---

❶ 1mA·h＝$1×10^{-3}$A×3600s＝3.6C

1A·h＝1A×3600s＝3600C

则 96500C＝96500/3600A·h≈26.8A·h

n——电化学反应的得失电子数；

M——活性物质的摩尔质量。

例如钴酸锂 $LiCoO_2$，其摩尔质量为 97.8，反应式为

$$LiCoO_2 === Li^+ + CoO_2 + e^-$$

其得失电子数为 1，即 1mol $LiCoO_2$ 完全反应将转移 1mol 电子的电量，所以 1g $LiCoO_2$ 完全反应时将转移 1/97.8mol 电子的电量。根据式（6.8）计算得到 $LiCoO_2$ 的理论容量为

$$C_0 = 26.8n\frac{m}{M} = 26.8 \times 1 \times \frac{1}{97.8} = 0.2738 \ (A \cdot h/g) = 273.8 \ (mA \cdot h/g)$$

实际容量是指在一定的放电条件下，锂离子电池实际能输出的电量。锂离子电池实际容量受理论容量的限制，还受放电条件的影响。

额定容量是指在锂离子电池设计时，在一定的放电条件下应该可以释放出来的最低容量，也称为标称容量。

由于极化的存在等原因，正负极活性物质无法全部被利用，实际容量取决于活性物质的数量和利用率，所以锂离子电池的实际容量总是低于理论容量。

活性物质利用率的计算方法为

$$k = \frac{C_{实际}}{C_0} \times 100\% \tag{6.9}$$

式中　$C_{实际}$——实际容量；

C_0——理论容量；

k——活性物质利用率。

锂离子电池的容量是锂离子电池电化学性能最重要的指标之一，其影响因素主要包括活性物质的质量和活性物质的利用率两大方面。正负极活性物质质量确定理论容量，而正负极活性物质利用率主要确定实际容量。

锂离子电池的容量取决于组成锂离子电池正负极的容量，当正极和负极的容量不一致时，电池的容量取决于容量小的那个电极，而非正负极容量之和。考虑到经济性和安全性问题，锂离子电池通常设计成负极活性物质过量，由正极来控制整个电池的容量。

活性物质利用率的影响因素主要如下：

（1）活性物质的电化学活性。活性物质的电化学活性与材料的晶型结构、制造方法、杂质含量以及表面状态有密切关系。电化学活性越高，利用率越高，释放的容量也越高。

（2）电极结构和电池结构。电极结构，如电极极片的制造方法和电极极片的孔径、孔率、厚度、真实比表面积等；电池结构受电池外形影响，电池的外形有纽扣式、方形、圆柱形等，不同的外形会直接影响活性物质利用率。锂离子电池在制造时，是将微米级的活性物质颗粒涂覆在铜箔或铝箔集流体表面，电极中存在很多微孔，电解液在微孔中进行扩散时会发生浓差极化，产生极化内阻，影响活性物质利用率。显然，电极极片的孔径越大、孔率越高，越有利于电解液的扩散和锂离子的迁移。而电极的真实比表面积越大，通过同样的电流时，电流密度越小，这样极化

越小，越有利于活性物质利用率的提高。电池内部结构越紧凑，正负极极片间距越小，锂离子运动的路程越短，越有利于电解液的扩散，活性物质利用率越高。

（3）电解液的数量、浓度和纯度。锂离子电池的电解液通常不参与电池的化学反应，如果电解液的数量过少，无法保证溶液中锂离子的传输，将导致活性物质利用率降低。当电解液存在最佳的浓度时导电性最高，同时电解液在不同浓度下对电极活性物质和铜箔、铝箔集流体的腐蚀作用不同，将影响活性物质的利用率。而电解液中的杂质可能会导致自放电或产生一些有害的副反应，也会使活性物质利用率降低。此外，电解质中的添加剂也会影响活性物质利用率。

（4）锂离子电池的制造工艺。锂离子电池的制造工艺影响电极极片的孔径、孔率和真实比表面积，从而影响了活性物质的利用率。

（5）放电制度。放电制度包括放电电流密度、放电温度、放电终止电压。放电电流密度越大，电化学极化和浓差极化越严重，致使活性物质不能被充分利用。放电温度升高时，一方面电极的反应速率加快，降低了电化学极化；另一方面电解液的黏度降低，锂离子的传输速率加快，提高了电解液的导电能力，降低浓差极化。终止电压越高，活性物质利用率越低，放出的容量越小；反之，在不破坏电极材料结构的情况下，终止电压越低，活性物质利用率越高，放电的容量越高。

容量是锂离子电池电化学性能最重要的指标之一，但是不同型号电池的容量不同，无法进行比较。为了便于比较，常常采用比容量这个术语。单位质量或单位体积的锂离子电池所能释放出的容量称为质量比容量（A·h/kg）或体积比容量（A·h/L）。对于锂离子电池来说，除了电极和电解液外，还包括外壳、隔膜等。对于动力电池组，还包括电池管理系统等。因此，在计算锂离子电池的质量比容量和体积比容量时需要把这些组成或附属配件包括在内。通过比容量这个术语，可以对不同大小、不同类型的锂离子电池进行比较来区别电化学性能的优劣，与理论容量和实际容量相对应，比容量有理论比容量和实际比容量。

6.3.5 能量和比能量

与容量相对应，锂离子电池的能量是指电池在一定放电条件下对外做功所能输出的电能，能量的单位用 W·h 表示，可以分为理论能量和实际能量。

锂离子电池的理论能量是指电池在常温、恒压的可逆放电条件下所能做的最大非体积功。此时，锂离子电池在放电过程中始终处于平衡状态，放电电压始终等于其电动势的数值，且活性物质全部参与成流反应。因此，锂离子电池的理论能量只是理想状态下的能量，实际上不可能达到。理论能量可以表示为

$$W_0 = C_0 E = -\Delta G = nFE \tag{6.10}$$

式中　W_0——理论能量；

C_0——理论容量；

E——电动势；

ΔG——吉布斯自由能；

n——电化学反应中的电子得失数；

F——法拉第常数。

实际能量是指锂离子电池在一定放电条件下实际输出的能量。与活性物质利用率会影响锂离子电池的实际容量一样，活性物质利用率也必然会影响锂离子电池的实际能量。

为了进行电池性能的比较，人们同样提出了比能量（或能量密度）的概念。单位质量的锂离子电池输出的能量称为质量比能量（W·h/kg），单位体积的锂离子电池输出的能量称为体积比能量（W·h/L）。比能量也分为理论比能量和实际比能量。锂离子电池的理论比能量可以由理论比容量乘以电动势得到，实际比能量可由输出的实际能量除以电池的质量或体积得到。

比能量是锂离子电池电化学性能的一个非常重要的指标，是比较各类不同的正负极活性材料的锂离子电池的性能优劣的重要技术参数。尽管锂离子电池的理论比能量非常高，但是实际比能量远远低于理论比能量，目前动力电池中的实际质量比能量不足 200W·h/kg。

6.3.6　功率和比功率

锂离子电池的功率是指在一定的放电条件下，电池在单位时间内所能输出的能量，单位为 W 或 kW。锂离子电池的比功率是指在一定的放电条件下，单位质量或单位体积的电池在单位时间内所能输出的能量，质量比功率的单位为 W/kg 或 kW/kg，体积比功率的单位为 W/L 或 kW/L。

功率和比功率这两个概念表示锂离子电池放电倍率的大小，功率大表示电池可以在大电流下或高倍率下放电。与锂离子电池的容量、能量相类似，功率可以分为理论功率和实际功率。

显然，影响锂离子电池容量和能量的一些因素也影响功率，尤其是放电制度对于电池的输出功率影响甚大。当以大电流放电时，电池的输出比功率增大，但是极化增大，电池的工作电压下降较快，因此比能量降低；而当电池小电流放电时，电池的输出比功率变小，但是极化减小，电池的工作电压下降较慢，因此比能量增大。可以看出，比功率与比能量不是线性关系，而是类似于抛物线的关系。

6.3.7　储存性能和循环寿命

锂离子电池的储存性能是指电池开路时，在一定的条件下储存一段时间后，容量自发降低的性能，也称为自放电。电池的容量降低率小就说明储存性能好。自放电发生的原因是电极在电解液中处于热力学的不稳定状态，自发发生了氧化还原反应。影响自放电的因素有储存温度、湿度和活性物质、电解液、隔板和外壳等带入的有害杂质。自放电速率用单位时间内容量降低的百分数表示，即

$$x\% = \frac{C_{前} - C_{后}}{C_{前}\,t} \times 100\% \tag{6.11}$$

式中　$C_{前}$、$C_{后}$——存储前、后电池的容量；

　　　　t——储存时间，可以用天、月、年表示。

除了用一定时间内容量的变化来表示自放电的大小外，还可以用锂离子电池搁

置至容量降低到规定值时的天数表示，称为搁置寿命。

循环寿命是衡量锂离子电池电化学性能的另一个最重要的指标。在一定的充放电条件下，电池容量降低至某一规定值前，锂离子电池所能耐受的循环次数称为锂离子电池的循环寿命。循环寿命越长，则电池性能越好。锂离子电池的循环寿命很大程度上取决于电极活性材料在充放电过程中的结构稳定性，如 $LiFePO_4$、$Li_4Ti_5O_{12}$ 的结构非常稳定，循环性能极其优异。循环寿命受放电深度的影响有：如果进行深度放电，循环寿命会比较短；如果进行浅度放电，循环寿命会比较长。

导致锂离子电池循环寿命缩短的原因有：

（1）活性物质的比表面积在充放电过程中不断减少，致使充放电电流密度上升，极化增大。

（2）在充放电过程中，活性物质结构遭到破坏，活性物质不断溶解，或活性物质颗粒不断脱落。

（3）在充放电过程中，电极上产生枝晶造成电池内部短路，或者电极、电解液中的有害物质造成电池内部微短路。

6.3.8　放电曲线

在研究锂离子电池的电化学性能时，通常需要测量锂离子电池的放电曲线，即放电电压随时间变化的曲线。放电曲线受放电制度或放电条件的影响。放电制度包括放电方式、放电电流、终止电压和放电时的环境温度等。常规的放电曲线通常采用恒电流的放电方式，通过放电曲线可以了解锂离子电池电极材料的充放电比容量、库仑效率、电压平台、放电时间、倍率性能和低温性能等信息。

6.4　锂离子电池的特点

锂离子电池是继镍镉、镍氢电池之后最新一代的蓄电池。锂离子电池与常用的铅酸蓄电池、镍镉电池和镍氢电池相比，其能量密度最高，尤其是质量比能量的优势更为明显，再加上其无记忆效应、无污染、自放电小等特点，已广泛应用于移动电话、笔记本电脑、数字相机等便携式电子设备，在军事领域（如鱼雷、声呐、无人机等）中也被广泛采用。随着人们环保意识的提高以及石油的短缺，电动汽车成为目前备受关注的行业，以锂离子电池为动力的电动汽车发展十分迅速。而在电力领域以削峰填谷为目的的储能电池中，锂离子电池也是非常具有竞争力的选择。锂离子电池已成为化学电源领域最具竞争力的电池。锂离子与其他二次电池相比，具有以下特点：

（1）比能量高。锂离子电池的实际质量比能量可达 $200W \cdot h/kg$，如果采用目前比容量最高的富锂锰基正极材料和硅/碳复合负极材料组成锂离子电池，质量比容量高达 $400W \cdot h/kg$，体积比容量 $500W \cdot h/L$，远远超过传统的二次电池。因此，锂离子电池可以往小型化和轻量化发展。

（2）开路电压高。锂离子电池采用的是非水有机溶剂电解液体系，单体电池电压可达 $3.6V$ 以上，其电压是镍氢电池的 $2 \sim 3$ 倍。而目前正在研究的高电压正极材料，锂离子电池的单体电池的电压高达 4.5～5V，这将使锂离子电池的比能量得到进一步提升。

（3）可以大电流放电。采用聚合物电解质的全固态锂离子电池可以实现 10C 以上的高倍率放电，且有极优异的安全性；采用磷酸铁锂正极材料的锂离子电池则有望实现 100C 放电。

（4）自放电小。室温下锂离子电池月自放电率很低，小于 10％，低于镍氢电池的 15％。如果采用磷酸铁锂做正极材料，锂离子电池的月自放电率可小于 3％。

（5）对环境友好。锂离子电池不含有铅、镉、汞等有害物质，不污染环境。

（6）无记忆效应。记忆效应是镍镉电池的一个显著特点，指的是电池没有用完电就充电，或者没有充满电就使用，会出现电池容量下降的现象。锂离子电池不存在记忆效应。

（7）安全性好。商业化的锂离子电池采用石墨作为负极活性物质。石墨具有与金属相近的电极电势，锂离子在石墨中可逆地嵌入/脱出时，使金属锂发生沉积的概率极大降低，锂离子电池的安全性能有明显的提升。同时，近年来，一些改善安全性能的方法，如采用阻燃添加剂、可封闭隔膜、PTC（正温度系数热敏电阻，超过一定温度时，其电阻值随温度的上升呈指数式增加，可防止锂离子电池过热）、防爆装置、电池管理系统等技术，保证了锂离子电池具有极高的安全性能。

（8）循环寿命长。锂离子电池循环寿命通常在 1000 次以上，而采用磷酸铁锂正极材料的锂离子电池循环寿命为 2000～3000 次，如果同时采用具有高循环能力的负极材料如钛酸锂，可以达到 10000 次以上的循环寿命。

锂离子电池与其他二次电池的性能比较见表 6.1。

表 6.1　　　　　　　　　　　锂离子电池与其他二次电池的性能比较

项　目		锂离子电池	高容量镍镉电池	镍氢电池	铅酸蓄电池
体积比能量 /(W·h·L⁻¹)	现在	240～260	134～155	190～197	50～80
	将来	400	240	280	
质量比能量 /(W·h·kg⁻¹)	现在	100～114	49～60	59～70	30～50
	将来	150	70	80	
平均工作电压/V		3.6	1.2	1.2	2.0
使用电压范围/V		2.5～4.2	1.0～1.4	1.0～1.4	1.8～2.2
循环寿命 /次	现在	500～1000	500	500	500
	将来	1000	1000	1000	
使用温度范围/℃		−20～60	−20～65	−20～65	−40～65
月自放电率/%		<10	>10	20～30	>10
安全性能		安全	安全	安全	不安全
是否对环境友好		是	否	否	否
记忆效应		无	有	无	无
优点		高比能量，高电压，无公害	高功率，快速充电，低成本	高比能量，高功率，无公害	价格低廉，工艺成熟
缺点		要保护回路，高成本	记忆效应，镉公害	自放电高，高成本	比能量小，污染环境

　　尽管锂离子电池有诸多优点，但是它的缺点也是显而易见的，主要缺点有：

　　（1）内部阻抗高。因为锂离子电池的电解液通常为有机溶液，其电导率比镍镉电池、镍氢电池的电解液小得多，所以锂离子电池的内部阻抗比镍镉电池或镍氢电池约大 10 倍。

　　（2）工作电压变化较大。

　　（3）放电速率较大时，容量下降较大。因此，锂离子电池很难大电流放电。

6.5　锂离子电池的分类

E6.2
锂离子电
池的分类

　　锂离子电池应用于社会的各个领域，从不同的角度可以分为不同的类型。按照外形进行划分，锂离子电池主要有圆柱形、方形和纽扣形三个类型。按照锂离子电池所使用的外壳可以分为钢壳、铝壳和铝塑膜三种。从电池结构上看，可以分为卷绕式结构和叠层式结构。从锂离子电池所使用的领域可以分为便携式电池、动力电池、储能电池。

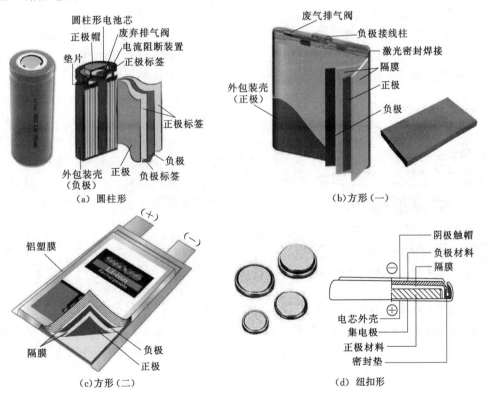

图 6.2　锂离子电池种类

　　圆柱形电池的型号用 5 位数表示，前两位数表示直径，后三位数表示高度，如目前使用最广泛的 18650 型电池，表示这种电池的直径为 18mm，高度为 65.0mm。扣式电池，也就是纽扣电池，主要用于电子手表等领域。方形电池的型号用 6 位数表示，前两位数表示电池的厚度，中间两位数表示电池的宽度，最后两位表示电池的长度，如 083448 型电池，表示厚度为 8mm，宽度为 34mm，长度为 48mm。

　　不同类型的电池，制造方法不一样。圆柱形电池将正极、负极、隔膜放置到卷绕机上进行卷绕，然后入壳、焊接封口、注液得到成品。而方形电池卷绕之后需要进行碾压压实，把卷绕之后的圆柱形极组压成方形，然后再入壳、焊接封口、注液，最后得到成品。其中多了碾压压实这一步骤，其他步骤与圆柱形的大致相同。圆柱形锂离子电池的空间利用率高，容易得到较高的比能量，因此圆柱形锂离子电池占据市场份额越来越大。但是圆柱形锂离子电池的制造难度要高于方形锂离子电池，对设备要求高，而且成品率要低于方形电池。圆柱形锂离子电池采用的是卷绕式结构，而方形锂离子电池，对于小型电池（<4A・h）一般采用卷绕式结构，大型电池则多采用叠层式结构，因为大型电池制造时，卷绕容易导致电极极片破裂。圆柱形电池和方形电池的外壳材质有钢壳和铝壳两种，铝壳成本高于钢壳，但是质量轻，采用铝壳做外壳有利于提高比能量，尤其是在目前越来越追求高能量、高功率锂离子电池的时代里应用广泛。铝塑膜通常是由聚丙烯/铝箔/聚丙烯三层膜进行热压而成。采用铝塑膜作为外壳，可将锂离子电池做得很薄，或者把锂离子电池做得很大，而且铝塑膜的质量轻于铝壳和钢壳，有利于比能量的提高，然而由于成本较高且不适合于采用卷绕式的电池结构，只能采用叠层式结构。由于铝塑膜锂离子电池具有设计形状多样化、质量比能量高、安全性高和厚度超薄的优点，被广泛应用于便携式电子产品上。聚合物锂离子电池多采用铝塑膜作为外壳。

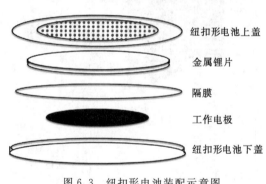

图 6.3　纽扣形电池装配示意图

　　实验室锂离子电池活性材料电化学性能主要通过组装纽扣形电池进行研究。以正极活性材料为例，按照装配示意图（图 6.3）组装成 CR2025 纽扣形电池，其具体步骤为：以 N - 甲基吡咯烷酮（NMP）为溶剂，按质量比 80：10：10 将活性物质粉末、导电炭黑和聚偏氟乙烯（PVDF）混合，搅拌均匀成泥浆状涂覆于铝箔表面，然后 110℃真空干燥 12h，压片制成直径为 12.5mm 的正极片，再将极片 80℃真空干燥 5h。以金属锂作为参考负极，以微孔聚丙烯 Celgard2300 膜为隔膜，以 1mol/L $LiPF_6$/EC＋DEC＋EMC（体积比为 1：1：1）为电解液。在充满高纯氩气的手套箱内组装成 CR2025 纽扣形电池。组装后的电池需静置 12h 后进行电化学性能测试。

图中标注：纽扣形电池上盖、金属锂片、隔膜、工作电极、纽扣形电池下盖

6.6　锂离子电池材料

6.6.1　锂离子电池正极材料

　　锂离子电池的关键技术之一是采用能在充放电过程中嵌入和脱嵌锂离子的正负

极材料。锂离子电池正极材料不仅作为电极材料参与电化学反应，而且可作为锂离子源。大多数可作为锂离子电池正极活性材料的是含锂的过渡金属化合物和金属磷酸盐。对锂离子电池正极材料的要求如下：

(1) 具有较高的电极电势，由此才可以获得较高的锂离子电池电压。

(2) 具有较高的比容量，这样才可以获得高比能量的电池。

(3) 在脱锂过程中，材料结构保持良好的可逆性，这样才可能获得较长的循环寿命。

(4) 锂离子有大的扩散速率，这样才可以获得良好的倍率性能。

(5) 优良的电子导电率，这样才可以降低电极的欧姆极化。

(6) 具有较好的电化学稳定性和热稳定性，在电解液中不溶解或溶解性很低。

(7) 原料易得，合成成本低廉。

现阶段正极材料主要为 $LiCoO_2$、$LiMn_2O_4$、$LiFePO_4$、$LiNi_{1-x-y}Mn_xCo_yO_2$ 等，其中 $LiCoO_2$ 由于制备工艺简单而获得商业化应用。利用 $LiCoO_2$ 的晶体结构、化学组成、颗粒粒度及粒度分布等因素对 $LiCoO_2$ 材料性能的影响进行深入的研究，提出了改善电池性能的方法。但是钴资源较贫乏，价格较昂贵，环境污染大，导致电池的价格较高。为了降低成本，人们普遍加强了对 $LiNiO_2$ 和 $LiMn_2O_4$ 的研究。在 $LiNiO_2$ 的结构中，氧原子构成立方密堆积序列，而 Li 和 Ni 分别占据立方堆积中的八面体的 3a 与 3b 位，这种结构的任何错置都会影响 $LiNiO_2$ 的电化学性能。在制备过程中条件控制发生变化时，$LiNiO_2$ 很容易呈非化学计量。当 Ni 过量时，Ni 会占据 Li 可能占据的位置，从而影响 $LiNiO_2$ 的电化学性能，因此 $LiNiO_2$ 的制备条件较苛刻，非制作锂离子电池正极的理想材料。而 $LiMn_2O_4$ 具有资源丰富、成本低廉、放电电压高、无毒性、无污染等优点，成为取代已商品化的 $LiCoO_2$ 的首选材料，是锂离子电池正极材料的研究热点之一，它的制备研究和电化学性能研究受到人们的普遍重视。

这些正极材料主要归结为有序的岩盐型结构、尖晶石型结构和橄榄石型结构三种结构类型。有序的岩盐型结构是一种层状结构，锂原子、金属原子和氧原子占据交替层的八面体位置。典型的岩盐型结构正极材料有 $LiCoO_2$、$LiNi_{1-x-y}Mn_xCo_yO_2$，尖晶石型结构的正极材料有 $LiMn_2O_4$，橄榄石结构的正极材料有 $LiFePO_4$。

正极材料的粒度分布、颗粒形状、比表面积和振实密度对锂离子电池的性能起着重要作用，粒度决定了固体扩散路径长度，从而控制倍率性能。同时粒度分布和颗粒形状影响了电极浆料涂覆的效果。比表面积影响了正极材料与电解质在较高温度下的反应活性。而振实密度影响了比能量，高振实密度可以获得较高的比能量。

6.6.1.1　$LiCoO_2$ 正极材料

1958 年 Johnson 首次合成了 $LiCoO_2$ 正极材料，1980 年 K Mizushima 等首次报道了 $LiCoO_2$ 的电化学性能和可能的实际应用，1991 年日本索尼公司以 $LiCoO_2$ 为正极材料制作了商品锂离子二次电池。与其他正极材料相比，$LiCoO_2$ 在可逆性、放电容量、充放电效率和电压平台等方面的综合性能优异，是目前商业化最成功的正极材料。

6.6.1.1.1　LiCoO$_2$ 的结构特征

LiCoO$_2$ 具有 α-NaFeO$_2$ 型层状结构，属于六方晶系，具有 R$\bar{3}$m 空间群，晶格常数 a=0.2816nm、c=1.4081nm，基于 O 原子的立方密堆积，Li$^+$ 与 Co^{3+} 交替占据岩盐型结构的（111）层面的 3a 位（000）和 3b 位（001/2），O^{2-} 位于 6c（00z）位，即层状结构由 CoO$_6$ 共边八面体所构成，其间被 Li 原子面隔开，其结构如图 6.4 所示。O-Co-O 层内原子（离子）以化学键结合，层间靠范德瓦尔斯力维持，由于层间范德瓦尔斯力较弱，Li$^+$ 的存在恰好可以通过静电作用来维持层状结构的稳定。层状的 LiCoO$_2$ 中 Li$^+$ 可以在 CoO$_2$ 原子密实层的层间进行二维运动，扩散系数 D_{Li}^+=10^{-9}～10^{-7}cm^2/s。实际上，由于 Li$^+$ 和 Co^{3+} 与 O^{2-} 离子层作用力的不同，导致 O^{2-} 的分布偏离理想的最紧密的堆积结构而呈现三方对称分布。所以处于高电压的 LiCoO$_2$ 的结构不稳定，循环性能差，且 Co^{4+}、O^{2-} 活性大，容易引发安全事故。

E6.3
LiCoO$_2$ 正
极材料

Co
O
Li

图 6.4　LiCoO$_2$ 的结构图

6.6.1.1.2　LiCoO$_2$ 材料的合成工艺

合成 LiCoO$_2$ 的方法有高温固相法、低温共沉淀法和凝胶法。比较成熟的方法是钴的碳酸盐、碱式碳酸盐或钴的氧化物等与 Li$_2$CO$_3$ 在高温下固相合成。热重曲线和 XRD 物相分析表明，在 200℃ 以上分解生成 Co$_3$O$_4$、Co$_2$O$_3$，300℃ 时其主体仍为 Co$_3$O$_4$，高于此温度时钴的氧化物与 Li$_2$CO$_3$ 进行固相反应生成 LiCoO$_2$。用 Co$_3$O$_4$ 和 Li$_2$CO$_3$ 作原料，按一定比例混合后在 650℃ 下灼烧 5h，然后在 900℃ 下灼烧 10h，可制得稳定的活性物质。R Yazami 等介绍了低温共沉淀法。在强力搅拌下，将醋酸钴的悬浮液加到醋酸锂溶液中，然后在 550℃ 下处理 2h 以上。所得的材料具有单分散的颗粒形状、大的比表面积、好的结晶以及化学计量组成。还有人把 Li 和 Co 的碳酸盐或草酸盐溶于载体溶液中并形成气流悬浮体，并进行高温反应，可快速制备 LiCoO$_2$。CoOOH 与过量的 LiOH·H$_2$O 可在 100℃ 下进行离子交换反

应制备 $LiCoO_2$，或用低温共沉淀法制备锂钴前驱物合成 $LiCoO_2$，但产物必须在高温下处理。

6.6.1.1.3 $LiCoO_2$ 的问题及改性

1. 高脱锂状态 $LiCoO_2$ 的问题

$LiCoO_2$ 的理论容量高达 $274mA \cdot h/g$，但是从 $LiCoO_2$ 中脱出的 Li^+ 最多为 0.5 个单元，超过 0.5 个单元时 $LiCoO_2$ 结构将不稳定，钴离子将从其所在的位置迁移到 Li^+ 所在位置上，产生离子错牌现象，造成不可逆结构变化。另外，在较高电位下（Li^+ 脱出量超过 0.5 个单元），$Li_{1-x}CoO_2$（$x>0.5$）材料中的 Co^{4+} 易与电解液发生氧化还原反应，致使材料的比容量快速衰减。一般情况下，$LiCoO_2$ 充电电压的上限为 $4.2V$，$LiCoO_2$ 在实际应用中可发挥的容量不超过 $150mA \cdot h/g$，在此电压范围内 $LiCoO_2$ 具有较平稳的电压平台，且充放电过程的不可逆容量损失小，循环性能好。还须指出，处于充电状态的 $LiCoO_2$ 处于介稳状态，当温度高于 $200℃$ 或者高电压时，会发生释氧反应，即释放出 O_2，产生的 O_2 与有机电解液发生放热反应，产生的热量使电池的温度上升，当达到液态有机电解液的燃点时，将会发生爆炸，造成安全事故。

2. $LiCoO_2$ 材料的改性

电解液中 $LiPF_6$ 的反应为

$$LiPF_6 \longrightarrow LiF + PF_5 \qquad (6.12)$$

$$PF_5 + H_2O \longrightarrow POF_3 + 2HF \qquad (6.13)$$

生成的 HF 将侵蚀 $LiCoO_2$ 正极材料，导致 Co 元素发生溶解，容量发生衰减。

表面包覆是改善 $LiCoO_2$ 材料电化学性能的有效途径，它可以有效缓解电解液对 $LiCoO_2$ 材料的侵蚀，阻止材料结构的变化。目前对 $LiCoO_2$ 进行表面包覆的材料有 AlF_3、碳材料、ZnO、$Li_4Ti_5O_{12}$ 和钒氧化物等。例如，$LiCoO_2$ 表面包覆 3%（质量百分数）$Li_4Ti_5O_{12}$ 后，高电位下放电比容量可达 $162mA \cdot h/g$，且具有很好的充放电循环性能；$LiCoO_2$ 表面包覆 ZnO 后，高电位下复合材料具有很好的充放电循环性能，且具有很好的热稳定性。

以 $LiCoO_2$ 表面包覆 TiO_2 为例，分析其电化学性能显著改善的主要原因如下：

（1）$LiCoO_2$ 表面包覆 TiO_2 后，降低了 $LiCoO_2$ 表面氧的活性，减少了其与电解液的接触面积，抑制了 $LiCoO_2$ 中 Co 在电解液中的溶解。

（2）少量氧化物在钴酸锂表面可能以疏松状存在，降低了粒子间应力及循环过程中所造成的结构和体积的微小应变。

（3）表面包覆 TiO_2 后，$LiCoO_2$ 的容量和放电平台均有所提高。通过微分曲线可以发现，未包覆的样品峰形宽而低，包覆 TiO_2 后的曲线往高电压区域移动且峰形变得细且尖锐，说明表面包覆 TiO_2 降低了 $LiCoO_2$ 在充放电过程中的极化，使材料具有更高的放电电压及更平稳的放电平台。

6.6.1.2 $LiMn_2O_4$ 正极材料

$LiMn_2O_4$ 是由 Hunter 在 1981 年首先制备得到的。$LiMn_2O_4$ 具有尖晶石结构，为立方晶体，$a=8.239Å$，是 Fd3m 空间群。$LiMn_2O_4$ 的理论比容量为 $148mA \cdot h/g$，

实际比容量在 120mA·h/g 左右。$LiMn_2O_4$ 具有锰资源丰富、价格便宜、对环境无毒等优点，以其低廉的价格、良好的热稳定性、强的耐过充能力和良好的环境效益备受人们关注，但是其循环性能和存储性能较差，尤其是高温环境下的循环性能很差，导致了严重的不可逆容量衰减。根据近年来的研究，人们普遍认为 $LiMn_2O_4$ 尖晶石的不可逆容量主要归结于锰的溶解及其造成的材料结构变化、钝化膜的形成，以及 Jahn-Teller 效应造成的材料结构破坏和电解液的分解。目前，对 $LiMn_2O_4$ 的研究集中在改善 $LiMn_2O_4$ 的高温循环性能上。对 $LiMn_2O_4$ 高温循环性能改善的研究有：减少 $LiMn_2O_4$ 的比表面积以减少电极材料与电解液的界面面积，从而减少锰的溶解速度；优化电解液来改善 $LiMn_2O_4$ 和电解液的相容性，同时防止电解液的分解；进行体相掺杂和表面相掺杂。另外，也有不少人合成非化学计量的 $LiMn_2O_4$ 以改善性能。还有一些研究者将正极材料和电解液两者联系起来，作为一个系统考虑它们的界面性质，而不仅仅单纯地研究正极材料或电解液。

掺杂是稳定材料结构和性能的常用手段，体相掺杂可以改善尖晶石的循环性能，但会引起初始比容量的减少，因而不可能掺杂过高的量。以前的研究主要掺杂金属离子，近年来，也有不少人掺杂非金属离子，或者同时掺杂金属离子和非金属离子。在选择掺杂离子时主要需要考虑如下因素：

（1）掺杂离子的晶体场稳定能，在尖晶石结构中存在着 Li^+ 占据 8a 四面体间隙和 Mn^{2+} 占据八面体 16d 间隙。因此选择掺杂离子时，应首先选择和 Mn^{2+} 相近或更强的择位能的离子，掺杂后这些离子就会顺利进入 Mn^{2+} 的 16d 位置，从而稳定尖晶石结构。

（2）掺杂离子的稳定性。掺杂低价离子可以提高 $LiMn_2O_4$ 中 Mn 的平均价态，抑制 Jahn-Teller 效应，若掺杂离子不稳定，易于氧化高价离子，则导致 Mn 平均价态的降低，发生 Jahn-Teller 效应。

（3）M—O 键的强度。掺杂离子和氧所形成的强 M—O 键能提高尖晶石结构的稳定性，改善循环性能。

（4）掺杂离子的半径。掺杂离子的半径过大或过小都可能导致 $LiMn_2O_4$ 晶格过度扭曲而使其稳定性下降，循环性能变差。

表面相掺杂是设法使掺杂元素扩散渗入其表层，保持 $LiMn_2O_4$ 原有的粒度，同时在总掺杂量较低的前提下，对颗粒表面进行高浓度掺杂，达到高浓度掺杂的效果。合成非计量的锂锰氧，设法使锰的平均化合价升高，平均价态大于 3.5。这样，充放电在单相中进行，高电压下不出现两相，延缓了 Jahn-Teller 效应的发生。同时，锰元素电荷的升高也增强了 Mn—O 键，使 $LiMn_2O_4$ 在脱嵌锂过程中的体积膨胀或收缩程度减小，稳定了尖晶石框架结构，从而延长了循环寿命。

人们从研究 $LiMn_2O_4$ 合成方法、结构和性能的关系以解决 $LiMn_2O_4$ 较低的初始比容量，到研究 $LiMn_2O_4$ 的体相掺杂和表面包覆以改善 $LiMn_2O_4$ 的循环性能，体现着锂离子电池正极材料 $LiMn_2O_4$ 研究的历史趋势。

$LiMn_2O_4$ 的合成方法基本上可以分为固相合成法和液相合成法。传统的固相合成法主要有高温合成法、微波合成法等。高温合成法的优点是易于实现规模化生产，缺点是能量消耗巨大，且合成材料的均匀性较差。传统的液相合成法有溶胶-凝胶法，水热法等。溶胶-凝胶法和它的变化形式溶胶-凝胶-酯化法具有反应时间短、反应温度低、反应产物粒度均一、尺寸小、反应过程易控制等优点，缺点是醇化物前驱体的反应活性大，易生成沉淀，而且不能保证加热过程中产物的均匀性。水热法是将锂盐和锰盐溶液置于不锈钢高压釜中，进行水热反应获得 $LiMn_2O_4$，其优点是反应温度较低。

6.6.1.3 $LiFePO_4$ 正极材料

$LiFePO_4$ 为橄榄石形结构，属于正交晶系，Pnma 空间群，在自然界中主要以磷铁矿的形式存在，其结构如图 6.5 所示。$LiFePO_4$ 晶体中每个晶胞含有 4 个 $LiFePO_4$ 单元，O 原子以类似六方密堆积方式排列；P 原子占据氧四面体的 4c 位置，Fe 和 Li 原子各自占据氧八面体的 4c 和 4a 位置；P—O 四面体、Fe—O 八面体和 Li—O 八面体交替排列。Li^+ 在 4a 位形成与 c 轴

E6.4
$LiFePO_4$
电池的充
放电原理

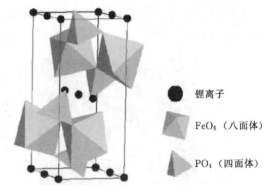

○ 锂离子

▨ FeO_6（八面体）

◣ PO_4（四面体）

图 6.5 $LiFePO_4$ 的晶体结构

平行的共棱的连续直线链，使得 Li^+ 具有二维可移动性，在充放电过程中可以脱出和嵌入。

充电时，Li^+ 从 FeO_6 层间迁移出来，Fe^{2+} 被氧化为 Fe^{3+}，形成 $LiFePO_4$/$FePO_4$ 共存态，电子则从外电路到达负极，放电过程与上述相反，发生还原反应。具体的充放电反应表达式如下：

充电反应为

$$LiFePO_4 - xLi^+ - xe^- \longrightarrow xFePO_4 + (1-x)LiFePO_4 \tag{6.14}$$

放电反应为

$$FePO_4 + xLi^+ + xe^- \longrightarrow xLiFePO_4 + (1-x)FePO_4 \tag{6.15}$$

$LiFePO_4$ 脱嵌锂时产生 Li_xFePO_4/$Li_{1-x}FePO_4$ 两相界面，是一种典型的离子电子混合导体。从结构上看，FeO_6 八面体通过共点链接，与 PO_4 四面体交替排列，使得 $LiFePO_4$ 具有较低的电导率。Li 原子所在的平面中包含有 PO_4 四面体，按近似于六方密堆积的方式排列，使得 Li^+ 在晶体中的迁移速率较小。而 P—O 共价键形成离域三维立体化学键，使 $LiFePO_4$ 材料具有很强的热力学和动力学稳定性。$LiFePO_4$ 和 $FePO_4$ 结构相似，晶系相同，因此 Li^+ 在脱嵌过程中，晶格体积畸变小，晶格结构不会因体积的收缩和膨胀而受到破坏，颗粒与导电剂之间的电接触也不会受到破坏，因此该材料的结构稳定，循环寿命长，具有较好的循环性能。而且 $LiFePO_4$ 还具有环境友好、价格低廉、安全性高、比容量高（170mA·h/g）以及充放电平台平稳等优点。因此，该材料被视为最具潜力的动力电池等大型电池应用领域的锂离子电池正极材料。

但 $LiFePO_4$ 的主要缺点是电子导电率较低，Li^+ 扩散速率慢、振实密度低，导

致大电流放电时容量衰减快、倍率性能差、低温性能不好、体积比能量低，而且放电电压略低于其他正极材料。为了解决这些问题，通常通过碳掺杂或包覆，以及金属掺杂等方法对 $LiFePO_4$ 进行改性。掺杂的金属离子常有 Mg、Al、Co、Cu、Ag等。通过掺杂能有效调控 $LiFePO_4$ 的晶格常数，提高 Li^+ 在 $LiFePO_4$ 中的扩散能力。例如，利用湿化学工艺在 $LiFePO_4$/C 表面沉积纳米锡颗粒可以显著改善材料的大电流充放电性能（图 6.6），尤其是在低温条件下。这主要归因于金属锡和碳网共同包覆在 $LiFePO_4$ 颗粒表面，形成完整连续的电子导电层，有效降低了大电流充放电时的电化学极化，进而提高电池在充放电过程中的可逆性。

（a）扫描电子显微镜图

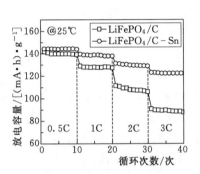

（b）沉积前后常温倍率性能

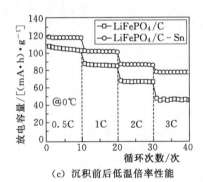

（c）沉积前后低温倍率性能

图 6.6 $LiFePO_4$/C 表面沉积纳米锡颗粒及其倍率性能

目前，以 $LiFePO_4$ 为锂离子电池正极材料的工业电池产品放电能力已经可以达到 40C 以上。$LiFePO_4$ 是动力电池的主流正极材料之一，被广泛应用于电动自行车、油电混合车、纯电动车、电动工具、储能电池、航空航天电池、备用电池、船用电池等领域。与常规锂离子电池相比，$LiFePO_4$ 没有过热或爆炸等安全性问题，同时电池的循环寿命是常规锂离子电池的 4 倍以上，放电功率是常规锂离子电池的3 倍以上。

$LiFePO_4$ 属于复合磷酸盐类，在橄榄石结构的化合物中，可以用于锂离子电池正极材料的并非只有 $LiFePO_4$，还有 $LiMnPO_4$、$LiMnFePO_4$、$LiVPO_4$、$LiCoPO_4$ 等。

尽管制备 $LiFePO_4$ 的原料价格低廉，但是在制备过程中对原料的纯度、晶相、杂质等要求非常严格，这加大了 $LiFePO_4$ 的制备成本。制备 $LiFePO_4$ 的方法有草酸亚铁法、碳热还原法、水热法、微波法、溶胶-凝胶法和共沉淀法等。草酸亚铁法和碳热还原法是主流的工业制备 $LiFePO_4$ 方法。草酸亚铁法是将草酸亚铁（$FeC_2O_4 \cdot 2H_2O$）、锂盐（Li_2CO_3 或 $LiOH \cdot H_2O$）、磷盐（$NH_4H_2PO_4$ 或 LiH_2PO_4）混合均匀后在烧结炉通入保护性气体进行烧结，得到 $LiFePO_4$。碳热还原法是将三价铁化合物（$FePO_4$、Fe_2O_3）、锂盐（Li_2CO_3、LiH_2PO_4）和磷盐（LiH_2PO_4、$NH_4H_2PO_4$）以及碳源（淀粉、葡萄糖、酚醛树脂等）混合均匀后在烧结炉中通过保护性气体进行烧结，得到 $LiFePO_4$。

6.6.1.4　$LiNi_{1-x-y}Mn_xCo_yO_2$ 三元正极材料

6.6.1.4.1　$LiNi_{1-x-y}Mn_xCo_yO_2$ 三元正极材料概述

用开发循环寿命长、倍率性能好、热稳定高的正极材料去替代当前的 $LiCoO_2$ 材料是锂离子电池正极材料研究的一个重要内容。目前，被认为最有可能成为锂离子电池理想正极材料的是三元材料 $LiNi_{1-y-z}Mn_yCo_zO_2$（NMC），该材料具备比容量较高、原材料价格较低、安全性比 $LiCoO_2$ 好、对环境友好等诸多优点。三元材料晶体结构是 α-$NaFeO_2$ 结构，$R\bar{3}m$ 空间点群，是1999年由 Liu Z 等提出的，协同了钴酸锂（$LiCoO_2$）、镍酸锂（$LiNiO_2$）、锰酸锂（$LiMnO_2$）三种材料各自的优点，按一定比例混合起来组成的一类材料，保持了原材料的层状结构（图

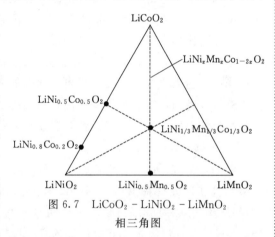

图 6.7　$LiCoO_2$ - $LiNiO_2$ - $LiMnO_2$ 相三角图

6.7），同时又实现了三种材料电化学性能间的互补。通过调节三种过渡金属的比例可以突出三种材料各自的特定性能。目前，研究推广应用的三元材料有 $LiNi_{1/3}Mn_{1/3}Co_{1/3}O_2$、$LiNi_{0.5}Mn_{0.3}Co_{0.2}O_2$、$LiNi_{0.4}Mn_{0.4}Co_{0.2}O_2$。

以 $LiNi_{1/3}Mn_{1/3}Co_{1/3}O_2$ 为例阐述充放电机制。

$LiNi_{1/3}Mn_{1/3}Co_{1/3}O_2$ 电极材料充放电过程为

$$LiNi_{1/3}Mn_{1/3}Co_{1/3}O_2 \underset{\text{放电}}{\overset{\text{充电}}{\rightleftharpoons}} Li_{1-x}Ni_{1/3}Mn_{1/3}Co_{1/3}O_2 + xLi^+ + xe^- \quad (6.16)$$

在充电和放电过程中，Li^+ 嵌入脱出不同程度时，材料结构中离子价态会发生阶段性变化。当 $0 \leqslant x \leqslant 1/3$ 时，结晶结构中的 Ni 原子由 +2 价变为 +3 价，当 Li^+ 进一步脱出时（$1/3 \leqslant x \leqslant 2/3$），Ni 原子化合价将从 +3 再次被氧化成 +4 价；当 $2/3 \leqslant x \leqslant 1$ 时，+3 价的钴离子被氧化成 +4 价。放电是充电过程的逆过程。从整个充放电过程来看，Mn 原子不发生化合价的改变，起到保护材料的层状结构作用。使三元材料具备一定的结构稳定性，而 Ni 原子对材料的容量贡献很大，Co 原子对放电电压平台高有贡献。

对于不同 Ni、Co、Mn 配比的三元材料，随着 Ni 含量的不同，阳离子的混排程度不同（即 Ni^{2+} 和 Li^+ 分别占据对方的 3a 位和 3b 位），通常用 $I_{(003)}/I_{(004)}$ 比值大

小衡量阳离子混排程度，其中 $I_{(003)}$ 和 $I_{(004)}$ 分别表示 X 射线图谱中（003）和（004）衍射峰的强度，比值越小说明阳离子混排越严重，这种结构无序状态导致了电化学性能恶化。研究表明，随着 Ni 含量的增加，$I_{(003)}/I_{(004)}$ 比值降低，说明随着 Ni 含量增加，Li/Ni 混排严重。

　　三元材料具有极高的比容量、较好的循环性能和倍率性能，放电比容量高达 200mA·h/g 以上，目前是动力锂离子电池的首选正极材料之一。虽然这种材料潜力巨大，但是存在一些问题：随着 Ni 含量的增加，循环性能恶化，且热稳定性变差；随着 Ni 含量增加，表面 LiOH、Li_2CO_3 升高，LiOH 会与电解液中的 $LiPF_6$ 反应产生 HF 导致过渡金属离子的溶解，降低循环寿命和存储寿命，而 Li_2CO_3 会产生高温气胀，产生安全性问题。针对这些问题，研究人员通常通过离子掺杂、表面包覆以及采用电解液添加剂等措施改善电化学性能。通过掺杂一些金属离子（如 Al、Mg、Ti、Zr 等）和非金属离子（如 F 等）不仅可以提高电子电导率和离子导电率，提高比功率，还可以提高稳定性。

6.6.1.4.2　$LiNi_{1-x-y}Mn_xCo_yO_2$ 三元正极材料改性研究

　　大量实验表明提高三元材料电化学性能的方法有很多种，比如颗粒纳米化和改变形貌；或者通过掺杂离子来提高材料结构的稳定性；或者对材料进行表面修饰以提高材料的电导率和结构稳定性，实现倍率性能和循环性能改善。

　　1. 颗粒纳米化和改变形貌

　　例如，Yang 等用草酸作促沉淀剂，逐步使金属离子沉淀，制备出了一维分层的微细杆状三元材料 $LiNi_{1/3}Mn_{1/3}Co_{1/3}O_2$。测试结果显示，0.1C 和 20C 倍率的比容量分别达到 163.3mA·h/g 和 104.9mA·h/g。0.5C 倍率的比容量是 152.2mA·h/g，经过 160 次循环的容量保持率是 89.5%。分析表明，多层微米细棒的结构拥有丰富的孔洞间隙，这大大减小了电子和 Li^+ 空间的扩散路径，有利于它们的传输。独特的形貌结构也使得电解液和电极材料接触面积增大，提高材料在充放电过程中抵抗应力变化的能力。Kang 等用静电纺丝法制备出了纳米纤维的 $LiNi_{1/3}Mn_{1/3}Co_{1/3}O_2$ 前驱体，在氧气氛围以及 700℃ 环境下高温退火结晶。SEM 观察到 $LiNi_{1/3}Mn_{1/3}Co_{1/3}O_2$ 纤维直径为 100～800nm。电化学性能测试表明，虽然首次充电容量和放电容量很高，分别是 217.93mA·h/g、172.81mA·h/g，但是存在循环性能较差、高倍率性能不突出、热稳定性差等缺点。S J Shi 等用共沉淀方法得到片状堆叠成类球状的前驱体（NMC），再与 $LiOH·H_2O$ 混合高温固相反应。研究结果显示，合成的 $LiMn_{0.4}Ni_{0.4}Co_{0.2}O_2$ 保留着 NMC 前驱体形貌，在 2.5～4.5V，5C（1400mA/g）测试条件，比容量是 160mA·h/g，循环 50 次后容量保持率为 80%。良好的性能归因于较好的材料结构、较短的扩散距离和良好的结晶性。Hashem 等先制备草酸盐前驱体，后添加 LiOH 混合，高温固相反应合成 $LiNi_{1/3}Mn_{1/3}Co_{1/3}O_2$ 粉末，SEM 图展示颗粒大小为 400～800nm，用超导量子干涉仪器测得 Ni^{2+} 与 Li^+ 混排度为 2.6%。Rui Zuo 等采用聚丙烯酸作络合剂的溶胶-凝胶方法合成了在 700℃ 下 2h 烧结出 80nm 纳米尺寸大小的 $LiNi_{1/3}Mn_{1/3}Co_{1/3}O_2$ 的晶粒。

2. 掺杂离子

大量实验证明，对 $LiNi_{1/3}Mn_{1/3}Co_{1/3}O_2$ 掺杂某些金属离子是改善三元材料性能的有效途径。掺杂方式有很多，比如高温固相反应法、溶胶-凝胶法、化学共沉淀法等。例如，天津工业大学梁小平团队利用溶胶-凝胶法制备了 Zn 掺杂 $LiNi_{1/3}Mn_{1/3}Co_{1/3}O_2$ 正极材料，当 Zn 掺杂量为 2/24 时，$LiNi_{1/3}Mn_{1/3}Co_{1/3}O_2$ 循环性能明显提高，30 次循环后的容量保持率由未掺杂的 82.9% 提升至 97%。河北工业大学刘红光团队对 $LiNi_{1/3}Mn_{1/3}Co_{1/3}O_2$ 掺杂 2% Nb 原子替代三元材料中部分 Mn 原子，在 3.0~4.6V，1C 倍率下充放电测试，结果显示 $LiNi_{1/3}Co_{1/3}Mn_{1/3-0.02}Nb_{0.02}O_2$ 经过 50 次循环后容量保持率为 94.1%，而 $LiNi_{1/3}Co_{1/3}Mn_{1/3}O_2$ 只有 89.4%。XRD、XPS 及 EIS 分析表明掺 Nb 原子有利于 $LiNi_{1/3}Co_{1/3}Mn_{1/3}O_2$ 结构稳定，同时也减小了材料的电荷阻抗。

3. 表面修饰

研究表明，$LiNi_{1/3}Mn_{1/3}Co_{1/3}O_2$ 表面修饰氧化物、氟化物、锂盐能有效提高材料的电化学性能。邱琦等用溶胶-凝胶法制备了 $LiNi_{1/3}Mn_{1/3}Co_{1/3}O_2$ 材料，在 $LiNi_{1/3}Mn_{1/3}Co_{1/3}O_2$ 表面包覆 5% Al_2O_3。结果表示，表面修饰 Al_2O_3 三元材料的电化学循环性能、倍率性能得到明显改善。在 3.0~4.3V、3.0~4.5V 电压区间测试表明表面修饰 Al_2O_3 后的材料放电比容量得到提高，循环性能也更好。EIS 测试表明包覆 Al_2O_3 有助于减小电荷传输电阻，提高三元材料电导率。杨刚等在 $LiNi_{1/3}Mn_{1/3}Co_{1/3}O_2$ 表面修饰 Li_2ZrO_3 材料。测试结果显示表面修饰过 Li_2ZrO_3 的三元材料，其循环性能和倍率性能都得到很大的提高。在 25℃，50C 倍率下测试，表面修饰 Li_2ZrO_3 的材料首次容量达 104.8mA·h/g，纯三元材料只有 70mA·h/g。循环 100 次后表面修饰 Li_2ZrO_3 的材料容量保持率为 89.3%，而未修饰的材料只有 20.7%。低温 -20℃ 和高温 60℃ 测试都表现出非常优秀的电化学性能。同时指出，纯三元材料 Li^+ 扩散系数只有 $7.13×10^{-9} cm^2/s$，而表面修饰 Li_2ZrO_3 的材料 Li^+ 扩散系数提高到 $7.9×10^{-7}cm^2/s$，也有效减缓了电解液对材料的腐蚀，从而提高材料的电化学性能。

【例】 $LiNi_{1/3}Mn_{1/3}Co_{1/3}O_2$ 表面修饰 Eu_2O_3 改善电化学性能

利用溶胶-凝胶法合成了 $LiNi_{1/3}Mn_{1/3}Co_{1/3}O_2$ 正极材料，并通过湿化学工艺在 $LiNi_{1/3}Mn_{1/3}Co_{1/3}O_2$ 表面包覆 Eu_2O_3 层，研究了表面包覆 Eu_2O_3 层对 $LiNi_{1/3}Mn_{1/3}Co_{1/3}O_2$ 电化学性能的影响。图 6.8 给出了表面包覆 Eu_2O_3 层前后 $LiNi_{1/3}Mn_{1/3}Co_{1/3}O_2$ 材料的倍率特性和循环稳定性，电压测试区间为 3.0~4.6V。

从图 6.8（a）可以看出，$LiNi_{1/3}Co_{1/3}Mn_{1/3}O_2$@$Eu_2O_3$（0.1C：171mA·h/g；0.2C：169mA·h/g；0.5C：161mA·h/g；1.0C：154mA·h/g；2.0C：142mA·h/g；4.0C：120mA·h/g）比纯样品 $LiNi_{1/3}Co_{1/3}Mn_{1/3}O_2$（0.1C：166mA·h/g；0.2C：154mA·h/g；0.5C：137mA·h/g；1.0C：118mA·h/g；2.0C：92mA·h/g；4.0C：57mA·h/g）具有更高的放电比容量，在高倍率情景下更加明显。$LiNi_{1/3}Co_{1/3}Mn_{1/3}O_2$@$Eu_2O_3$ 高倍率充放电性能的增强主要归因于在高电势下 Eu_2O_3 层能有效减缓电解液分解产生的 HF 对材料的腐蚀，同时有效减小了电荷传输阻抗。从图 6.8（b）可以发现，$LiNi_{1/3}Co_{1/3}Mn_{1/3}O_2$@$Eu_2O_3$ 具

有更好的循环稳定性，在 100 次循环过程中比容量从 $155mA \cdot h/g$ 缓慢衰减至 $144mA \cdot h/g$，容量保持率高达 92.9%。而 $LiNi_{1/3}Co_{1/3}Mn_{1/3}O_2$ 在经过 100 次循环后只有 $113mA \cdot h/g$，与首次放电比容量相比保持率只有 75.5%。这再次证实了表面修饰 Eu_2O_3 有效减缓了电解液与活性材料之间的反应，进而改善了材料结构的稳定性，因此，$LiNi_{1/3}Co_{1/3}Mn_{1/3}O_2@Eu_2O_3$ 具有更高的放电比容量保持率。

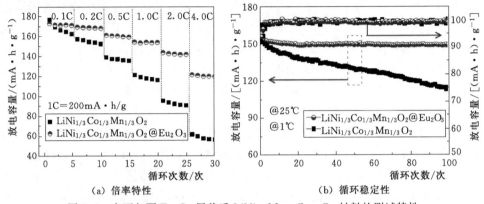

(a) 倍率特性　　　　　(b) 循环稳定性

图 6.8　表面包覆 Eu_2O_3 层前后 $LiNi_{1/3}Mn_{1/3}Co_{1/3}O_2$ 材料的测试特性

6.6.2　锂离子电池负极材料

在锂离子电池诞生之前，早期锂电池采用金属锂作为负极。金属锂是碱金属，密度小，具有极高的比容量（$3860mA \cdot h/g$）和最低的电极电势（$-3.045V$）。在锂电池中，锂与非水有机电解质容易反应，在表面形成一层钝化膜，即固态电解质界面膜（Solid Electrolyte Interface，SEI），使金属锂在电解质中能稳定存在，这是锂电池商业化的基础。对于二次锂电池，锂在充电过程中容易形成枝晶，刺破隔膜导致电池内部短路。因此以金属锂为负极的二次电池的安全性、循环性能较差，无法实现商业化应用。

为了解决这些问题，20 世纪 70—80 年代，人们寻找了一些材料来取代金属锂，这些材料包括石墨类碳材料、金属合金和金属化合物等。由于在 Li^+ 脱嵌过程中，石墨类碳材料的晶体结构并没有明显变化，因此可以使电化学反应连续可逆地进行下去，从而使锂离子电池的高能量密度和长循环寿命得以实现，并在 1991 年由日本 Sony 公司实现了商业化。

负极材料对锂离子电池的电化学性能有着重要影响，因此负极材料应该满足以下条件：

（1）负极材料具有较低的电极电势。

（2）负极材料在脱嵌 Li^+ 时，晶体结构没有显著变化，结构上的变化将破坏电化学反应的可逆性，降低循环寿命。

（3）负极在脱嵌 Li^+ 时具有高度的可逆性，充放电效率接近 100%。

（4）负极材料具有较高的电子导电性。

（5）负极活性材料具有较高的 Li^+ 扩散系数。

（6）负极活性材料具有较高的密度，从而具有较高的电极密度。

（7）负极活性物质具有较高的比容量。

6.6.2.1 碳材料

锂离子电池的研制成功是以碳材料代替金属锂作为电池负极为标志的。目前还没有其他在价格和性能上具有竞争优势的其他负极材料出现，因此碳材料在未来很长一段时间都会是目前唯一大规模商业化应用的负极材料。根据石墨化程度将负极碳材料分为石墨、软碳、硬碳。非石墨类碳在高温处理时都有石墨化的趋向，但有的材料易于石墨化，被称为软碳，有的材料难于石墨化，被称为硬碳。通常由煤沥青、石油沥青、蒽等制备软碳，由酚醛树脂、蔗糖等制备硬碳。目前，研究较多的软碳负极材料是中间相碳微球。用作负极的石墨类和非石墨类碳材料各有优缺点，为此人们常常对碳材料作表面修饰和改性工作。

石墨导电性好，结晶度高，具有良好的层状结构，适合 Li^+ 的脱嵌，是目前锂离子电池商业化应用最多的负极材料。Li^+ 嵌入到石墨的层状空间后，形成 Li_xC_6（$x \leqslant 1$）非计量比化合物。根据 Li_6C 计算，石墨的理论比容量达 $372mA \cdot h/g$，Li^+ 在石墨中的脱嵌电压平台为 $0 \sim 0.25V$。石墨具有层状结构，碳原子呈六角形排列并向二维方向延伸，层间距为 $0.335nm$。从电化学反应来看各种碳材料作为锂离子电池负极的主要机制，都与锂-石墨层间化合物（Li-GICs）的形成有关。锂在石墨中嵌入可形成多级化合物，LiC_6 通常称为一级化合物。石墨在嵌锂时会形成钝化膜或固体电解质界面膜。固体电解质界面膜对负极材料及锂离子电池的电化学性能的影响至关重要，如果固体电解质界面膜不稳定，会导致电解液不断分解、消耗，同时导致石墨的破坏，并导致库伦效率降低。

石墨可以分为天然石墨与人造石墨。天然石墨由于价格低，电极电势低且充放电曲线平稳，在一些电解液中库伦效率高，比容量相对较高，是锂离子电池最有前途的负极材料之一。然而天然石墨具有两个主要缺点：倍率性能低；与 PC 基电解液相容性差。可通过在石墨表面采取适度氧化、包覆聚合物热解碳、在表面沉积金属等方法对石墨进行表面修饰或改性处理。这些方法不仅改善了倍率性能，也提高了可逆比容量。天然石墨有无定形石墨和鳞片石墨两类，无定形石墨杂质含量较高，可逆容量较低，仅有 $260mA \cdot h/g$，鳞片石墨的结晶度高、纯度高，可逆容量可高达 $300 \sim 350mA \cdot h/g$。人造石墨是将易石墨化炭（如沥青焦炭）在氮气中经过高温（$>2800℃$）石墨化处理得到的。人造石墨的很多性质与天然石墨相同。人造石墨具有很多优点，但是成本较高，且可逆比容量低于天然石墨。常见的人造石墨有中间相碳微球（MCMB）、中间相沥青碳纤维（MCF）和气相生长碳纤维（VGCF）。其中，中间相碳微球除了具有石墨的一般特点之外，还具有下列优点：球状结构，层状分子平行排列，堆积密度高，保证了高比能量；表面积小，减少了由电解液分解而产生的不可逆容量；大多数中间相碳微球颗粒表面由端面构成，容易脱嵌 Li^+，提高了倍率性能；中间相碳微球的球状颗粒非常适合于采用涂布技术制备电极极片。中间相碳微球的结构主要取决于石墨化热处理的温度和石墨化时间，因此可以通过热处理对中间相碳微球的电化学性能进行优化，此外，通常还通过化学改性、包覆以及与金属复合等改性手段进行电化学性能优化。

软碳是易石墨化碳，是在2500℃以上的高温下能石墨化的无定形碳。常见的软碳有石油焦、碳纤维、碳微球、针状焦等。软碳的结晶度低，晶粒尺寸小，晶面间距较大，与电解液的相容性好，循环性能较好。但是由于形成固体电解质界面膜等原因，首次不可逆容量较大，首次库仑效率低，比容量较低，输出电压较低，无明显的充放电电压平台。

硬碳是难石墨化碳，在2500℃以上的高温下也难以石墨化，一般是由高分子聚合物高温热解得到。常见的硬碳有树脂碳（如聚糠醇、环氧树脂、酚醛树脂等）、有机聚合物热解碳（PVC、PVDF、PVA、PAN等）、炭黑（乙炔黑）。相比于石墨，硬碳材料具有很多优点，比如更高的比容量、良好的循环稳定性和更优越的快速充放电能力。然而硬碳也有一些缺点，比如不可逆比容量较高，充放电曲线之间存在明显滞后回环，而且密度较低也导致了体积比容量较低。

6.6.2.2 $Li_4Ti_5O_{12}$负极材料

相对于金属锂，碳材料在安全性能、循环性能等方面获得了很大提高，从而使锂离子电池的商业化应用获得了可能。然而当锂离子电池应用于新能源汽车时，由于碳材料极易燃烧，作为动力锂离子电池负极材料时会产生严重的安全问题。尖晶石结构$Li_4Ti_5O_{12}$应运而生，$Li_4Ti_5O_{12}$在20世纪70年代作为超导材料被大量研究，80年代末作为锂离子电池正极材料被研究，但由于相对于锂的电位偏低而未能引起人们的广泛关注。后来，人们将其作为锂离子负极材料进行了研究。$Li_4Ti_5O_{12}$的理论比容量只有175mA·h/g，但是不可逆比容量很小。该材料的Li^+脱嵌电位约为1.55V，高于大多数电解液的还原电位，因而避免了固体电解质界面膜的产生，降低了电极材料的首次不可逆容量。同时高电位也避免了生成锂枝晶，提高了材料的安全性。在Li^+脱嵌过程中，$Li_4Ti_5O_{12}$的晶体结构保持高度的稳定性，体积变化几乎为零，被称为零应变材料，因而具有优异的循环稳定性和平稳的放电电压。此外，尖晶石型的$Li_4Ti_5O_{12}$原料来源广泛、价格便宜、易于制备、无环境污染，因此在新能源汽车蓬勃发展的今天，$Li_4Ti_5O_{12}$作为一种比较理想的碳负极替代材料，在牺牲一定的比能量的前提下能够改善电池的快速充放电性能、循环性能和安全性能，从而引起了人们广泛关注。

$Li_4Ti_5O_{12}$的制备方法主要有固相法和液相法。固相法是将钛源（TiO_2等）与锂源（Li_2CO_3和$LiOH$等）混合烧结得到。液相法有溶胶-凝胶法、水热法、微乳液法，主要用于制备纳米级$Li_4Ti_5O_{12}$。虽然$Li_4Ti_5O_{12}$负极材料具有安全、绿色环保、生产成本低等优点，但是也存在一些缺点：高温固相合成过程中颗粒生长不易控制；$Li_4Ti_5O_{12}$振实密度较低，导致体积比容量和比能量较低；$Li_4Ti_5O_{12}$本身的导电性很差，其电子电导率非常低，导致高倍率充放电性能较差。目前，$Li_4Ti_5O_{12}$的研究主要集中于提高振实密度和提高电导率两个方面，以改善其电化学性能，具体包括：合成粒径分布均匀的具有高比表面积的$Li_4Ti_5O_{12}$材料以提高其利用率和体积比容量；进行金属离子的掺杂并在表面包覆高导电性的碳以提高电导率。

【例】 $Li_4Ti_5O_{12}$ 表面包覆石墨烯负极材料

利用水热法制备了中空 $Li_4Ti_5O_{12}$ 纳米片微球并在其表面包覆石墨烯。从图 6.9 可以看出，$Li_4Ti_5O_{12}$ 微球由纳米片构成且具有中空结构，石墨烯层仅仅黏附在 $Li_4Ti_5O_{12}$ 纳米片表面。从图 6.10 可以发现，与 $Li_4Ti_5O_{12}$ 相比，$Li_4Ti_5O_{12}$ @石墨烯具有更好的大电流充放电性能（0.5C：172.9mA·h/g；1C：169.6mA·h/g；2C：166.3mA·h/g；3C：164.9mA·h/g，5C：162.1mA·h/g，10C：157.6mA·h/g，20C：154.1 mA·h/g）显著优于 $Li_4Ti_5O_{12}$（0.5C：170.4mA·h/g；1C：161.3mA·h/g；2C：152.1mA·h/g；3C：146.9mA·h/g，5C：139.2mA·h/g，10C：130.3mA·h/g，20C：120.7mA·h/g），其中充放电区间为 1.0～3.0V。$Li_4Ti_5O_{12}$ @石墨烯电化学性能的增强主要归因于石墨烯包覆在电极中形成了高电导的网络，促进了电子在电极中的输运并降低了电极的极化。

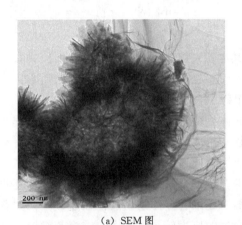

(a) SEM 图 (b) TEM 图

图 6.9 中空 $Li_4Ti_5O_{12}$ 纳米片微球表面包覆石墨烯的 SEM 图和 TEM 图

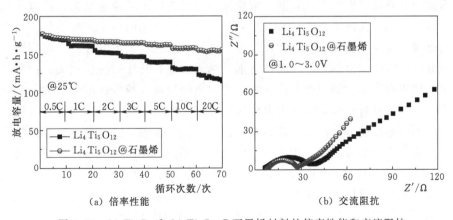

(a) 倍率性能 (b) 交流阻抗

图 6.10 $Li_4Ti_5O_{12}$ 和 $Li_4Ti_5O_{12}$ @石墨烯材料的倍率性能和交流阻抗

6.6.2.3 合金负极材料

合金负极材料的系统性研究工作起步于研究锂合金 Li-Al、Li-Sn、Li-Mg、Li-Sb 和 Li-Si 等在 400℃左右的熔融盐电解质中的应用。这些开拓性的研究工作为合金用作锂离子电池负极材料奠定了基础。在 20 世纪 70 年代末至 90 年代初，为了克服锂电池使用金属锂引起的安全性和循环性能差的问题，人们开始用锂合金代替锂电池的锂金属作为负极材料，如 LiAlFe、LiPb、LiAl、LiSn、LiIn、LiBi、LiZn、LiCd、LiAlB、LiSi 等。锂合金能避免枝晶的生长，提高了安全性，然而在反复的充放电循环中，锂合金将经历较大的体积变化，电极材料逐渐粉化失效。因此，锂合金没有实现商业化。后来日本 FUJI 公司研究人员发现无定形锡基复合氧化物（TCO）有较好的循环寿命和较高的可逆容量，比容量较高，可达到 500 mA·h/g 以上，不过首次不可逆容量也较大。为了解决体积变化大、首次充放电不可逆容量较高、循环性能不理想等问题，人们在锡的氧化物中掺杂一些氧化物作为缓冲基质，如 Mn、Fe、Ti、Ge、Si、Al、P、B 等元素，提高了电极材料的结构稳定性。之后，合金负极材料成为研究的热点。许多金属（如：Al、Mg、Ga、In、Sn、Zn、Cd、Si、Ge、Pb、Sb、Bi、Ni、Au、Ag、Pt 等）可以与锂形成合金，并且它们的储锂量相当可观，其中金属锡的理论比容量为 990mA·h/g，硅为 4200mA·h/g，远高于石墨类负极材料，其电位又略高于金属锂，可以防止锂枝晶的产生。但是在电池充放电过程中，Li_xM（M 为金属）的生成与分解伴随着巨大的体积变化。这导致电极循环性能变差，阻碍了合金负极材料的实际应用。

为抑制或缓和在脱嵌锂过程中所伴随的体积变化，通常以二元或多元合金作为脱嵌锂的电极基体，其中金属多为质地较软、延展性较好的活性或非活性物质，对体积的变化具有较强的适应性，可以缓冲活性物质体积变化带来的机械应力，从而使合金材料具有良好的循环稳定性，即制备合金或金属间化合物基负极材料。还可以将纳米技术引入到电池负极材料，制备纳米超细合金体系，这样在脱嵌锂的过程中所伴随的体积变化较均匀，材料内部所产生的应力较小。因而，纳米超细合金负极理论上应具有好的循环稳定性和较小的容量损失。

多数合金负极材料都存在着两个主要问题：①首次不可逆容量大，即首次充放电效率低；②循环性能不理想。这也是衡量电极材料性能的两个重要指标。合金负极材料首次不可逆容量大的原因比较复杂，比较公认的有如下方面：①电解液在电极表面分解形成固体电解质界面膜，特别是纳米合金，其比表面积较大，因此形成固体电解质界面膜损失的锂较多，选择合适的电解液可以减少这部分损失；②杂质氧的存在，合金材料在制备时表面容易被氧化而带入杂质氧，首次嵌锂时氧化物与锂发生了不可逆反应，从而造成锂的损失；③失去电接触，脱嵌锂时合金材料体积变化产生的应力使部分活性物质失去电接触，这部分活性物质中的锂在随后的脱锂反应中无法脱出，形成"死锂"；④热力学与动力学方面的原因，一部分锂在嵌入时被固定在某些间隙位置无法再脱出，或者锂在合金材料中的扩散速度比较慢。

目前研究较多的是 Sn、Si、Sb 合金材料及其复合材料。

锡基合金作为负极材料具有以下优点：在嵌锂时可以形成 $Li_{4.4}Sn$，储锂比容量达 994mA·h/g，合金堆积密度大，高达 75.5mol/L，因此体积比容量和质量比容量都很高；嵌锂电势为 1.0～0.3V，在大电流充放电时不会发生金属锂的沉积而产生枝晶问题，安全性大大改善；在充放电过程中不会发生石墨所产生的溶剂共嵌入问题。但是锡在嵌锂过程中会发生较大的体积变化，体积膨胀率可达 300%，在材料内部产生较大应力而引起电极材料粉化，造成与集流体的电接触变差，使容量快速衰减。通常跟碳材料进行复合缓冲体积膨胀，提高电极材料的力学强度，并提高电导率，或者采用惰性金属形成锡基合金金属间化合物，利用惰性金属减少充放电过程中所产生的应力，提高锡基负极材料的循环性能。

硅在嵌入锂时形成 $Li_{4.4}Si$，理论比容量高达 $4200mA \cdot h/g$，这是目前研究的合金中理论比容量最大的材料。但是硅负极材料在脱嵌锂过程中伴随着 400% 的体积变化，导致颗粒破碎和粉化，从而使电极材料失去电接触，造成电极循环性能急剧恶化，首次不可逆容量较大，首次库仑效率也很低，这些缺点限制了它在锂离子电池中的实际应用。因此人们主要致力于缓冲硅的体积变化和提高其电导率的研究。为了解决这些问题，研究人员对容量衰减机理做了深入研究，并提出了纳米化、合金化和碳包覆等解决措施。通过合成硅-化合物复合物、硅-金属复合物、硅-碳复合物来缓解体积膨胀，并利用电导率较高的碳来提高电导率。

金属锑的理论比容量为 $660mA \cdot h/g$，嵌锂电势在 $0.8V$ 左右，而且在脱嵌锂过程中具有非常平坦的电压平台。主要的锑基合金有 $SnSb$、$InSb$、Cu_2Sb、$MnSb$、$CoSb$ 等。

6.6.3 锂离子电池电解质

电解质是锂离子电池的重要组成部分，维持正负极之间的离子导电作用，有的电解质还参与正负极活性物质的化学反应和电化学反应。电解质的性能及其与正负极活性物质所形成的界面对锂离子电池性能的影响是至关重要的，电解质的选择在很大程度上影响电池的工作原理，影响着锂离子电池的比能量、安全性能、循环性能、倍率性能、低温性能和储存性能，因此电解质体系的选择和优化一直是化学和材料研究人员的研究热点，电解质体系的革新也导致了锂离子电池革命性的突破。

锂离子电池的电解质可以分为很多种类型。根据电解质物相的不同，可以分为固体电解质、液体电解质和固液复合电解质。液体电解质可以分为有机液体电解质和室温离子液体电解质，固体电解质可以分为固体聚合物电解质和无机固体电解质，固液复合电解质是固体聚合物和液体电解质复合而成的凝胶电解质。

有机液体电解质是把锂盐溶解于极性的非质子有机溶剂中得到的电解质。有机液体电解质的电化学稳定性好、沸点高、凝固点低，具有较宽的温度使用范围，其缺点是有机溶剂介电常数小、黏度大，对锂盐的溶解度较低，电子电导率较低（通常在 $10^{-2} \sim 10^{-3}S/cm$，比水溶液电解质低 $1 \sim 2$ 个数量级），对痕量水特别敏感（含水量必须控制在 $20mg/kg$ 以下）。有机液体电解质在锂离子电池中的作用机制非常复杂，其与正负极活性材料的界面行为、添加剂的性能、锂离子电池组装工艺等都对锂离子电池的性能具有显著的影响。

室温离子液体电解质是由阳离子和阴离子构成的在室温条件下呈现液体的电解质，或者说是以离子液体作为锂离子电池电解质。室温离子液体电解质具有离子电导率较高、蒸汽压较低、化学与电化学稳定性较好、无污染等突出的优点，被誉为绿色电解质。与固体电解质一样，室温离子液体电解质大幅度提高了锂离子电池的安全性能，彻底消除了锂离子电池的安全隐患，然而离子液体的价格非常昂贵，如何降低成本是一个很关键的课题。

无机固体电解质是目前蓬勃发展的全固体锂离子电池的核心材料。根据相态的不同，无机固体电解质可以分为玻璃电解质和陶瓷电解质。在全固体锂离子电池中，无机固体电解质不仅起着电解质传导离子的作用，还起着隔膜隔绝正负极电子接触的作用，因此可以不用隔膜。锂离子电池采用无机固体电解质的优点是：不必使用隔膜；不会发生漏液问题；锂离子电池可以小型化、微型化。无机固体电解质的最大问题是锂离子传导率较低，虽然在无机固体电解质中锂离子迁移数较大，但是电解质的离子电导率非常小，至少比液体电解质小 $1\sim2$ 个数量级，导致采用无机固体电解质的全固态锂离子电池无法大电流放电而缺乏实用价值，但是近年来取得了一系列的进展，使全固体锂离子电池的产业化应用成为可能。

固液复合电解质是固体聚合物和液体电解质复合而成的凝胶电解质，以固体聚合物为电解质的框架，作为"溶剂"，以液体电解质作为"溶质"，充满于固体聚合物"溶剂"中进行 Li^+ 的传输。这种固液复合电解质既有固体聚合物电解质没有漏液问题，电池可以小型化、微型化，安全性能较好的优点，又有液体电解质较高的离子导电性的优点，因此备受研究人员的关注。

锂离子电池的电解质应该满足下列特点：

（1）良好的化学稳定性，与正负极活性物质和集流体不发生显著的电化学反应和化学反应，以减少锂离子电池的自放电，从而使锂离子电池具有较高的实际比容量。

（2）较高的锂离子电导率和较低的电子电导率，锂离子迁移数大，这样锂离子电池工作时欧姆电压降较小，从而使锂离子电池具有较高的工作电压，同时锂离子电池不会发生内部短路。

（3）较宽的电化学稳定窗口。所谓的电化学窗口是指施加在电解质上的最正电位和最负电位是有一定限制的，若超出这个限度，电解质会发生电化学反应而分解。最正电位和最负电位之间有一个区间，电解质稳定存在，把这个区间称电化学窗口。电化学窗口是衡量电解质稳定性的一个重要指标。尽管锂离子电池的理论比容量和电动势取决于正负极活性物质的性能，但是锂离子电池的实际比容量和工作电压却深受电解质的影响。

（4）此外还要求闪点高或者不燃烧，不会造成环境污染，价格成本低，而且热稳定性良好，以确保锂离子电池具有较宽的温度使用范围，从而具有卓越的安全性能。

（5）对于液体电解质而言，还应具有良好的成膜特性，在负极活性物质表面形成致密稳定钝化膜（近来也有研究人员提出电解质与正极活性物质的界面上也形成钝化膜），以确保负极活性物质与电解质被良好分隔，不会持续发生电化学反应而消耗锂离子电池正负极活性物质中的 Li^+，从而确保了锂离子电池具有较高的容量。

锂离子电池电解质的这些基本要求是实现高容量、高电压、高功率、高安全性锂离子电池的基本前提。在目前锂离子电池产业的蓬勃发展中，锂离子电池电解质的研究备受关注。

电解质对锂离子电池性能的影响如下：

（1）对电池容量的影响。虽然锂离子电池的理论容量是由正负极活性材料确定，但是在锂离子电池充放电过程中，电解质会在正负极表面发生大量的副反应，这些副反应会消耗大量的 Li^+，从而降低锂离子电池的容量。

（2）对电池倍率性能的影响。电池倍率性能是衡量锂离子电池在大电流充放电条件下的容量保持能力的重要指标，与电池内阻密切相关。电池内阻包括欧姆内阻（含电极/电解质界面电阻）和浓差极化所导致的内阻。电池内阻是衡量锂离子电池性能的一个重要指标，直接影响锂离子电池的工作电压、工作电流、实际能量和实际功率等。电解质的导电性较差时，导致欧姆内阻较大，降低了倍率性能。锂离子电池的倍率性能还与 Li^+ 在电极材料中的迁移率、电解质的电导率、电极/电解质界面的 Li^+ 迁移性相关。后二者与电解质的组成和性质关系密切。

（3）对电池储存性能和循环寿命的影响。电极集流体的腐蚀和电极活性物质从集流体上脱落而失去电化学活性是锂离子电池储存性能和循环寿命降低的主要原因。而电解质的组成和性质影响了集流体的腐蚀和电极材料在集流体表面的稳定性。

（4）对电池安全性的影响。虽然正负极活性物质的稳定性、电解质以及电池的制造工艺和使用条件等都是影响锂离子电池安全性的主要因素。但是对于采用有机液体电解质的锂离子电池来说，安全性问题归根结底归咎于有机液体电解质自身的挥发性和高度的可燃性。这也是开发安全性更高的、采用不燃烧的固体电解质的全固体锂离子电池的根本原因。

（5）对电池过充电和过放电行为的影响。锂离子电池的过充电和过放电行为本质上是安全性问题。常规的电解质无法在锂离子电池正常工作时提供防过充和过放保护，特别是大量的锂离子电池串并联起来作为大型动力电池组时，这对电池性能造成了严重破坏，并带来严重的安全性问题。在有机液体电解质中加入防过充过放的添加剂将在一定程度上防止锂离子电池的过充过放。

6.6.4 隔膜

锂离子电池采用隔膜对电池的正极和负极进行绝缘，防止正负极之间电接触导致短路，同时使 Li^+ 能通过隔膜快速扩散。目前，采用有机液体电解质的锂离子电池都采用聚烯烃微孔膜材料作为隔膜，而对于全固体锂离子电池则不需要隔膜，固体聚合物电解质可以起到隔膜的作用。之所以采用聚烯烃微孔膜作为隔膜，是由于其具有优良的机械性质、良好的化学稳定性。对锂离子电池而言，隔膜的要求如下：

（1）在长度方向具有较高的拉伸强度，以保证自动卷绕的强度需求。

（2）在宽度上不伸长或收缩。

（3）可以承受一定压力的挤压而不破裂。

（4）孔径适当，低于 $1\mu m$，可使 Li^+ 通过。

（5）容易被电解质浸润。

（6）与电解质和电极材料相容，并保持良好的化学稳定性。

目前使用的聚烯烃微孔膜由聚乙烯、聚丙烯或聚乙烯与聚丙烯的复合物制备而成。同时用表面活性剂进行涂覆以改善其对电解质的浸润性。隔膜可以采用干法挤压与拉伸成薄膜，或者采用湿法进行制备。

隔膜在电池的安全性上起着非常重要的作用。聚乙烯的熔点较低，可以作为熔断器使用。当锂离子电池发生安全问题产生大量热量时，将导致电池的温度上升到聚乙烯的熔点以上，这时聚乙烯熔融，闭合了隔膜的微孔，阻碍 Li^+ 通过隔膜的微孔，导致电池内部的电流断路，从而防止电池温度的上升，避免安全问题的进一步扩大。

6.7　锂离子电池的设计与制造

6.7.1　锂离子电池的设计基础

6.7.1.1　设计基本原则

电池设计首先必须根据用电设备需要及电池的特性，确定电池的电极、电解液、隔膜、外壳以及其他部件的参数，对工艺参数进行优化，并将它们组成有一定规格和指标（如电压、容量和体积等）的电池组。电池设计是否合理，关系到电池的使用性能，必须尽可能使其达到设计最优化。

6.7.1.2　设计要求

电池设计时，必须了解用电设备对电池性能指标及电池使用条件的要求，一般应考虑如下内容：

（1）电池工作电压。

（2）电池工作电流，即正常放电电流和峰值电流。

（3）电池工作时间，包括连续放电时间、使用期限或循环寿命。

（4）电池工作环境，包括电池工作环境及环境温度。

（5）电池最大允许体积。

锂离子电池由于具有优良的性能，使用范围越来越广，有时要应用于一些特殊场合，因而还有一些特殊要求，如耐冲击、振动、耐高低温、低气压等。在考虑上述基本要求时，同时还应考虑材料来源、电池特性的决定因素、电池性能、电池制造工艺、技术经济分析和环境温度。

6.7.1.3　评价动力电池性能的主要指标

电池性能一般通过以下方面来评价：

（1）容量。电池容量是指在一定放电条件下，可以从电池获得的电量，即电流对时间的积分，一般用 $A \cdot h$ 表示，它直接影响电池的最大工作电流和工作时间。

（2）放电特性和内阻。电池放电特性是指电池在一定的放电制度下，其工作电压的平稳性、电压平台的高低以及大电流放电性能等，它表明电池带负载的能力。电池内阻包括欧姆内阻和电化学电阻，大电流放电时，内阻对放电特性的影响尤为明显。

（3）工作温度范围。用电设备的工作环境和使用条件要求电池在特定的工作温度范围内应有良好的性能。

（4）储存性能。电池储存一段时间后，会因某些因素的影响使性能发生变化，导致电池自放电，电解液泄漏，电池短路等。

（5）循环寿命。循环寿命是指二次电池按照一定的制度进行充放电，其性能衰减到某一程度时的循环次数，循环寿命主要影响电池的使用寿命。

（6）安全性能。安全性能主要是指电池在滥用条件下的安全性，滥用条件主要包括过充电、短路、针刺、挤压、热箱、重物冲击、振动等，抗滥用性能的好坏是决定电池能否大量应用的首要条件。

6.7.2　锂离子电池的设计基本步骤

1. 确定组合电池中单体电池数目、单体电池工作电压与工作电流密度

（1）单体电池数目的计算公式为

$$单体电池数目 = \frac{电池组工作电压}{单体电池工作电压} \tag{6.17}$$

（2）单体电池工作电压与工作电流密度。根据选定系列电池的伏安曲线，确定单体电池的工作电压与工作电流密度，同时应考虑工艺的影响，如电极结构型式的影响。

2. 计算电极总面积和电极数目

（1）根据要求的工作电流和选定的工作电流密度，计算电极总面积，即

$$电极总面积 = \frac{工作电流}{工作电流密度} \tag{6.18}$$

（2）根据要求的电池外形最大尺寸选择合适的电极尺寸，计算电极数目，即

$$电极数目 = \frac{电极总面积}{极片面积} \tag{6.19}$$

3. 电池容量设计

（1）额定容量 $C_{额}$，即

$$额定容量(Ah) = 工作电流 \times 工作时间 \tag{6.20}$$

（2）设计容量 $C_{设}$，即

$$C_{设} = C_{额} \times K_1 \tag{6.21}$$

式中　$C_{设}$——电池设计容量；

　　　$C_{额}$——电池额定容量，取 $2.0A \cdot h$；

　　　K_1——电池设计安全系数，为保证电池的可靠性和寿命周期，一般取 $K_1 = 1.1 \sim 1.2$。

在此处取 K_1 为 1.1，则 $C_设 = 2.0 \times 1.1 = 2.2$（A·h）。

4. 计算电池正负极活性物质用量

（1）计算控制电极的活性物质用量。根据控制电极的活性物质的克容量、设计容量以及活性物质利用率来计算单体电池中控制电极的物质用量。从安全性能和成本等因素来考虑，一般采用正极材料作为控制电极，即锂离子电池的容量取决于正极活性物质的用量，其计算公式为

$$正极的活性物质用量 = \frac{设计容量 \times 电化学当量}{活性物质利用率} \tag{6.22}$$

其中电化学当量 $q = M/26.8n$。

（2）计算非控制电极的活性物质用量。单体电池中非控制电极活性物质的用量应根据控制电极活性物质的用量来定，为了保证电池有较好的性能，一般应过量，通常取过剩系数为 $1.05 \sim 1.20$。锂离子电池通常采用碳负极材料过剩，过剩系数取 1.1。

【例】 电池额定容量为 2000mA·h，正极为钴酸锂，克容量 138mA·h/g，负极为中间相碳微球，克容量 305mA·h/g。求正极活性物质用量 m_1 和负极活性物质用量 m_2。

$$m_1 = \frac{设计容量 \times 电化学当量}{活性物质利用率}$$

$$= \frac{1.1 \times 2000}{138}$$

$$= 15.94 \text{（g）}$$

$$m_2 = \frac{1.1 \times 2000 \times 1.1}{305}$$

$$= 7.93 \text{（g）}$$

5. 计算电池极片总面积 $S_总$

对于圆柱形锂离子电池来说，工作电流为 2000mA，工作电流密度为 $i = 1 \sim 10$ mA/cm²，在此取 $i = 5$mA/cm²，则正极片 $S_总 = 2000/5 = 400$（cm²），负极片 $S_总 = KS_总 = 1.1 \times 400 = 440$（cm²）。

6. 极片长度的计算

对于 18650 电池，通常正极片宽度取 56mm，负极片宽度取 57.5mm。结合实验数据和实际经验，在钴酸锂离子电池中，正极面密度（双面）一般为 460g/m²，与之相应的负极面密度（双面）为 208g/m²。正极活性物质含量为 96%，负极活性物质含量为 95%，则极片涂料总长度（考虑双面）如下：正极极片涂料总长度 $L_+ = 15.94 \div 0.96 \div 0.046 \div 5.6 = 64.5$（cm），负极极片涂料总长度 $L_- = 7.93 \div 0.95 \div 0.0208 \div 5.75 = 69.8$（cm）。

结合实际操作需要，考虑将正极分成两段，每段料区长度为 32.22cm，为焊接极耳需要，还需留出一定的空白区域，此处选取空白区域为 10mm；考虑到负极极片要完全包裹正极，此处选定负极短片料区长度为 680mm，空白铜箔长度需根据实际需要确定。

7. 极片厚度确定

结合实验数据和实际操作经验，钴酸锂正极材料的压实密度在 3.9 左右，锰酸

锂正极材料的压实密度在 2.6 左右，石墨碳粉的压实密度在 1.7 左右，则本设计中的钴酸锂正极极片厚度在 $133\mu m$ 左右，负极极片厚度在 $156\mu m$ 左右。

8. 隔膜的尺寸确定

隔膜的长度通常为负极的 2 倍，宽度比极片高度长 2～4mm。锂离子电池经常用的隔膜有单层 PE、双层 PP/PE 和三层 PP/PE/PP 等微孔膜，厚度有 $25\mu m$、$35\mu m$ 和 $40\mu m$ 等几种规格，可根据电池的实际需要选择。

9. 电解液的浓度及用量

根据选定的电池系列特性，结合具体设计电池的使用条件（如工作电流、工作温度等）或根据经验数据来确定电解液的组成、浓度和用量。目前锂离子电池通常采用 1mol/L 的 $LiPF_6$/EC‐DMC‐EMC（1∶1∶1），钴酸锂离子电池用量为 3.5～4g/(A·h)，而锰酸锂离子电池用量为 5.5～6g/(A·h)。

10. 确定电池的装配比

电池的装配比根据所选定的电池特性及设计电池的极片材料、厚度等情况来确定，一般控制在 80%～90%。

6.7.3 锂离子电池的制备工艺设计

锂离子电池电芯制备包括极片制作、电芯装配、电芯化成和电池包装四个环节，其流程如图 6.11 所示，电芯制备过程中的每道工序都很重要，操作不当会直接影响产品的性能，增加残次品的比率。

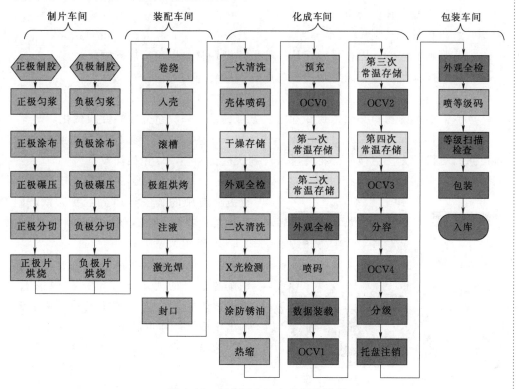

图 6.11　锂离子电池电芯制备流程

E6.5
配料工序

6.7.3.1　极片制作工艺

1. 配料工序

按照正、负极材料配料表进行称料，并在相应的温度下进行烘烤。合格的正负极材料便可按照正负极配浆工艺流程图进行制浆（不同的搅拌机搅拌参数设置不同），并随时注意将浆料的温度控制在 30℃ 以下，所需设备具有分散功能的双行星搅拌机，如图 6.12 所示。

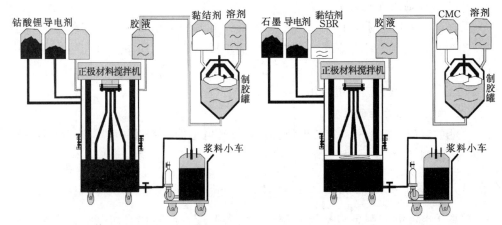

图 6.12　双行星搅拌机

配料注意事项如下：

（1）防止混入其他杂质。

（2）防止浆料飞溅。

（3）浆料的浓度（固含量）应从高往低逐渐调整，以免增加麻烦。

（4）在搅拌的间歇要注意刮边和刮底，确保分散均匀。

（5）浆料不宜长时间搁置，以免沉淀或均匀性降低。

（6）需烘烤的物料必须密封冷却之后方可加入，以免组分材料性质变化。

（7）搅拌时间的长短以设备性能、材料加入量为主；搅拌桨的使用以浆料分散难度进行更换，无法更换的可将转速由慢到快进行调整，以免损伤设备。

（8）出料前对浆料进行过筛，如图 6.13 所示。正负极浆料过筛是为了除去正负极材料中的金属杂质，主要为铁，同时除去大颗粒以防涂布时造成断带。

图 6.13　实验室用 150 目筛网对浆料过筛

2. 涂布工序

涂布就是把制好浆的正负极材料分别按照各自的要求涂在铝箔和铜箔上，再经过烘箱干燥把溶剂蒸发掉，最后制作出正极极片和负极极片。

涂布机的原理为：通过涂布机的涂辊带动浆料转动，按工艺标准所需的面密度要求，通过调整刮刀间隙的大小来控制浆料转移量，进而控制涂布面密度，并利用胶辊和涂辊的同时转动将浆料转移到箔材表面，最后使极片进入烘箱内进行干燥，将浆料中的溶剂蒸发掉，这样正负极的材料就能很好地黏附于正负极的集流体表面。极片涂布原理和涂布过程如图6.14所示。

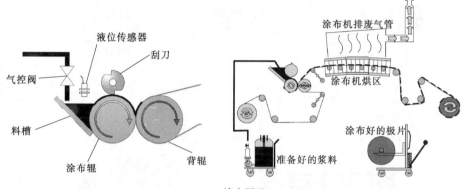

（a）涂布原理

（b）涂布过程

图6.14 极片涂布原理和涂布过程

E6.6
涂布工序

3. 极片辊压工序

辊压就是利用自动辊压机在合适的压力和辊缝下，将极片均匀地压实到一定的厚度，使活性物质与网栅及集流片接触紧密，减小电子的移动距离，降低极片的厚度，增加装填量，提高电池体积的利用率。辊压前极片须经过60℃烘烤数小时，否则极片辊压后很容易出现掉粉或膜层脱落等。极片辊压如图6.15所示。

辊压工艺要求箔材外观表面、切面平整，色泽均一，无明显亮线、明显凹凸点、暗痕条纹等，边缘无明显翘边和褶皱，无掉粉，管芯无生锈。

E6.7
极片辊压
工序

4. 极片分切

由于18650电池的直径为18mm，电池芯的直径应控制为17.5~18mm，因此，极片不能过长，否则卷成的电芯无法放入筒体中，极片过短则会使电芯无法填满电池筒体，造成安全隐患。极片分切如图6.16所示。

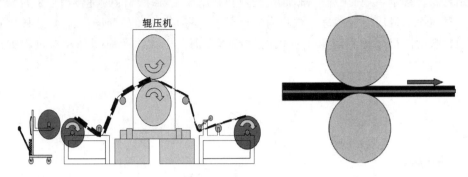

图 6.15　极片辊压示意图

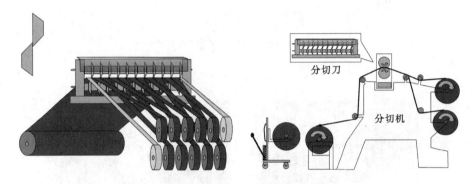

图 6.16　极片分切示意图

6.7.3.2　装配车间的工艺设计

电池装配流程是：卷绕→入壳→滚槽→极组烘烤→注液→激光焊→封口。其中卷绕工艺设计如下：

卷绕就是用隔膜把正负极极片隔开，卷裹在一起，为入壳做准备。在卷绕前，应对极片裁切进行正负极片毛刺检测，毛刺应不大于 $12\mu m$；正负极耳焊接拉力均不小于 15N；烫孔无变形；隔膜平整、无褶皱破损、依附芯孔壁、无反弹堵孔。卷绕时应注意对齐度：从卷芯边缘方向，负极完全包住正极，尺寸要求应为（1±0.7）mm；宽度方向隔膜完全包住负极，尺寸要求应为（1±0.5）mm。锂离子电池全自动卷绕机如图 6.17 所示，卷好的电芯如图 6.18 所示，应无损伤毛刺等。

随后将电解液注入装配好的电芯中，然后封口。注液环境湿度为 20%～40% RH。全自动注液机如图 6.19 所示。

其他部分工序如图 6.20～图 6.23 所示。

6.7.3.3　化成工艺

锂离子电池在出厂前必须进行化成、检测，以及分选分类。锂离子电池的化成主要有两方面的作用：一是使电池中的活性物质借助于第一次充电转成具有正常电化学作用的物质；二是使电极（主要是负极）表面生成有效的固体电解质界面膜，

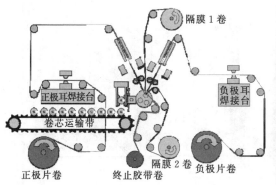

E6.8
卷绕工艺

图 6.17 锂离子电池全自动卷绕机

图 6.18 卷好的电芯

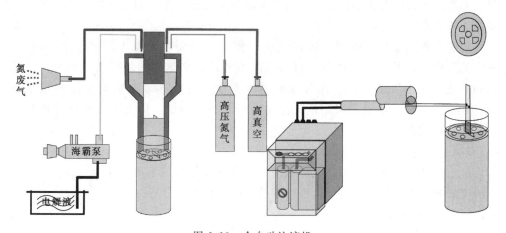

图 6.19 全自动注液机

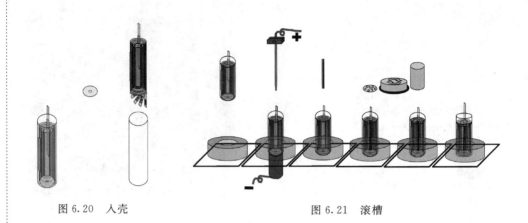

图 6.20　入壳　　　　　　　　　　　图 6.21　滚槽

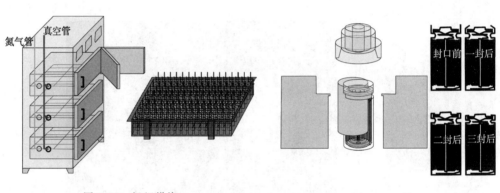

图 6.22　极组烘烤　　　　　　　　图 6.23　封口

以防止负极自发与电解液发生反应，同时使活性物质与电解质之间有良好的接触。电池化成期间，最初的几次充放电会因为电池的不可逆反应使得电池的放电容量在初期有所减少，待电化学状态稳定后，电池容量趋于稳定，因此有些电池需要经过多次充放电循环才能达到稳定。

对所有锂离子电池来说，控制充电过程非常重要，通常先以恒定电流进行，待电池充电电压达到设置值时，再以恒压方式进行充电。如果锂离子电池以不适当的终止电压恒压充电，很容易影响循环寿命，甚至导致电解液分解而造成危险。锂离子电池充电通常采用恒流恒压进行充放电测试，因此充电的终止电压必须进行精确控制。

6.7.3.4　分容工艺

电池在制造过程中，因工艺原因使得电池的实际容量不可能完全一致，通过一定的充放电制度检测，并将电池按容量分类的过程称为分容。

6.7.3.5　其他工序

锂离子电池制备其他工序如图 6.24～图 6.28 所示。

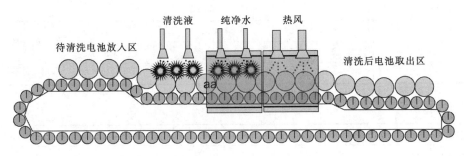

图 6.24　清洗

图 6.25　干燥

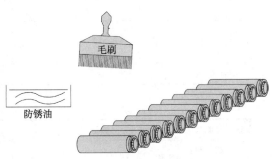

图 6.26　涂防锈油

图 6.27　全检外观

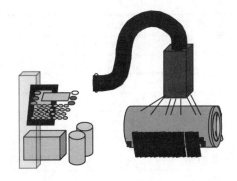

图 6.28　喷码

【案例一】　圆柱卷绕式 18650 电池（容量 1400mA·h）制造工艺

18650 电池外壳高度为 65mm，有效内腔高度为 60mm，外径为 18mm，钢壳厚度约 0.25mm。钢壳内的电芯负极通过极耳点焊在壳底上，正极通过激光点焊在盖帽上，组成盖帽为正极、外壳为负极的电池。

1. 配料工序

正极一般采用油性配方体系，黏度一般控制为 6000～10000mPa·s。负极一般采用水性配方体系。

浆料配比和配料见表 6.2～表 6.5。

表 6.2　　　　　　　　　　　　正 极 浆 料 配 比

正极活性物质	黏结剂	导电剂	溶剂	固含量
LiFePO₄	PVDF	S-P	NMP	
92%	4%	4%	55%	40%～50%

表 6.3　　　　　　　　　　　　正 极 配 料

浆料搅拌	自转/Hz	公转/Hz	时间/h	温度/℃	真空度/MPa
PVDF+NMP（固含量7%）	15	15	1	20～55	
			1		-0.09～0.1
S-P	15	15	0.5	20～55	
	30	30	1.5	20～55	-0.09～0.1
LFP+NMP	15	15	0.5	20～55	
	30	30	1.5	20～55	-0.09～0.1
固含量	45%				

表 6.4　　　　　　　　　　　　负 极 浆 料 配 比

负极活性物质	黏结剂		导电剂	溶剂	固含量
石墨（BRT-H1）	SBR	CMC	S-P	去离子水	
94.5%	2%	1.5%	2%	55%	45%～50%

表 6.5　　　　　　　　　　　　负 极 配 料

浆料搅拌	自转/Hz	公转/Hz	时间/h	温度/℃	真空度/MPa
CMC+H₂O	15	15	0.5	20～55	
	28	40	1		
S-P	15	15	0.5	20～55	
	28	40	1.5		
C	15	15	0.5	20～55	
	28	40	1.5		
SBR+H₂O	28	40	1	20～55	-0.09～0.1
固含量	46%				

2. 涂布工序

将正极和负极浆料过 150 目筛，然后分别均匀地涂布在铝箔（正极集流体）和铜箔（负极集流体）上，并留出未涂布区作为极耳区。涂布后的极片进入涂布机烘箱烘烤，烘烤温度见表 6.6 和表 6.7，以完全烘干为准。

表 6.6　正极涂布烘箱设定　　单位：℃

第一阶段温度	第二阶段温度	第三阶段温度
80～100	90～110	80～110

表 6.7　负极涂布烘箱设定　　单位：℃

第一阶段温度	第二阶段温度	第三阶段温度
80～100	90～110	80～100

正负极涂布参数如图 6.29 和图 6.30 所示。

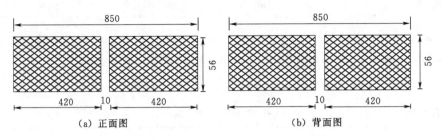

图 6.29 正极涂布参数（单位：mm）

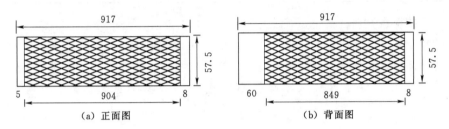

图 6.30 负极涂布参数（单位：mm）

3. 辊压

将极片通过辊压机，调整辊缝间隙和液压压力，压至规定的压实密度和厚度。制片规格见表 6.8。

表 6.8　　　　　　　　　制　片　规　格

极性	裁片（宽×长）/mm	压实密度/(g·cm⁻³)	辊压厚度/μm	极耳规格
正极	56×850	2.20	133	80×3
负极	57.5×917	1.53	81	70×3

4. 注液工序

注液量设计有空间系数法和容量法两种计算方法。一般而言，按容量来算注液量比较合理。不同电解液厂家注液量会有一些不同，但设计中也可不考虑此因素。一般 1g 电解液相当于 $300 \sim 330 \text{mA} \cdot \text{h}$ 容量，可根据电池的循环性能及工序能力来进行稍微调整。

5. 化成与分容

（1）化成。电池化成有两个目的：一是为了使电池内部活性物质活化；二是为了在负极表面形成稳定致密的固体电解质界面膜。化成过程包含多次充电工序，一般先进行小电流充电，然后进行大电流充电。化成后电池无严重膨胀、漏液、低压、零压即为合格电池。

化成工序见表 6.9。

表 6.9　　　　　　　　　　　　　　　　化　成　工　序

步骤	电流/mA	时间/min	限制电压/mV	终止电流/mA
1	28		3450	
2	140	600	3550	14

化成后常温搁置 2 天，随机抽取 5 个电池检测开路电压情况，见表 6.10。

表 6.10　　　　　　　　　　　　　　　开　路　电　压　数　据

序号	1	2	3	4	5
开路电压/V	3.312	3.326	3.311	3.315	3.322

电压范围在合理区间内，可进行下一步分容工序。

（2）分容。电池的分容指由于在电芯的制作过程中存在微小的差别，使得各个电池的实际容量不完全一样，通过对电池进行充放电来检测出电池的容量等级。电池化成结束后常温搁置 2 天，或是 50℃老化一天，可进行分容。分容工序见表 6.11。

表 6.11　　　　　　　　　　　　　　　　分　容　工　序

步骤	工作模式	电流/mA	时间/min	限制电压/mV	终止电流/mA
1	恒流放电	140	200	2500	
2	恒流恒压充电	700	420	3850	20
3	搁置		3		
4	恒流放电	700	150	2500	
5	恒流恒压充电	700	200	3850	14

分容结束后对电池进行分选，分选出容量、电压、外观合格品。

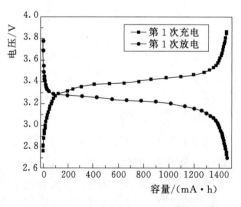
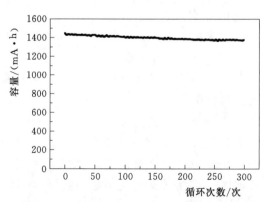

图 6.31　18650 电池测试结果

【案例二】 卷绕式 383450 电池（容量 750mA·h）制造工艺

原材料：三元正极材料，石墨负极材料。

1. 配料工序

正极一般采用油性配方体系，黏度一般控制为 5000～7000mPa·s。负极一般采用水性配方体系，负极的黏度控制为 2000～3000mPa·s。

搅浆机如图 6.32 所示，正负极的浆料配比见表 6.12。

2. 涂布工序

将正极和负极浆料过 150 目筛，然后分别均匀地涂布在铝箔（正极集流体）和铜箔（负极集流体）上，并留出未涂布区作为极耳区。涂布后

图 6.32 搅浆机

的极片进入涂布机烘箱烘烤。正负极极片的涂布工艺参数如图 6.33 所示，正负极涂布的主要参数值见表 6.13。烘烤温度见表 6.14 和表 6.15，以完全烘干为准。

表 6.12　　　　　　　　　　正负极的浆料配比

正极材料	黏结剂	导电剂	溶剂	负极材料	分散剂	导电剂	黏结剂	溶剂
LNMCO	PVDF	Super-P	NMP	石墨	CMC	Super-P	SBR	去离子水
95%	2%	3%	33%～38%	95%	1.5%	1%	2.5%	50%～55%

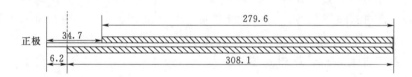

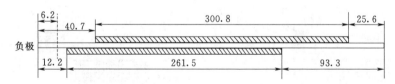

图 6.33　正负极极片的涂布工艺参数（单位：mm）

表 6.13　　　　　　　正负极涂布的主要参数值　　　　　　单位：g/m²

正极双面面密度	铝箔面密度	负极双面面密度	铜箔面密度
422.6	40.5	218.6	88.0

表 6.14　正极涂布烘箱设定　单位：℃　　　　表 6.15　负极涂布烘箱设定　单位：℃

第一阶段温度	第二阶段温度	第三阶段温度	第一阶段温度	第二阶段温度	第三阶段温度
80～100	90～110	80～110	80～100	90～110	80～100

3. 辊压与分切工序

正负极辊压分切参数见表 6.16 和表 6.17，正负极极片分切如图 6.34 和图 6.35 所示。

表 6.16　正极辊压分切参数

正极	分切 /mm	压实密度 /(g·cm⁻³)	辊压 /mm	分切 条数
数值	42	3.40	0.139	5
公差	±1		±0.003	

表 6.17　负极辊压分切参数

负极	分切 /mm	压实密度 /(g·cm⁻³)	辊压 /mm	分切 条数
数值	43	1.50	0.156	5
公差	±1		±0.003	

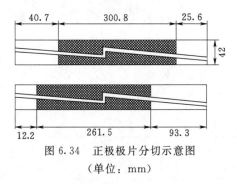

图 6.34　正极极片分切示意图
（单位：mm）

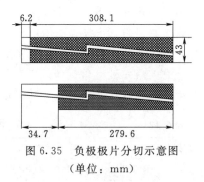

图 6.35　负极极片分切示意图
（单位：mm）

4. 极耳焊接与贴胶工序

（1）极耳焊接。正负极极片分别辊压和分切完成后的工序就是焊接极耳，目前，正极极耳普遍采用铝带，而负极极耳采用镍带，本设计采用的铝带和镍带的规格为 0.1mm×3mm，极耳自带高温胶。正极极耳的焊接采用超声波焊接机，负极极耳的焊接采用电焊机，原因是铝质地较软，采用点焊容易导致焊接不牢固或焊穿，焊接参数如图 6.36 和图 6.37 所示。

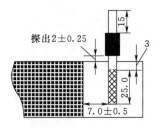

图 6.36　正极极耳焊接参数
（单位：mm）

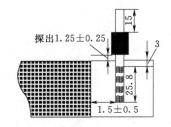

图 6.37　负极极耳焊接参数
（单位：mm）

极耳焊接的要求为：①极片在焊接极耳的制程中，不得划破、划伤极片其他区域；②极耳焊接后无严重毛刺、翘边、凸起，焊接牢固；③对于正极，极耳焊接完成后，焊接强度大于 15N，且手撕可以看到铝箔被撕破，焊接极耳位的铝箔不能有裂痕或破裂以及褶皱现象，样品见品质看板；④对于负极，极耳焊接完成后，焊接强度大于 4N，且手撕可以看到铜箔被撕破，极耳位的铜箔不能有裂痕或破裂，样品见品质看板。

（2）贴胶。贴胶的目的是进一步防止正负极卷绕后发生短路，在正负极极片的特定位置贴高温绝缘胶带，分别采用 8mm 和 15mm 两种规格的胶带，贴胶带位置如图 6.38 和图 6.39 所示。

1）正极：极耳胶带两面粘贴，且完全盖住超声焊部位和铝带，覆盖极耳高温胶 0～0.5mm，胶带规格为 8mm；终止胶带盖住涂膏 3～6mm，涂膏部位胶带探出 0～1.0mm，胶带规格为 15mm。

2）负极：极耳位置胶带一面粘贴，盖住超焊部位和镍带，距离极耳高温胶距离 0～1.0mm，胶带规格为 8mm；终止胶带盖住涂膏 0～2mm，胶带规格为 15mm。

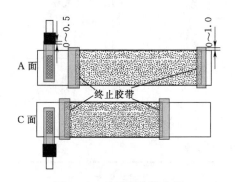

图 6.38 正极贴胶带位置
示意图（单位：mm）

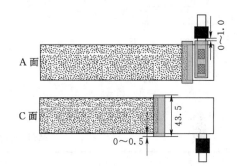

图 6.39 负极贴胶带位置
示意图（单位：mm）

5. 卷绕与封装工序

（1）卷绕。本设计采用的隔膜为日本宇部生产的隔膜，隔膜宽度为 45mm，采用手动卷绕的方式。

电芯卷绕后的参数如图 6.40 所示。

（2）封装。目前常用的软包装材料为铝塑膜，其结构上主要分为三个部分：尼龙层、Al 层和 PP 层，其示意如图 6.41 所示。

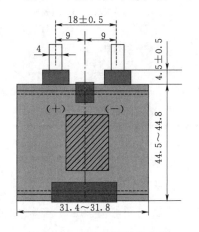

图 6.40 电芯卷绕后的参数
示意图（单位：mm）

图 6.41 铝塑膜示意图
（单位：mm）

铝塑膜冲模工艺如图 6.42 所示，顶侧封后的电芯示意图如图 6.43 所示。封装工序的控制要点见表 6.18。

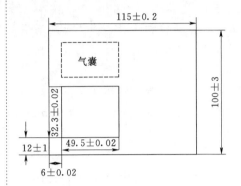

图 6.42　铝塑膜冲模工艺
（单位：mm）

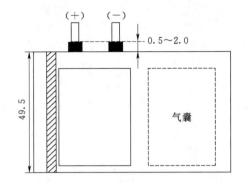

图 6.43　顶侧封后的电芯示意图
（单位：mm）

表 6.18　封装工序的控制要点

名　　称	要　　求	影　　响
顶封未封区宽度	(1±0.5)mm	过小造成 PP 胶溢出污染封头或电池，有极耳和铝塑膜短路的可能。过大造成封到隔膜，影响封装面积
侧封封印到顶边距离	(1.0±0.5)mm	过小造成 PP 胶溢出污染封头或电池，过大造成顶侧封封印不能重合
侧封封印到电芯主体距离	(1.5±0.5)mm	过小易造成绝缘阻不良，过大影响后工序切边后有效封印不够
CPP 较外露尺寸	(1±0.5)mm	过小可能造成极耳和铝塑膜短路
封装平行度	撕开电池封印呈现一条完整的乳白色，无铝塑膜原色	影响封装效果
顶封封印厚度	180～205μm	过小造成 PP 层融化过多，过大铝塑膜封印不上
侧封封印厚度	(196±15)μm	

6. 注液工序

(1) 注液与真空预封。电芯注液前必须经过 85℃ 真空烘烤 36～48h，烘烤时须将气袋口朝上，并将气袋口撑开一定大小，以保证电芯内部的水分更容易跑出来，否则电芯注液化成后会严重鼓气，烘烤结束后，将电芯放至手套箱内进行手动注液，注液完成后将电芯进行抽真空（−65kPa），目的是使电解液立刻进入电芯主体，防止预封时电解液漏出，最后再将电芯预封即可（真空度−80kPa、温度 170℃）。注液工艺参数见表 6.19。

表 6.19   **注 液 工 艺 参 数**

烘烤时间/h	烘烤温度/℃	真空度/MPa	电解液型号	注液量/g
36～48	85	−0.08～−0.09	TC−261R	1.95±0.1

（2）热冷压。电池注液后，需在常温下静置陈化 12～20h，静置时气袋口朝上，使电解液更容易充分浸润极片，陈化结束后再进行热冷压工序（即一次老化），该工序的目的是使电芯外观更加平整、紧实，热冷压之后正负极接触距离缩小，可以减小电芯的内阻、缩短 Li^+ 的传导路径。热冷压工艺参数见表 6.20。

表 6.20   **热 冷 压 工 艺 参 数**

热 压			冷 压		
压力/MPa	温度/℃	时间/s	压力/MPa	温度/℃	时间/s
0.14±0.02	80±5	40	0.14±0.02	25±5	40

注意事项：热冷压的压力过大会容易导致电池拐角处的极片产生皱褶从而增大电池内阻，严重的更可能导致正负极极片被压断而形成断路；压力过小则无法对电池进行有效的整形。

7. 化成与分容

（1）化成。设计的化成工艺参数见表 6.21。

表 6.21   **化 成 工 艺 参 数**

步骤	步骤名称	时间/min	电流/mA	终止电压/mV	终止电流/mA
1	恒流充电	10	15	3000	
2	恒流恒压充电	1300	37.5	3950	8

（2）二封与切折边。电池化成后，必须再进行二次老化（即热冷压），其目的是再次对电池进行整形，使电池更加密实，不发软，更重要的是为了使化成过程中形成的固体电解质界面膜更加稳定。二封即把电池化成后产生的气体抽出来，然后在电池主体右侧进行封装，最后再进行切折边工艺。若二次老化后放置太久没进行二封抽气，则可能会使电池分容的容量下降，造成液腐、电池发软等。其工艺参数见表 6.22。

E6.9
封口工艺

表 6.22   **二封与切折边的工艺参数**

二封					切折边	
封头温度/℃	真空度/kPa	封装厚度/μm	未封区/mm	残液量/g	切边宽度/mm	切边熔胶宽度/mm
170	−85	196±15	1	1.31	3.5～32	≥1.5

（3）分容。分容工序的作用有：①按照要求的电压和容量对电池进行分级和匹配；②通过充放电循环使电极充分浸润电解液；③通过充放电循环使电池充分活化，使电池的性能更加稳定。本设计采用的分容工艺参数见表6.23。

表 6.23　　　　　　　　　分 容 工 艺 参 数

步骤	步骤名称	电流/mA	时间/min	上限电压/mV	终止电流/mA
1	恒流放电	375	90	3000	
2	恒流恒压充电	150	420	4200	8
3	搁置		10		
4	恒流放电	375	150	3000	
5	恒流恒压充电	375	200	3950	4

6.8　锂离子电池的测试技术

目前在锂离子电池正负极材料的研究中，对于材料的结构和形貌的探究是一种比较直观有效的方式。因此，在研究过程中对材料的结构形貌的分析和检测是材料研究过程中很重要的内容。借助现代分析测试技术，了解材料的微观结构与组成，认知其微观状态与宏观性能之间的关系，最终实现认识与改造的目的。

6.8.1　电池材料测试技术

6.8.1.1　X射线衍射

1. 基本原理

X射线衍射分析是利用X射线的衍射特性表征材料中的晶格缺陷、晶格常数以及晶体结构的一种常用手段，是一种定性分析方法。晶体的空间点阵可划分为一族平行而等间距的平面点阵，两相邻点阵平面的间距为d。晶体的外形中每个晶面都和一族平面点阵平行。

当X射线照射到晶体上时，每个平面点阵都对X射线产生散射。取晶体中任一相邻晶面P_1和P_2，如图6.44所示。两

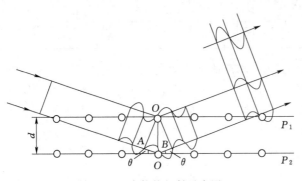

图 6.44　布拉格衍射示意图

晶面的间距为d，当入射X射线以θ角度入射到此晶面上时，相邻两个晶面产生的光程差Δ为

$$\Delta = AO + OB = 2d\sin\theta \tag{6.23}$$

当光程差为波长λ的整数倍时，晶面反射线相互加强，此时

$$2d\sin\theta = n\lambda \tag{6.24}$$

式中 n——任意正整数，称为相干衍射级数。

这就是著名的 Bragg 公式。入射 X 射线的延长线与衍射 X 射线的夹角为 2θ（衍射角）。为此，在 X 射线衍射的图谱上，横坐标都用 2θ 表示。

Bragg 公式表明：d 与 θ 成反比关系，晶面间距越大，衍射角越小。晶面间距的变化直接反映了晶胞的尺寸和形状。每一种晶体物质都有其特定的结构参数（点阵类型、晶胞大小、晶胞中原子或分子的数目、位置等），结构参数不同，则 X 射线衍射花样也就各不相同。将测量获得的 X 射线衍射强度和面间隔与数据库中的标准卡对照，即可确定试样结晶的物质结构，此即定性分析。通过比较 X 射线衍射强度，可进行定量分析。

也就是说，通过实验测试得到的 XRD 图谱，可以获得以下信息：

（1）衍射峰的位置（2θ）与晶胞大小、晶格常数和位相密切相关。

（2）衍射峰强度与晶胞中原子的位置、数量和种类密切相关。

（3）衍射峰强度越高表明材料的结晶度越好。

（4）通过谢乐公式可以估算材料的晶粒尺寸，即

$$D = \frac{K\lambda}{\beta\cos\theta} \tag{6.25}$$

式中 D——晶粒垂直于晶面方向的平均厚度，Å；

K——谢乐常数，通常 $K = 0.89$；

λ——X 射线波长；

β——半高峰宽，rad；

θ——衍射角的一半，取半高峰宽中心对应的角度。

计算时，应取某一单独并最强的衍射峰，在此峰的下面划出背景散射线（或称背底线）。衍射峰有如图 6.45 所示的两种情况：一种背底线是平直的，如图 6.45（a）所示；另一种背底线是倾斜的，对于这种情况，取半高峰宽必须与背底线平行，如图 6.45（b）所示，然后换算为弧度，代入式（6.24）计算。

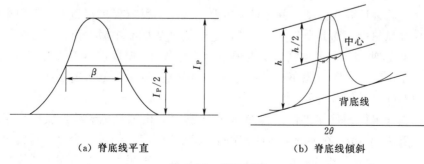

（a）脊底线平直　　　　　　　（b）脊底线倾斜

图 6.45　半高峰宽

对于一组试样，必须取同一位置的衍射峰进行计算，否则无对比意义。

2. X 射线衍射分析实例

采用溶胶-凝胶法合成 $LiNi_{1/3}Co_{1/3}Mn_{1/3}O_2$ 颗粒，并利用湿化学工艺在其表面包覆 YF_3 层并在 400℃空气中煅烧 4h 得到 $LiNi_{1/3}Co_{1/3}Mn_{1/3}O_2@YF_3$ 颗粒。图 6.46 给出 $LiNi_{1/3}Co_{1/3}Mn_{1/3}O_2$ 和 $LiNi_{1/3}Co_{1/3}Mn_{1/3}O_2@YF_3$ 粉末的 X 射线衍射图。

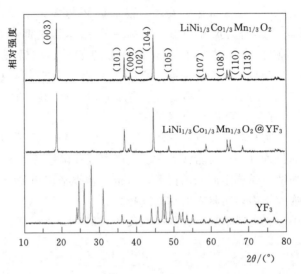

图 6.46　$LiNi_{1/3}Co_{1/3}Mn_{1/3}O_2$ 和 $LiNi_{1/3}Co_{1/3}Mn_{1/3}O_2@YF_3$
粉末的 X 射线衍射图

对比 X 射线标准卡片，可以确定所合成的材料属于 α-$NaFeO_2$ 结构（空间群 $R\bar{3}m$）。同时在 X 射线图谱中观察到（108）/（110）峰和（006）/（102）峰有明显劈裂，表明材料具有层状结构。利用 Jade 软件精修得到 $LiNi_{1/3}Co_{1/3}Mn_{1/3}O_2@YF_3$ 的晶胞常数 $a=2.863$Å 和 $c=14.247$Å，与 $LiNi_{1/3}Co_{1/3}Mn_{1/3}O_2$ 的晶胞常数几乎一样，说明 YF_3 包覆及其后期热处理并不会改变材料的微结构。

6.8.1.2　扫描电子显微镜

扫描电子显微镜是对样品表面形貌进行表征的一种大型仪器。当具有一定能量的入射电子束轰击样品表面时，电子与元素的原子核及外层电子发生单次或多次弹性与非弹性碰撞，一些电子被反射出样品表面，而其余的电子则渗入样品中，逐渐失去其动能，最后停止运动，并被样品吸收。在此过程中有 99％以上的入射电子能量转变成样品热能，而其余约 1％的入射电子能量从样品中激发出各种信号。如图 6.47 所示，这些信号主要包括二次电子、背散射电子、吸收电子、透射电子、俄歇电子、电子电动势、阴极荧光、X 射线等。扫描电镜设备就是通过这些信号得到信息，从而对样品进行分析的。

扫描电子显微镜具体工作过程如图 6.48 所示，由三极电子枪所发射出来的电子束（一般为 $50\mu m$）在加速电压的作用下（2~30kV），经过三个电磁透镜（或两个聚光镜），汇聚成一个细小到 5nm 的电子探针，在末级物镜上部扫描线圈的作用下，使电子探针在试样表面做光栅状扫描（光栅线条数目取决于行扫描和帧扫描速度）。由于高能电子与物质的相互作用，结果在试样上产生各种信息如二次电子、背散射电子、俄歇电子、X射线、负极发光、吸收电子和透射电子等。因为从试样中所得到各种信息的强度和分布各自同试样表面形貌、成分、晶体取向以及表面状态的一些物理性质（如电性质、磁性质等）等因素有关，因此，通过接收和处理这些信息，就可以获得表征试样形貌的扫描电子像，或进行晶体学分析或成分分析。为了获得扫描电子像，通常是用探测器接收来自试样表面的

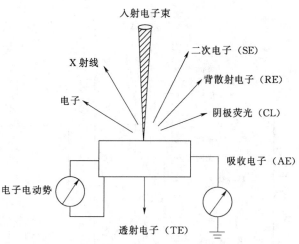

图 6.47　入射电子束轰击样品产生的信息示意图

信息，再经过信号处理系统和放大系统变成信号电压，最后输送到显像管的栅极，用来调制显像管的亮度。因为在显像管中的电子束和镜筒中的电子束是同步扫描的，其亮度是由试样所发回的信息的强度来调制，因而可以得到一个反映试样表面状况的扫描电子像，其放大系数定义为显像管中电子束在荧光屏上扫描振幅和镜筒电子束在试样上扫描振幅的比值，即

$$M = \frac{L}{l} = L/2D\gamma \tag{6.26}$$

式中　M——放大系数；

　　　L——显像管的荧光屏尺寸；

　　　l——电子束在试样上的扫描距离；

　　　D——SEM 的工作距离；

　　　γ——镜筒中电子束的扫描角。

6.8.1.3　拉曼光谱

　　拉曼光谱是利用激光束照射试样时发生散射现象而产生的与入射光频率不同的散射光谱所进行的分析方法。频率为 ν_0 的入射光可以看成是具有能量 $h\nu_0$ 的光子，当光子与物质分子相碰撞时，可能产生的能量不变，故产生的散射光频率与入射光频率相同。只是光子的运动方向发生改变，这种弹性散射称为瑞利散射。在非弹性碰撞时，光子与分子能量交换，光子把一部分能量给予分子或从分子获得一部分能量，光子的能量就会减少或增加。在瑞利散射线两侧就可以看到一系列低于或高于入射光频率的散射线，这就是拉曼散射。如果分子原来处于低能级 E_1 状态，碰撞结果使分子跃迁至高能级 E_2 状态，则分子将获得能量 $E_2 - E_1$，光子则损失这部分能量，这时光子的频率变为

$$\nu_- = \nu_0 - \frac{E_2 - E_1}{h} = \nu_0 - \frac{\Delta E}{h} \tag{6.27}$$

　　即斯托克斯线。如果分子处于高能级 E_2 状态，碰撞结果使分子跃迁到低能级 E_1 状态，则分子就要损失能量 $E_2 - E_1$，光子则获得这部分能量，这时光子频率

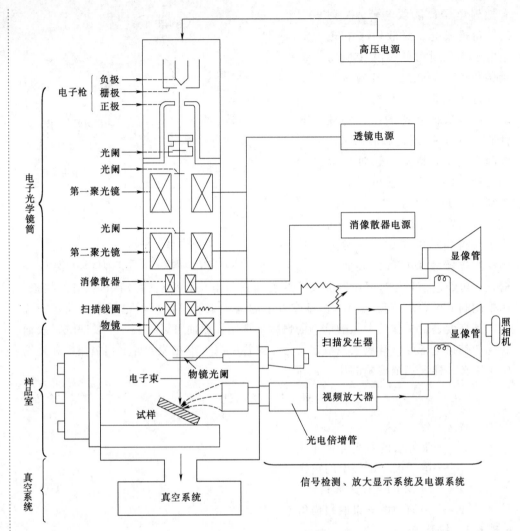

图 6.48 扫描电子显微镜的具体工作过程

变为

$$\nu_+ = \nu_0 + \frac{E_2 - E_1}{h} = \nu_0 + \frac{\Delta E}{h} \tag{6.28}$$

即为反斯托克斯线。

斯托克斯线的频率或反斯托克斯线的频率与入射光的频率之差，以 $\Delta\nu$ 表示，称为拉曼位移。拉曼位移与入射光频率无关，它只与散射分子本身的结构有关，相对应的斯托克斯线和反斯托克斯线的拉曼位移相等，即

$$\Delta\nu = \nu_0 - \nu_- = \nu_+ - \nu_0 = \frac{E_2 - E_1}{h} \tag{6.29}$$

拉曼散射是由于分子极化率的改变而产生的（电子云发生变化）。拉曼位移取决于分子振动能级的变化，不同化学键或基团有特征的分子振动，ΔE 反映了指定能级的变化，因此与之对应的拉曼位移也是特征的。这是拉曼光谱可以作为分子结

构定性分析的依据。

6.8.1.4 水分分析

锂离子电池中的水分会影响电池的容量、使用寿命和安全性能。首先，水分会促进电解液中六氟磷酸锂产生 HF，HF 破坏固体电解质界面膜，影响固体电解质界面膜质量，引起二次成膜，导致电池性能降低。其次，水分会与 Li^+ 在负极表面反应生成 Li_2O 并释放气体，消耗电池中的活性物质，增加电池的内压，降低电池容量，危害电池的安全性能。因此，在锂离子电池制作过程中，必须严格控制环境湿度和正负极材料、隔膜、电解液的含水量，而要想达到这个目的必须先准确测量电池材料的含水量。由于电池材料的物质成分纷繁复杂，选择适当的测试方法和测试条件对含水量的准确测量至关重要。

1. 分类

按测定原理，水分分析可以分为物理测定法和化学测定法两大类。物理测定法包括红外水分测定法、卤素水分测定法和微波水分法等；化学测定法包括卡尔·费休水分测定法、库仑水分法和露点水分法等。其中卡尔·费休法属经典方法，又称为微量水分测定仪，其主要应用于水分值含量较低的样品检测，经过近年来的改进，大大提高了准确度，扩大了测量范围。国际标准化组织把卡尔·费休法定为微量水分测试的国际标准。

2. 卡尔·费休法测定水分

卡尔·费休法测定水分是一种电化学方法。其原理是仪器的电解池中的卡氏试剂达到平衡时注入含水的样品，水参与碘、二氧化硫的氧化还原反应，在吡啶和甲醇存在的情况下，生成氢碘酸吡啶和甲基硫酸吡啶，消耗了的碘在正极电解产生，从而使氧化还原反应不断进行，直至水分全部耗尽为止，依据法拉第电解定律，电解产生碘是同电解时耗用的电量成正比例关系的，其反应为

$$H_2O + I_2 + SO_2 + 3C_5H_5N \longrightarrow 2C_5H_5N \cdot HI + C_5H_5N \cdot SO_3 \quad (6.30)$$
$$C_5H_5N \cdot SO_3 + CH_3OH \longrightarrow C_5H_5N \cdot HSO_4CH_3 \quad (6.31)$$

在电解过程中，电极反应为

正极 $\qquad\qquad\qquad 2I^- - 2e^- \longrightarrow I_2$

负极 $\qquad\qquad\qquad I_2 + 2e^- \longrightarrow 2I^-$

$$2H^+ + 2e^- \longrightarrow H_2 \uparrow$$

从反应化学式中可以看出，1mol 的碘氧化 1mol 的二氧化硫，需要 1mol 的水。所以是 1mol 碘与 1mol 水的当量反应，即电解碘的电量相当于电解水的电量，电解 1mol 碘需要 $2 \times 96493C$ 电量，电解 1mol 水需要 96493mC 电量。

样品中水分含量的计算公式为

$$\frac{W \times 10^{-6}}{N} = \frac{Q \times 10^{-3}}{2 \times 96493}$$

即 $\qquad\qquad\qquad W = \frac{Q}{10.722} \qquad\qquad (6.32)$

式中 $\quad W$——样品中的水分含量，μg；

$\quad Q$——电解电量，mC；

N——水的分子量，取 18。

6.8.1.5　比表面积分析

　　比表面积分析测试方法有多种，其中气体吸附法因其测试原理的科学性、测试过程的可靠性和测试结果的一致性而被国内外各行各业广泛采用，成为公认的最权威测试方法。许多国际标准组织都已将气体吸附法列为比表面积测试标准，如美国 ASTM 的 D3037，国际 ISO 标准组织的 ISO 9277。

　　1. 基本原理

　　气体吸附法测定比表面积原理是依据气体在固体表面的吸附特性，在一定的压力下，被测样品颗粒（吸附剂）表面在超低温下对气体分子（吸附质）具有可逆物理吸附作用，并对应一定压力存在确定的平衡吸附量。通过测定出该平衡吸附量，利用理论模型来等效求出被测样品的比表面积。由于实际颗粒外表面的不规则性，严格来讲，该方法测定的是吸附质分子所能到达的颗粒外表面和内部通孔总表面积之和。

　　（1）BET 法测定比表面积。BET 法测定比表面积是以氮气为吸附质，以氦气或氢气作载气，两种气体按一定比例混合，达到指定的相对压力，然后流过固体物质。当样品管放入液氮保温时，样品即对混合气体中的氮气发生物理吸附，而载气则不被吸附。这时屏幕上即出现吸附峰。当液氮被取走时，样品管重新处于室温，吸附氮气就脱附出来，在屏幕上出现脱附峰。最后在混合气中注入已知体积的纯氮，得到一个校正峰。根据校正峰和脱附峰的峰面积，即可算出在该相对压力下样品的吸附量。改变氮气和载气的混合比，可以测出几个氮的相对压力下的吸附量，从而可根据 BET 公式计算比表面。BET 公式为

$$\frac{P}{V(P_0-P)}=\frac{1}{V_mC}+\frac{C-1}{V_mC}\times\frac{P}{P_0} \tag{6.33}$$

式中　P——氮气分压，Pa；

　　　P_0——吸附温度下液氮的饱和蒸气压，Pa；

　　　V_m——样品上形成单分子层需要的气体量，mL；

　　　V——被吸附气体的总体积，mL；

　　　C——与吸附有关的常数。

　　以 $\dfrac{P}{V(P_0-P)}$ 对 $\dfrac{P}{P_0}$ 作图可得一直线，其斜率为 $(C-1)/V_mC$，截距为 $1/V_mC$，由此可得

$$V_m=\frac{1}{斜率+截距} \tag{6.34}$$

　　若已知每个被吸附分子的截面积，可求出被测样品的比表面，即

$$S_g=\frac{V_mN_AA_m}{2240W}\times10^{-18} \tag{6.35}$$

式中　S_g——被测样品的比表面，m²/g；

　　　N_A——阿伏加得罗常数；

　　　A_m——被吸附气体分子的截面积，nm²；

W——被测样品质量，g。

（2）气体吸附法测定固体中细孔的孔径分布。蒸汽凝聚（或蒸发）时的压力取决于孔中凝聚液体弯月面的曲率。一端封闭的毛细管中蒸汽压随表面曲率的变化可以由 Kelvin 方程表示，即

$$\ln \frac{P}{P_0} = \frac{-2\sigma V_m}{r_k RT} \tag{6.36}$$

式中　P——曲面上液体的饱和蒸气压；

　　　P_0——平面上的液体蒸气压；

　　　σ——液体吸附质的表面张力；

　　　V_m——液体吸附质的摩尔体积；

　　　r_k——毛细管的曲率半径；

　　　R——气体常数；

　　　T——绝对温度。

在氮气吸附的条件下，根据式（6.36），孔的半径 r_c 可表示为

$$r_c = \frac{-2\sigma V_m \cos\theta}{RT \ln \dfrac{P}{P_0}} \tag{6.37}$$

式中　θ——接触角。

用氮气吸附法测定的最小孔径为 $1.5 \sim 2nm$，最大为 $300nm$。对于更小或更大的孔，其测定误差偏大。

2. 分析实例

利用水热法制备了 $Li_4Ti_5O_{12}$ 纳米片，并在 $Li_4Ti_5O_{12}$ 表面包覆碳材料。图 6.49 给出了 $Li_4Ti_5O_{12}$ 和 $Li_4Ti_5O_{12}@C$ 材料的 N_2 吸脱附等温线。可以发现 N_2 吸脱附等温线具有 IUPAC 分类中的 IV 型和 H1 滞后环的特征。两条吸脱附曲线在低压段的吸附量都平缓增加，说明 N_2 分子以单层到多层吸附在介孔的内表面，在 $P/P_0 = 0.8 \sim 1.0$，吸附量有一突增，表明两种材料都是介孔材料。图6.49（b）是 $Li_4Ti_5O_{12}$ 材料以及 $Li_4Ti_5O_{12}@C$ 材料采用 Barrett-Joiner-Halenda（BJH）模型的孔径分布图，可以看出两者在 2nm 处都有一个狭窄的峰，在 35nm 左右有一个比较宽的峰值。这表明 $Li_4Ti_5O_{12}$ 初级粒子通过碳包覆并没有影响其粒子的孔径尺寸的大小以及分布。同时根据 BET 分析，纯相 $Li_4Ti_5O_{12}$ 材料的比表面积为 $13.853m^2/g$，而 $Li_4Ti_5O_{12}@C$ 材料的比表面积为 $35.181m^2/g$，这说明了通过碳包覆可以有效地抑制晶粒的生长，从而可以得到大比表面积的材料。而较大的比表面积在 Li^+ 的输运过程中可以提供更多的传输通道，这样更有利于 Li^+ 快速充放电，从而提高锂离子电池的倍率性能。

6.8.1.6　材料粒度分析

锂离子电池材料的粒度一般使用激光粒度仪测量。

激光粒度仪是根据颗粒能使激光产生散射这一物理现象测试粒度分布的。由于激光具有很好的单色性和极强的方向性，所以一束平行的激光在没有阻碍的无限空

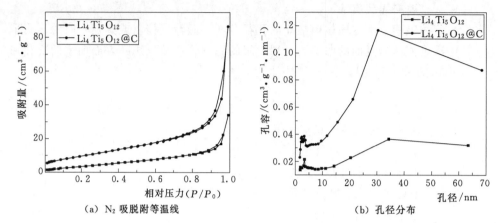

（a）N₂ 吸脱附等温线　　　　　　　（b）孔径分布

图 6.49　$Li_4Ti_5O_{12}$ 和 $Li_4Ti_5O_{12}@C$ 材料的 N_2 吸脱附等温线和孔径分布图

间中将会照射到无限远的地方，并且在传播过程中很少有发散的现象。当光束在行进过程中遇到颗粒（障碍物）阻挡时，一部分光将偏离原来的传播方向，发生散射现象，如图 6.50 所示。散射光的传播方向将与主光束的传播方向形成一个夹角 θ。散射理论和结果证明，散射角 θ 的大小与颗粒的大小有关，颗粒越大，产生的散射光的 θ 角就越小；颗粒越小，产生的散射光的 θ 角就越大。

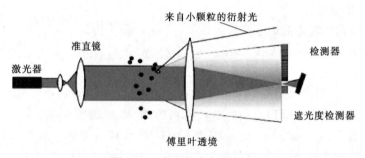

图 6.50　激光粒度仪原理图

　　如图 6.51 所示，从激光器发出的激光束经聚焦、针孔滤波和准直镜准直后，变成直径约 10mm 的平行光束，该光束照射到待测的颗粒上，一部分光被散射，散射光经傅里叶透镜后，照射到光电探测器阵列上。由于光电探测器处在傅里叶透镜的焦平面上，因此探测器上的任一点都对应于某一确定的散射角。光电探测器阵列由一系列同心环带组成，每个环带是一个独立的探测器，能将投射到上面的散射光线性地转换成电压，然后送给数据采集卡，该卡将电信号放大，在进行 A/D 转换后送入计算机。

　　进一步研究表明，散射光的强度代表该粒径颗粒的数量。为了有效地测量不同角度上的散射光的光强，需要运用光学手段对散射光进行处理。在所示的光束中的适当的位置上放置一个傅里叶透镜，在该傅里叶透镜的后焦平面上放置一组多元光电探测器，这样不同角度的散射光通过傅里叶透镜就会照射到多元光电探测器上，将这些包含粒度分布信息的光信号转换成电信号并传输到电脑中，通过专用软件用

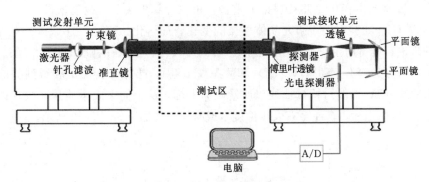

图 6.51 激光粒度仪结构示意图

Mie（米氏）散射理论对这些信号进行处理，就会准确地得到所测试样品的粒度分布。

锂离子电池材料必须测试粉体的颗粒粒度分布。即不同粒径的颗粒分别占粉体总量的百分比。由于颗粒形状很复杂，通常有筛分粒度、沉降粒度、等效体积粒度、等效表面积粒度等几种表示方法。筛分粒度就是颗粒可以通过筛网的筛孔尺寸，以 1 英寸❶宽度的筛网内的筛孔数表示，因而称为"目数"。目是指每平方英寸筛网上的空眼数目，50 目就是指每平方英寸上的孔眼是 50 个，500 目就是 500 个，目数越高，孔眼越多。筛网目数的大小决定了筛网孔径的大小。而筛网孔径的大小决定了所过筛粉体的最大颗粒 D_{max}。所以，除了表示筛网的孔眼外，目数同时用于表示能够通过筛网的粒子的粒径，目数越高，粒径越小。我们可以看出，400 目的抛光粉完全有可能非常细，比如只有 $1\sim2\mu m$，也完全有可能是 $10\mu m$、$20\mu m$。因为筛网的孔径是 $38\mu m$ 左右。

6.8.1.7 热分析

热分析技术是在温度程序控制下研究物质的物理状态和化学状态发生变化（如脱水、结晶-熔融、蒸发、相变等）时材料热力学性能（热焓、比热容、热导等）或化学变化动力学过程的一种十分重要的分析测试方法。通过测定变温过程中材料热力学性能的变化来确定状态的变化。

传统的热分析技术有热重分析法（Thermo Gravimetric Analysis，TGA）、差热分析法（Differential Thermal Analysis，DTA）和差示扫描量热分析法（Differential Scanning Calorimetry，DSC）。

1. 热重分析法

热重分析仪是一种利用热重法检测物质温度-质量变化关系的仪器。热重法在程序控温下测量物质的质量随温度（或时间）的变化关系。当被测物质在加热过程中有升华、汽化、分解出气体或失去结晶水时，被测的物质质量就会发生变化。这时热重曲线就不是直线而是有所下降。通过分析热重曲线，就可以知道被测物质在

---

❶ 1 英寸＝25.4mm。

多少摄氏度时产生变化，并且根据失重量，可以计算失去了多少物质。

通过 TGA 实验有助于研究晶体性质的变化，如熔化、蒸发、升华和吸附等物质的物理现象；也有助于研究物质的脱水、解离、氧化、还原等物质的化学现象。热重分析通常可分为两类：动态（升温）和静态（恒温）。热重分析法试验得到的曲线称为热重曲线（TG 曲线），TG 曲线以质量做纵坐标，从上向下表示质量减少；以温度（或时间）做横坐标，自左至右表示温度（或时间）增加，如图 6.52 所示。

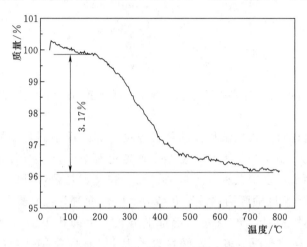

图 6.52　$Li_4Ti_5O_{12}@C$ 材料的热重曲线

最常用的测量的原理有两种，即变位法和零位法。变位法是根据天平梁倾斜度与质量变化成比例的关系，用差动变压器等检测倾斜度，并自动记录。零位法是采用差动变压器法、光学法测定天平梁的倾斜度，然后去调整安装在天平系统和磁场中线圈的电流，使线圈转动恢复天平梁的水平。由于线圈转动所施加的力与质量变化成比例，这个力又与线圈中的电流成比例，因此只需测量并记录电流的变化，便可得到质量变化的曲线。

2. 差热分析法

差热分析法是以某种在一定实验温度下不发生任何化学反应和物理变化的稳定物质（参比物）与等量的未知物在相同环境中等速变温的情况下相比较，未知物的任何化学和物理上的变化，与和它处于同一环境中的参比物的温度相比较，都要出现暂时的增高或降低。降低表现为吸热反应，增高表现为放热反应。

3. 差示扫描量热分析法

根据测量方法的不同，差示扫描量热计有功率补偿型和热流型两大类。

（1）功率补偿型差示扫描量热计。功率补偿型差示扫描量热计的主要特点是试样和参比物具有独立的加热器和传感装置，其结构如图 6.53 所示，即在试样和参比物容器下各装有一组补偿加热丝。当试样在加热过程中由于热反应而出现温度差时，通过功率补偿放大电路使流入补偿热丝的电流发生变化，这样就可以从补偿功率直接求算出热流率，即

$$\Delta W = \frac{\mathrm{d}Q_S}{\mathrm{d}t} - \frac{\mathrm{d}Q_R}{\mathrm{d}t} = \frac{\mathrm{d}H}{\mathrm{d}t} \tag{6.38}$$

式中 ΔW——所补偿的功率；

　　Q_S——样品的热量；

　　Q_R——参比物的热量；

$\mathrm{d}H/\mathrm{d}t$——单位时间的焓变，即热流率，$\mathrm{mJ/s}$。

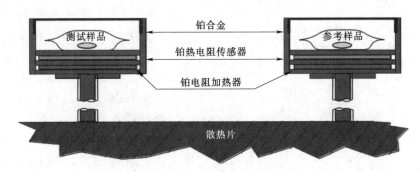

图 6.53　功率补偿型差示扫描量热计结构

仪器试样和参比物的加热器电阻相等，即 $R_S=R_R$，当试样没有任何热效应时，有

$$I_S^2 R_S = I_R^2 R_R \tag{6.39}$$

如果试样产生热效应，功率补偿电路立即进行功率补偿，所补偿的功率为

$$\Delta W = I_S^2 R_S - I_R^2 R_R \tag{6.40}$$

令 $R_S=R_R=R$，即得

$$\Delta W = R(I_S + I_R)(I_S - I_R) \tag{6.41}$$

因为 $I_S + I_R = I_T$，所以

$$\Delta W = I_T(I_S R - I_R R)$$
$$\Delta W = I_T(U_S - U_R) = I_T \Delta U \tag{6.42}$$

式中 I_T——总电流；

　　ΔU——电压差。

如果 I_T 为常数，则 ΔW 与 ΔU 成正比。因此，可直接表示为 $\Delta U = \mathrm{d}H/\mathrm{d}t$。

（2）热流型差示扫描量热计。热流型差示扫描量热仪用康铜片作为热量传递到样品和从样品传递出热量的通道，并作为测温热电偶结点的一部分，其测试原理与差热计仪类似。热流型差示扫描量热计结构如图 6.54 所示，其特点是利用导热性能好的康铜盘把热量传输到样品和参比物，使它们受热均匀。样品和参比物的热流差通过试样和参比物平台下的热电偶进行测量。样品温度由镍铬板下的镍铬-镍铝热电偶进行测量。这种热流型差示扫描量热计

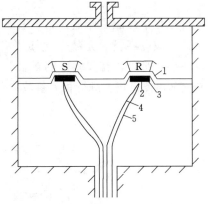

图 6.54　热流型差示扫描量热计结构
1—康铜盘；2—热电偶热点；3—镍铬板；
4—镍铝丝；5—镍铬丝

仍属 DTA 测量原理，它可定量地测定热效应，主要是该仪器在等速升温的同时还可自动改变差热放大器的放大倍数，以补偿仪器常数 K 值随温度升高所减少的峰面积。

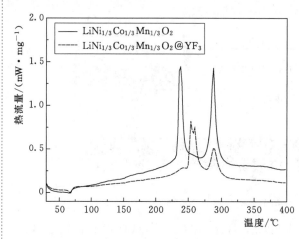

图 6.55　荷电态下 $LiNi_{1/3}Co_{1/3}Mn_{1/3}O_2$ 和 $LiNi_{1/3}Co_{1/3}Mn_{1/3}O_2@YF_3$ 电极材料的差热曲线

4. 差示扫描量热计分析实例

三元正极材料的热力学不是很稳定，特别是在荷电态下更加不稳定。图 6.55 为荷电状态下 $LiNi_{1/3}Co_{1/3}Mn_{1/3}O_2$ 和 $LiNi_{1/3}Co_{1/3}Mn_{1/3}O_2@YF_3$ 电极材料首次充电到 4.5V 下，粉末材料的差热曲线。从图中可以看出，$LiNi_{1/3}Co_{1/3}Mn_{1/3}O_2$ 有两个放热峰，分别在 235℃ 和 280℃ 左右。第一个放热峰主要是电解液与电极材料的活性物质相互作用的分解反应；第二个放热峰归因于三元正极材料高温下结构不稳定释放 O_2 将电解液氧化。$LiNi_{1/3}Co_{1/3}Mn_{1/3}O_2@YF_3$ 的样品第二个放热峰的温度与纯的样品差不多，但第一个放热峰的温度明显比纯的样品高，在 255℃ 附近。这表明，YF_3 的包覆可以增强正极材料的热力学稳定性，可以抑制电解液和电极交界面的反应，使其界面相对较为稳定并减小了电荷传递电阻。此外，样品具有更小的放热峰和较高的放热峰温度，进一步说明，YF_3 包覆的 $LiNi_{1/3}Co_{1/3}Mn_{1/3}O_2$ 在加热过程中释放较少的 O_2，且避免了电解液的腐蚀，使其即使在高电压荷电态时仍具有较好的热稳定性。

6.8.2　电化学性能测试技术

电化学性能是衡量锂离子电池的核心指标，包括首次充放电效率、不同电流密度下的放电容量、充放电电压平台差、恒流/恒压容量比和放电平台电压等参数，这些参数都可以在实验室测量。测量的方法是将锂离子电池材料组装成扣式电池，在充放电测试仪上进行相关参数的测量。纽扣形电池主要由正极片、负极片、隔膜、

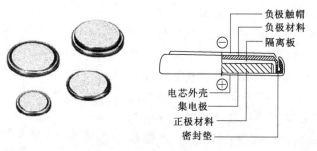

图 6.56　纽扣形电池的结构

电解液和弹性垫片构成，结构如图 6.56 所示。

6.8.2.1 实验室扣式电池的制作方法

在进行材料电化学性能测试前，首先要组装实验电池。为了避免多因素的影响，通常组装成两电极半电池进行测量，一般以金属锂片作为参考电极和对电极，隔膜采用常用的聚乙烯或聚丙烯隔膜。锂离子电池极片通常采用 PVDF 做黏结剂，通过制浆、涂覆和干燥的方式制造。实验室制造电池极片最少仅需 100mg 即可，是一种简便、低成本的评价技术。

以 $LiFePO_4$ 为正极材料，PVDF 为黏结剂制作正极片的典型工艺如下：

（1）将 $LiFePO_4$、导电炭黑和 PVDF 在 80℃烘箱烘烤 12h 以上。

（2）按质量比 8∶1∶1 将 $LiFePO_4$、导电炭黑和 PVDF 混合，滴入一定量的 NMP 有机溶剂并搅拌成泥浆状涂覆于铝箔表面，在 110℃真空干燥 12h 后裁成直径为 12.5mm 的圆片，3MPa 下压实得到正极极片，每片极片上 $LiFePO_4$ 的质量约为 2mg。

（3）在充满高纯氩气的手套箱内，将所得电极、锂片和聚丙烯多孔膜共同组装成 CR2025 扣式电池。组装后的电池静置 12h 后开始进行电化学性能测试。

6.8.2.2 电池的倍率性能与循环性能测试

利用电池测试系统可以实现在人工设定的特定电学参数下（如电流、电压、毫安时、放电倍率、放电功率等）对电池进行充电-放电测试，并记录充电-放电的过程中不同电学参数的变化，绘制相应的曲线关系图。

1. 容量测试

电池容量是电池的重要性能指标之一。电池容量的单位是 mA·h/g，工业上叫做克容量，其物理意义是：每克电池活性材料中所含电量的 mA·h 数，即以 1m·A 的电流持续稳定 1h，电路中流过的电量。mA·h 是电量的单位之一，相当于 3.6C。

研究发现，用小电流对电池进行充放电时，所导致的电池放电过程中的极化现象就很微弱，容量很容易达到理论容量值。因此，测试电池的容量性能时，应选择适当小的电流。

2. 循环性能测试

电池连续重复进行多次的充放电的行为称为循环充放电。电池的循环性能主要有循环次数、首次放电容量、容量保持率三个衡量指标。

电池循环充放电的次数称为循环次数。电池的放电容量是指电池在完全充满电之后，可以放出的电量。电池进行第一次充电-放电测试时，电池获得的放电容量称为首次放电容量。容量保持率是指循环若干次后电池容量与首次放电容量的比值。

一般至少 100 次循环之后，得到的循环性能的数据才有说服力。循环次数相同的情况下，容量保持率越大，电池的循环性能就越好。

3. 倍率性能测试

电池倍率性能的单位是充电/放电倍率，英文简称为 C。无论充电还是放电，倍率性能的衡量指标都是 C。测电池倍率性能时，常常会提到 nC 倍率充电/放电。n

是指在 1h 内完成充电/放电的次数，其倒数便是完成一次充电/放电的小时数。例如 5C 倍率放电，指 1h 循环充电/放电 5 次，或者说完成一次充电/放电需要 0.2h。n 值越大，充电/放电的倍率越高。

以 LiFePO$_4$ 为例，其理论容量值为 170mA·h/g，假如电池中含有 1mg LiFePO$_4$，其容量为理论容量。

对此电池做 1C 倍率放电的方法为：首先设定充电电流和放电电流都为 0.17mA，如果材料的实际充电容量与放电容量都达到理论容量值，那么 1h 就可完成一次充电或放电。如果设定充电电流为 17mA，6min 就可完成一次充电，再设定放电电流为 17mA，6min 就可以完成一次放电，此时为 10C 倍率。

通常情况下，锂离子电池都无法达到理论容量。所以，无论进行多大倍率的充电和放电，所耗的实际时间都比理论时间要短。

4. 测试电池参数的设置

（1）电池容量性能测试。电池容量性能测试一般是在 0.1C 的倍率下进行充放电循环，合格的 LiFePO$_4$ 材料在此倍率下的放电容量应该在 160mA·h/g 以上。

（2）电池倍率性能测试。电池倍率性能测试一般可在 1C、2C、5C、10C、20C 的放电倍率下进行，其中 2C 倍率放电最具参考意义。过高倍率放电（高于 20C）的测试无实际意义，一般不进行。合格的 LiFePO$_4$ 材料在 2C 倍率下的放电容量应该在 140mA·h/g 以上。

6.8.2.3　循环伏安法

循环伏安法是常用的电化学测试方法，通过循环伏安法测量可以得到诸多信息，如可以观测到脱嵌锂过程的反应速率、可逆程度和材料的相变，还可以通过采用不同扫描速度的循环伏安曲线计算 Li$^+$ 的扩散系数等。

1. 基本原理

循环伏安法又称线性电势扫描法，即控制电极电势按恒定速度从起始电势 φ_i 变化到某一电势 φ_r，然后再以相同的速度从 φ_r 反向扫描到 φ_i，同时记录相应的电流变化，循环伏安法电位与时间的关系如图 6.57 所示。若电极反应为 O+e$^-$ $\rightleftharpoons$ R，反应前溶液中只含有反应粒子 O，且 O、R 在溶液中均可溶，控制扫描起始电势从比体系标准平衡电势 $\varphi_{\overline{\mp}}^{\ominus}$ 正得多的起始电势 φ_i 处开始做正向电扫描，电流响应曲线则如图 6.58 所示。

如果溶液体系只有氧化态，那么开始时电极上只有非法拉第电流通过，即通过双层电容的充电电流。电极电势逐渐负移到 $\varphi_{\overline{\mp}}^{\ominus}$ 附近时，O 开始在电极上还原，并有法拉第电流通过。随着电极电势持续负移，电极反应逐渐加速，电极表面反应物 O 的浓度逐渐下降，因此电极表面的流量和电流就增加。当 O 的表面浓度下降到近于零，电流也增加到最大值 I_{pc}，与此同时电极表面附近液层中的反应粒子不断被消耗使浓度降低，扩散层厚度逐渐增加，电流越来越小。初始阶段前者占优势，后期后者起主导作用，因而得到呈峰状的电流-电势曲线，这种方法称为线性电势扫描法。

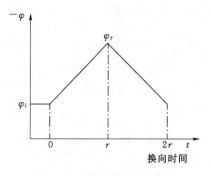

图 6.57 循环伏安法电位与
时间的关系

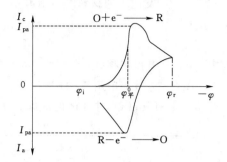

图 6.58 循环伏安法所得到的
电流-电势曲线

当电势达到 φ_r 后改为反向扫描。随着电极电势逐渐变正，电极附近处还原产物 R 浓度较大，在电势接近并通过 φ_Ψ^0 时，表面上 R 开始被氧化，并且电流增大到峰值氧化电流 I_{pa}，随后又由于 R 的显著消耗而引起电流衰降，也会出现电流-电势曲线的峰值。整个反向扫描的电流-电势曲线与正向扫描的峰状电流-电势曲线相似，整个曲线称为"循环伏安曲线"。

对于可逆的氧化还原反应，电流与扫描时间的关系为

$$i(t) = nFD^{\frac{1}{2}} a^{\frac{1}{2}} p\left(\frac{nF}{2RT}vt\right) \tag{6.43}$$

氧化和还原过程都存在峰电流，峰电流的大小为

$$i_p = KnFAC\left(\frac{nF}{RT}\right)^{\frac{1}{2}} V^{\frac{1}{2}} D^{\frac{1}{2}} \tag{6.44}$$

对于符合 Nerst 方程的电极反应，在 25℃时，两个峰电位差 ΔE 为

$$\Delta E_p = E_{pa} - E_{pc} = \frac{57 \sim 63}{n} \quad (\text{mV}) \tag{6.45}$$

一般 $\Delta E_p = 58/n$ mV。

2. 循环伏安法应用实例

林莹等人利用固相反应法合成 $LiFePO_4@C$ 正极材料，并利用湿化学工艺在 $LiFePO_4@C$ 表面沉积纳米 Sn 颗粒，通过循环伏安法分析 Li^+ 脱嵌的动力学过程，如图 6.59 所示。由图 6.59（a）可以看到，在 0.05mV/s 扫描速度下，$LiFePO_4$ 电极的氧化还原峰形对称，氧化峰电流值略大于还原峰电流值，同时氧化峰和还原峰的面积几乎相等，说明合成的 $LiFePO_4$ 材料具有很好的脱嵌锂可逆性。图 6.59（a）和图 6.59（b）分别给出不同扫描速率下 $LiFePO_4@C$ 和 $LiFePO_4@C-Sn$ 的循环伏安曲线，随着扫描速率的增大，氧化还原峰的峰形发生变化，且峰电流也随之增大，同时氧化峰和还原峰分别朝正负方向偏移，两电流峰之间的电压间距 ΔV 增大。这是因为电极中 Li^+ 来不及扩散，极化增大造成的，同时说明 Li^+ 固相扩散是控制材料放电的主要因素。同时还发现，在各自扫描速率下，表面沉积纳米 Sn 的 $LiFePO_4@C-Sn$ 材料具有更高的氧化电流和还原电流，且有更小的电极极化。

图 6.59（c）发现两种材料的电流峰值 i_p 与 v 呈线性关系，即

$$i_p = (2.69 \times 10^5) n^{\frac{3}{2}} A D_{Li}^{\frac{1}{2}} C_{Li}^* v^{\frac{1}{2}} \tag{6.46}$$

式中　n——电荷转移数；

　　　A——电极与电解液的接触面积；

　　C_{Li}^*——$LiFePO_4$ 中 Li^+ 的浓度。

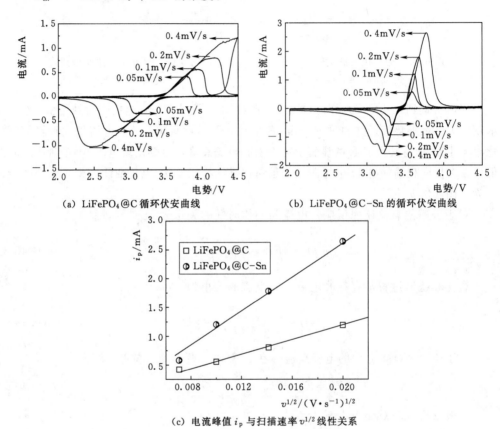

(a) $LiFePO_4$@C 循环伏安曲线　　　　(b) $LiFePO_4$@C-Sn 的循环伏安曲线

(c) 电流峰值 i_p 与扫描速率 $v^{1/2}$ 线性关系

图 6.59　不同扫描速率下的测试曲线

可以计算出 $LiFePO_4$@C 和 $LiFePO_4$@C-Sn 的锂离子扩散系数分别为 $0.946 \times 10^{-11} cm^2/s$ 和 $3.598 \times 10^{-10} cm^2/s$，表面沉积纳米 Sn 后电极材料具有更大的 Li^+ 扩散系数，表明材料表面低电阻有助于电极中 Li^+ 负扩散。

6.8.2.4　交流阻抗法

交流阻抗法是电学中研究线性电路网络频率响应特性的一种方法，后来引用到研究电极的过程中，成为电化学研究中的一种常用的电化学测试方法，广泛应用于电极过程动力学的研究中，通过交流阻抗图谱分析可以了解界面的物理性质及所发生的电化学反应情况，如电极过程动力学、扩散行为和交换电流密度等。

1. 基本原理

用一个角频率为 ω 的振幅足够小的正弦波电流信号对一个稳定的电极系统进行扰动时，相应的电极电位就作为角频率为 ω 的正弦波响应，从被测电极与参比电极之间输出一个角频率为 ω 的电压信号，此时电极系统的频率响应函数就是电化学阻抗。在一系列不同角频率下测得的一组这种频率响应函数值即为电极系统的电化学阻抗谱。因此，电化学阻抗谱就是电极系统在符合阻纳的基本条件时电极系统的阻抗频谱。交流阻抗方法是电化学测试技术中一种极其重要的研究方法，是一种以小振幅的正弦波电位（或电流）为扰动信号，叠加在外加直流电压上，并作用于电极上，通过测量其在较宽频率范围的响应信号电极交流阻抗，获得研究电极过程动力学及电极界面结构信息的电化学测量方法。

电极的交流阻抗 Z 由实部 Z' 和虚部 Z'' 组成，$Z = Z' + jZ''$。Nyquist 图是以阻抗虚部（$-Z''$）对阻抗实部（Z'）作的图，是最常用的阻抗数据的表示形式。根据 Nyquist 图构建相应的等效电路图，可大致推断电极过程的机理，还可以计算电极过程的动力学参数。

正极材料嵌锂过程中，Li^+ 从电解液迁移到电解液/电极界面并吸附，形成表面层，吸附态的 Li^+ 进入正极材料并向内部扩散。脱锂过程为嵌锂过程的逆过程。嵌锂/脱锂行为直接影响到电极系统的动力学过程，电极过程的动力学参数取决于电极材料和电解液/电极的界面性质。如果仅仅考虑界面电荷迁移和物质扩散因素，则正极材料的 Nyquist 如图 6.60 所示。

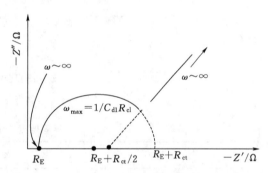

图 6.60 电荷迁移和物质扩散混合控制电极反应的 Nyquist 曲线

图中，R_E 为溶液电阻，R_{ct} 为界面电荷迁移电阻，C_{dl} 代表界面电容，低频直线段代表 Li^+ 在活性固体物质中扩散的 Warburg 阻抗，可逆过程的 Warburg 阻抗线段与实轴的夹角为 45°，斜率越大，对应的扩散阻抗越大，扩散过程越难进行。

2. 分析实例

利用溶胶-凝胶法制备了 $Li_{1.2}Ni_{0.13}Co_{0.13}Mn_{0.54}O_2$ 材料，并通过湿化学工艺在其表面包覆 $PbPdO_2$ 材料。对于 $Li_{1.2}Ni_{0.13}Co_{0.13}Mn_{0.54}O_2$ 材料电化学性能改善的原因，图 6.61 分别给出了 $Li_{1.2}Ni_{0.13}Co_{0.13}Mn_{0.54}O_2$ 和 $Li_{1.2}Ni_{0.13}Co_{0.13}Mn_{0.54}O_2@PbPdO_2$ 材料在 20℃、10℃、0℃、−10℃、−20℃、−30℃ 不同温度下的交流阻抗测试图谱。建立如图 6.61（c）的等效电路图，其中 R_f 为溶液电阻，R_{ct} 为界面电荷迁移电阻，R_{SEI} 为表面固相电解质膜的电阻，CPE 代表固相电解质膜的常相位元件（这里接近电容），Z_w 为 Warburg 阻抗。通过图 6.61（c）所示等效电路图，可以拟合出不同温度下的界面电荷迁移电阻 R_{ct} 的值，见表 6.24。对比发现，在相同温度下，$Li_{1.2}Ni_{0.13}Co_{0.13}Mn_{0.54}O_2@PbPdO_2$ 的电荷传输阻抗要小得多，这就是表面修饰

PbPdO₂ 材料具有高倍率性能的原因。

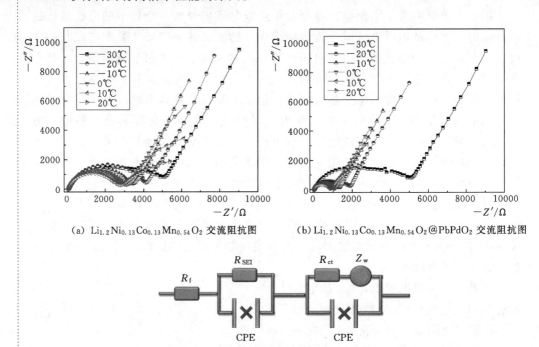

（a）Li$_{1.2}$Ni$_{0.13}$Co$_{0.13}$Mn$_{0.54}$O$_2$ 交流阻抗图　　　（b）Li$_{1.2}$Ni$_{0.13}$Co$_{0.13}$Mn$_{0.54}$O$_2$@PbPdO$_2$ 交流阻抗图

（c）EIS 拟合等效电路图

图 6.61　不同温度下的测试曲线

表 6.24		不同温度下 R_{ct} 的值				单位：$\Omega \cdot cm^2$	
材　　料	20℃	10℃	0℃	−10℃	−20℃	−30℃
Li$_{1.2}$Ni$_{0.13}$Co$_{0.13}$Mn$_{0.54}$O$_2$	2410	2862	3164	3456	4203	4763
Li$_{1.2}$Ni$_{0.13}$Co$_{0.13}$Mn$_{0.54}$O$_2$@PbPdO$_2$	902.9	985.3	1073	1257	1737	3616

6.9　锂离子电池的安全性

　　锂离子电池安全问题的解决是锂离子电池得以广泛应用的重要保障，虽然在小容量锂离子电池中，其安全性研究已经取得了很大的成功，但未来电动汽车用锂离子电池的安全性仍然是一个重大攻关课题。锂离子电池的安全性已经成为制约其进一步发展的关键因素。为了确保消费者的人身安全和财产安全，需要对锂离子电池进行安全性测试。

6.9.1　安全测试标准

　　国际上锂离子电池安全性测试最主要的测试机构是美国安全检测实验室公司（UL）、联合国运输署和国际电工委员会。其中，只有 UL 对于通过的电池提供 UR认证标志。其他机构提出的安全测试项目经常是在 UL 标准上做些修改得到，有的就是直接引入 UL 的测试项目。

现在普遍使用的安全性测试项目可以分为四类，见表 6.25。

表 6.25 　　　　　　　锂离子电池主要的安全性测试项目

项目	主 要 测 试
电学方面	过充、过放、室温/高温外电路短路等
力学方面	跌落、挤压、针刺、震动、撞击等
热学方面	燃烧喷射、热冲击等
环境测试	高空试验、热循环、浸水试验、湿度试验、减压测试、纬度测试等

表 6.25 中的每一种测试项目测试情景均是现实中有可能发生的，如针刺模拟的就是内部短路的情况；过充测试模拟的是保护电路板失效的情况；而环境测试中的减压测试和纬度测试对应的是空运时可能出现的情况。

锂离子电池安全性测试项目的难度是不同的，环境测试通常被认为是容易通过的。那些较难通过的测试项目通常测试时会使电池的温度升高，过高的温度会引发或加速电池内的化学反应，放出更多的热，温度继续升高，反应继续加速，最终导致电池热失控，出现爆炸、燃烧等情况。

除安全性测试项目有难易之分外，锂离子电池的容量对能否通过安全性测试也有很大的影响。电池容量越高，同一测试项目产生的热量越多，越容易出现安全问题。目前，商品化的锂离子电池都是小容量电池，比较容易通过安全性测试，即使出现安全问题，也不会造成很大的直接伤害；而对于应用在电动汽车领域的高容量电池，其通过安全性测试的难度远远高于目前商品化的电池。此外，一旦出现安全问题，所造成的后果将是十分可怕的。

6.9.2　锂离子电池的反应

锂离子电池的安全性问题本质上是电池内热的问题，如果不能迅速将电池内热释放出去，电池温度将不断升高，持续上升的温度又加剧了电池内的化学反应，最终导致电池热失控，直至发生爆炸、燃烧等安全事故。

电池内热的变化主要来自以下方面：

（1）化学反应产生的可逆热，来自电化学反应，大小与物质的熵变化有关。

（2）不可逆热，主要是由于欧姆内阻和极化造成的。

（3）副反应产生的热，主要是来自电解液与电极材料之间发生的化学反应。

对于电池来说，即使在正常充放电的情况下，可逆热和不可逆热也是始终存在的，如果出现副反应产生的热，就可能导致电池出现安全性问题。副反应产生的热主要来自以下五个部分：①正极材料的热分解；②电解液在正极的氧化；③电解液的热分解；④负极材料的热分解；⑤电解液在负极的还原。由于不同的正极材料、负极材料以及电解液体系产生副反应产生的热的条件和量有很大的差别，对电池的安全性影响很大，所以这一部分一直是锂离子电池安全性研究的热点之一。

6.9.3　电池安全性的改善措施

电池的安全性问题就是热的问题，提高电池的安全性就是尽力避免电池产生大量的热，并提高电池的散热速率。目前采用的方法分为物理方法和化学方法两类。

最常用的物理方法就是使用正温度系数热敏电阻（PTC）和保险丝，这样会提高电池在过充、外短路等滥用情况下的安全性。另外，也可以通过优化电池结构来提高电池的散热速率，从而提高电池的安全性。如采用较厚的箔材、特殊的设计结构等方法，提高电池的传热速率和单位容量有效散热面积，降低电池达到热失控临界点的可能性，从而提高电池的安全性。

化学方法主要是选择更安全的电极材料和合适的电解液体系来提高电池的安全性。在满足电池其他要求的前提下，使用 Mn 系、磷酸盐系等正极材料，使用比表面积小的负极材料，使用合适的电解液添加剂均可以提高电池的安全性。

6.9.4　电池短路测试

1. 使用仪器

铜板、安全保护桶、电压内阻测试仪。

2. 使用方法

（1）电池充电至 4.20V，静置 10min。

（2）将电池两端引出连接片。

（3）在安全保护桶内，连接电池正负极连接片，压于铜板之下。直至电池不再放电为止。

（4）检测电压内阻。

3. 标准

电池不允许发生变形，且无漏液、冒烟、起火、爆炸现象，电池电压内阻无明显变化。

6.9.5　电池振动测试

1. 使用仪器

多频振动台、电压内阻检测仪。

2. 测试过程

（1）环境温度 15～25℃的条件下，以 1C、5A 充电，电压达到 4.20V 时，恒压充电 10min。

（2）用电压内阻检测仪检测电池电压内阻。

（3）将电池直接安装或通过夹具安装在振动台上。

（4）调节振幅为 2.5mm，振动 1h，然后把电池反向固定，重复振动 1h。

（5）重新测试电压内阻。

3. 标准

电池电压内阻无明显变化，电池外观无损伤，无漏液、冒烟、起火、爆炸现象。

6.9.6　电池跌落测试

1. 使用仪器

直尺、跌落平台、电压内阻测试仪。

2. 使用方法

(1) 环境温度 15～25℃ 的条件下，以 1C、5A 充电，电压达到 4.20V 时，恒压充电 10min。

(2) 使用电压内阻测试仪测试电压内阻。

(3) 电池从 1m 高度、三个不同的方向，正、反各跌落 1 次。

(4) 重新测试电压内阻。

3. 标准

电池电压内阻无明显变化，电池外观无损伤，无漏液、冒烟、起火、爆炸现象。

6.9.7　电池过充测试

1. 使用仪器

电池测试系统、安全测试桶。

2. 使用方法

(1) 将接有引出片的电池置于安全测试桶内，连接正负极于检测仪。

(2) 设置检测仪工步，在无保护电压与保护电流的条件下进行以下操作：

1) 恒流充电：0.2C、0.5C、1C 充电到 5.00V。

2) 恒压充电：5.00V 充电到电流变为 40mA。

3) 静置：5min。

4) 停止。

(3) 检测电压。

3. 标准

电池外观无损伤，无漏液、冒烟、起火、爆炸现象。

6.9.8　电池过放测试

1. 使用仪器

电池测试系统、安全测试桶。

2. 使用方法

(1) 将接有引出片的电池置于安全测试桶内，连接正负极于检测仪。

(2) 设置检测仪工步，在无保护电压与保护电流的条件下进行以下操作：

1) 恒流放电：0.2C、0.5C、1C 放电，电压限制为 50mV。

2) 静置：5min。

3) 停止。

（3）检测电压。

3. 标准

电池外观无损伤，无漏液、冒烟、起火、爆炸现象。

6.9.9　重物冲击测试

1. 使用仪器

10kg 重锤、冲击台、电压内阻测试仪。

2. 使用方法

（1）电池充电至 4.20V。

（2）电池放置于冲击台上，电池的最大面应与台面垂直。

（3）将 10kg 重锤由 1m 高度处自由落下，冲击已固定的电池。

（4）检测电压内阻。

3. 标准

电池允许发生变形，但无漏液、冒烟、起火、爆炸现象，且电池电压内阻无明显变化。

6.9.10　针刺测试

电池穿钉引发安全性问题，原因是穿钉过程中钉子引起的电池内部短路，局部温度剧烈上升到超过活性物质的反应温度，活性物质的反应同样释放出大量热能，这样的连锁反应不断进行下去，最终引起整个电池的燃烧。燃烧程度剧烈时甚至会出现爆炸。

以满充状态的 383450 型电池为例，在绝热状态下，储存的全部电能转化成热量来提高电池本身的温度，则有

$$Q = Uq = 3.6 \times 720 \times 3600/1000 = 9331.2 \text{（J）}$$

式中　Q——电池储存平均电能；

$\quad\quad U$——电池平均工作电压；

$\quad\quad q$——电池的电量。

则电池温升为

$$\Delta T = Q/(C_p m) = 9331.2/(830 \times 0.014) = 803 \text{（℃）}$$

式中　ΔT——电池温升；

$\quad\quad C_p$——电池的平均热容；

$\quad\quad m$——电池质量。

在绝热状态下电池能够达到非常高的温度。实际上电池在穿钉或者短路时能够释放出来的能量只有 25%～30%。

1. 使用方法

（1）测试电芯满充到 4.2V，测量电芯 OCV、IMP。

（2）用直径 2.5mm 的钢钉穿透整个电芯。

（3）测量整个过程的温度，观察现象。

2. 标准

电芯不着火、不爆炸。

6.9.11 环境适应性测试

（1）高温烘烤：将单体电池放入高温防爆箱中，以（5±2）℃/min 的升温速率升温至 130℃，在该温度下保温 10min。

（2）高温储存：将单体电池或电池组放置在（75±2）℃的烘箱中搁置 48h，电池应不泄漏、不泄气、不破裂、不起火、不爆炸。

（3）低气压：美国 UL 系列标准。

习　题

1. 判断题

（1）锂离子电池的隔膜对电子及 Li^+ 同样都应是可导通的，这样才可以对电池进行充放电。　　　　　　　　　　　　　　　　　　　　　　　　　（　　）

（2）对锂离子电池进行充电的过程中，正极和负极的电位都上升，因此电池的电压增大。　　　　　　　　　　　　　　　　　　　　　　　　　　　　（　　）

（3）对极片进行辊压的目的是将极片压平整以便于下一工序的生产。　（　　）

（4）用 C/2 比用 2C 的电流倍率对锂离子电池充电，电池产生的极化更大。（　　）

（5）$LiMn_2O_4$ 材料中发生 Jahn - Teller 畸变是由于 Mn^{4+} 元素过量引起的。（　　）

（6）利用金属元素对 $LiMn_2O_4$ 材料进行掺杂，可以使材料的初始质量比容量提高。

　　　　　　　　　　　　　　　　　　　　　　　　　　　　　　　（　　）

（7）涂布后的电池极片必须马上进行辊压。　　　　　　　　　　　（　　）

（8）锂离子电池与锂电池电极结构组成的最大不同处是负极所采用的活性材料种类。

　　　　　　　　　　　　　　　　　　　　　　　　　　　　　　　（　　）

2. 选择题

（1）锂离子电池主要有哪些结构（　　　）。

A. 圆柱形电池　　　　　　　　　　B. 方形电池

C. 软包电池　　　　　　　　　　　D. 聚合物电池

（2）下列哪些属于锂离子电池的组成部分（　　　）。

A. 正极、负极　　　　　　　　　　B. 电解质

C. 隔膜　　　　　　　　　　　　　D. 外壳

（3）锂离子电池正极主要包括（　　　）。

A. 活性物质　　　　　　　　　　　B. 导电剂

C. 黏结剂　　　　　　　　　　　　D. 石墨

（4）锂离子电池负极主要包括（　　　）。

A. 石墨　　　　　　　　　　　　　B. 黏结剂

C. 导电剂　　　　　　　　　　　　D. 磷酸铁锂

（5）锂离子电池对正极材料的要求有（　　）。

A. 具有较高的电极电势

B. 具有较高比容量

C. 在脱/嵌锂过程中，材料结构保持良好的可逆性

D. 有较大的 Li^+ 扩散速率

（6）锂离子电池对电解液特性的要求有（　　）。

A. 能较好地溶解电解质盐，即有较高的介电常数

B. 应有较好的流动性，即低黏度

C. 对电池的其他组件应该是惰性的，尤其是充电状态下的正负极表面

D. 在很宽的温度范围内保持液态，熔点要低，沸点要高

（7）电解液的组成部分包括以下哪些（　　）。

A. 溶剂　　　B. 锂盐　　　C. 添加剂　　　D. $LiFePO_4$

（8）锂离子电池对隔膜的特性要求（　　）。

A. 能够耐电解液的腐蚀

B. 具有一定强度、较高的电子绝缘性

C. 较高的保液性及较高的离子通过性

D. 在一定温度下具有瞬间的关断特性以阻止失控反应的继续进行

（9）按材质，电池外壳有哪些种类（　　）。

A. 铝壳　　　B. 不锈钢　　　C. 镀镍钢　　　D. 塑壳

3. 简答题

（1）锂离子电池四个基本组成部分是哪些？

（2）简述锂离子电池的工作原理。

（3）选择锂离子电池正极材料的要求有哪些？

（4）计算 $LiCoO_2$ 和 $LiFePO_4$ 材料的理论比容量。

（5）实际应用时，为什么 $LiCoO_2$ 材料的 Li^+ 脱出量通常不超过 0.5 个单元？

（6）简述 $LiMn_2O_4$ 存在的问题及其改善方法。

（7）简述三元材料存在的问题及其改善方法。

（8）选择锂离子电池负极材料的要求有哪些？

（9）锂离子电池的电解质应该满足哪些特点？

（10）锂离子电池的设计应该考虑哪些原则？

（11）评价动力电池性能的主要指标有哪些？

参 考 文 献

[1] 程新群. 化学电源 [M]. 北京：化学工业出版社，2014.

[2] 苏金然，汪继强. 锂离子电池——科学与技术 [M]. 北京：化学工业出版社，2016.

[3] 刘国强，厉英. 先进锂离子电池材料 [M]. 北京：科学出版社，2016.

[4] 胡信国. 动力电池技术与应用 [M]. 北京：化学工业出版社，2010.

[5] 梁广川. 锂离子电池用磷酸铁锂正极材料 [M]. 北京：科学出版社，2013.

[6] Bote Zhao, Ran Ran, Meilin Liu, et al. A comprehensive review of $Li_4Ti_5O_{12}$ based

electrodes for lithium-ion batteries: the latest advancements and future perspectives [J]. Materials Science and Engineering, 2015, 98: 1 – 71.

[7] Christian Julien, Alain Mauger, Ashok Vijh, et al. Lithium batteries science and technology [M]. Switzerland: Springer International Publishing, 2016.

[8] Alexander Kraytsberg, Yair Ein Eli. Higher, stronger, better — a review of 5 volt cathode materials for advanced lithium-ion batteries [J]. Advanced Energy Materials, 2012, 2: 922 – 939.

[9] Weijun Zhang. A review of the electrochemical performance of alloy anodes for lithium-ion batteries [J]. Journal of Power Sources, 2011, 196: 13 – 24.

[10] Todd M. Bandhauer, Srinivas Garimella, Thomas F. Fuller. A critical review of thermal issues in lithium-ion batteries [J]. Journal of The Electrochemical Society, 2011, 158: R1 – R25.

[11] Weijun Zhang. Structure and performance of $LiFePO_4$ cathode materials: a review [J]. Journal of Power Sources 2011, 196: 2962 – 2970.

[12] C. M. Julien, A. Mauger. Review of 5-V electrodes for Li-ion batteries: status and trends [J]. Ionics, 2013, 19: 951 – 988.

[13] Mengqing Xu, Liu Zhou, Yingnan Dong. Development of novel lithium borate additives for designed surface modification of high voltage $LiNi0.5Mn1.5O_4$ cathodes [J]. Energy and Environmental Science, 2016, 9: 1308 – 1319.

[14] P. P. R. M. L. Harks, F. M. Mulder, P. H. L. Notten. In situ methods for li-ion battery research: a review of recent developments [J]. Journal of Power Sources 2015, 288: 92 – 105.

第 7 章   其他类型储能材料与技术

第 4～6 章重点介绍了铅酸蓄电池、镍基二次碱性电池、锂离子电池三类重要化学储能电池的发展历史、工作原理、基本特点、分类、组成材料、设计与制造、测试技术、安全性，本章首先简要介绍抽水储能、超导储能和压缩空气储能三种常见的机械储能和电磁储能，同时还介绍了新近发展起来的金属-空气电池和超级电容器。

7.1   抽 水 蓄 能 技 术

7.1.1   抽水蓄能概况

抽水蓄能电站是一种具有储能功能的发电方式，兼有发电与储能的特性。从全球范围看，技术较成熟的抽水蓄能仍是蓄能主力。根据国际可再生能源署 2016 年年底发布的《电力储存与可再生能源——2030 年的成本与市场》，到 2017 年年中，全球储能装机容量为 176GW，其中 169GW 抽水蓄能（96%）；3.3GW 热能储存（1.9%）；1.9GW 电池储能（1.1%）；1.6GW 机械储能（0.9%），0.2GW 其他（0.1%）。2017年 5 月 19 日，江苏电网内建成投产 1 台 25 万 kW 抽水蓄能发电机组。至此，我国抽水蓄能电站装机容量达到 2773 万 kW，超过日本成为世界上抽水蓄能装机容量最大的国家。2018 年，国家电网公司开建了河北易县、内蒙古芝瑞、浙江宁海、浙江缙云、河南洛宁、湖南平江 6 座总装机容量 840 万 kW 的抽水蓄能电站；总装机容量为 150万 kW 的江苏溧阳抽水蓄能电站全面投产。2018 年 2 月 27 日，国家能源局发布的海水抽水蓄能电站资源普查成果显示，我国海水抽水蓄能资源站点达 238 个，总装机容量可达 4208.3 万 kW。2017 年我国抽水蓄能电站项目进展见表 7.1。

表 7.1　　　　　　　　　　2017 年我国抽水蓄能电站项目进展

电站名称	所在省份	装机容量/MW	台数	单机容量/MW	投资金额/亿元
梅州	广东	2400	8	300	120
深圳	广东	1200	4	300	60
丰宁	河北	3600	12	300	192
易县	河北	1200	4	300	83

续表

电站名称	所在省份	装机容量/MW	台数	单机容量/MW	投资金额/亿元
泰安二期	山东	1800	6	300	100
文登	山东	1800	6	300	86
宁海	浙江	1400	4	350	80
缙云	浙江	1800	6	300	104
绩溪	安徽	1800	6	300	99
洛宁	河南	1400	4	350	89
平江	湖南	1400	4	350	88
芝瑞	内蒙古	1200	4	300	83
周宁	福建	1200	4	300	67
大幕山	湖北	1200	4	300	70
琼中	海南	600	3	200	40

与常规发电方式相比，抽水蓄能具有其他发电方式所没有的储能功能，它既不能利用一次能源发电，也不能增加电力系统的电能供给。在所有发电方式中，只有常规水电与单循环燃气轮机的调峰速度能与抽水蓄能相比，但受资源条件限制，常规水电资源已经开发殆尽；单循环燃气轮机燃气价格较高，调峰成本较大，且受通流部分温度变化影响，不可能像抽水蓄能这样频繁启停调峰。比如蒲石河抽水蓄能电站，2013 年上半年机组启动 1900 台次，发电运行 1080 台次，抽水运行 786 台次，抽水调相运行 175 台次。抽水蓄能与其他发电方式相比，其最大调峰能力最大，启动升负荷速度最快，是唯一具有填谷功能的电源，抽水蓄能是各种电源中运行方式最灵活的发电方式。

与其他常规大规模储能装置（如压缩空气储能、部分化学电池储能）相比，抽水蓄能具有能量转换效率稳定、对环境友好、电站投资较低（单位造价 3000～5000 元/kW）和使用寿命长（机组使用寿命 25 年）等优势，因此，抽水蓄能是目前电力系统中最成熟、最实用的大规模储能方式。发展抽水蓄能电站不仅是解决电网调峰问题的经济有效的手段，更是保证供电质量、提高供电可靠性的需要，同时还具有改善火电机组运行工况、降低全网运行成本、减少水电弃水、合理利用水电季节性电能等效益。研究表明，抽水蓄能电站容量占系统总装机容量的合理比重为 8%～16%。此外，抽水蓄能电站不受自然来水限制，不仅可调峰且能填谷，这是常规水电所不能及的。

7.1.2 抽水储能的主要功能

（1）实现电力系统有效节能减排。抽水蓄能电站削峰填谷具有明显的节煤作用。首先，它减少了火电机组参与调峰的启停次数，提高火电机组负荷率并在高效区运行，降低机组的燃料消耗；其次，在经济调度情况下，低谷电由系统中煤耗最低的基荷机组发出，而高峰电由系统中煤耗最高的调峰机组发出，抽水蓄能电站用高效、低煤耗机组发出的电，替代低效高煤耗机组发出的电，从而实现电力系统有效节能减排；最后，抽水蓄能电站具有适应负荷快速变化的特性，能够保障电力系统事故情况下的快速调节要求，从抽水工况到满负荷运行一般只有 2～3min，可以快速大范围调节出力。

（2）提高电力系统安全稳定运行水平并保证供电质量。首先，抽水蓄能电站启停灵活、反应快速，具有在电力系统中担任紧急事故备用和黑启动等任务的良好动态性能，可有效提高电力系统安全稳定运行水平；其次，抽水蓄能电站跟踪负荷迅速，能适应负荷的急剧变化，是电力系统中灵活可靠的调节频率和稳定电压的电源，可有效地保证和提高电网运行频率、电压稳定性，更好地满足广大电力用户对供电质量和可靠性的更高要求；最后，抽水蓄能电站利用其调峰填谷性能可以降低系统峰谷差，提高电网运行的平稳性，有效减少电网拉闸限电次数，减少对企业和居民等广大电力用户的生产和生活的影响。

（3）抽水蓄能电站可以配合其他大型发电站的发展。我国新能源资源与能源需求在地理分布上存在巨大差异，风电、光伏发电等新能源电源远离负荷中心，必须远距离大容量输送。风电受当地风力变化影响，发电极不稳定，对系统冲击非常大。抽水蓄能电站可以提高电力系统对风电等可再生能源的消纳能力。

核电适宜长期稳定带基荷运行，大规模发展核电将给以煤电为主的电力系统调峰带来极大压力。建设适当规模的抽水蓄能电站与核电配合运行，可解决核电在基荷运行时的调峰问题，减小系统调峰调频压力，提高核电站的运行效益和安全性。广州抽水蓄能电站对大亚湾核电站的调节是我国抽水蓄能与核电配合运行的成功范例。

7.1.3　抽水蓄能电站工作原理

E7.1
抽水蓄能
电站工作
原理

抽水蓄能电站根据能量转换原理而工作，如图 7.1 所示。首先利用午夜系统电力负荷低谷时的多余容量和电量，通过电动机水泵将低处下水库的水抽到高处上水库中，将这部分水量以势能形式储存起来；然后待早晚电力系统负荷转为高峰时，再将这部分储存的水量通过水轮发电机发电，以补充不足的尖峰容量和电量，满足系统调峰需求。在整个运作过程中，虽然部分能量在转化过程会损失，但与增建煤电发电设备（满足高峰用电而在低谷时压荷、停机）相比，使用抽水蓄能电站的经济效益更佳，综合效率达到 75%。抽水蓄能电站可分为四机分置式（装有水泵、电动机、水轮机和发电机）、三机串联式（即电动发电机与水轮机、水泵连接在一个直轴上）和二机可逆式（一台水泵水轮机和一台电动发电机连接）。

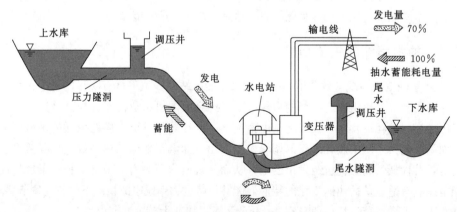

图 7.1　抽水蓄能工作原理

7.1.4　抽水储能应用实例——广州抽水蓄能电站

广州抽水蓄能电站位于广州市从化区吕田镇小杉村,坐落在南昆山脉北侧,距广州 100km,面积 27km²,上下水库水域面积 740 万 m²,积雨面积 1940 万 m²。上水库海拔 900m,下水库海拔 270m,落差 630m,绿地面积 2428 万 m²。

改革开放以来,广东省工农业生产发展迅速,电力负荷急剧增长,峰谷差悬殊,最小负荷率低($B=0.51$)。广东电网以火电为主,大多数火电机组为最小技术出力很高的高温高压凝汽式燃煤机组,适合在基荷运行;同时,大亚湾核电站投产后,从安全经济角度出发也只适宜于基荷运行。因此,为了配合核电和大容量火电站建设,增加网内调峰容量,迫切需要在靠近负荷中心的广州附近兴建抽水蓄能电站。广州抽水蓄能电站(图 7.2)投入电力系统后起到很好的削峰填谷作用,使核电站长年满载运行,可把低谷电量变为调峰电量(以 2000 年为例,已将 31.38 亿 kW·h 低谷电量变为 23.8 亿 kW·h 调峰电量);同时抽水蓄能电站比火电调峰更经济,还能改善系统经济运行条件(2000 年平均可节约年运行费折合标准煤约 100 万 t,多利用弃水电量约 9 亿 kW·h),经济效益和社会效益均十分显著。

图 7.2　广州抽水蓄能电站

7.1.5　抽水蓄能电站的现状与发展前景

我国水能资源丰富,但地区分布极不均衡。为解决电网调峰问题,我国从 20 世纪 60 年代开始研究开发抽水蓄能电站。自 1978 年以来,随着国民经济的持续稳定发展,全国电力负荷增长很快,峰谷差不断加大,缺乏调峰电源的矛盾日益突出,抽水蓄能电站的建设和规划选点工作步伐大大加快。

近年来,我国抽水蓄能电站的建设步伐呈现加快趋势。核准开工数量和规模都达到历史新高。2014 年,全国新增投产抽水蓄能规模 30 万 kW。截至 2014 年年底,已建成 24 座抽水蓄能电站,总装机容量 2181 万 kW,占水电总装机容量比重约 7.2%。从分布来看,2014 年年底华东、华北、华中、南方电网投产的抽水蓄能电站规模基本相当,均在 500 万 kW 左右,呈现鼎立的局面;东北电网的规模相对较小。

今后，随着我国经济社会的发展，电力系统规模的不断扩大，用电负荷和峰谷差持续加大，电力用户对供电质量要求不断提高，随机性、间歇性新能源大规模开发，对抽水蓄能电站发展提出了更高要求。加快抽水蓄能电站的开发建设是今后我国电力发展的重点方向之一。

7.2　超 导 储 能 技 术

7.2.1　超导储能概况

超导储能系统（Superconducting Magnetic Energy Storage，SMES）是利用超导线圈将电磁能直接储存起来，需要时再将电磁能回馈至电网或其他负载，并对电网的电压凹陷、谐波等进行灵活治理，或提供瞬态大功率有功支撑的一种电力设施。其工作原理是：正常运行时，电网通过整流器向超导电感充电，然后保持恒流运行（由于采用超导线圈储能，所储存的能量几乎可以无损耗地永久储存下去，直到需要释放时为止）。当电网发生瞬态电压跌落或骤升、瞬态有功功率不平衡时，可从超导电感提取能量，经逆变器转换为交流电，并向电网输出可灵活调节的有功功率或无功功率，从而保障电网的瞬态电压稳定和有功功率平衡。

超导储能具有反应速度快、转换效率高的优点。不仅可用于降低甚至消除电网的低频功率振荡，还可以调节无功功率和有功功率。由于超导体具有低温零电阻的特点，其载流密度很高，使超导电力装置普遍具有体积小、重量轻等特点，制成常规技术难以达到的大容量电力装置，还可以制成运行于强磁场的装置，实现高密度（约为 $10J/m$）高效率储能。作为一种具备快速功率响应能力的电能存储技术，超导储能系统在对于改善供电品质、提高电网的动态稳定性和增强新能源发电的可控性中发挥了重要作用。近 30 年来，超导储能系统的研究一直是超导电力技术研究的热点之一。

超导储能系统具有一系列其他储能技术无法比拟的优越性，包括：

（1）超导储能系统可长期无损耗地储存能量，其转换效率超过 90%。

（2）超导储能系统可通过采用电力电子器件的变流技术实现与电网的连接，响应速度快（毫秒级）。

（3）由于其储能量与功率调制系统的容量可独立地在大范围内选取，因此可将超导储能系统建成所需的大功率和大能量系统。

（4）超导储能系统除了真空和制冷系统外没有转动部分，使用寿命长。

（5）超导储能系统在建造时不受地点限制，维护简单、污染小。

目前，超导储能系统的研究开发在国际上已经成为超导电力技术研究开发的一个研究热点，一些主要发达国家在超导储能系统的研究开发方面投入了大量的人力、物力和财力，推动着超导储能系统的实用化进程和产业化步伐。表 7.2 为美国、法国、日本、韩国和中国主要超导储能系统项目进展。

表 7.2　　美国、法国、日本、韩国和中国主要超导储能系统项目进展

国家	研究开发单位	主要超导储能系统研发装置	研究状况
美国	威斯康星大学（20 世纪 70 年代初）	超导电感线圈和三相 AC/DC 格里茨桥路组成超导储能系统	试验完成
	洛斯阿拉莫斯国家实验室和邦纳维尔电力局（20 世纪 70 年代中期）	30MJ/10MW 的超导储能系统	试验运行
	R. Bechtel 团队（1993 年）	1MW·h/500MW 的超导储能系统	示范样机
	超导公司和 IGC 公司（2001 年）	1～5MJ 微型和小型超导储能系统	市场销售
	国家基础设施部和以色列电子公司（2002—2004 年）	8 台 3MJ/8MV·A 的超导储能系统	并网运行
	佛罗里达大学先进电力系统中心（CAPS）（2003 年）	100MJ 超导储能系统演示系统	试验完成
法国	CNRS‑CRTBT‑LEG	800kJ 的超导储能系统	试验完成
日本	九州大学（1985 年）	100kJ 的超导储能系统	试验阶段
	九州电力公司（1991 年）	30kJ 的超导储能系统并联到 60kW 的水力发电机	并网运行
	东京电力公司与日立公司（1992 年）	1MJ/275kV 的超导储能系统	试验完成
	中部电力公司与东芝公司（2005 年）	5MV·A 的超导储能系统	试验完成
	中部电力公司与三菱电机等（2009 年）	10MV·A/20MJ 的超导储能系统	试验完成
韩国	首尔国际大学（1985 年）	20MJ 小容量超导储能系统	试验阶段
	韩国檀国大学	0.5MJ 的超导储能系统	试验阶段
	韩国电工研究所（KERI）	0.7MJ 的超导储能系统	试验阶段
	KERI（2006 年）	3MJ/750kV·A 的超导储能系统	试验完成
	KERI（2008 年）	600kJ HTS‑超导储能系统	完成试验组装
中国	中国科学院电工研究所（1999 年）	25kJ（300A/220V）微型超导储能系统	完成样机
	中国科学院电工研究所（2004 年）	100kJ/25kW 的超导储能系统	试验完成
	清华大学（2004 年）	0.3MJ/150kV·A 可控超导	完成试验
	中国科学院电工研究所（2006 年）	储能快速 UPS	完成样机
	中国电工研究所（2011 年）	超导限流‑储能系统样机 1MJ/0.5MV·A（1.5kA/10.5kV）的超导储能系统	并网运行
	清华大学与英国巴斯大学（2013 年）	60kJ 超导储能系统‑BESS 混合系统	完成设计
	华中科技大学与中国科学院等离子研究所等（2015 年）	600V/150kJ/100kW 的超导储能系统	试验完成

7.2.2　超导储能系统的构成

超导储能系统一般由超导磁体、低温系统、功率调节系统和监控系统等组成。

1. 超导磁体

超导磁体是超导储能系统的核心，它在通过直流电流时没有焦耳损耗。超导磁体可分为螺管形和环形两种，如图 7.3 所示。螺管线圈结构简单，但周围杂散磁场较大；环形线圈周围杂散磁场小，但结构较为复杂。由于超导体的通流能力与所承受的磁场有关，在超导磁体设计中必须首先考虑的问题是应该满足超导材料对磁场的要求，包括磁场在空间的分布和随时间的变化。

（a）螺管形超导磁体　　　　　　　（b）环形超导磁体

图 7.3　两种不同形状的超导磁体

YBCO 线材采用涂层导体，基材为非磁性镍，工程临界电流最高可达 $1000A/mm^2$，力学性能优异，是下一代超导储能磁体的理想选择。2017 年 5 月，中国科学院合肥物质科学研究院等离子体物理研究所一室与中国电力科学研究院、北京电力经济技术研究院合作，自主成功制备螺旋内冷堆叠扭绕型复合化 YBCO 储能线圈试验件，通过 500A 临界电流性能测试。测试结果表明，在液氮迫流冷却和浸泡的环境下，超导线圈临界电流为 630A，超过目标要求的 500A。

2. 低温系统

低温系统是维持超导磁体处于超导态的前提条件。超导磁体的冷却方式一般将超导磁体直接沉浸于低温液体中。对于低温超导磁体，低温多采用液氦（4.2K）。对于大型超导磁体，为提高冷却能力和效率，可采用超流氦冷却。低温系统也需要采用闭合循环，设置制冷剂回收所蒸发的低温液体。基于 Bi 系的高温超导磁体冷却只需要 20～30K 即可实现 3～5T 的磁场强度；基于 Y 系的高温超导磁体即使在 77K 也能实现一定的磁场强度。低温系统如图 7.4 所示。

（a）用于维持超导磁体低温环境的杜瓦　　　　　（b）低温系统外观

图 7.4　低温系统

3. 功率调节系统

功率调节系统控制超导磁体和电网之间的能量转换，是储能元件与系统之间进行功率交换的桥梁。目前，功率调节系统一般采用基于全控型开关器件的 PWM 变流器，它能够在四象限快速、独立地控制有功和无功功率，具有谐波含量低、动态响应速度快等特点。

4. 监控系统

监控系统由信号采集部分、控制器两部分构成，其主要任务是从系统提取信息，根据系统需要控制超导储能系统的功率输出。信号采集部分检测电力系统及超导储能系统的各种技术参量，并提供基本电气数据给控制器进行电力系统状态分析。控制器根据电力系统的状态计算功率需求，然后通过变流器调节磁体两端的电压，对磁体进行充放电。监控系统如图 7.5 所示。

（a）超导储能系统在线监控装置　　　　（b）超导储能系统运行现场内部

图 7.5　监控系统

7.2.3　超导储能系统面临的挑战和发展方向

虽然超导储能系统在提高电力系统稳定性和改善供电质量方面具有明显优势，但因其造价高昂，超导储能系统迄今尚未大规模进入市场，技术的可行性和经济价值将是超导储能系统未来发展面临的重大挑战。今后对超导储能系统的研究将主要集中在如何降低成本、优化高温超导线材的工艺和性能、开拓新的变流器技术和控制策略、降低超导储能线圈交流损耗和提高储能线圈稳定性、加强失超保护等方面。高温超导材料的不断发展极大地推动了超导储能系统的发展，势必在提高性能的同时极大降低整个系统的成本，简化冷却手段和运行条件。超导储能技术将蓬勃发展，并有望成为主要电力基础应用装备之一。

7.3　压缩空气储能技术

7.3.1　压缩空气储能的基本原理

传统压缩空气储能系统是基于燃气轮机技术的储能系统，主要由压缩机、储气室（地下洞穴）、燃烧室、膨胀机、发电机/电动机等组成，如图 7.6 所示。其工作原理是，在用电低谷，电动机与压缩机相连，多余的电能驱动电动机和压缩机将空气压缩并存于储气室中，使电能转化为空气的内能存储起来，而膨胀机不工作；在用电高峰，压缩机不工作，高压空气从储气室释放，进入燃气轮机燃烧室燃烧并产生高温高压燃气，高温高压燃气进入膨胀机膨胀做功带动发电机发电。

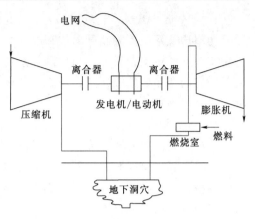

图 7.6　压缩空气储能系统结构示意图

　　压缩空气储能是一种基于燃气轮机的储能技术，已非常成熟并实现大规模商业化应用。相比于其他类型大型储能技术，压缩空气储能具有以下显著优点：

　　（1）压缩空气储能系统储能容量大，规模上仅次于抽水蓄能，适合建造大型电站（＞100MW）；压缩空气储能系统可以持续工作数小时乃至数天，工作时间长。

　　（2）建造成本和运行成本均比较低，低于抽水蓄能电站，具有很好的经济性。随着绝热材料的应用，可以逐步实现少使用甚至不使用天然气或石油等燃料加热压缩空气，燃料成本占比逐步下降。

　　（3）压缩空气储能系统的寿命很长，可以储能/释能上万次，寿命可达 40～50 年；并且其效率可以达到 70％左右，接近抽水蓄能电站。

　　（4）场地限制少。传统压缩空气储能系统通常将压缩空气储存在合适的地下矿井或溶岩下的洞穴中，是最经济的储存方式。现代压缩空气储存利用地面储气罐取代溶洞，使用面积更少。

　　（5）安全性和可靠性高。压缩空气储能使用的原料是空气，不会燃烧，没有爆炸的危险，不产生任何有毒有害气体。

7.3.2　压缩空气储能的分类

　　压缩空气储能按照运行原理分为补燃式和非补燃式两类。

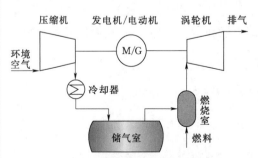

图 7.7　补燃式压缩空气储能原理图

　　（1）补燃式压缩空气储能。需要借助燃料的补燃以实现系统的循环运行，补燃式压缩空气储能原理如图 7.7 所示。储能时，电机驱动压缩机将空气压缩至高压并存储在储气室中；释能时，储气室中的高压空气进入燃气轮机，在燃烧室中与燃料混合燃烧，驱动燃气轮机做功，从而带动发电机对外输出电能。补燃式压缩空气储能系统由于采用燃料补燃,存在污染排放问题,同时系统对天然气等燃料的依赖性在一定程度上限制了推广应用。

（2）非补燃式压缩空气储能。非补燃式压缩空气储能系统是在常规的补燃式压缩空气储能系统基础上发展而来的,系统采用回热技术将储能时压缩过程中所产生的压缩热收集并存储,待系统释能时加热进入涡轮机的高压空气,非燃式压缩空气储能原理如图 7.8 所

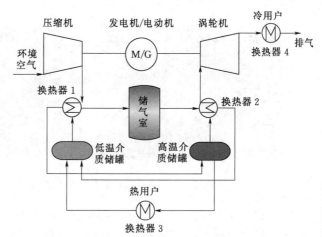

图 7.8　非补燃式压缩空气储能原理图

示。非补燃式压缩空气储能系统不仅消除了系统对燃料的依赖性,实现了有害气体零排放,同时还可以利用压缩热和涡轮机的低温排气对外供暖和供冷,进而实现冷热电三联供,实现了能量的综合利用,系统效率得到提高。

另外,还可以根据压缩空气储能系统的规模不同,分为大型压缩空气储能系统（单台机组规模为 100MW 级）、小型压缩空气储能系统（单台机组规模为 10MW 级）和微型压缩空气储能系统（单台机组规模为 10kW 级）三类;根据压缩空气储能系统的热源不同,可以分为燃烧燃料的压缩空气储能系统、带储热的压缩空气储能系统和无热源的压缩空气储能系统三类;根据压缩空气储能系统是否同其他热力循环系统耦合,可以分为传统压缩空气储能系统、压缩空气储能-燃气轮机耦合系统、压缩空气储能-燃气/蒸汽联合循环耦合系统、压缩空气储能-内燃机耦合系统、压缩空气储能-制冷循环耦合系统和压缩空气储能-可再生能源耦合系统六类。

7.3.3　压缩空气储能的应用现状

自从 1949 年 Laval 提出利用地下洞穴实现压缩空气储能以来,国内外学者开展了大量的研究和实践工作,但目前全世界仅德国、美国有两家压缩空气储能电站,如图 7.9 所示。第一座是 1978 年投入商业运行的德国洪托夫电站,是世界上容量最大的压缩空气储能电站。机组的压缩机功率为 60MW,释能输出功率为 290MW,系统将压缩空气存储在地下 600m 的废弃矿洞中,矿洞总容积达 $3.1 \times 10^5 m^3$,压缩空气的压力最高可达 10MPa。机组可连续充气 8h,连续发电 2h。1979—1991 年期间,洪托夫电站共启动并网 5000 多次,平均启动可靠性 97.6%,实际运行效率约为 42%。

第二座是于 1991 年投入商业运行的美国阿拉巴马州的麦金托什压缩空气储能电站,机组的压缩机功率为 50MW,发电功率为 110MW,系统将压缩空气存储在地下 450m 且总容积达 $5.6 \times 10^5 m^3$ 的矿洞中,压缩空气的压力可达 7.5MPa,机组

图 7.9　德国洪托夫电站（左）和美国麦金托什电站（右）

可连续充气 41h，连续发电 26h，实际运行效率约为 54%。2001 年，美国俄亥俄州 Norton 开始建设 2700MW 的大型压缩空气储能商业电站，该电站由 9 台 300MW 机组组成，压缩空气存储于地下 670m 且容积达 $9.6 \times 10^6 m^3$ 的地下岩盐层洞穴中。2001 年，日本在北海道空知郡投入运行上砂川町压缩空气储能示范项目，系统将压缩空气存储在地下 450m 的废弃的煤矿坑中，压缩空气的压力可达 8MPa，输出功率为 2MW。瑞士 ABB 公司（现已并入阿尔斯通公司）正在开发联合循环压缩空气储能发电系统。储能系统发电功率为 422MW，空气压力为 3.3MPa，系统充气时间为 8h，储气洞穴为硬岩地质，采用水封方式。我国中国科学院工程热物理研究所、华北电力大学、西安交通大学、华中科技大学等单位近年来也对压缩空气储能系统进行了研究。清华大学联合中科院理化技术研究所、中国电力科学研究院等单位开展了基于压缩热回馈的非补燃压缩空气储能研究，并于 2014 年年底建成了世界第一个 500kW 非补燃压缩空气储能动态模拟系统（图 7.10）并成功实现了储能发电。该系统摒弃了欧美现有压缩空气储能商业电站天然气补燃的技术路线，利用多温区高效回热技术储存压缩热并用其加热涡轮进口高压空气，实现储能发电全过程的高效转换和零排放。

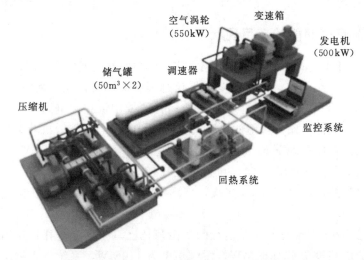

图 7.10　TICC-500 压缩空气储能动态模拟系统

7.3.4 压缩空气储能的发展趋势

压缩空气储能技术的主要发展趋势包括带储热的压缩空气储能技术、液态空气储能、超临界空气储能技术、与燃气蒸汽联合循环的压缩空气储能技术、与可再生能源耦合的压缩空气储能技术等。非补燃式压缩空气储能作为一种理想的大规模储能手段，实现了储能过程中的发电、供冷、供热相耦合，进而将智能微电网提升至智能微能源网的层次，提高了能量的综合利用效率，同时非补燃式压缩空气储能还具有容量大、效率高、成本低、寿命长的特点，系统运行可以显著减少大规模弃风弃光，提升新能源消纳能力，在未来将具有广阔的应用前景。

7.4 金属-空气电池

金属-空气电池是一种介于原电池与燃料电池之间的"半燃料电池"，其特点是选用具有还原性的金属作为负极、空气电极作为正极，兼具原电池和燃料电池的特性，并具有容量大、比能量高、放电电压平稳、成本低、无毒、污染小、结构简单等优点，是一种很有发展和应用前景的新型能源器件。一方面，因为空气中的氧气具有氧化性，是天然的正极活性物质，只要在负极设计一种具有还原性的物质，就可以组成电池，从而有效地利用自然存在的氧气进行电能储存；另一方面，金属-空气电池提供了良好的电化学性能。按金属负极种类的不同，金属空气电池可分为锌-空气电池、铝-空气电池、锂-空气电池、镁-空气电池、钠-空气电池等。由图7.11可见，不管是理论比能量值还是实际比能量值，金属-空气电池（锂-空气电池、锌-空气电池）都要远高于传统的几种可充电电池（铅酸蓄电池、镍镉电池、镍锰电池、锂离子电池）。

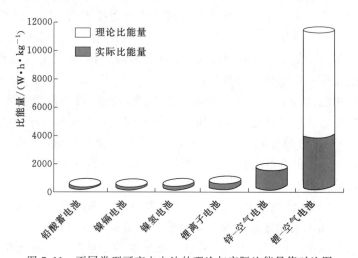

图 7.11　不同类型可充电电池的理论与实际比能量值对比图

金属-空气电池的主要优点如下：

（1）比能量高。由于空气电极的正极所使用的活性物质氧气来自于空气，理论上具有无限大的正极容量，因而空气电池的理论比能量较一般的金属氧化物电极大得多，属于高能化学电源。

（2）性能稳定。工作电压平稳，安全性好；有些金属-空气电池（例如锌-空气电池）在很高的电流密度下也可以工作，如果采用纯氧代替空气还可以大幅度提高放电性能。

（3）成本低。金属-空气电池的电极以及构成电池的其他材料均为常见的材料，不使用昂贵的贵金属，价格便宜。

（4）环保性好。相对于其他电池，金属-空气电池更环保易回收。金属-空气电池的正极消耗空气，负极消耗金属，负极金属电极在放完电后可以通过电解被还原。正负极物质在使用后容易分离，回收方便，不对环境造成污染。

金属-空气电池也存在以下缺点：

（1）电池不能密封，因而容易造成电解液干涸及上涨，影响到电池的容量和寿命。

（2）充电困难，充电效率低，金属-空气电池的充电效率一般小于50%。

（3）湿储存性能差，空气中的水扩散到负极会加速负极的自放电。

7.4.1　锌-空气电池

7.4.1.1　锌-空气电池概述

锌-空气电池的研究最早可追溯到1878年，法国的Maiche在锌锰电池中用碳和铂粉的混合物电极代替二氧化锰炭包，开发了锌-空气电池的技术。20世纪60年代，世界各国高度重视燃料电池的研发，随着研究的深入，锌-空气电池的各种性能得到大幅度提高。特别是1965年采用聚四氟乙烯（PTFE）作为黏结剂来制备空气电极，使电池放电性能得到极大提高，大大地推进了空气电池的发展。锌-空气电池主要应用在小功率设备上，近年来各国开始大力投入精力财力进行锌-空气电池在大功率设备上的应用研究。1995年以色列Electric Fuel公司首次将锌-空气电池用于电动汽车上，使得空气电池进入了实用化阶段。锌-空气电池也是金属-空气电池中目前为止唯一市场化应用的电池。

锌在地壳中的储量丰富，容易获取。锌-空气电池正极活性物质为空气中的氧气，不占用电池空间，理论比能量达到1350W·h/kg，在实际应用中能达到220～300W·h/kg，可提升的空间很高。此外，锌-空气电池放电电压平稳、安全性好、环境友好、内阻小、储存寿命长、充电迅速，当锌燃料消耗殆尽时，仅需更换锌片就可完成电池的充电。

但是，锌-空气电池也存在缺点：空气电极中催化剂的催化活性较低，导致在大电流放电时，催化氧化还原反应速率较慢；锌负极存在自放电；二次锌-空气电池在充电时有枝晶生成；密封不严会造成电解液渗漏，且碱性电解液存在碳酸化的现象等。

根据使用的电解质不同，锌-空气电池分为中性和碱性两个体系。根据电极反应原理，锌-空气电池则可以分为三类：①一次电池，指经过一次放电使用后不能再次使用的电池，一次电池具有放电电流小、使用寿命长、价格低廉、储存寿命长、体积小、重量轻等特点；②二次电池，指电池经过放电使用后，经过充电可以再次使用的电池，理论上锌-空气电池具有无限大的容量，并且在充电过程中氧气会向大气中释放，具有操作简单安全的特点；③机械再充式电池，指锌-空气电池在放电结束后，锌负极被消耗殆尽，因此需要更换锌负极并在必要时补充电解液的电池；对于此种锌-空气电池，空气电极保留使用。

E7.3
锌-空气
电池的结
构和工作
原理

7.4.1.2　锌-空气电池的结构和工作原理

锌-空气电池的结构和工作原理如图 7.12 所示，锌-空气电池结构主要包含 4 个组成部分：①空气电极，为电池的正极；②锌负极；③电解质，通常为 30%～40% 的 KOH 电解液；④液-气隔离通风装置。其中，空气电极具有双重功能，可以吸附空气中的氧气进入到电池中从而提供活性物质，其活性表面能让空气渗透却不让液体渗透。空气电极的性能在一定的环境下将决定电池的最大电流输出和最大能量输出，其参数值越高，空气电池的质量就越好。

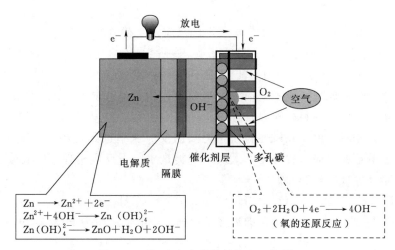

图 7.12　锌-空气电池的结构和工作原理

锌-空气电池的表达式为

$$（-）Zn｜KOH｜O_2（+）$$

锌-空气电池的正极活性物质是空气中的氧气；负极通常为锌板或锌粒，被氧化成氧化锌而失效后，一般采用直接更换锌板或锌粒和电解质的方法，使锌-空气电池得到更新。放电时，正负极反应为

正极　　$O_2 + 2H_2O + 4e^- \xrightarrow{\text{放电}} 4OH^- ｜ E^\theta = 0.401V$　　　(7.1)

负极　$2Zn + 4OH^- \xrightarrow{\text{放电}} 2ZnO + 2H_2O + 4e^- ｜ E^\theta = -1.22V$　(7.2)

锌-空气电池的标准电动势约为 1.6V，在实际使用中，电池的开路电压为 1.4～1.5V，工作电压则为 0.9～1.3V。电池工作时，在正极上，从空气中扩散得到的 O_2 与外电路得到的电子发生还原反应生成 OH^-，后者通过溶液迁往负极与金属锌反应，从而维持正负极材料的电中性；在负极上，金属锌与 OH^- 反应生成

ZnO，同时释放电子到外电路。负极上形成的 ZnO 则会与电解液进一步反应生成锌酸盐并溶解于电解液中，反应方程式为

$$ZnO + 2OH^- + H_2O \longrightarrow Zn(OH)_4^{2-} \tag{7.3}$$

7.4.1.3　空气电极

空气电极就是氧气的氧化还原电极，是一种多孔结构的电极，作为锌-空气电池的正极，能够高效地将化学能转化为电能。在锌-空气电池中，空气电极成本占电池成本的主要部分，而作为负极的金属锌，其价格低廉且可以通过电解还原循环使用。高性能空气电极的特点为：①催化性能良好，成本低廉；②机械强度高，导电性好；③性能稳定，能长期循环使用；④透气性良好且电解液能浸润催化层不渗透。

氧气在空气正极上被还原的过程及步骤通常可以分为：①空气中氧气扩散；②氧气分子溶解在气-液界面；③溶解氧扩散至包围催化剂液膜的分子层；④扩散氧在催化剂表面发生还原反应；⑤离子在电解质液膜中的传导；⑥电极骨架上的电子传递。

根据反应介质的酸碱性，空气电极上的反应主要有两种，即

$$O_2 + 4H^+ + 4e^- \longrightarrow 2H_2O \tag{7.4}$$

$$O_2 + 2H_2O + 4e^- \longrightarrow 4OH^- \tag{7.5}$$

根据电池反应原理，质子交换膜燃料电池用的是基于式（7.4）的氧还原反应的空气电极；而碱性燃料电池以及金属-空气电池的空气电极则是基于式（7.5）的氧还原反应。相对来说，在碱性介质中的氧的反应速率也比较快。在碱性介质中，氧在电极上的还原反应历程分为两大类：一类是 4 电子反应机理，即氧分子得到 4 个电子直接还原成 OH^-，即

$$O_2 + 2H_2O + 4e^- \longrightarrow 4OH^- \tag{7.6}$$

另一类是 2 电子反应机理，即氧分子得到 2 个电子还原为 HO_2^-，即

$$O_2 + 2H_2O + 2e^- \longrightarrow HO_2^- + OH^- \tag{7.7}$$

生成的 HO_2^- 还可能继续被还原或者分解，即

$$HO_2^- + 2H_2O + 2e^- \longrightarrow 3OH^- \tag{7.8}$$

$$2HO_2^- \longrightarrow 2OH^- + O_2 \tag{7.9}$$

因为反应的电子转移越多，得到的电流就越大，所以 4 电子反应是被期望发生的。空气电极上氧气还原反应是经历 4 电子反应过程还是 2 电子反应过程主要取决于氧气与电极表面的作用方式，催化剂的选择是实现 2 电子或 4 电子反应过程的关键。氧化还原反应需要催化剂来控制反应机理并且提高反应速率。目前，金属-空气电池中空气电极催化剂的研究多集中在贵金属铂、铂合金、银、金属螯合物、金属氧化物等。

空气电极的结构一般是由催化层、集流体、防水透气层组成。氧化还原反应发生在催化层，催化层中必须存在大量的气-液-固三相反应界面，因此在制备空气电极时应尽可能增加三相界面的数量和面积，以保障反应顺利进行。空气电极主要有三种结构型式：即微孔毛细结构、微孔隔膜结构以及疏水透气结构。其中：

（1）微孔毛细结构的一侧是气体，另一侧是电解液，亲水材料在电极内表面。电解液在毛细力的作用下会向电极内部渗透，当气体压力适当的情况下，微孔会被气体和电解液同时占据，进而在微孔内表面形成气液连通的薄液膜；而当气体侧压力小或无压力时，液体会溢满整个电极，严重时甚至会流入气体侧，淹没整个空气电极。

（2）微孔隔膜结构由制成的两片催化剂微粒电极和微孔隔液膜组成，电极内部的微孔孔径大于隔膜内部的微孔孔径。电解液加入后，首先浸润隔膜，然后是电极，在电解液压力和疏水材料含量适当的条件下，电极可以保持半干半湿的状态，有利于形成大面积的并具有一定气孔的薄液膜。这种电极易于制备，催化剂利用率更高，不会发生漏气漏液情况；但是在电极工作时，为了避免"淹没"和"干涸"现象发生，电解液量必须严格控制。

（3）疏水透气结构是指将疏水性和亲水性物质一起制备，在表面形成局部的湿润或者不湿润，连续或者不连续液孔和气孔的多孔结构电极。其特点是工作气体不用加压就能进行工作，目前锌-空气电池大多采用这种结构的电极。如图 7.13 所示，疏水透气结构空气电极由多孔催化层、导电集流网、防水透气层组成，由于碳和催化剂是亲水性的物质与疏水性的物质 PTFE 相结合，有利于大量的薄膜层和三相界面在多孔催化层的微孔中形成。

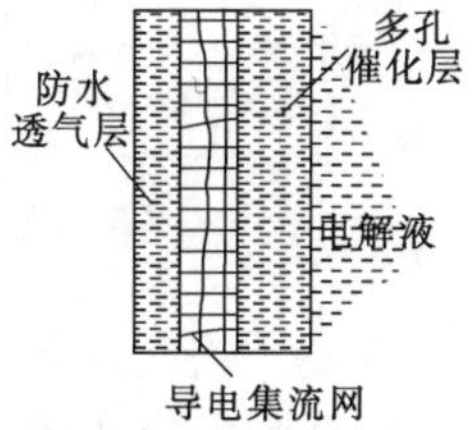

图 7.13 疏水透气结构空气电极的组成

7.4.1.4 锌负极

为了增加反应面积，负极活性物质锌一般以板状或者粉末状的形式存在。电极材料的肢体是锌和氧化锌，此外还有高分子黏结剂、金属氧化物添加剂等。典型的锌负极的组成是超过 90％的锌粉、小于 5％的高分子黏结剂以及小于 5％的金属氧化物添加剂，后者的作用是抑制氢气的析出从而改善锌电极的润湿性。板状锌电极是采用特殊工艺制成的具有多孔结构的锌板，板状锌电极的空隙率一般为 60％～75％。粉末状锌电极结构是直接将锌粉与黏结剂混合从而构成电极主体，此种锌负极结构在纽扣式电池中广泛采用。

7.4.1.5 锌-空气电池的制备与加工

如前所述，锌-空气电池根据使用电解质不同有中性锌-空气电池和碱性锌-空气电池两种，根据结构不同有筒形、纽扣形和矩形。不同的碱性锌-空气电池的结构不同，使用的电流密度、相应的制造工艺也不尽相同。而且金属-空气电池是一种近年来才逐渐发展起来的新型电池，其制备与加工工业还在不断发展之中。目前，在制备高功率的锌-空气电池中较多地采用 PTFE 空气电池，以憎水性高的 PTFE 为憎水剂，其在 390℃以下性质稳定，不与其他物质发生反应，但价格较高。在制备中小电流的锌-空气电池时，也可以使用价格较低的 PE 作为憎水剂，其在 130℃左右会熔化，能溶于某些有机溶剂之中。

锌-空气电池的正极活性物质是空气中的氧，理论上是取之不尽的，因而负极的锌量为电池容量设计的决定性因素，而实际的使用效益又取决于锌的利用率。影响锌的利用率的关键因素是正极是否能够源源不断地补充消耗得很快的氧气，并能迅速传送到电极反应面上，因此，空气扩散电极的制造是最为关键的。

锌-空气电池的正极寿命主要取决于正极加工工艺，主要有如何控制透气性和疏水性，如何控制 PTFE 的纤维化程度，从而达到既增强正极的憎水性又对电流的影响减到最小的目的。目前，锌-空气电池一般有两种正极制造工艺：双层正极和单层正极。

1. PTFE 空气电极的制造工艺

PTFE 空气电极的制备工艺流程如图 7.14 所示，主要有防水透气层制备、多孔催化层制备、电极成型加工、除起泡剂、表面催化等。

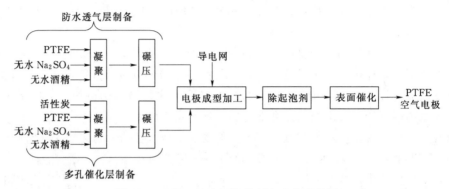

图 7.14　PTFE 空气电极的制备工艺流程图

（1）防水透气层制备。防水透气层制备包含凝聚和碾压两个工序，制备原料主要有 PTFE、无水 Na_2SO_4 和无水酒精。经过粉碎的无水 Na_2SO_4 用适量的无水酒精调稀，搅拌条件下逐步滴入一定浓度的 PTFE 乳液（一般为 60%），无水 Na_2SO_4 与 PTFE 的比例一般为 1∶1；滴完 PTFE 后要继续搅拌几分钟，使 Na_2SO_4 在酒精中均匀分布，然后在水浴中加热搅拌直到 PTFE 与 Na_2SO_4 完全凝聚在一起。当酒精溶液呈清液时停止加热，为了消除表面活性物质对 PTFE 憎水性的影响，需要将凝聚物分离并用酒精洗涤数次。将得到的凝聚物在双辊碾压机上反复碾压，使 PTFE 逐渐纤维化最后成为柔软而有韧性的防水透气层薄膜（其厚度也可以通过调节双辊的间距进行调节）。

（2）多孔催化层制备。多孔催化层的制备同样包含凝聚和碾压两个工序，制备原料主要有活性炭、PTFE 乳液、无水 Na_2SO_4 和无水酒精。首先将活性炭与经粉碎过的无水 Na_2SO_4 按约 2∶1 的比例混合，之后分别加入无水酒精、PTFE 乳液（加入量为活性炭的 15%～20%），搅拌，水浴中加热。当两种物质凝聚后，将凝聚物分离并用酒精清洗表面活性物质。与防水透气层的制备相似，将得到的凝聚物放到碾压机上反复碾压，使 PTFE 纤维化后制成黑色的多孔催化层膜。

（3）电极成型加工。将上述制备的防水透气层薄膜和多孔催化层薄膜合在一起，在多层催化层薄膜的上方放置镀银的铜网做骨架，并在 30MPa 的压力下加压成型。成型后的电极极片放在蒸馏水中加热，最后加热烘干后裁成所需的尺寸。

（4）表面催化。空气电极通常使用银作为催化剂，可以通过液相还原法或热分解法来得到。液相还原法一般是通过在催化层薄膜一侧的表面均匀涂上 $AgNO_3$ 溶液，可以反复涂上几遍，然后再涂上还原剂溶液（如肼、甲醛、硼氢化钾等）作为还原剂，使 $AgNO_3$ 在空气电极的多孔催化层内进行还原。还原时的温度以及还原剂加入的速度都会对催化剂的活性造成一定的影响，如果还原时的温度低、加入还原剂的速度快，则形成的催化剂的颗粒较细、表面积较大、活性较高。除了银之外，还可以采用金属铂（Pt）、氧化锰或复合催化剂（如 Ag-Hg、Ag-Ni 等），相对于银，Pt 太贵，Hg 有毒，所以应尽量避免。

2. 锌负极的制备

锌负极的制备方法与锌-氧化银电池的锌负极的制备方法基本相同，通常采用蒸馏锌粉和电解锌粉作为原料，成型方法则有压成法、电沉积法、涂膏法、黏结法等。当要求电池放电电流不大时可采用压成法或涂膏法（操作简单方便），当要求电池高电流密度放电时，常采用电沉积法来制备活性高的锌负极。

电沉积法制备锌负极的工艺条件如下：

（1）一般采用高纯锌片作为负极，以镍网作为不溶性正极，45% 的 KOH 和 35g/L 的 ZnO 混合溶液为电解液。在极限电流密度内进行电沉积过程，可以获得比表面积高的海绵状锌粉，具体条件为：电流密度 $0.15A/cm^2$，槽压约 3.8V，槽温 20~35℃。

（2）可以在电解液中加入少量过电位高的铅盐（如 $PbAc_2$），使铅与锌共沉积，从而抑制锌粉的自放电现象，同时铅离子的加入可以使电解液更加稳定。

（3）经电沉积制备的海绵状锌粉和负极基板一起进行水洗至中性，再用蒸馏水浸洗、酒精浸泡，最后放在模具中加压，加压后电极再经真空干燥后即可待用。

3. 锌-空气电池的组装

锌-空气电池典型的结构有纽扣形和圆柱形。图 7.15 所示为纽扣形锌-空气电池的结构。正极是 PTFE 空气电极，负极则由锌粉压制而成并加入一定量的缓蚀剂（一般采用汞齐化）。正负极活性物质间的隔膜可以避免电池短路，但是 OH⁻ 可以在其中自由迁移，隔膜材料可选用维尼龙纸、石棉纸和水化纤维膜等。正负极容器材料一般选择耐腐蚀的金属镍。正极容器上开有小口，可以让空气渗透到电池内部。为了防止碱液渗漏，在气孔后面有一个防渗漏层，它允许空气透

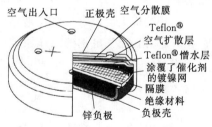

图 7.15 纽扣形锌-空气电池
结构示意图

过，但会阻止碱液漏出。防渗漏层主要由憎水材料 PTFE 组成，层中通过加入成孔剂可形成大量的毛细气孔，从而允许空气进入电极内部进行反应，同时阻止电解液的泄漏。

近年来发展起来的动力用电池基本都采用了传统的板栅状电极层压的串接方法来构成高压，在锌-空气电池中空气电极厚度降低，锌极容量增大，并以机械更换锌电极的方法实现充电。纽扣形电池使用超薄空气电极和功能性憎水透气膜，负极

空间得以提高，容量增多；圆柱形电池则借鉴了碱锰电池的反极式结构，空气正极呈筒状包裹在负极锌膏外，用开有透气孔的钢壳作为容器。

7.4.2　铝-空气电池

7.4.2.1　铝-空气电池概述

铝-空气电池以纯铝或金属铝作为负极，以空气电极为正极，是一种新型高性能的环保型化学电源。铝-空气电池最早于 20 世纪 60 年代由美国的 Zaromb 证明了其技术的可行性；美国的 Voltek 公司于 20 世纪 70 年代开发出第一个用来推动电动汽车的铝-空气燃料电池系统 Voltek A-2；80 年代，加拿大的 Aluminum Power 公司采用合金化的铝正极和有效的空气电极，研制出可用于水下航行的安全、可靠的铝-空气电池，其能量密度为 240～400W·h/kg，功率密度达到 22.6W/kg；90 年代后期，铝-空气电池迎来发展高潮，尤其近年来，铝电池的研究在新型铝电极、电解质的开发等方面都取得了突破性的进展。采用水溶液电解质的铝-空气电池已经广泛用于应急电源、备用电源、机动车辆和水下设施的驱动能源。

铝-空气电池的特点有：

（1）铝资源丰富，原料充足，价格便宜。

（2）比能量高，理论可达 2290W·h/kg，目前实际可达 300～400W·h/kg；这一数值远高于当今各种电池的比能量，与同样能量的铅酸蓄电池相比，铝-空气电池的质量仅为铅酸蓄电池的 12%～15%。

（3）比功率中等，可达 50～200W/kg；交换电流密度很小，电池放电时极化很大。

（4）使用寿命可达 3～4 年。

（5）安全可靠、无毒、无有害气体、不污染环境。电池反应消耗铝、氧气和水。

（6）结构上可设计成电解液循环和不循环两种形式，适用于不同场合。

7.4.2.2　铝-空气电池的工作原理

铝-空气电池的工作原理与锌-空气电池类似，负极铝在电池放电时不断被消耗，生成 $Al(OH)_3$。铝的相对原子量为 26.98，化合价为 +3 价，电化学当量为 2.98A·h/g；相对于标准的氢电极电位为 -1.66V；比能量较大，达到 8140W·h/kg。

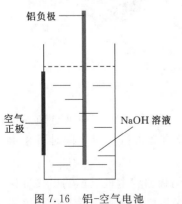

图 7.16　铝-空气电池结构示意图

图 7.16 所示为铝-空气电池结构示意图，负极活性物质为金属铝，正极为空气，电极活性物质为氧气，电解液为 NaOH（或 NaCl）溶液。相对于锌-空气电池只能利用碱性电解质，铝-空气电池可利用碱性或者中性电解质。铝-空气电池的表达式为

$$（-）Al \mid KOH \mid O_2（+）$$

在中性溶液中，电极反应为

正极

$$O_2 + 2H_2O + 4e^- \longrightarrow 4OH^- \qquad (7.10)$$

负极

$$Al + 3OH^- \xrightarrow{\text{放电}} Al(OH)_3 \downarrow + 3e^- \qquad (7.11)$$

总反应

$$2Al + \frac{3}{2}O_2 + 3H_2O \longrightarrow 2Al(OH)_3 \qquad (7.12)$$

在碱性溶液中，电极反应为

正极

$$O_2 + 2H_2O + 4e^- \longrightarrow 4OH^- \qquad (7.13)$$

负极

$$Al + 4OH^- \xrightarrow{\text{放电}} Al(OH)_4 + 3e^- \qquad (7.14)$$

总反应

$$2Al + \frac{3}{2}O_2 + 2OH^- + 3H_2O \longrightarrow 2Al(OH)_4^- \qquad (7.15)$$

不管是碱性还是中性电解质，正极上反应都是一样的，而负极上活性物质铝的反应稍有不同。中性电解质的电导率较低，电池放电后生成 $Al(OH)_3$ 沉淀，过多的 $Al(OH)_3$ 会形成糊状物，进一步影响电解质导电。因而，中性电解质适用于中小功率电池。而碱性电解质有助于溶解金属铝表面的钝化膜，提高反应速率。因而，使用碱性电解质的电池的输出电压及功率均较高，适合作为高功率电源，如车用电源等。但是，由于铝是两性金属，性质活泼，碱性电解质会发生如下腐蚀反应：

$$2Al + 6OH^- \xrightarrow{\text{放电}} 2AlO_3^{3-} + 3H_2 \uparrow \qquad (7.16)$$

铝的腐蚀反应引起的腐蚀现象将使铝将电子转移给 OH^- 而不是电极，会造成负极的自放电，从而影响电池的电流效率。因而，电池系统中必须增加换热的除氢单元来减少腐蚀反应放出的热量和氢气。

在铝-空气电池的关键技术研究中，铝电极的改性研究一直是一个重要问题。目前一般采用在高纯铝中添加少量的金属元素组成二元或多元合金的做法来提高铝的电化学活性。值得指出的是，通过引入合金元素以及通过在电解液中加入缓释添加剂都可以起到抑制铝在电解液中的自腐蚀的作用。

7.4.2.3　铝-空气电池的设计及应用

铝-空气电池是一种高性能的新型电源，在备用电源、便携式电源、电动车电源、水下电源等领域都有着广泛应用。根据其应用的场合和环境的不同，相应的结构和设计模式都有较大差异。铝-空气电池按结构分类有开放式和封闭式两种；按使用的电解液分类有中性和碱性两种，所需的氧化剂可以来自空气、压缩氧、液氧、过氧化氢或海水中溶解的氧等。用作陆上电源时，用鼓风机既可以提供电极反应所需的空气中的氧气，又可以解决散热问题；而用作水下电源时，设计时则需要考虑采用压缩氧、液氧的氧源问题，还要考虑散热、除氢等问题。下面举几个例子进行说明。

1. 铝-空气电池用作备用电源

铝-空气电池作为备用电源时一般与其他备用电源以及 DC/DC 转换器联用，从而提供高效的长期或短期用能量包（RPU）。RPU 具有性能稳定、维护成本低廉以及运行时低噪声、低消耗、无污染等特点，在山村和偏远地区的通信领域具有很好的应用前景。但是，这种 RPU 电源包存在着随着放电深度的增加，电解质的电导率下降，输出电压及功率都会随之下降的问题，直接造成 RPU 的启动时间延长。此外，随着放电深度的增加，碳酸盐、铝酸盐、氢氧化铝胶体等反应产物会堵塞负极材料的空隙，这个缺陷可以通过放电过程中使用特殊装置对正极材料不断进行冲刷来得到改善。图 7.17（a）所示为铝-空气电池作为备用电源的系统设计图，其中电池组的排列结构如图 7.17（b）所示。

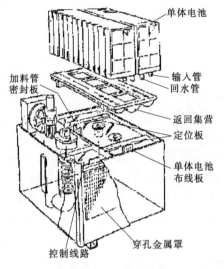

（a）铝-空气电池备用系统设计图　　　　（b）电池组的排列结构图

图 7.17　铝-空气电池用作备用电源

铝-空气电池包括上部的电堆和下部的电解液池，以及泵送电解液冷却和电池空气循环的辅助系统。电池工作时，泵送电解液流经正负极间的空隙到达各单体电池顶端的堰并由各支路回到电解液池，其余部分电解液经过热交换器进行温度控制。鼓风机使反应所需的空气依次流经电解液池周围的空间、过滤器和负极表面，最后排出整个系统。

2. 铝-空气电池用作便携电源

铝-空气电池被广泛应用于军事便携电源领域，功率范围一般为 300～3000W，工作时间为 8～300h。便携式铝-空气电池所使用的电解液有中性的也有碱性的，通常它们被制备成贮备电池并且通过注入电解质来激活。图 7.18 所示是一种用于人造卫星的便携式铝-空气电池设计图，通过抽空液囊使液体到达电池顶端从而被激活。该电池在 −40℃ 条件下，0.5h 内即可实现冷启动，输出能量超过 400W，比能量达到 435W·h/kg。

3. 铝-空气电池用作水下电源

利用海水中溶解氧的特点，铝-空气电池的另一个重要应用是用作水下电源，即除了负极材料铝以外的所有反应物都来自于海水。这种电池中，正极位于负极的周围，并敞开于海水中，反应产物可以直接排入海洋中。用于水下电源的铝-空气电池的电极面积通常设计得较大，以便更有效地获取海水中有限的氧。由于海水的导电率较低，电池组的设计通常采用 DC/DC 转换器以获得较高的电压，而不采用串联方式。

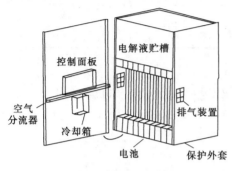

图 7.18　便携式铝-空气
电池设计图

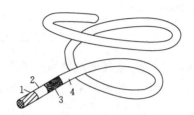

图 7.19　用于水下电源的
电缆状铝-空气电池
1—铝正极；2—隔离物；3—氧负极；
4—多孔透水的外保护层

图 7.19 为一种为了增大反应面积而做成电缆形状的用于水下电源的铝-空气电池，以铝芯为正极，外层为负极，包裹在多孔透水的外保护层内，使用时整体放置在海水中。据报道，一种直径为 3cm 的电缆状的铝-空气电池可以长达数百米，重 1kg/m，比能量为 640W·h/kg，可以在水下使用达半年之久。铝-空气电池因为独特的优点已成为无人水下航行器（UUV）和自主水下航行器（AUV）的理想电源。挪威的 HUGIN 系列无人水下航行器和自主水下航行器即采用铝-空气电池作为电源，氧化剂来自于双氧水，其中 HUGIN3000 和 HUGIN4500 携带的能量分别为 45kW 和 60kW，续航能力达到 60h。

7.4.3　锂-空气电池

7.4.3.1　锂-空气电池发展概况

锂-空气电池是以金属锂作为负极，以空气中的氧气作为正极反应物质，采用水溶液或非水溶液作为电解质，通过锂与氧气之间的电化学反应获得能量的一种化学电源。与其他金属-空气电池相比较，金属锂具有最低的氧化还原电位（$-3.03V$）以及最小的电化学当量 $[0.259g/(A·h)]$。与锂离子电池相比，因为锂-空气电池的正极材料（以多孔碳材料为主）很轻，而且氧气是从大气中获取的，因而具有更高的比能量。与其他金属-空气电池一样，锂-空气电池的容量仅取决于锂电极，其理论比能量为 5.210kW·h/kg（含氧气质量），或者 11.140kW·h/kg（不含氧气质量），在金属-空气电池中具有最高的理论比能量，见表 7.3。不过，锂-空气电池仍在研究开发中，想要像锂离子电池一样广泛用于手机和笔记本电脑、实现市场化应用还需要时间。

表 7.3	五种金属-空气电池的性能对比		
金属-空气电池	理论开路电压 /V	理论比能量（含氧气） /(kW·h·kg^{-1})	理论比能量（不含氧气） /(kW·h·kg^{-1})
锂-空气电池	2.91	5.210	11.140
钠-空气电池	1.94	1.677	2.260
钙-空气电池	3.12	2.990	4.180
镁-空气电池	2.93	2.789	6.462
锌-空气电池	1.65	1.090	1.350

7.4.3.2　锂-空气电池结构及工作原理

目前，按照内部结构构造和电解液组成，锂-空气电池主要可以分为水基电解质体系、有机电解质体系、组合电解质体系以及固体电解质体系等 4 种，如图 7.20 所示。

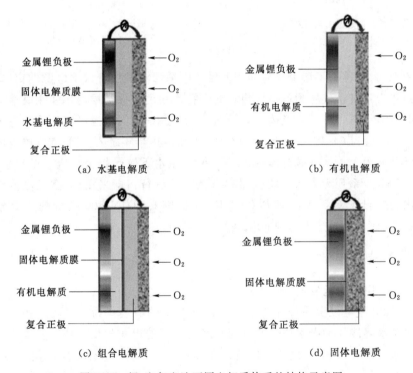

图 7.20　锂-空气电池不同电解质体系的结构示意图

水基电解质体系的锂-空气电池的结构由金属锂负极、固体电解质膜、水基电解质、复合正极（空气电极）组成。有机电解质体系的锂-空气电池的结构由金属锂负极、有机电解质、复合正极组成。组合电解质体系的锂-空气电池的结构由金属锂负极、固体电解质膜、有基电解质、复合正极组成。固体电解质体系的锂-空气电池的结构则由金属锂负极、固体电解质膜和复合正极组成。非水基电解质体系锂-空气电池的结构与传统的锂离子电池存在相似的结构，锂-空气电池中空气正极是开口的，利用空气中的氧气作为反应物质，Li^+溶解在非质子化溶剂中作为电解质。而在锂-空气电池中，锂金属提供的锂源与多孔碳和催化剂上的 O_2 反应产生 Li_2O_2。对于在开放体系下工作的锂-空气电池，空气-脱水膜也是必需的。

现有锂-空气电池都离不开其有效微结构正极的构筑，离不开正极上的化学反应，即可逆充放电过程的氧还原反应及氧析出反应。通常，锂-空气电池负极反应在金属锂片上完成，可逆反应为 $Li \longleftrightarrow Li^+ + e^-$；而空气正极充放电的电化学反应如下：

氧还原过程

$$Li^+ + O_2 + e^- \longrightarrow LiO_2 \quad (E^0 = 3.00V，涉及 "O_2 \longrightarrow O_2^-" 转变) \tag{7.17}$$

$$LiO_2 + Li^+ + e^- \longrightarrow Li_2O_2 \quad (E^0 = 2.96\ V，涉及 "O_2^- \longrightarrow O_2^{2-}" 转变) \tag{7.18}$$

$$Li_2O_2 + Li^+ + e^- \longrightarrow 2Li_2O \quad (E^0 = 2.91\ V，涉及 "O_2^{2-} \longrightarrow O^{2-}" 转变) \tag{7.19}$$

氧析出过程

$$Li_2O_2 \longrightarrow LiO_2 + Li^+ + e^- \quad (E^0 = 3.13V，涉及 "O_2^{2-} \longrightarrow O_2^-" 转变) \tag{7.20}$$

$$LiO_2 \longrightarrow Li^+ + O_2 + e^- \quad (E^0 = 3.15V，涉及 "O_2^- \longrightarrow O_2" 转变) \tag{7.21}$$

注：式（7.19）为部分反应；E^0 为电化学平衡电位；也有研究认为氧析出是一步双电子过程。

由反应可知，氧还原过程为三步单电子反应过程，产物为中间物 LiO_2、可逆产物 Li_2O_2 及不可逆产物 Li_2O；氧析出过程为两步单电子过程，发生 Li_2O_2 的可逆分解，其中 LiO_2 为中间产物。图 7.21 和图 7.22 给出了锂-空气电池充放电过程示意过程。

能斯特方程为

$$\Delta E = \Delta E^0 - \frac{RT}{nF} \ln Q \tag{7.22}$$

根据式（7.22）可知工作电压依赖于电化学反应时的电极界面情况，具体情况是，电池的充电或放电的电压平台偏离理论上的平衡电位，在正极的充放电过程中存在氧还原过电位及氧析出过电位。据报道，结合图 7.23，氧还原过程中的过电位是由于锂的氧化物堆积于正极表面，促使电极阻抗增大、极化加剧，致使电化学反应活性降低，过电位为负值，同时也造成输出能量的损失；反之，在氧析出过程中的过电位为正值，则需要消耗更多的能量完成充电中的氧可逆析出反应。综合而言，氧还原及氧析出过电位致使电池整体能量的有效库仑效率降低。如何通过改进电极构筑进而有效地降低氧还原及氧析出的过电位是研发高性能锂-空气电池的关键。

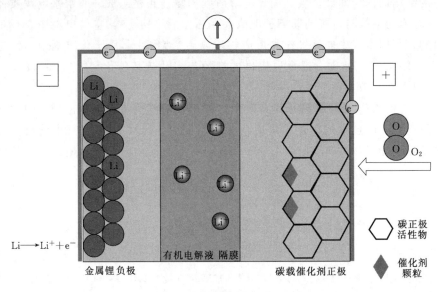

（a）锂-空气电池放电过程一

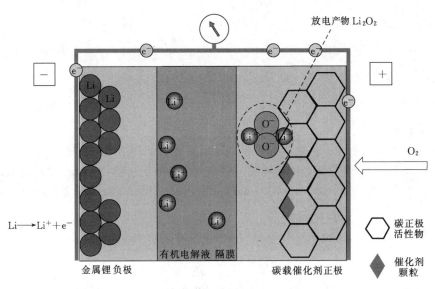

（b）锂-空气电池放电过程二

图 7.21　锂-空气电池放电过程示意图

7.4.3.3　锂-空气电池性能的影响因素

现阶段锂-空气电池的实际比能量还比较低，循环性能也不理想，影响电池性能的因素很多，主要有正极材料的组成和微观结构、电解质的种类、负极疏水膜、放电深度、电池结构设计等。目前锂-空气电池的实用化还处于探索阶段。

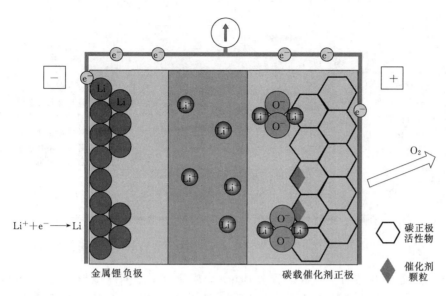

（a）锂-空气电池充电过程一

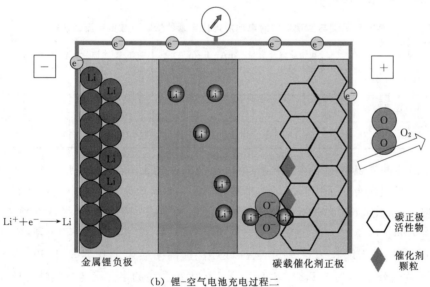

（b）锂-空气电池充电过程二

图 7.22 锂-空气电池充电过程示意图

1. 空气正极材料的组成和微观结构

作为空气电极的主体，锂-空气电池的正极材料主要有碳载金属、碳载金属氧化物和碳载金属及其金属氧化物等。实验数据表明，在碳载金属材料中，碳载 Pt-Au 催化剂材料与碳载 Pt 或碳载 Au 催化剂材料相比，具有双功能催化活性，既能减小放电过电位、提高放电平台，又能减小充电过电位、降低充电电压。英国安德鲁斯大学 Bruce 课题组对锂-空气电池反应的可逆性和多种金属氧化物催化剂的性能进行了研究，认为当放电产物为 Li_2O_2 时，电池反应具有可逆性，使用催化剂可使

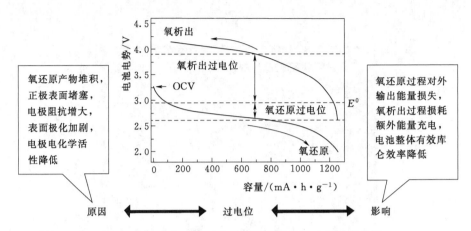

图 7.23 锂-空气正极过电位与其原因及影响关联示意图

Li_2O_2 的分解过电位有效降低。后来 Bruce 小组研究了不同晶型与形貌的 MnO_2 对锂-空气电池放电比容量的影响（表 7.4），结果表明，催化剂的晶型及微观形貌对其催化效果有很大的影响。

表 7.4 MnO_2 晶型与微观形貌对电池放电比容量的影响（放电电流为 70mA/g）

催化剂	初始放电比容量/(mA·h·g⁻¹)	循环 10 次以后比容量/(mA·h·g⁻¹)
$\alpha - MnO_2$ 纳米线	3000	1500
$\alpha - MnO_2$ 粗颗粒	1500	650
$\beta - MnO_2$ 纳米线	2400	50

碳载体的微观结构与形貌对锂-空气电池的性能也有较大影响。2007 年，悉尼大学 Sun 课题组分别采用石墨烯纳米片和 XC－72 碳粉制备空气电极，在相同的电流密度（0.1mA/cm²）进行恒流充放电测试，发现采用石墨烯纳米片作负极的锂-空气电池的过电位仅为 1.22V，大大低于采用 XC－72 碳粉做正极的锂-空气电池（1.69V），而前者的比容量 2750mA·h/g，远高于后者的比容量 1750mA·h/g。2010 年英国爱丁堡大学 Tra 等对一系列不同大小孔径的多孔碳与电池性能的研究表明，空气扩散电极的比容量和平均孔径之间有近似的线性关系，一定程度上随着孔径增大，比容量也增大。

2. 电解质的种类

如前所述，应用于锂-空气电池的电解质有水基电解质、有机电解质、组合电解质和固体电解质 4 种类型。

（1）在锂-空气电池中使用水基电解质的优点有：①放电产物为溶解于水基电解质的 LiOH，不会堵塞正极输氧通道；②水基电解质的挥发性小，有利于电解质的长期工作；③开路电压高，充放电过电位低，充放电效率高。但是，使用水基电解质的缺点也很明显：负极金属锂不能与水接触，需要采用无机固体电解质或高分子基固态电解质对负极金属锂进行保护，而且随着充放电的进行，负极锂与固态电解质之间易产生间隙，导致电池断路。

（2）目前锂-空气电池的研究中应用较多的是有机电解质。有机电解质的主要优点是氧溶解度高、对锂的腐蚀小，电池的制备相对水基电解质简单得多，可操作性好。使用有机电解质的缺点有：①放电产物为不溶于电解质的氧化锂或过氧化锂，在空气正极上形成沉淀堵塞输氧通道；②有机电解质容易挥发，补充电解质不方便；③有机电解质的溶剂在电池充电过程中可能会发生分解反应，从而影响氧还原反应。近年来，疏水性离子液体被应用在锂-空气电池中，作为电解质，疏水性离子液体具有热稳定性高、不挥发的优点，但是离子液体的黏度大、Li^+ 传导率偏低，做电解质需要加入锂盐，但是锂盐容易吸收水分，又会造成对负极金属锂的腐蚀。

（3）组合电解质是指在金属锂负极一侧使用有机电解液，在空气正极一侧使用水基电解液，用固体电解质将两极电解液分开，且可以在两极间传输 Li^+。其优点很明显，空气正极放电产物是易溶于水基电解质的 LiOH，不易堵塞输氧通道，同时负极锂也得到了保护。但使用组合电解质必须要找到合适的隔膜将两种电解液分开，并具有有效传导 Li^+、阻止水和氧气进入金属锂负极、对有机电解液和水都有良好的抗腐蚀性及一定的机械强度等特点。

（4）固体电解质可以增加电池的热稳定性，提高工作温度，还可以有效防止金属锂被腐蚀。其缺点是室温下离子导电性差，金属锂与固体电解质直接的界面阻抗很大，而且随着充放电的进行，固体电解质与金属锂之间容易产生间隙，引起电池断路。

3. 其他影响因素

因为锂-空气电池工作的理想条件是在干燥的纯氧气条件下进行，由空气供氧时需要对空气正极做憎水处理。正极侧疏水膜的作用是减少水分对疏水电解液性能的影响以及对金属锂负极的腐蚀。但是正极侧疏水膜的引入也对电池造成了一些副作用，如减少了氧气的进入量，从而导致性能下降。

放电深度也会对电池的比容量和循环性能造成很大影响。如图 7.24 所示，首次放电比容量为 2300mA·h/g，深度放电并循环 4 次后放电比容量仅有 150 mA·h/g，而通过定容量充放电的电池衰减则很小。放电过深时，放电产物氧化锂会堵塞多孔碳孔道，破坏电极材料的微观结构，造成电池性能下降。

此外，锂-空气电池有许多不同的结构，不同的电池结构设计，包括电池组件的精细设计也会对电池的性能造成不同的影响。

7.4.3.4 制约锂-空气电池发展和应用的主要问题

锂-空气电池是一个全新的概念，具有巨大的比能量，虽然已初步证实了其具有一定可行性，但是还有许多关键的问题尚待解决。目前制约其发展和应用的主要因素如下：

（1）在空气中使用时如何防止气体进入电池的问题。金属锂能与空气中存在的水分迅速反应，导致锂的腐蚀；空气中 H_2O 和 CO_2 的存在也会使产物锂的氧化物减少，导致锂-空气电池的循环性能下降。

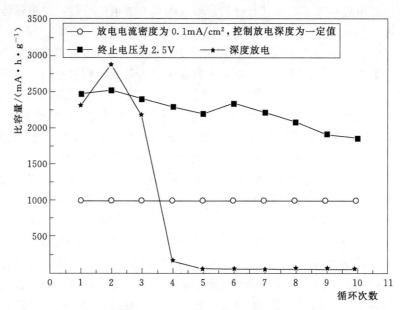

图 7.24　锂-空气电池的循环性能

（2）廉价高效的氧还原及氧析出双功能催化剂开发问题。没有催化剂时，氧还原及氧析出的动力学过程比较缓慢，为了降低电极反应过程中的过电位，必须加入高效的双功能催化剂，而传统的氧还原催化剂（如酞菁钴、铂等）都非常昂贵，不利于工业化生产。锂-空气电池的充电电压高，使用合适的催化剂有利于降低充电电压。

（3）空气电极孔隙率的优化问题。锂-空气电池在放电过程中，放电产物一般沉积在碳材料堆积的空隙中，放电产物堵塞空气电极孔道会导致放电终止。

（4）有机液体电解质在敞开体系中工作存在容易挥发的问题，对电池的放电容量、使用寿命及安全性能造成影响。

在成功解决这些问题的基础上，高比能量的锂-空气电池未来可在电动汽车、消费电子产品，甚至军事领域中发挥重要的作用。

7.5　超级电容器

7.5.1　超级电容器简介

超级电容器是近几年才批量生产的一种新型电力储能器件，是一种建立在德国物理学家亥姆霍兹所提出的界面双电层理论基础上的新型电容器，又称超大容量电容器、黄金电容、储能电容、法拉电容、电化学电容器或双电层电容器。不同于传统电源，超级电容器是利用极化电解质实现电能存储，电能存储过程中不发生化学反应，可以反复充放电数十万次。超级电容器是一种具有传统电容器和蓄电池的双重功能的特殊电源，既具有静电电容器的高放电功率优势，又像电池一样具有较大电荷储存能力，其容量可达到法拉级甚至数千法拉级，同时具有功率密度大、循环

E7.4 超级电容器原理

稳定性好、工作温度范围广和环境友好等优点。自 1957 年美国人 Becker 发表第一个关于超级电容器的专利以来，超级电容器已广泛应用于电子通信系统、交通工具、航空航天以及国防军事科技等领域。

7.5.2 超级电容器的类型及原理

超级电容器是利用双电层原理存储电能的电容器，其工作原理如图 7.25 所示。与普通电容器一样，当在超级电容器的两个极板上施加外电压时，极板的正电极存储正电荷，负极板存储负电荷，在两极板上电荷产生的电场作用下，电解液与电极间的界面处形成极性相反的电荷用以平衡电解液的内电场，这样的正电荷与负电荷在固相和液相的接触面上，以正负电荷之间极短间隙排列在相反的位置上，这个电荷分布层叫做双电层。当两极板间电势低于电解液的氧化还原电极电位时，电解液界面上电荷不会脱离电解液，超级电容器为正常工作状态；如电容器两端电压超过电解液的氧化还原电极电位时，电解液将分解，为非正常状态。在超级电容器放电过程中，正、负极板上的电荷被外电路释放，电解液的界面上的电荷相应减少。因此超级电容器的充放电过程始终是物理过程，没有涉及化学反应。

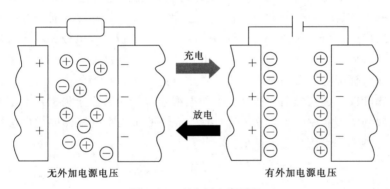

图 7.25 双电层电容原理

根据电化学电容器储存电能的机理的不同，可以将超级电容器分为双电层电容器和赝电容器两种。前者是电极/电解液界面上电荷定向排列产生双电层电容；后者是电活性离子在电极表面或体相内发生欠电位沉积或氧化还原反应产生吸附电容，该类电容通常具有更大的比电容。

7.5.2.1 双电层电容器

超级电容器采用活性炭材料制作成多孔碳电极，同时在相对的多孔电极之间充填电解质溶液。当外界电压施加到超级电容器的两个极板上时，极板的正电极储存正电荷，负极板储存负电荷，电解质溶液中的正负离子将由于电场的作用分别聚集到与正负极板相对的界面上，从而形成两个集电层，这种电荷分布层叫双电层，利用这种机制存储、释放能量的电容器被称为双电层电容器。在超级电容器充放电过程中，正负极板上的电荷增加或减少，界面上的电荷相应地增加或减少。

超级电容器的电容量的计算为

$$C = \int \frac{\varepsilon}{4\pi\delta} dS \qquad (7.23)$$

式中　ε——电解液的介电常数；

　　　δ——双电层厚度；

　　　S——电极表面积。

由此可知，超级电容器的电容与电极表面积成正比，与双电层厚度成反比。由于活性炭材料具有很大的比表面积（不小于 $2000 m^2/g$，即电极表面积 S 很大），且电解质与多孔电极间的界面距离非常小（不到 $1nm$，即双电层厚度 δ 非常小），因此这种双电层结构的超级电容器比传统的物理电容器的电容值要大很多，比容量可以提高 100 倍以上，大多数超级电容器可以做到法拉级，一般电容值为 $1\sim5000F$。

但是，双电层电容器也存在不足之处。充电过程中，电极材料和电解液的界面之间基本没有电荷移动，两者之间是纯粹的静电吸附，不涉及化学反应，因此界面的电压差不宜太大。如果要实现高电压输出，就必须串联一系列此类电容器，类似于串联的电池。

7.5.2.2　赝电容器

赝电容器也是超级电容器的一种，也称为法拉第电容器。赝电容器进行充电时，电解液中的离子在外加电场的作用下扩散至电极/电解液界面，并在界面上进行电化学反应，进而嵌入到电活性材料体相中。由于赝电容电极材料具有较大的比表面积，使得界面上能够发生相当多的电化学反应，这就能确保在电极中存储到足够的电荷从而提高电容器的充电电压。在放电过程中，存储的电荷通过外接回路以电流的形式释放，进入到电活性材料中的电解液离子也会由于失去双电层电场的作用而重新回到电解液中，如图 7.26 所示。面积相同的赝电容器的比电容往往可达双电层电容器的几十倍甚至上百倍。

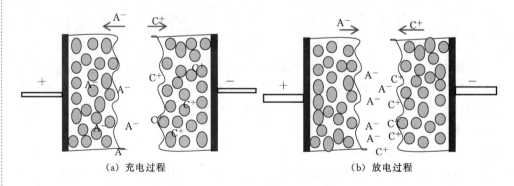

（a）充电过程　　　　　　　　　　　（b）放电过程

图 7.26　赝电容器的充放电过程

7.5.2.3　复合型超级电容器

复合型超级电容器是在双电层电容器和赝电容器的基础上发展而来的一种新型电容器。复合型超级电容器分为复合型和混合型两种，其中复合型主要是利用碳基材料与过渡金属氧化物/氢氧化物或者导电聚合物在材料层面上进行混合制备，即在碳材料上吸附金属氧化物/氢氧化物或者导电聚合物；而混合型则是以碳材料制备的电极做负极，金属氧化物/氢氧化物或者导电聚合物制备的电极做正极，形成非对称超级电容器。两者都同时具备双电层电容和赝电容的特性，前者的电化学反应曲线类似于双电层电容器的曲线，而后者更接近电池的反应曲线。但是复合型具备更高的电容量、比能量和比功率。超级电容器的高比电容的获得是双电层电容和赝电容器共同合作的结果，一般是其中一个起主导作用。在碳材料双电层电容器中，通常由于碳材料上官能团的存在而在电化学反应中存在 $1\%\sim5\%$ 的赝电容效应，而在电池中，通常存在 $5\%\sim10\%$ 双电层电容贡献。在双电层电容器中，主要通过提高电极材料的比表面积来获取大的比电容，而赝电容器由于反应机理导致其比电容是双电层电容器的上百倍，因此，结合两者的优势，制备复合型超级电容器逐渐成为趋势。

7.5.3 超级电容器的主要特点

（1）电容量大，超级电容器采用活性炭粉与活性炭纤维作为可极化电极，与电解液接触的面积大大增加。一般双电层电容器容量很容易超过 1F，是普通电容器的 $1000\sim10000$ 倍，目前单体超级电容器的最大电容量可达 5000F。

（2）循环使用寿命长，深度充放电循环使用次数可达 50 万次，或 90000h，没有记忆效应。

（3）充电速度快，充电 $10s\sim10min$ 可达到其额定容量的 95% 以上。普通蓄电池在如此短的时间内充满电将是极危险的或几乎不可能的。

（4）大电流放电能力超强，如 2700F 的超级电容器额定放电电流不低于 950A，放电峰值电流可达 1680A，能量转换效率高，过程损失小，大电流能量循环效率不小于 90%。

（5）功率密度高，可达 $300\sim5000W/kg$，相当于电池的 $5\sim10$ 倍。

（6）可以在很宽的温度范围（$-40\sim70℃$）内正常工作，而蓄电池很难在高温特别是低温环境下工作。

（7）产品原材料构成、生产、使用、储存以及拆解过程均没有污染，是理想的绿色环保电源，而铅酸蓄电池、镍镉电池均具有毒性。

7.5.4 超级电容器的材料

7.5.4.1 双电层电容器电极材料

基于双电层储能原理，合成高比表面积和微孔孔径（＞2nm）可控的电极材料是提高电容器储存能量的重要途径。可控微孔孔径的提出，主要是因为通常 2nm 及以上的空间才能形成双电层，才能进行有效的能量储存，而微孔小于 2nm 的材料比表面积的利用率往往不高。

E7.5
超级电容
器生产

碳材料是研究最早和技术最成熟的电化学超级电容器电极材料，将具有高比表面积的活性炭涂覆在金属基底上，然后浸渍在 H_2SO_4 溶液中，借助在活性炭孔道界面形成的双电层结构来储存电能。目前常用的碳材料主要有石墨烯、碳纳米管、玻璃碳高密度石墨和热解聚物基体得到的泡沫。其中，碳纳米管和碳气凝胶是前景较好的新型碳材料。

作为超级电容器电极材料，碳材料具有如下不可比拟的优势：

（1）化学惰性，不发生电极反应，易于形成稳定的双电层。

（2）可控的孔结构，较高的比表面积，以增大电容量。

（3）纯度高，导电性好，较少漏电流。

（4）易于处理，在复合材料中与其他材料的相容性好。

（5）价格相对较便宜。

以新型超级电容器材料碳纳米管和石墨烯为主，分析它们的性能、材料及其应用。

1. 碳纳米管

碳纳米管具有极佳的导电能力和机械性能，被认为是高性能电极材料的理想候选材料。然而其较小的比表面积（通常小于 $500\text{m}^2/\text{g}$）限制了碳纳米管在高性能双电层电容器中的应用。现阶段主要通过表面修饰改性及与过渡金属氧化物复合的电极材料的方式改善碳纳米管的电化学性能。

（1）表面修饰改性。为了提高碳纳米管的电化学性能，许多研究工作者对碳纳米管进行了表面改性处理，在一定程度上提高了碳纳米管的电导率并增加了其表面官能团。对碳纳米管进行表面修饰改性主要有化学基团的共价键链接和功能分子的非共价吸附或包裹两种方式。Lee 等用 HNO_3 处理多壁碳纳米管表面并以此作为双电层超级电容器的电极材料，发现表面经过 HNO_3 氧化处理后的碳纳米管具有更大的比表面积和孔洞，其比容量达到 $68.8\text{F}/\text{g}$，是未经 HNO_3 处理的碳纳米管比容量的 7 倍，同时，HNO_3 处理后的碳纳米管具有非常好的循环性能，1000 次循环后其容量几乎不衰减。

（2）与过渡金属氧化物复合的电极材料。过渡金属氧化物及其水合物电极材料如 RuO_2、MnO_x、NiO_x 和 CoO_x 等本身有很高的赝电容现象，其在电极/溶液界面反应所产生的法拉第准电容远大于碳材料的双电层电容，因此有望用作超级电容器的电极材料。但这些氧化物的低电导率制约了其独立作为超级电容器材料的应用前景。通过将赝电容材料引入三维碳纳米管网络中，两种材料的协同作用就会大大地加强电极的电化学性能，过渡氧化物电极上可发生快速可逆的电极反应，同时具有大比表面积的 CNT 网状结构和 CNT 良好的导电性使电子传递更能进入到电极内部，使能量存储于三维空间中，最终提高了电极的比电容和比能量。因此，为提高电极的电容性质，碳纳米管与过渡金属氧化物复合用作超级电容器电极材料近年来受到重视。Cheng 等合成了三维海绵状 $\alpha - Fe_2O_3$ 纳米角/碳纳米管（CNT@Fe_2O_3）复合材料，这种海绵状复合材料的比容量高达 $300\text{F}/\text{g}$ 以上，1000 次循环后其比容量几乎和首次相同。

2. 石墨烯

石墨烯是一种二维蜂窝状纳米材料，具有优异的导电性、柔韧性、力学性能和很大的比表面积，是理想的双电层超级电容器的电极材料，近年来已经受到科研工作者的广泛关注。但是，石墨烯及其衍生物在合成过程中容易发生堆叠，这严重影响到其在电解质中的分散性和表面可浸润性,降低了石墨烯基材料的有效比表面积和电导率。因此,制备堆叠程度低的石墨烯是获得高比能量和高比功率石墨烯基超级电容器的关键。Zhang 等将各种表面活性剂,如四丁基氢氧化铵、十六烷基三甲基溴化铵、十二烷基苯磺酸钠等嵌入到氧化石墨烯片中,缓解了氧化石墨烯在还原过程中的堆叠现象,促进了材料表面的浸润性,使材料能够很好地分散,提高了材料的比容量。研究结果表明,在 2mol/L 的 H_2SO_4 水溶液中,采用四丁基氢氧化铵作为表面活性剂制备的电极材料在 1A/g 电流密度下的比容量可以达到 194F/g。

7.5.4.2 赝电容器电极材料

赝电容器的电极材料主要包括金属氧化物和导电聚合物两大类,主要利用氧化还原反应产生的赝电容。RuO_2/H_2SO_4 水溶液体系金属氧化物基电容器是目前研究最为成功的法拉第赝电容器,但 RuO_2 昂贵的价格和电解质(H_2SO_4)的环境不友好,严重制约其商业化应用。现阶段,不少研究工作者正在积极寻找用廉价的过渡金属氧化物及其他化合物材料来替代 RuO_2,重点关注 NiO、CoO 和 MnO 等体系,其中 NiO 和 CoO 的比容量可达 $200 \sim 300F/g$,但是它们的电位窗口相对较窄(约 0.5V),比能量较低,MnO 则是另一种受到重视的过渡金属氧化物电极材料。

1. RuO_2 材料

最初研究的准电容超级电容器主要以 RuO_2 为电极,以 H_2SO_4 为电解液,其中 RuO_2 是准电容超级电容器最具有代表性的电极材料,RuO_2 电导率大,容量大,在强酸环境下稳定性好,可逆性高,其电化学过程可归纳为

正极

$$HRuO_2 \xrightleftharpoons[\text{放电}]{\text{充电}} H_{1-d}RuO_2 + dH^+ + de^- \tag{7.24}$$

负极

$$HRuO_2 + dH^+ + de^- \xrightleftharpoons[\text{放电}]{\text{充电}} H_{1+d}RuO_2 \tag{7.25}$$

总反应

$$HRuO_2 + HRuO_2 \xrightleftharpoons[\text{放电}]{\text{充电}} H_{1-d}RuO_2 + H_{1+d}RuO_2 \tag{7.26}$$

2. 其他过渡金属氧化物

MnO 资源广泛、价格低廉、环境友善、具有多种氧化价态,广泛地应用于电池电极材料和氧化催化剂材料。用于超级电容器的 MnO_2 电极材料已经取得了很大进展。Anderson 等利用溶胶-凝胶法合成了具有高比表面积的 MnO_2,研究发现用溶胶-凝胶法制备的 MnO_2 的比容量达到 698F/g,比电沉积法制备的 MnO_2 的比容量高 1/3,且容量在循环 1500 次后衰减不到 10%。Anderson 认为具有高比表面积的 MnO_2 在充放电过程中发生的可逆法拉第反应是获得高比容量的关键因素,同时无定型的结构使 MnO_2 晶格扩张,导致质子很容易存留在材料内部,这也是获得高比容量的另一重要因素。

NiO 由于其优越的性能和低廉的价格,也成为研究的重点。武汉理工大学余家国团队利用简单化学电泳法在 N-掺杂碳中空微球表面沉积 NiO 纳米片,这样的分

级纳米结构有利于电子和电解质离子的传输，在1A/g电流密度下，NiO/N-掺杂碳中空微球复合材料的比容量达到585F/g。韩国Park H S团队利用连续离子层吸附与反应合成NiO薄膜，其比容量达到674F/g，循环2000次后容量保持率为72.5%。日本东北大学Miura团队利用水热合成法在泡沫镍表面沉积棉花状NiO颗粒，在1A/g电流密度下，复合材料的比容量达到1782F/g，循环5000次后容量保持率为90.2%。

7.5.5 超级电容器的应用

目前，美国、日本、瑞士、俄罗斯等国家都在加紧研发超级电容器，并研究超级电容器在电动车驱动和制动系统中的应用。2011年美国Nesscap Energy公司与世界级的铁路车辆制造商CAF达成协议，将为西班牙主要城市的有轨电车提供超级电容，成为世界上最大的有轨机车用超级电容器供应商。基于超级电容器的储能系统可以使轻轨车辆在脱离输电线路电力供应时保持运行。当机车停止时，超级电容器储能系统将在25s内实现满负荷充电。2012年日本贵弥功于东京举行的"第三届国际充电电池展"上展出了DXE系列双电层电容器，静电容量有400F、800F、1200F三种，内部电阻最低只有0.8mΩ。该公司还研发出了可采用铝电解电容器制造技术的圆筒薄膜电容器，最大可支持1500V的电压，除了车载用途外，还可用于光伏发电的功率调节器以及各种逆变器。2012年，松下电子开发出了可用于30~40kW的马达、容量为581μF、电压为450V和可用于80kW的马达、容量为1000μF、电压为450V的超级电容器。

我国对超级电容器的研究起步较晚。近年来，清华大学、上海交通大学、北京科技大学、哈尔滨工程大学、成都电子科技大学等都开展了超级电容器的基础研究和器件研制，其中，成都电子科技大学研制的基于碳纳米管-聚苯胺纳米复合物超级电容器，能量密度达到了6.97W·h/kg，并具有良好的功率特性。在产业化方面，大庆华隆电子有限公司是首家实现超级电容器产业化的公司，其产品包括3.5V、5.5V、11V等系列。北京金正平、石家庄高达、北京集星、江苏双登、锦州锦容和上海奥威等公司都开展了超级电容器的批量生产，并已在内燃机的电子启动系统、高压开关设备、电子脉冲设备、电动汽车等领域得到了应用。目前通过自主研发，我国成功研发出了3000F超级电容器，经国家权威机构检测，静电容量3224.1F，内阻0.256mΩ，性能达到国际先进水平。

7.5.5.1 超级电容器在可再生能源领域的应用

超级电容器可用于风力发电变桨距控制系统，通过为变桨系统提供动力实现桨距调整。平时，由风电机组产生的电能输入充电机，充电机为超级电容器储能电源充电，直至超级电容器储能电源达到额定电压。当需要为风电机组变桨时，控制系统发出指令，超级电容器储能系统放电，驱动变桨控制系统工作。这样即使在高风速下也可以改变桨距角以减少功角，从而减小了在叶片上的气动力，保证叶轮输出功率不超过发电机的额定功率，延长发电机的寿命。

超级电容器在光伏发电系统中应用。超级电容器作为辅助存储装置主要为了实现两方面作用：首先，作为能量储存装置，在白天时储存光伏电池提供的能量，在夜间或阴雨天光伏电池不能发电时向负载供电，可实现稳定、连续的向外供电，同时起到平滑功率的作用；其次，与光伏电池及控制器相配合，实现最大功率点跟踪（Maximum Power Point Tracking，MPPT）控制。Thounthong 等研究了光伏发电-超级电容器相结合的能源系统。通过增加超级电容器，光伏发电可以输出更为平稳的电能。

7.5.5.2 超级电容器在工业领域的应用

（1）超级电容器可以应用于叉车、起重机、电梯、港口机械设备、各种后备电源、电网电力存储等方面。叉车、起重机方面的应用是当叉车或起重机起动时超级电容器存储的能量会及时提供其升降所需的瞬时大功率，同时储存在超级电容器中的电能可以辅助起重、吊装，从而减少油的消耗及排放，并可满足其他必要的电气功能。Sang-Min K 等研究了结合超级电容器的起重机的柴油发动机混合动力，发现超级电容器能够提供所需的脉冲功率，可大大提高发动机的节油量。应用了超级电容器的轮胎式集装箱起重机利用大容量超级电容器，在起动时能迅速进行大电流放电，下降时能迅速进行大电流充电，将能量吸收，起到节能环保的作用。如图7.27 所示。

图 7.27　应用超级电容器的轮胎式集装箱起重机

（2）在重要的数据中心、通信中心、网络系统等对电源可靠性要求较高的领域，均需采用 UPS 装置解决供电电网出现的断电、浪涌、频率振荡等问题。用于 UPS 装置中的储能部件通常可采用铅酸蓄电池、飞轮储能和燃料电池等。在电源出现故障的一瞬间，以上的储能装置中只有电池可以实现瞬时放电，其他储能装置需要长达 1min 的起动才可达到正常的输出功率。但电池的寿命远不及超级电容器，且电池的使用过程中需要消耗大量人力、物力对其进行维修维护。所以超级电容器用于 UPS 储能的优势显而易见。Chlodnicki 等将超级电容器用于在线式 UPS 储能部件，当供电电源发生故障时可以保证试验系统继续运行。

（3）超级电容器在微电网方面的应用也十分广泛。超级电容器储能系统作为微电网必要的能量缓冲环节，可以提供有效的备用容量改善电力品质，改善系统的可靠度、稳定度。超级电容器储能系统应用中，三相交流电经整流器变为直流电，再通过逆变器将直流电逆变成可控的三相交流电。正常工作时，超级电容器将整流器直接提供的直流能量储存起来，当系统出现故障或者负荷功率波动较大时，再通过逆变器将电能释放出来，准确快速补偿系统所需的有功功率和无功功率，从而实现电能的平衡与稳定控制。

7.5.5.3　超级电容器在交通领域的应用

超级电容器在交通领域中的应用包括汽车、大巴、轨道车辆的再生制动系统、起停技术，卡车、重型运输车等车辆在寒冷地区的低温起动，以及新能源汽车领域。

在地铁车辆在运行过程中，由于站间距离较短，列车起动、制动频繁，可利用超级电容器将制动产生的能量储存起来，该能量一般为输入牵引能量的 30% 甚至更多。在国外，超级电容器已经实际应用于轨道交通再生制动能量回收存储系统中。加拿大的庞巴迪公司推出了基于超级电容器的能量回收系统 MITRIC，并在其国内投入使用。正是由于超级电容器可以存储非常高的能量并且可以在短时间内释放出来，从而可以将轨道车辆在制动时产生的电能存储起来，在列车再次起动时，这部分能量可再次被利用，使得列车运行能耗得到明显降低，如图 7.28 所示。

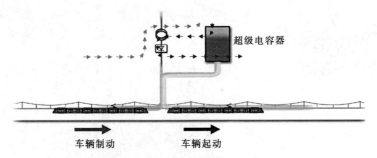

图 7.28　超级电容器应用于轨道车辆能量回收

卡车等重型运输车辆在寒冷地区起动时，蓄电池性能大大下降，很难保证正常起动。超级电容器工作温度范围是 $-40 \sim 65\ ℃$，在低温环境下有较好的放电能力。当汽车处于低温环境时，蓄电池放电能力下降，通过超级电容器与蓄电池并联可辅助汽车起动，确保起动时提供足够的起动电流和起动次数，保障汽车的正常起动，同时避免了蓄电池的过度放电现象，对蓄电池起到极大保护作用，延长了铅酸蓄电池的寿命。

在新能源汽车领域，超级电容器可与二次电池配合使用，实现储能并保护电池的作用。通常超级电容器与锂离子电池配合使用，两者完美结合形成了性能稳定、节能环保的动力汽车电源，可用于混合动力汽车（图 7.29）及纯电动汽车。锂离子电池负责解决汽车充电储能和为汽车提供持久动力的问题，超级电容器则为汽车起动、加速时提供大功率辅助动力，在汽车制动或怠速运行时收集并储存能量。超级电容器在汽车减速、下坡、刹车时可快速回收并存储能量，将汽车在运行时产生的多余的不规则的动力安全地转化为电池的充电能源，保护电池的安全稳定运行。在国内涉足新能源汽车的厂商中，已有众多厂商选择了超级电容器与锂离子电池配合的技术路线。例如安凯客车的纯电动客车、海马并联纯电动轿车 Mpe 等车型采用了锂离子电池/超级电容器动力体系；厦门金龙旗下的厦门金旅生产的 45 辆油电混合动气公交车采用了 720 套全球领先的超级电容器厂商——美国 MAXWELL 公司的超级电容器模组，该 45 辆混合动力公交车于 2008 年下半年投入杭州运营，因节油效果明显受到赞誉。

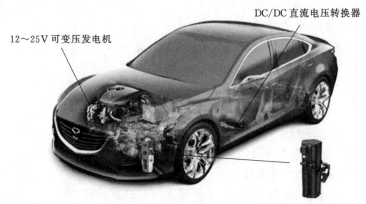

图 7.29　超级电容器混合动力汽车

习　　题

1. 判断题

(1) 锂-空气电池已经开始进行中试研究，很快可以实现市场化应用。（　　）

(2) 空气电池的理论比能量较一般的金属氧化物电极大得多，属于高能物理电源。
（　　）

(3) 金属-空气电池的充电效率一般大于 70%。（　　）

(4) 锂-空气电池的负极材料中，$Pt-Au$/碳负极材料与 Pt/碳或 Au/碳负极材料相比，具有双功能催化活性，既能减小放电过电位、提高放电平台，又能减小充电过电位、降低充电电压。（　　）

(5) 锂-空气电池的水基电解质的挥发性大，不利于电解质的长期工作。（　　）

(6) 作为电解质的疏水性离子液体具有热稳定性高、不挥发的优点。（　　）

(7) 与锂离子电池相比，超级电容器具有很高的能量密度。（　　）

2. 选择题

(1) 以下哪一项不属于机械储能（　　）。

A. 抽水蓄能　　　B. 压缩空气储能　　　C. 飞轮储能　　　D. 超导储能

(2) 在锂-空气电池中，正极必须使用_____来提供锂源。

A. 锂金属

B. 多孔碳和催化剂的复合负极

C. 固体电解质膜

(3) 下列关于储能的说法正确的是（　　　）。

A. 储能装置可以解决分布式发电的波动随机性

B. 超导特性一般需要在很低的温度下才能维持，一旦温度升高，超导体就会变为一般的导体，电阻明显增大

C. 电流在超导线圈中循环时没有功率损耗

D. 储能装置可以充当备用或应急电源

(4) 锂-空气电池是一种新型的二次电池，下列说法正确的是（　　）。

A. 电池放电时，正极的反应式为 $O_2 + 4e^- + 4H^+ \Longrightarrow 2H_2O$

B. 电池充电时，负极发生了氧化反应 $Li^+ + e^- \Longrightarrow Li$

C. 电池中的有机电解液可以用稀盐酸代替

D. 正极区产生的 LiOH 可回收利用

(5) 下列有关锂-空气电池的说法不正确的是（　　）。

A. 随着电极反应的不断进行，正极附近的电解液 pH 值不断升高

B. 若把碱性电解液换成固体氧化物电解质，则正极会因为生成 Li_2O 而引起碳孔堵塞，不利于正极空气的吸附

C. 放电时，当有 $22.4LiO_2$（标准状况下）被还原时，溶液中有 4mol Li^+ 从左槽移动到右槽

D. 锂-空气电池又称作"锂燃料电池"，其总反应方程式为 $4Li + O_2 \Longrightarrow 2Li_2O$

3. 简答题

(1) 简述抽水蓄能电站工作原理。

(2) 简述超导储能系统构成并说明各组成部件的作用。

(3) 简述压缩空气储能的基本原理。

(4) 金属-空气电池的反应原理是什么？

(5) 为什么要使用气体扩散电极？

(6) 分别说明锌-空气电池、铝-空气电池、锂-空气电池的电极工作原理。

(7) 举例说明铝-空气电池的应用。

(8) 试分析制约锂-空气电池实用化的主要问题。

(9) 双电层电容器与赝电容器在电荷储能上的差别和各自的特点是什么？

参 考 文 献

[1] Zhang X, Wang X G, Xie Z J, et al. Recent progress in rechargeable alkali metal-air batteries [J]. Green Energy & Environment, 2016, 1: 4-17.

[2] Li L, Chang Z W, Zhang X B. Recent progress on the development of metal-air batteries [J]. Advanced Sustainable System, 2017, 1.

[3] Fu J, Cano Z P, Park M G, et al. Electrically rechargeable zinc-air batteries: progress, challenges, and perspectives [J]. Advanced Materials, 2016.

[4] Liu Y S, Sun Q, Li W Z, et al. A Comprehensive review on recent progress in aluminum-

air batteries [J]. Green Energy & Environment, 2017, 2: 246 – 277.

[5] 黄瑞霞，朱新功. 铝-空气电池的应用及设计 [J]. 电池工业，2009，14：60 – 64.

[6] Geng D S, Ding N, Andy Hor T S, et al. From lithium-oxygen to lithium-air batteries: challenges and opportunities [J]. Advanced Energy Materials, 2016, 6.

[7] Jung K N, Kim J, Yamauchi Y, et al. Rechargeable lithium-air batteries: a perspective on the development of oxygen electrodes [J]. Journal of Materials Chemistry A, 2016, 4, 14050 –14068.

[8] Scrosati B. The lithium air battery: fundamentals [M]. New York: Springer, 2014.

[9] Zheng J P, Cygan P J, Jow T R. Hydrous ruthenium oxide as an electrode material for electrochemical capacitors [J]. Journal of the Electrochemical Society, 1995, 142: 2699 – 2703.

[10] Pang S C, Anderson M A, Chapman T W. Novel electrode materials for thin-film Ultracapacitors: Comparison of Electrochemical Properties of Sol-gel-derived and Electrodeposited manganese dioxide [J]. Journal of the Electrochemical Society, 2000, 147: 444 – 450.

[11] 闪星，董国君，景晓燕，等. 新型超大容量电容器电极材料——纳米水合 MnO_2 的研究 [J]. 无机化学学报，2001，17：669 – 674.

[12] Nam K W, Kim K B. A study of the preparation of NiO_x electrode via electrochemical route for supercapacitor applications and their charge storage mechanism [J]. Journal of the Electrochemical Society, 2002, 149: A346 – A354.

[13] Liu T, Jiang C J, Cheng B, et al. Hierarchical flower－like C/NiO composite hollow microspheres and its excellent supercapacitor performance [J]. Journal of Power Sources, 2017, 359: 371 – 378.

[14] Gund G S, Lokhande C D, Park Ho S. Controlled synthesis of hierarchical nanoflake structure of NiO thin film for supercapacitor application [J]. Journal of Alloys and Compounds, 2018, 741: 549 – 556.

[15] Lee W S, Park M, Ko J M, et al. Electrochemical properties of multi-walled carbon nanotubes treated with nitric acid for a supercapacitor electrode [J]. Colloids and Surfaces A, 2016, 506: 664 – 669.

[16] Chang W M, Wang C C, Chen C Y. Plasma treatment of carbon nanotubes applied to improve the high performance of carbon nanofiber supercapacitors [J]. Electrochimica Acta, 2015, 185: 530 – 541.

[17] Cheng X P, Gui X C, Lin Z Q, et al. Three-dimensional $\alpha\text{-Fe}_2O_3$/carbon nanotube sponges as flexible supercapacitor electrodes [J]. Journal of Materials Chemistry A, 2015, 3: 20927 – 20934.

[18] Wang X L, Li G, Tjandra R, et al. Fast lithium-ion storage of Nb_2O_5 nanocrystalsin situ grown on carbon nanotubes for high-performance asymmetric supercapacitors [J]. RSC Advances, 2015, 5: 41179 – 41185.

[19] Ke Q Q, Tang C H, Yang Z C, et al. 3D Nanostructure of carbon nanotubes decorated Co_3O_4 nanowire arrays for high performance supercapacitor electrode [J]. Electrochimica Acta, 2015, 163: 9 – 15.

[20] Zhang K, Mao L, Zhang L L, et al. Surfactant-intercalated, chemically reduced graphene oxide for high performance supercapacitor electrodes [J]. Journal of Materials Chemistry, 2011, 21: 7302 – 7307.

[21] Yoon Y, Lee K, Baik C, et al. Anti-solvent derived non-stacked reduced graphene oxide

for high performance supercapacitors [J]. Advanced Materials，2013，25：4437 – 4444.

[22]　Hantel M M，Kaspar T，Nesper R，et al. Partially reduced graphite oxide as an electrode material for electrochemical double-layer capacitors [J]. Chemistry—A European Journal，2012，18：9125 – 9136.

[23]　Fan Z，Yan J，Wei T，et al. Asymmetric supercapacitors based on graphene/MnO$_2$ and activated carbon nanofiber electrodes with high power and energy density [J]. Advanced Functional Materials，2011，21 (12)：2366 – 2375.

[24]　Yan J，Sun W，Wei T，et al. Fabrication and electrochemical performances of hierarchical porous Ni (OH)$_2$ nanoflakes anchored on graphene sheets [J]. Journal of Materials Chemistry，2012，22 (23)：11494 – 11502.

[25]　Xiang C，Li M，Zhi M，et al. Reduced graphene oxide/titanium dioxide composites for supercapacitor electrodes：shape and coupling effects [J]. Journal of Materials Chemistry，2012，22 (36)：19161 – 19167.

第8章 储能控制技术

储能控制系统是一个可完成存储电能和供电的控制系统，主要由储能管理单元和监控与调度管理单元组成。由于电池储能具有技术相对成熟、容量大、安全可靠、噪声低、环境适应性强、便于安装等优点，成为目前常见的一种储能系统。本章以锂离子储能控制技术为例介绍储能管理单元，以光伏系统的电池管理及光伏逆变技术为例介绍完整的储能控制系统。

8.1 锂离子电池管理系统

8.1.1 电池管理系统的基本概念

电池管理系统（Battery Management System，BMS）是电池与用户之间的纽带，主要对象是二次电池。锂离子电池属于二次电池，锂离子电池只有在合适的条件下使用才能保证安全性和使用寿命，为了使锂离子电池的工作条件不超出安全范围并保证基本的使用寿命，需要采用电池管理系统对锂离子电池进行管理。

电池管理系统的主要目的是提高电池的利用率，监控电池的状态，防止电池出现过充电和过放电，延长电池的使用寿命。随着电池管理系统的发展，也会增加其他的功能。

8.1.2 电池管理系统的功能

电池管理系统的主要功能包括参数监测、保护控制、电池均衡、电量计量、信息通信五大方面。

8.1.2.1 参数监测

电池管理系统对电池的电压、电流、温度等参数进行监测，获取的信息包括电池组的总电压、串联在一起的每节单体电池的电压、电池组的充放电电流、电池组温度，有些设计良好的电池管理系统还监测到每节电芯温度、环境温度和重要功率器件的温度。

8.1.2.2 保护控制

电池管理系统的基本保护控制包括过电压保护（也称过充电保护）、欠电压保护（也称过放电保护）、过电流保护（也称过载保护）、短路保护、低温保护、高温保护，有些复杂的电池管理系统中还包括功率器件保护、防浪涌保护、防静电保护、防反电动势保护、防反极性充电保护等。

8.1.2.3　电池均衡

锂离子电池在批量生产时，电池产品上会有一些参数上的差异，主要的差异表现在自放电率、容量、内阻、寿命衰减上的不一致性，在电池串联组合使用过程中，这些不一致性会导致电池组的寿命衰减加剧，使电池组的使用寿命低于单体电池的寿命。典型的不一致性如电池自放电率的不一致，假设电池组中电芯自放电率最大的为 8%/月，最小的为 0.5%/月，自放电率相差 7.5%/月，这个电池组在使用 6 个月后，电池组中内部电芯的荷电状态会相差 45%。当电池组充电时，荷电状态高的单体电池会先充满，荷电状态低的单体电池只能充电至 55% 荷电状态；而当电池组放电时，荷电状态低的单体电池会先放空，荷电状态高的单体电池还有 45% 的电量无法使用，因此电池组使用寿命在半年内就严重衰减到只有 55%，导致电池组无法使用。

为了解决锂离子电池在串联使用时由于电池不一致性而产生的寿命衰减问题，对于电池串联构成的电池组，电池管理系统中增加了电池均衡功能，以保证电池组内的单体电池在使用过程中处于荷电均衡的状态，避免因电池不一致性而产生的寿命严重衰减。

电池均衡按能量损耗的方式不同分为主动均衡（也称为无损均衡）与被动均衡（也称为有损均衡）。通过电源拓扑结构将电能在电池之间转移的方式称为主动均衡，其优点是能量的利用率高、发热量小，并可以在放电时进行均衡，主动均衡的缺点是均衡电路方案复杂、成本高。在充电过程中将部分单体电池的能量进行放电损耗而使电池之间实现均衡的方式为被动均衡，被动均衡通常只在充电状态下进行，其优点是能量的利用率低，均衡电流大时发热量大，只能实现充电均衡，但被动均衡电路方案简单、成本低、易于实现，因此在多节串联的锂离子电池管理系统中被广泛应用。

目前市场上的主动均衡实现方案有多种，其中以变压器为能量传输元件的占多数，另外还有飞渡电容方案和采用电感作为相邻电池间实现能量传输的开关电源方案。

8.1.2.4　电量计量

电量计量是电池管理系统的重要功能之一，电量计量是为了准确估测锂离子电池组的荷电状态，即电池剩余电量，保证荷电状态维持在合理的范围内，防止由于过充电或过放电对电池的损伤，并随时预报电池组的剩余电量以方便用户进行相应的处理。

荷电状态估算方法多种多样，大致可划分为两大类：一类是比较传统的荷电状态估算方法，如负载放电法、安时计量法、电动势法、内阻法以及电化学阻抗频谱法等；另一类则结合较新颖的高级算法对荷电状态进行估算，比较典型的包括卡尔曼滤波法、神经网络法等荷电状态估算方法。

卡尔曼滤波法具有较强的初始误差修正能力，并且对噪声信号也有很强的抑制作用，在电池负载波动频繁、工作电流变化迅速的应用场合具有很大优势。神经网络法的缺点在于它需要大量的、全面的样本数据对系统进行训练，而且估计误差在很大程度上受所选训练数据和训练方法的影响。

目前市场上应用最广泛的电量计量方式仍然是库仑计算法，以电流值与单位时间的乘积进行积分来计算电池组的电量变化，但由于电池组受电流和温度变化等实际使用状态的影响，未加补偿的库仑计算法在一些温度与负载电流变化较大的情况下会产生较大的误差。

8.1.2.5 信息通信

在多节串并联锂离子电池组中，信息通信是重要功能之一。信息通信的目的是通过通信接口将电池组的状态信息上报给外部主机，以使主机能获取电池组的重要信息，这些信息包括电池组的工作状态数据，如电池组电压、电池充电或放电的电流值大小、电池组的满充容量值、当前荷电状态值、当前负载电流下的剩余放电时间、剩余充满时间、电池组告警信息等。

根据锂离子电池组应用场合的不同，电池组与外部的通信接口方式也有所差别，较常用的有系统管理总线（System Management Bus，SMBUS）或集成电路总线（Inter-Integrated Circuit，IIC）、RS485 或 RS232 串行通信接口、控制器局域网络总线（Controller Area Network，CAN）这三种方式，它们各有其数据通信规范与标准。

在笔记本电脑电池上常用的通信接口方式为 SMBUS，目前所用的通信接口标准为 SMBUS 2.0 数据通信标准（《System Management Bus Specification Version 2.0》），所遵循的数据通信规范标准为《智能电池数据规范（V1.1 版）》（《Smart Battery Data Specification Revision 1.1》），笔记本电脑及其充电器可以通过该通信接口获取电池组的各种工作状态信息，并进行相应的信息显示和控制。

在通信设备领域，尤其是通信行业中备电用锂离子电池组方面，目前所用的标准为 YD/T 1363.3—2014《通信局（站）电源、空调及环境集中监控管理系统 第 3 部分：前端智能设备协议》，所采用的通信接口方式为串行通信接口，可以为 RS232、RS485、RS422 这三种之一，通信数据所遵循的数据规范为该标准中所定义的内容。

在电动汽车领域，目前所用的标准为电动汽车行业标准 JB/T 11138—2011《锂离子蓄电池总成接口和通信协议》，所采用的通信接口方式为 CAN 总线，通信数据所遵循的数据规范为该标准中所定义的内容。

8.1.3 锂离子电池管理系统的设计

由于锂离子电池的高比能量的特点，一旦发生爆炸和起火燃烧，会产生很大的人身和财产安全危害，锂离子电池管理系统设计的最重要一点就是要保证锂离子电池组的安全性，在此基础上提高锂离子电池组的可靠性、功能性以及寿命。根据应用上的不同，锂离子电池管理系统的构成方案有很多种，有最简单的单节电池应用，也有很复杂得多模块组合应用，设计方案和电池管理系统的架构也各有不同，下面分别以单节电池、2～4 节串联电池组、7～10 节串联电池组、11～16 节串联电池组、多模块组合的高压电池组等几种情况来说明。

8.1.3.1　单节电池

单节锂离子电池的典型应用如手机电池和移动电源，这类电池的电压较低，如磷酸铁锂 18650 电池，其电压只有 3.7V，由于没有复杂的电池串并联，因此无需考虑电池的均衡，功能较为简单，对电池电量计量的精度要求不高，在电路方案上易于实现。

单节锂离子电池管理系统要实现的基本功能主要如下：

（1）过放电保护。

（2）过充电保护。

（3）过载保护。

（4）短路保护。

（5）温度监测。

单节锂离子电池管理系统在电路上多数只采用一级保护方式，也有个别厂家会采用多级保护，如 Motorola 部分型号的手机电池，常用的设计方案采用单节锂离子电池保护芯片加 N 沟道 MOSFET 的方式实现，并加上一些辅助元器件，电路架构完全按照芯片的典型应用电路进行设计。常用的单节锂离子电池保护芯片市场上种类很多，典型的如日本精工的 S-8261 系列芯片或理光的 R5421 系列芯片，以及台系和国产的电池保护芯片，辅助元器件中常用负温度系数热敏电阻器（NTC）来进行电池的温度监测。

典型手机锂离子电池管理系统电路结构框图如图 8.1 所示。

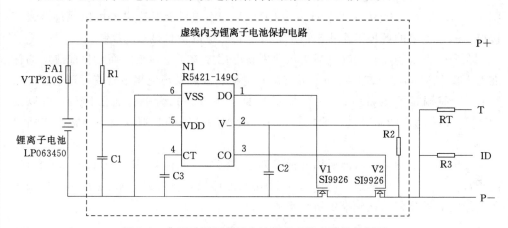

图 8.1　典型手机锂离子电池管理系统电路结构框图

图 8.1 中 N1 为电池保护芯片，采用日本理光的 R5421，该芯片加上外部电阻、电容和 2 颗 MOSFET 构成保护电路，具有过放电保护、过充电保护、过载保护和短路保护等功能，并具有低功耗的特点，静态耗电流小于 $5\mu A$；RT 为 NTC，用于监测电池温度；FA1 为手机电池常用的正温度系统 PTC 保护器，具有过流和过温保护功能，在手机电池中起到二次保护的作用。

有些厂家设计的单节锂离子电池管理系统中还会加入其他功能，比如电量计量功能。有的手机电池中还带有内置充电管理功能、振动电机驱动功能、电池识别等功能，在增加的功能设计部分，设计时要注意电路方案整体上的低功耗，以使电池能存储较长的时间而不会导致过放电。

8.1.3.2　2～4 节串联电池组

2～4 节串联电池组的应用场合包括笔记本电脑、小型电动工具、小型无人机、小型通信设备、便携式电子设备等方面，这类电池的标称电压为 7.2～14.8V，有较少数量的电池串联在功能上会比单节电池的应用更复杂，对电池组的电量计量有一定的精度要求。由于此类的电池组为串联应用，单体电池的不一致性对电池组寿命具有一定的影响，在单体电池产品一致性差的情况下，还需要考虑增加电池均衡电路。

2～4 节串联电池管理系统要实现的基本功能主要如下：

（1）过放电保护。

（2）一级过充电保护。

（3）二级过充电保护。

（4）过载保护。

（5）短路保护。

（6）温度监测。

（7）电量计量及显示。

（8）智能通信。

（9）电池均衡（在单体电池一致性差的情况下需要增加该功能）。

2～4 节串联电池管理系统常用的设计方案多是采用专用 2～4 节锂离子电池管理芯片的典型应用电路，由核心芯片加上外围电路与 P 沟道 MOSFET 的方式实现，并加上二级过充电保护电路和一些辅助元器件。由于此类的电池管理系统常要求采用 SMBUS 通信，该通信方式为共地通信，因此电池保护开关设计在正端并采用 P 沟道 MOSFET 在正端进行保护控制。

2～4 节锂离子电池管理芯片市场上种类有很多种，日本精工（S‐8254 等系列）、理光、美上美（MM1414T 和 MM1544 等系列）等公司均有出品此类电池管理芯片，美国 TI、MAXIM 等公司也出品此类电池管理芯片。市场上还有中国台湾的公司生产的此类电池管理芯片产品。其中在笔记本电脑电池组的电池管理系统方案中，都采用智能电池标准规范，其中以 TI 公司所推出的芯片产品市场占有率最高，型号有多种，早期的有 BQ2040、BQ2060、BQ2084 等型号，近几年又新增了 BQ20Z7X 等多种系列型号，辅助元器件中常用 NTC 来进行电池的温度监测，电路中常常带有 SMBUS 通信接口，通信数据协议遵循《智能电池数据规范（V1.1 版）》，笔记本电脑可以通过电池组的 SMBUS 通信接口读取电池组的各种信息数据，这些数据包括电池生产厂家、生产日期、产品序列号、电池类型、标称电压、标称容量、实时电压、实时剩余电量、满充容量值、剩余放电时间、剩余充电时间、状态和告警信息等，同时电池外观常常带有直观的 LED 电量指示功能。

典型笔记本电脑锂离子电池管理系统电路方案框图如图 8.2 所示。

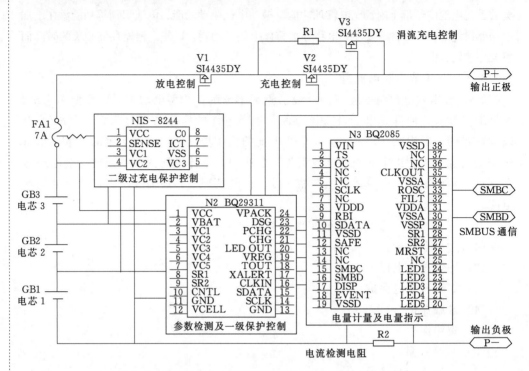

图 8.2 典型笔记本电脑锂离子电池管理系统电路方案框图

图 8.2 中 N2 为 BQ29311，它与 N3 的 BQ2085 配套使用，常用的组合还有 BQ29312 与 BQ2084 的组合方式，这两颗均为 TI 公司出品的 2～4 节锂离子电池专用管理芯片，BQ29311 主要起保护和均衡作用，它检测电池组的电流与每节电芯电压，并进行相应的一级保护控制，具有过充电保护、过放电保护、过电流保护、短路保护和电池均衡功能；BQ29311 将检测到的电池电压和电流等参数信息以内部数据通信方式发给 BQ2085，BQ2085 根据得到的参数进行电量计算，并通过 SMBUS 通信接口将参数信息发送给外部的笔记本电脑，BQ2085 的电量计量方式以库仑计算法为主，并进行了中值电压补偿，BQ2085 同时还具有 LED 电量显示的功能，通过 5 段 LED 进行相应的剩余电量显示。BQ2085 内置有 EEPORM，可以保存电池组厂家的设置参数信息，并记录实时剩余电量状态、电池循环次数等参数。

图 8.2 中的 N1 为精工公司出品的 S-8244 二级过充电保护芯片，通过控制一个温度熔断器实现二级过充电保护，温度熔断器本身带有过温与过流熔断的功能。由于电池组在过充电状态下最容易发生安全性问题，在多节串联电池组中，经常会设计有二级过充电保护，它可以在一级过充电保护失效的情况下起到独立的二级过充电保护作用，以提高电池的安全性。

BQ2085 芯片内置有 SMBUS 通信接口，可以与外部主机直接通过 SMBUS 通信接口实现数据的输入与输出，由于该接口外露，在设计时应加上防静电保护措施。

采用这类专用芯片的电池管理系统，正常情况下设计方案直接采用芯片的典型应用电路，芯片内部所要写入的参数需要通过开发工具在计算机上进行设置并写入，再对电池组进行较全面的测试后才能确认所设置的参数是否合理。这种方案在生产时需要对电压和电流的测量精度进行校准，并将校准值写到芯片内部的EEPROM中，在生产时要考虑到校准所需要的时间，以避免出现生产效率瓶颈。

8.1.3.3　7～10 节串联电池组

7～10 节串联电池组的应用场合包括大型电动工具、电动自行车和电动助力车等方面，这类电池的标称电压为 24～36V，有中等数量的电池串并联，由于应用在动力领域，在电池放电倍率上要求较高，输出功率较大，并且应用环境较为恶劣和复杂，保护功能上会考虑得更为全面，需要多级保护，对电池组的电量计量有一定的精度要求。由于此类电池组的电池串联数量进一步增加，在电池组设计时，正常情况下需要增加电池均衡功能。

7～10 节串联电池管理系统要实现的基本功能主要如下：

（1）过放电保护。

（2）一级过充电保护。

（3）二级过充电保护。

（4）过载保护。

（5）短路保护。

（6）温度监测。

（7）电池均衡（在单体电池一致性差的情况下需要增加该功能）。

在电动自行车领域中所用的 7～10 节串联电池管理系统常用的设计方案是采用5～10 节锂离子电池管理芯片加上外围电路与 N 沟道 MOSFET，并加上二级过充电保护电路和一些辅助元器件的方式，由于电池组串联数较多，电压较高，高电压的 P 沟道 MOSFET 通态阻抗较大，成本较高，若采用 P 沟道 MOSFET 在正端进行保护，方案实现上会较困难，因此采用 N 沟道 MOSFET 将保护控制做在电池组的负端。5～10 节锂离子电池管理芯片在市场上也有较多种类，像日本精工和理光、美国的凹凸公司、TI、凌特和 MAXIM 等均有出品此类电池管理芯片，日本的理光公司有 R5432 等系列芯片，精工、美上美公司也有同类产品。其中不少芯片可以实现级联功能，可以通过多颗芯片进行级联，实现更多节串联的控制应用。

典型的电动自行车锂离子电池管理系统电路方案框图如图 8.3 所示。

图 8.3 中 U1 与 U2 为日本理光公司出品的 R5432 锂离子电池管理芯片，该芯片可以管理 5 节串联的锂离子电池，芯片可以级联使用，在图 8.3 的方案中为 2 颗R5432 芯片进行级联管理 10 节串联锂离子电池组。R5432 主要起保护和均衡作用，它检测电池组的电流与每节电芯电压，并进行相应的一级保护控制，具有过充电保护、过放电保护、过电流保护、短路保护和电池均衡功能。由于 R5432 芯片没有温度检测功能，因此在图 8.3 的方案中，增加了一颗双运放芯片来实现对温度的检测，并将运放输出控制 R5432，实现高温与低温保护的功能。

图 8.3 中的 U3、U4、U5 为精工公司出品的 S-8244 二级过充电保护芯片，它

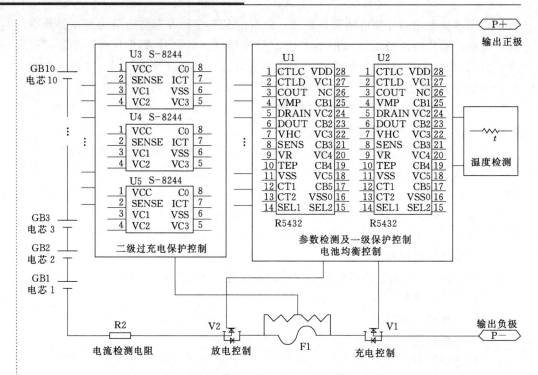

图 8.3　典型的电动自行车锂离子电池管理系统电路方案框图

的输出通过直接控制 MOSFET 关断来实现二级过充电保护功能，提高电池组的安全性。

图 8.3 的锂离子电池管理系统方案常应用于标称电压为 36V 的电动自行车锂离子电池组中，为纯硬件电路设计，方案较为成熟，应用较广。在功能要求更多的场合，会在此基础上进行电路扩展，有些会采用增加单片机控制的方式，实现电量计量、状态指示、外部通信、告警等功能。

8.1.3.4　10～16 节串联电池组

10～16 节串联电池组的应用场合包括电动自行车、电动平衡车、电动摩托车和48V 通信设备的备电等方面，这类电池的标称电压为 36～48V，电池的串联数量达到13 节以上，其中应用在动力领域的电池放电倍率要求较高，输出功率较大，应用于通信领域的有些电池组容量很大，备电时间很长，多数是户外使用，应用环境较为恶劣和复杂，监控功能要求较高，可靠性要求也较高，对电池组的电量计量有较高的精度要求。

10～16 节串联电池管理系统要实现的基本功能主要如下：

（1）过放电保护。

（2）一级过充电保护。

（3）二级过充电保护。

（4）过载保护。

（5）短路保护。

（6）温度监测。

（7）电量计量及显示。

（8）智能通信。

（9）电池均衡。

（10）其他所需要的保护功能（例如：防浪涌保护）。

在电动自行车领域中所用的 48V 或 54V 电池组常为 13～15 节三元材料类型的锂离子电池串联。通信设备备电所用 48V 电池组为 $LiFePO_4$ 锂离子电池，因此串联节数会增加到 15 串或 16 串，这类电池管理系统常用的设计方案是采用 13～16 节锂离子电池管理芯片加上外围电路与 N 沟道 MOSFET，并加上二级过充电保护电路和一些辅助元器件的方式，此外电路方案中通常还带有单片机控制，用于对外通信和增加其他需要的功能，比如 LCD 状态显示、面板设置功能等。48V 电池组的电池串联数较多，电压较高，通常采用 N 沟道 MOSFET 进行保护控制，控制用的功能器件连接方式有两种：一种是在电池组的负端，以电池组电压降压后进行驱动；另一种是在电池组的正端，用电荷泵升压后进行驱动控制。13～16 节锂离子电池管理芯片在市场上也有较多种类，像日本的 ROHM 和松下公司、美国的凹凸、凌特和 TI 公司等均曾生产过此类电池管理芯片。其中有些芯片可以实现级联功能，比如凌特公司的 LTC680X 系列芯片，可以通过多颗芯片进行级联实现更多节串联的控制应用。

以典型的 54V 电动平衡车锂离子电池组的电池管理系统电路方案来说明。该方案由三部分构成：第一部分为前端数据采集芯片（AFE），采用了日本 ROHM 公司的 ML5238 芯片，该芯片可以检测 16 节串联的电池参数，并具有保护、平衡与通信功能；第二部分为采用 STM8 系列的单片机，实现外部通信和电量计算等功能；第三部分为通信接口及保护控制元件部分，其整体电路方案框图如图 8.4 所示。

8.1.3.5　多模块组合的高压电池组

多模块组合的高压电池组的应用场合包括通信设备用 240～336V 高压直流电池组、UPS 电池组、工业储能用电池组、电动汽车用电池组等方面，这类电池的标称电压为 96～600V，有很多数量的电池串并联，对电池组的可靠性要求很高，由于涉及高电压应用，对电池组的安全性要求也很高，具有高电压、高功率、高电量的特点。这类电池组的电池管理系统由多级管理构成，整个系统可以分解为多种电池模块架构，并以模块方式来多级组合完成，具有冗余工作的特点，单个电池损坏情况下要能不影响电池组的整体功能（但允许电池组容量下降）。由于电池组的输出电压超过 60V 安全电压，因此还必须具有绝缘阻抗测量功能，此类电池管理系统的设计很复杂，并且带有多级告警和保护措施，对电池组监控功能、可靠性电量计量有很高的要求。

多模块组合的高压电池组的电池管理系统要实现的基本功能主要如下：

（1）二级以上的过放电保护。

（2）二级以上的过充电保护。

（3）过载保护。

（4）短路保护。

（5）温度监测。

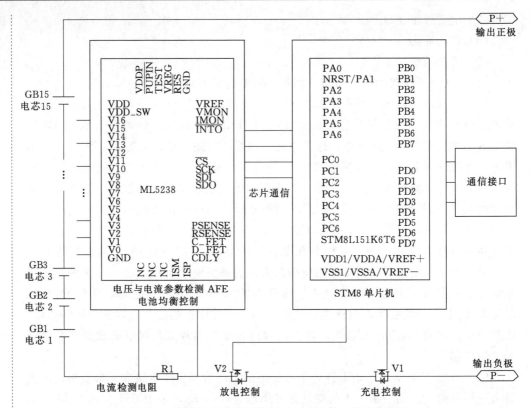

图 8.4 典型 54V 电路平衡车电池组整体电路方案框图

（6）电量计量及显示。

（7）总线通信。

（8）电池均衡。

（9）纯缘阻抗测量。

（10）冗余功能。

（11）其他所需要的保护功能（例如：防浪涌保护）。

多模块组合的高压电池组通常由多级管理系统组成，分为模块级与系统级，所实现的方法较多，整个电池组可以分解为多个标准模块所构成的电池组加一个主控系统。模块电池组通常由 12～16 节电池串联组成，模块级电池管理系统常常由一颗前端数据采集芯片（AFE）加一个单片机构成，它的主要功能包括单体电池的电压监测、温度监测、数据通信、电池平衡等，有的厂家的模块级电池管理系统还具有保护功能，可以独立使用。

13～16 节锂离子电池管理芯片在市场上也有较多种类，像日本的 ROHM 和松下公司，美国的凹凸、凌特和 TI 公司等均有出品此类电池管理芯片。其中有些芯片可以实现级联功能，比如凌特公司的 LTC680X 系列芯片，可以通过多颗芯片进行级联，实现更多节串联的控制应用。

典型的多模块组合的通信后备用 UPS 中的高压直流电池组的电池管理系统的电路方案由模块系统与主控系统构成，下面以一个 192V/（50A·h）的带冗余管理功能的电池组来进行举例说明。

该电池组的电池组子模块为 48V/(10A·h)，每个电池组子模块带有独立的保护、均衡、电压与温度监测、通信等功能，由 4 个 48V/(10A·h) 子模块（图 8.5）串联构成一个 4U 标准尺寸的 192V/(10A·h) 电池组（图 8.6），该电池组可以给外部系统独立供电，并具备故障时自动隔离功能，多个 192V/(10A·h) 电池组并机使用时，系统具备冗余功能，单个模块或电池组出现故障并不影响系统功能，而只会降低系统备电工作时间。本例中以 192V/(50A·h) 电池组系统（图 8.7）进行说明。

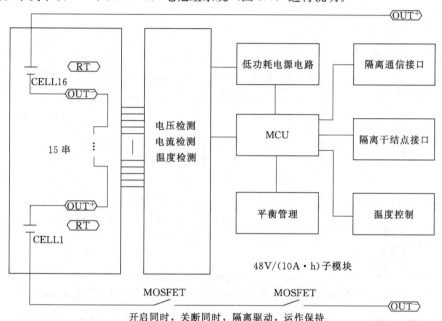

图 8.5 电池组 48V/(10A·h) 子模块系统框图（带有一级保护功能）

本例中的 48V/(10A·h) 子模块采用长寿命的 LiFePO$_4$ 电芯，单体电压为 3.2V，容量为 10A·h，每个子模块由 15 个电芯串联构成，因此电池模块的电压为 48V，容量为 10A·h。

电压、电流、温度的数据检测可以采用市场上的前端数据采集芯片（AFE），生产厂家较多，成熟的有 TI、ROHM 等厂家出品的集成芯片。这类芯片的静态功耗较低，检测精度较高，同时集成了被动均衡功能，并带有 SPI 通信接口，可以与单片机进行数据传送。

典型的多模块组合的电动汽车用高压电池组的电池管理系统电路方案包括 BMU（电池模块单元）、BCU（电池中央控制单元）、绝缘电阻测量、电气控制组件、上位机软件界面等内容，下面依次对这些组成部分的方案进行举例说明。

图 8.8 是市场上应用最广也最成熟的采用凌特公司的 LTC6804 为核心芯片所构成的 BMU 方案，单个芯片可以监控 12S 电池组，应用方案上多芯片可以级联使用，并带有内部通信功能，每个芯片具有 5 路的温度数据采集，芯片与芯片之间以及芯片与 MCU 之间采用变压器进行信号隔离，并保证级联及通信的安全性。BMU

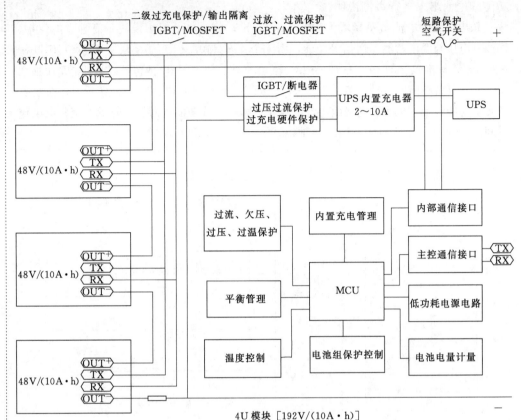

图 8.6 48V/(10A·h) 子模块构成的 192V/(10A·h) 电池组系统框图

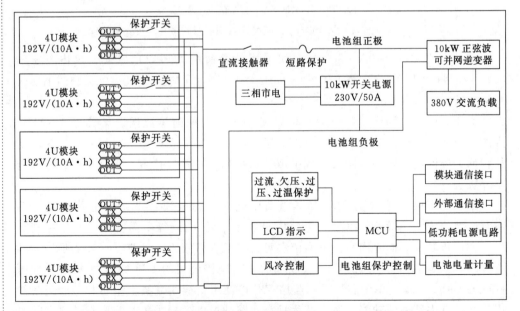

图 8.7 192V/(10A·h) 模块构成的 192V/(50A·h) 电池组系统框图

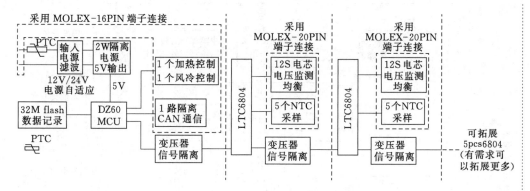

图 8.8　BMU 系统框图

方案主要具有如下功能：

（1）12S 电池组中每节电芯的单体电压数据采集；共有 5 个 12S 电池组级联，单个 BMU 可以监控到 60S 电池组中的每个电芯。

（2）每个 LTC6804 芯片加 5 个 NTC 构成的 5 点温度监控，5 个芯片级联后可以监测到 25 个温度点。

（3）具有内部变压器隔离的信号通信功能。

（4）带有输入电源转换电路，外部输入电压可以适应较宽的范围。

（5）带有 1 路的隔离 CAN 通信功能，可以与外部的主控 BMS（BCU）进行隔离 CAN 通信。

（6）带有被动均衡功能。

（7）每个 LTC6804 芯片的控制电路的接口采用 MOLEX－20PIN 端子连接。

（8）与 MCU 的接口采用 MOLEX－16PIN 端子连接。

（9）电路上预留了扩展功能。

对于主控 BMS（图 8.9）中的 BCU 方案，有多种芯片方案可以选择，市场上应用较广的有高可靠性的飞思卡尔的 MCU 所构成的方案，芯片型号为 9S12XEQ512，芯片与芯片之间以及芯片与 MCU 之间采用变压器进行信号隔离，并保证级联及通信的安全性。BCU 方案所具有的功能包括：

（1）具有内部变压器隔离的信号通信功能。

（2）带有输入电源转换电路，外部输入电压可以适应较宽的范围。

（3）带有 32M 的 FLASH 数据记录功能，可以实时存储电池组的状态信息和关键告警数据。

（4）带有三路的隔离 CAN 通信功能，可以与 BMU、充电器、汽车电控系统进行隔离 CAN 通信。

（5）带有加热控制功能输出接口。

（6）带有风冷控制功能输出接口。

（7）MCU 控制电路的接口采用 MOLEX－16PIN 端子连接。

（8）电路内部带有 PTC 过温保护功能。

（9）电路上预留了扩展功能。

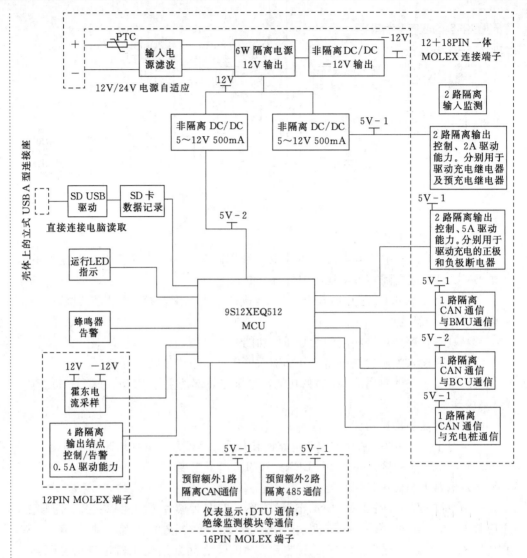

图 8.9　主控系统 BMS 框图

绝缘电阻测量电路（图 8.10）具有的功能包括：

（1）正端对地的绝缘阻抗测量。

（2）负端对地的绝缘阻抗测量。

（3）电池组的正负极之间的电压测量。

（4）内部隔离数据通信，具有绝缘电阻异常的通信告警功能。

（5）采用了隔离电缆，提高系统的可靠性。

（6）具有 LED 状态指示。

对于完整的电池管理系统来说，除了硬件电路设计方案部分，还包含软件设计，软件设计除了 BMS 系统中的单片机控制软件外，还有上位机软件设计，设计良好的上位机软件界面与功能设置，可以对电池组进行良好的监控，提高电池组的功能与可靠性，典型的纯电动汽车用锂离子电池组的软件界面如图 8.11～图 8.16 所示。

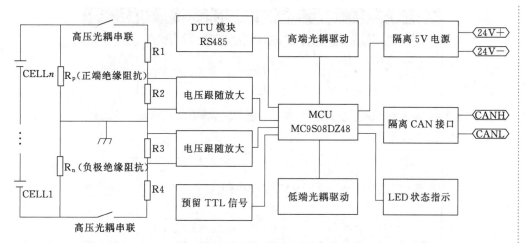

图 8.10 绝缘电阻测量方案框图

图 8.11 电池组与上位机通信的软件界面的主界面设计

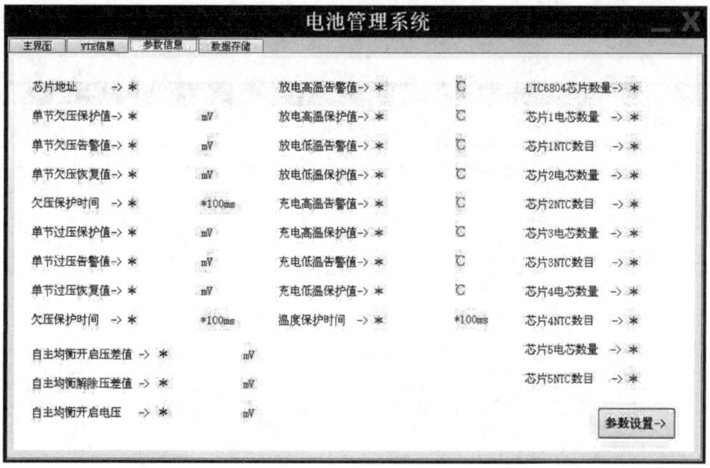

图 8.12 电池组与上位机通信的软件界面的参数设置界面设计

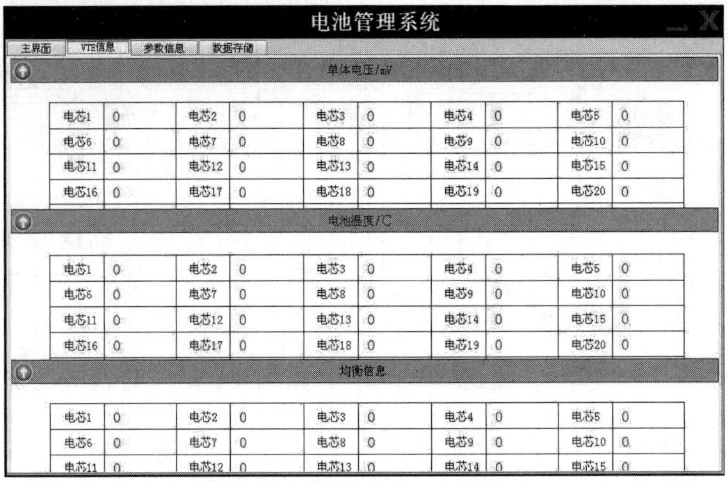

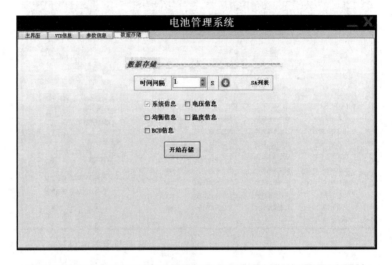

图 8.13　电池组与上位机通信的软件界面的 VTE 显示界面设计

图 8.14　电池组与上位机通信的软件界面的数据存储设置界面设计

图 8.15　上位机的电池组 BCU 信息显示界面

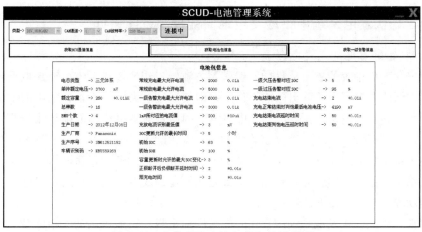

图 8.16　上位机的电池包信息显示界面

8.1.4　锂离子电池管理系统的应用

锂离子电池管理系统的应用范围非常广泛，小到手机电池、移动电源、PDA、蓝牙耳机、电动工具、笔记本电脑等，大到电动自行车、医疗设备、无人机、UPS、楼宇备电系统、工业储能系统、光伏储能系统、电动汽车用电池组等。锂离子电池管理系统的技术发展与锂离子电池行业是相伴而行的，市场应用规模越来越大，而随着锂离子电池组的应用发展，电池组的电压由低到高，容量由小到大，输出功率由弱到强，组合数量由少到多，由最初只是简单的保护功能发展到越来越复杂的功能应用，电池管理系统的架构也越来越庞大。目前市场上已经出现了一些专业研发锂离子电池管理系统技术的厂家，为大型的锂离子电芯企业进行配套电池管理系统业务。以锂离子电池行业内统计分析数据估算，到 2020 年，电池管理系统的市场规模将达到 360 亿元。

8.2　光伏发电系统储能控制技术

8.2.1　基本概念

光伏发电是一种无噪声无污染的清洁能源，其能量几乎是取之不尽、用之不竭的，因此近年来得到了广泛的关注。但由于受太阳辐射强度、光伏组件温度、天气、云层和一些随机因素的影响，光伏电站的运行过程是一个非平衡的随机过程。其发电量和输出功率随机性强、波动大、不易控制，因此，有必要对光伏发电的出力进行干预，以便电力系统调度部门统筹安排常规能源和光伏发电的协调配合，合理安排电网运行方式。储能技术的应用可以协调电力供需实时平衡，能够为电力系统提供快速的有功支撑，增加电网调频、调峰能力，并将成为新一代智能电网的关键性技术。本节将结合光伏发电原理以及各种发电模式分析储能在光伏发电中的应用方案。

8.2.2　光伏发电系统中铅酸蓄电池储能控制系统设计

8.2.2.1　铅酸蓄电池电气特性

在光伏发电系统的主要部件中，铅酸蓄电池的工作环境最恶劣，充放电循环频率高，且太阳能电池板上的输出电能不稳定，即使通过电力转换设备，输出的电能波动性也较大，容易影响铅酸蓄电池的充电过程，因此铅酸蓄电池的故障率也较高。国外的使用经验已经表明，若一个光伏发电系统的使用年限为 20 年，则铅酸蓄电池的费用占整个系统耗资的 60%。由此可见，延长铅酸蓄电池的使用寿命不仅有利于整个光伏发电系统的稳定工作，而且有利于降低光伏发电的成本，从而有助于对整个光伏产业的推动和新能源的发展。

目前，独立光伏发电系统中常用到的是阀控密封式铅酸蓄电池。铅酸蓄电池的使用寿命由其自身的性能、使用环境和充放电监控机制等各方面因素决定。随着铅酸蓄电池制造技术的逐步完善，铅酸蓄电池的质量也日渐提高，只要合理地选择铅酸蓄电池，其自身质量不会对铅酸蓄电池的使用寿命带来太大的影响。通过对铅酸蓄电池在光伏发电系统中过早失效的原因进行统计和分析，发现造成铅酸蓄电池损坏的主要原因是充放电监控管理不当。因此，提高铅酸蓄电池使用寿命的关键是提出合理的充放电监管机制和完善的保护方案。

在光伏发电系统中，由于光伏电池的独有特性，铅酸蓄电池除了具有在通常使用情况下的电学特性外，还呈现出其特有的电气特性，具体如下：

（1）充电时间不稳定。在光伏发电系统，铅酸蓄电池的充电时间和充电速率不稳定，受外界环境的改变而变化。往往以小电流充电，充电时间短，即使在完全晴朗的天气里，充电时间最多也只有 10h 左右。

（2）放电频率高。在光伏发电系统中，到了夜晚或遇见阴雨天，光伏阵列则不能输出电能，需要由铅酸蓄电池为负载供电。因此，铅酸蓄电池的放电频率高，放电时间长，往往在还未充满电就又开始放电。

（3）铅酸蓄电池多节串联使用。目前单节铅酸蓄电池的电压及容量是固定不变的，且大多数单节铅酸蓄电池电压不高，容量不大。在光伏发电系统中，为了高效地储存太阳能和提高负载的功率等级，通常需要太阳能的输出电压稳定到一个较高的值，因此需要把多节铅酸蓄电池串联或者并联使用。

（4）容易忽略电池之间的差异性。光伏发电系统中，太阳能电池的输出受外界环境影响，造成铅酸蓄电池充电过程复杂，需要系统控制电路控制铅酸蓄电池的充电过程。由于铅酸蓄电池容量检测难度大，系统控制电路往往以整组铅酸蓄电池的端电压为控制对象，控制铅酸蓄电池的充放电过程，忽略了单节电池之间的差异性。

8.2.2.2　光伏发电系统中影响铅酸蓄电池使用寿命的因素

影响铅酸蓄电池使用寿命的因素很多，从化学特性分析，铅酸蓄电池损坏是因为其内部结构遭到不可恢复的破坏，如严重的硫酸盐化、活性物质脱落以及极板遭到严重腐蚀、电解液酸分层等，这将导致铅酸蓄电池无法储存更多的电能。这是铅酸蓄电池在充放电过程中控制不当、逐渐累积造成的，结合铅酸蓄电池在光伏发电系统中独有的电气特性，光伏发电系统中影响铅酸蓄电池使用寿命的相关因素主要如下：

（1）放电深度。光伏发电系统中，铅酸蓄电池放电时间长，放电频率高，在使用时如果设置的放电终止电压过低，则会出现深度放电，这样虽然可以使铅酸蓄电池释放出更多的电能，但需要更多的活性物质参与化学反应生成 $PbSO_4$，在下一次充电时难以恢复，容易形成不可恢复的"硫酸盐化"，而且容易造成活性物质从极板上脱落等，严重破坏铅酸蓄电池的内部构造，影响铅酸蓄电池的使用寿命。因此，放电深度越大，铅酸蓄电池的寿命越短。

（2）过充电和欠充电。由于太阳能电池板的输出电压和电流受外界环境影响严重，如果充电电压过高或者充电末期充电电流过大，会使铅酸蓄电池过充电。过充电使铅酸蓄电池的水解加剧，析出更多的气体冲击极板活性物质，使其脱落，加速了极板的腐蚀。同时使铅酸蓄电池内部压力增大，电解液流失。铅酸蓄电池长期处于欠充电状态时，容易使电解液酸分层，导致负极板底部硫酸盐化，正极板腐蚀和膨胀。所以不管是过充电还是欠充电都会缩短铅酸蓄电池的使用寿命。

（3）充放电电流。铅酸蓄电池充电电流过大和充电电压过高都会使铅酸蓄电池内部反应加剧，析出更多的气体，增大铅酸蓄电池内部压力，造成活性物质脱落和极板腐蚀，以及铅酸蓄电池干枯等情况。大的放电电流不但使铅酸蓄电池的放电量减小，而且大电流容易使极板上的活性物质脱落；而过小的放电电流容易出现深度放电和电解液酸分层。因此，铅酸蓄电池只有工作在合理的充放电电流下才能延长使用寿命、提高使用效率。

（4）温度。铅酸蓄电池的寿命一般是指其工作在25℃时的寿命。铅酸蓄电池工作温度升高，则内部化学反应加剧，极板腐蚀加速，析出气体增多；工作温度降低，铅酸蓄电池释放的容量减小，而且容易处在欠充电状态。因此一般的充电控制器都具有温度补偿功能来合理地控制铅酸蓄电池的充放电状态，延长铅酸蓄电池的使用寿命。

（5）端电压不均衡。在光伏发电系统中，需要把多节铅酸蓄电池串联使用，充电过程中，系统控制电路的控制对象是整组铅酸蓄电池的端电压值和电流大小。即使合理地控制了整组铅酸蓄电池的充放电过程，由于单节电池的差异性，容易造成单节电池间的端电压不均衡。一组铅酸蓄电池中若有一个单体成为"落后电池"，将影响整组铅酸蓄电池的使用，严重缩短了铅酸蓄电池的使用寿命，提高了光伏发电系统的成本，降低了系统的可靠性。

在上述各影响因素中，端电压不均衡对光伏发电系统储能的影响最为严重，破坏行为最为隐蔽，控制难度最大。

8.2.2.3 独立光伏发电系统铅酸蓄电池储能控制电路需求分析及结构设计

在光伏发电系统中，太阳能电池输出的电压不稳定，无法直接应用于负载，而且发电时间有限制，因此，往往需要将太阳能转变成稳定的电能后存储到储能设备（如铅酸蓄电池）中，然后供负载使用。通过对光伏电池和铅酸蓄电池的特性可知，光伏电池的输出电压和电流不稳定，随着外界环境温度和光照强度的变化而改变，铅酸蓄电池在充电过程中随着充电的进行，端电压升高，可接受的充电电流逐渐变小。为了使光伏组件高效安全地对铅酸蓄电池充电，同时确保铅酸蓄电池的使用寿命不受到损害，需要在光伏组件和铅酸蓄电池之间加入充电控制电路，以实现一定的控制策略。

由于光伏电池的输出呈非线性，同时铅酸蓄电池的充电也无法直接检测其真实电量，因此系统控制电路无法依据某一参量进行控制。但是系统控制电路要达到的目的是一致的，既要最大效率地利用光伏阵列产生的电能，又要延长铅酸蓄电池的使用寿命。通过电力变换器件，可以控制光伏电池输送到铅酸蓄电池的充电电压和充电电流符合铅酸蓄电池的充电需求；同时还可以监测光伏电池板的输出电压和电流，调整系统充电过程，最大效率地利用太阳能；在铅酸蓄电池放电时，通过监测铅酸蓄电池的放电过程、控制铅酸蓄电池的放电深度，保护铅酸蓄电池，延长系统的使用寿命，使光伏发电系统稳定工作。

目前，铅酸蓄电池充放电控制系统大多数控制电路是以 DC/DC 电路拓扑结构为基础，在此基础上辅助一些电路，采取一些控制策略，采用软件与硬件结合的方式实施控制，把光伏组件输出的不稳定、不可人为控制的电能转换为稳定的、可控制的电能。另外，在光伏发电中，为了提高能量、功率等级和充电效率，往往需要把多节铅酸蓄电池串联起来使用，充电控制策略是针对铅酸蓄电池组展开的，充放电过程一般都是针对铅酸蓄电池组进行控制。因此即使合理地控制了一组铅酸蓄电池组的运行，也不能确保铅酸蓄电池组的安全。因为由于单节铅酸蓄电池内部各参数的不一致性，在使用过程中，通过若干次循环充放电后会出现各节铅酸蓄电池容量及端电压的不一致性。因此，对于铅酸蓄电池组必须具备单体监测，实现成组铅酸蓄电池中单体端电压的均衡。结合以上需求分析，可以构建光伏发电系统铅酸蓄电池储能电路结构设计方案，如图 8.17 所示。

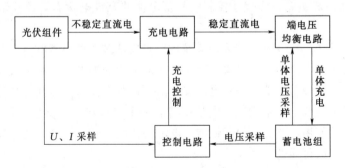

图 8.17　光伏发电系统铅酸蓄电池储能电路结构设计方案

8.2.2.4　光伏发电系统中铅酸蓄电池充电方式及充电电路设计

1. 铅酸蓄电池充电方式

铅酸蓄电池在光伏发电系统中常见的充电方式有恒流充电法、恒压充电法和分阶段充电法。

（1）恒流充电。铅酸蓄电池恒流充电是以充电电流为控制对象，通过一定的控制策略使铅酸蓄电池在充电过程中电流恒定不变，充电电压逐步增大。因此随着充电时间的增大，铅酸蓄电池吸收的电能增多，端电压逐步升高，最后完成充电。恒流充电方法简单，容易控制，但是铅酸蓄电池充电可接受电流随着铅酸蓄电池端电压的升高而减小，因此恒定的充电电流不能满足铅酸蓄电池的整个充电过程：可能在充电前期电流过小，增大了充电时间；也可能在充电后期，铅酸蓄电池因充电电流过大而水解，析出气体增多，严重损坏了铅酸蓄电池，缩短了其使用寿命。

（2）恒压充电。铅酸蓄电池恒压充电是以其端电压为控制对象，在充电时通过一定的控制策略使充电电压值不变，随着充电时间的增加，铅酸蓄电池储存的电能增大，电压升高，充电电流逐渐变小。这种方法最接近铅酸蓄电池充电电流可接受特性，且控制简单，容易实现。但是，如果在充电初期铅酸蓄电池处于深度放电状态，则充电电流会太大，引起铅酸蓄电池的内部结构改变，影响铅酸蓄电池的使用寿命。

（3）分阶段充电。分阶段充电法是恒流充电和恒压充电的结合。根据铅酸蓄电池在不同时间的可接受的充电电流和电压值，分阶段处理充电过程。铅酸蓄电池在光伏发电系统中常有的分阶段充电法有二阶段和三阶段充电法，这种充电方法虽然弥补了恒流充电和恒压充电的不足和缺陷，但需要复杂的控制电路，增加了控制难度，使控制策略的实现变得困难。

2. 铅酸蓄电池充电电路设计

根据铅酸蓄电池充电方法的特点，充电电路应该形成一种以 DC/DC 变换器为核心，结合控制电路，把光伏组件上不稳定的、无法控制的电能转换为稳定的、可控制的电能供铅酸蓄电池充电。根据铅酸蓄电池在光伏发电系统下的充电特性，可采用不同的充电策略对铅酸蓄电池进行储能。以升压型（Boost）DC/DC 变换电路为例，介绍一种太阳能电池板在不同输出电压下 DC/DC 变换器输出可调的储能电路。

（1）DC/DC 变换器基本拓扑结构及控制方式。非隔离式 DC/DC 变换器基本拓扑结构有降压型（Buck）、Boost 和极性反转型（Buck-Boost），如图 8.18～图 8.20 所示。由图可知，基本 DC/DC 变换器由开关管 Q、续流二极管 VD、储能电感 L、滤波电容 C 和负载 R_L 组成。

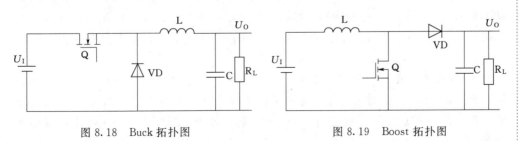

图 8.18　Buck 拓扑图　　　　　　　　图 8.19　Boost 拓扑图

在 Buck 电路中，开关管 Q 闭合时，输入电压 U_I 向电感 L、电容 C 和负载 R_L 提供电流，续流二极管反向截止，电感以磁能形式存储电能。开关断开时，由于电

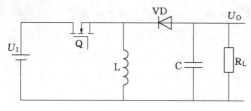

图 8.20　Buck-Boost 拓扑图

感 L 上的电流方向不能突变，会产生反向电压，使续流二极管 VD 导通，电感 L 和电容 C 通过续流二极管 VD 向负载 R_L 提供电流，电感释放电能。

　　在 Boost 电路中，开关管 Q 闭合时，续流二极管 VD 及后面的电路被断开，输入电压 U_I 向电感 L 充电，电感以磁能形式存储电能，负载 R_L 由电容 C 提供电流。开关管 Q 断开时，电感 L 电流方向不能突变，电感上形成与 U_I 同向的电压。因此输入电压 U_I 和电感 L 通过二极管 VD 同时向电容 C 和负载 R_L 提供电流，电感释放电能。

　　Buck-Boost 电路中，开关管 Q 闭合时，续流二极管 VD 反向截止，输入电压 U_I 向电感 L 充电，电感以磁能形式存储电能，电容 C 向负载 R_L 提供电流。开关管 Q 断开时，电感 L 电流方向不能突变，产生反向电压，续流二极管 VD 导通。电感通过二极管向电容 C 和负载 R_L 提供电流，电感释放电能。

　　通过对三种 DC/DC 变换器的工作原理分析可知，DC/DC 变换器都是通过储能电感 L 和滤波电容 C 来变换和稳定输出电压的。在电感电流连续的情况下，电感在开关管闭合和断开时的电流变化量相等，即 $DL_I（＋）＝DL_I（－）$，由此通过推导可得出，Buck 变换器、Boost 变换器和 Buck-Boost 变换器的输出电压与输入电压的关系为

$$U_O = DU_I \tag{8.1}$$

$$U_O = \frac{1}{1-D}U_I \tag{8.2}$$

$$U_O = \frac{D}{1-D}U_I \tag{8.3}$$

其中

$$D = \frac{T_{ON}}{T_{ON}+T_{OFF}} = \frac{T_{ON}}{T}$$

式中　D——占空比，即 D 为开关管导通时间与整个周期的比。

　　由式 (8.1)～式 (8.3) 可以看出，在 Buck 变换器中输出电压低于输入电压，在 Boost 变换器中输出电压高于输入电压，在 Buck - Boost 变换器中，输出电压与输入电压反向，当 $D>0.5$ 时，输出电压高于输入电压；当 $D<0.5$ 时，输出电压低于输入电压。无论哪种变换拓扑结构，输出电压的大小由输入电压和占空比的大小决定，因此，在 DC 变换器中以控制和改变占空比的大小调整和控制输出电压的大小。

　　(2) DC/DC 变换器的控制方式。从前面的分析可以看出，在输入电压不变的情况下，DC/DC 变换器是通过改变占空比 D 来调节输出电压大小、稳定输出电压的。占空比 D 的改变有两种方法：①在脉冲输出高电平时间不变的情况下，调制脉冲频率，进而改变占空比 D 的大小，调整和稳定输出电压，这是一种脉冲频率调制模式 (Pulse Frequency Modulation Mode，PFM)；②脉宽调制模式 (Pulse Width Modulation，PWM)，即脉冲周期固定不变，高低电平的输出时间改变。两种调制

模式都有各自的优点与缺点，无论是哪种调制方式，在整个 DC/DC 电路的设计中，为了使系统能够稳定运行，都需要对输出量和输入量采样，并引入反馈。目前常用的调制方式是 PWM 模式，这里将介绍一种 PWM 调制模式的电路设计。依据反馈控制量的类型，DC/DC 变换电路分为电压控制模式和电流控制模式。

1) 电压控制模式。电压控制模式是一个单环控制系统。把输出电压作为反馈控制信号，通过对输出电压采样放大与参考电压比较，控制脉宽比较器的输出方波，调节功率开关管的导通与关断，实现闭环控制，以稳定输出电压。电压控制模式具有单环控制，电路简单；抗干扰性强；输出阻抗低，带负载能力高；占空比调节不受限制等优点；另外采样信号为输出端电压，所以无论是输出电压的变化，还是负载的变化，都能很好地反映在采样信号上。但是由控制领域知识可知，电压控制模式的传递函数是一个二阶函数，二阶系统的稳定是有条件的，在其控制过程中必须对其控制回路精心设计，输出才能稳定。同时具有以下缺点：不能快速对输入电压的变化做出响应；闭环增益受输入电压变化影响，使原本就复杂的补偿电路设计起来更加复杂；环路存在两个极点，需要增加一个零点来补偿。

2) 电流控制模式。电流控制模式可以克服电压控制模式的一些缺点，由控制理论领域知识可知，电流控制模式是一个双环控制系统，既有电压反馈外环又有电流反馈内环。对输出电压信号采样放大的同时，检测电感电流大小的变化；这两个信号量同时控制占空比的大小，以此达到调节电感的峰值电流跟随输出电压变化的目的。跟电压控制模式相比，它不是用输出反馈电压信号直接控制脉冲宽度，而是用峰值电感电流和输出电压反馈信号共同控制脉冲宽度。相对于电压控制模式来说，其控制传递函数是一个一阶函数，而一阶系统是一个无条件稳定系统，因此，电流控制模式增加了电路的稳定性。

设计中将电流内环和电压外环同时作用于开关脉冲，可以提高动态响应速度，同时补偿电路也变得简单，可以使整个电路设计简单化。

(3) 充电控制电路设计。电流控制模式虽然比电压控制模式有优势，但依旧存在缺点。电流控制模式存在次谐波振荡的问题，在占空比 $D>0.5$ 时，当环内噪声或瞬态扰动时，输出就不再稳定。图 8.21 显示若占空比 $D>0.5$，则电感上一个微小的扰动经过几个周期后会逐渐增大，形成一种正反馈，使电路产生自激振荡。为了克服这种影响，在 DC/DC 变换器设计中往往需要谐波补偿电路，虽然谐波补偿电路有效地解决了电路工作环路不稳定的情况，但是降低了电路的带负载能力和瞬态响应速度，同时也增加了电路设计和调试的复杂度和难度。

使占空比 $D<0.5$ 也可使电路输出稳定。由图 8.21 可以看出，当占空比 $D<0.5$ 时，电感电流的一个较大的扰动经过几个周期后逐渐变小，系统有一种自动趋于稳定的性能。因此，为了使输出电压稳定，单一的输出电压会限制光伏阵列的输出电压范围，减少太阳能电池输出电压的利用范围，降低了太阳能电池的利用效率。

为了更好地利用太阳能，图 8.22 所示的反馈选通电路设计了两种不同的输出电压值，扩大了太阳能电池输出电压的利用范围。DC/DC 变换器的输出电压可以

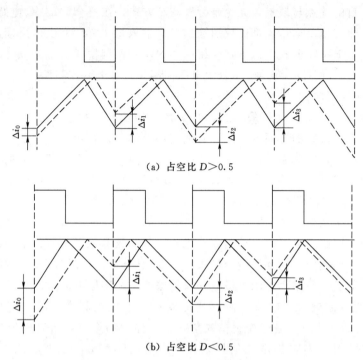

（a）占空比 $D > 0.5$

（b）占空比 $D < 0.5$

图 8.21　电感电流扰动的响应

由反馈电路和内部参考电压降决定，利用迟滞比较器的输出使两个反馈电路只有其中的一路导通，使 DC/DC 变换器的反馈电压改变，进而改变输出电压的值。

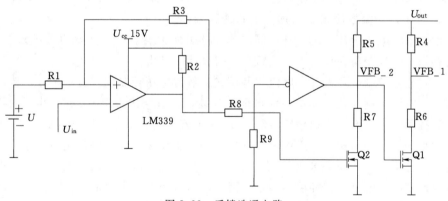

图 8.22　反馈选通电路

迟滞比较器一端连接由电源电路输出的 5V 稳定电压，另一端连接光伏组件采样电路的输出电压。图 8.22 中，迟滞比较器的翻转电压分别为 4.76V 和 5.47V，当电压从低上升到 5.47V 时，迟滞比较器的输出端翻转；但电压从高降低时，只能在降低到 4.76V 时输出翻转。合理设计光伏组件电压采样电路，便可以完成电路在光伏电池输出电压为 24V 和 27.2V 时完成 DC/DC 变换器反馈电路的选通，完成输出电压的改变。如此，可有效地抑制光伏组件输出电压的波动带给 DC/DC 变换器输出电压的不稳定。

8.2.2.5 放电控制及温度补偿

放电模块是连接铅酸蓄电池组与负载之间的桥梁，是整个独立光伏发电系统重要的控制部件。本书所设计的放电模块主要包含了温度补偿电路、放电深度 DoD (Depth of Discharge) 控制电路、DC/DC 稳压电路、状态监测电路以及放电状态指示电路，如图 8.23 所示。

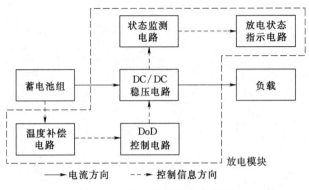

图 8.23 放电模块原理结构图

放电模块的主要功能是在有负载需求时，对铅酸蓄电池进行放电控制，输出负载需要的各种幅值的稳定直流电压供直流负载使用或者通过 DC/DC 变换器，将幅值相对较低的铅酸蓄电池输出直流电压转换为幅值相对较高的直流电压，向逆变器输出，最终经逆变器将此高电压转换为符合频率和幅度等要求的交流电压供交流负载使用。此外，放电模块还应具有两个基本功能：①DoD 控制电路，防止铅酸蓄电池深度放电导致对铅酸蓄电池造成不必要的损坏；②温度补偿电路，可以使铅酸蓄电池组工作于温差较大及温度变化频繁的环境中，可以有效地对铅酸蓄电池组进行温度补偿，实时调整铅酸蓄电池组的放电终止电压。

1. DoD 控制电路

DoD 控制电路如图 8.24 所示，由分压电阻得到铅酸蓄电池的实时端电压值，与预先设定的基准电压通过电压比较器 LM339 中进行比较：当铅酸蓄电池端电压高于每段的基准电压时，发光二极管被点亮；当铅酸蓄电池端电压低于某段的基准电压时，对应的发光二极管熄灭。通过 7 个发光二极管的亮灭可以直观反映铅酸蓄电池组的放电程度。

在独立光伏发电系统中，铅酸蓄电池为负载供电的情况下，控制系统的一个主要作用就是稳定直流母线上的电压，不管负载是否变化，铅酸蓄电池组均能够提供充足的电量。光伏系统的放电率一般较小，通常为 C/20～C/240。

该 DoD 控制电路还具有欠压保护功能，如果检测到铅酸蓄电池的端电压低于设定的欠压保护电压 U_p，则会立即停止铅酸蓄电池向负载供电，以便有效保护所用的铅酸蓄电池。

监控点仅设定一个放电终止电压的情况下，放电控制电路则很可能会产生振荡：当铅酸蓄电池给负载供电时，它的端电压会慢慢降低，当电压降低到 U_p 时，铅酸蓄电池就会终止向负载供电；铅酸蓄电池终止放电一段时间后，它的端电压又

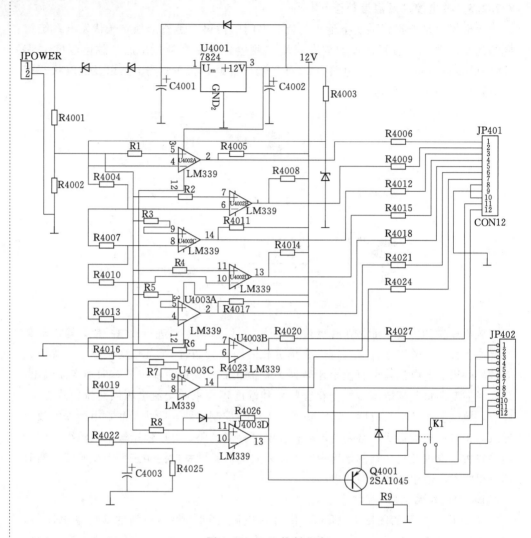

图 8.24　DoD 控制电路

会逐渐升高，而当端电压超过 U_p 值时，铅酸蓄电池又会再次向负载供电，这样则会导致系统出现停止—运行—停止的振荡现象。因此，为了避免产生此种振荡现象，在 DoD 控制电路中加入钳位处理，当铅酸蓄电池放电达到 U_p 时通过钳位电路把铅酸蓄电池电压钳制在一个较低的电压，防止铅酸蓄电池组停止放电一段时间后端电压的回升，造成频繁的电路通断。

2. 温度补偿电路

目前独立光伏发电系统中普遍采用阀控密封式铅酸蓄电池串联电池组作为系统储能部分，由于室外环境温度变化大，未做电池组随环境温度变化进行充放电状态实时补偿而造成电池组寿命缩短的问题已明显暴露了出来。在实际运行中，环境温度对阀控密封式铅酸蓄电池性能的影响比较大，阀控密封式铅酸蓄电池的最佳环境运行温度为 25℃，在此温度下，有利于铅酸蓄电池达到最长寿命。

如果使用环境温度过高，使阀控密封式铅酸蓄电池在充电过程中产生的热量无法及时扩散到空气中去，加速了电解液的损失，同时也容易通过壳体损失水分，导致电解液的比重升高加速了正极板栅的腐蚀，最终导致阀控密封式铅酸蓄电池未达到电池的设计寿命而提前失效。

在一定的温度范围内，铅酸蓄电池的寿命随温度的升高而延长。在 $10\sim35℃$ 时，每升高 $1℃$，可以增加 $5\sim6$ 次充放电循环；$35\sim45℃$ 时，每升高 $1℃$ 可以至少增加 25 次充放电循环；而高于 $50℃$ 时，由于负极的硫化容量损失而减少铅酸蓄电池循环次数。一定的温度范围之内，铅酸蓄电池的寿命随温度的升高而增加，是由于容量随着温度的升高有所增加。在放电容量不变的情况下，温度升高时铅酸蓄电池的放电深度要降低，从而寿命延长。串联电池组的可持续放电能力以状况最差的那一块电池的容量值为准，而不是以平均值或额定值（初始值）为准。

因此在实际应用中，如果不同温度下设定相同的放电终止电压，将导致温度高时铅酸蓄电池过放电、温度低时铅酸蓄电池使用不充分。所以应在放电控制电路中增加温度补偿模块，随着温度的变化调节铅酸蓄电池的放电终止电压。

铅酸蓄电池的充放电电压温度补偿系数大约为 $-5\sim-3mV/℃$。在铅酸蓄电池充放电过程中，为了更充分地利用和保护铅酸蓄电池，其充放电温度补偿系数可以分为两种情况：当铅酸蓄电池电解液所处的环境温度高于 $25℃$ 时，其温度补偿系数取 $-3mV/℃$；当铅酸蓄电池电解液所处的环境温度低于 $25℃$ 时，其温度补偿系数取 $-5mV/℃$。

在独立光伏发电系统的铅酸蓄电池充放电策略设计中，采用线性补偿方式比阶梯补偿更合理，为了简化电路设计，放电电路温度补偿系数设为 $-4mV/℃$，其放电终止电压温度补偿关系表达式为

$$U = U_0 - K(T - T_0) \tag{8.4}$$

式中　U——温度补偿之后的放电终止电压；

　　U_0——标准室温 T_0（$25℃$）时的放电终止电压；

　　T——铅酸蓄电池使用时的温度；

　　K——温度补偿系数。

根据以上原理可设计如图 8.25 的温度补偿结构，通过比较单元、控制单元，实现铅酸蓄电池的温度补偿控制。

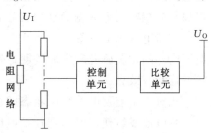

图 8.25　温度补偿结构

8.2.2.6　光伏发电储能铅酸蓄电池电压均衡电路设计

在光伏发电中，为了提高能量和功率等级以及充电效率，往往需要把多节铅酸蓄电池串联起来使用。由于一组铅酸蓄电池中各个单节铅酸蓄电池的内部参数往往都不一致，在使用过程中，通过若干次循环充放电后，会出现各节铅酸蓄电池容量及端电压的不均衡性。如果对这种不均衡不加控制和处理，则随着循环使用，这种不一致性会越来越大，即出现正反馈，最终产生"落后电池"。在光伏发电系统中，充放电过程的控制一般都是针对整体铅酸蓄电池组进行。在充电过程中，"落后电

池"会先于其他电池达到充电终止电压，如果此时停止充电，则其他铅酸蓄电池不能完全充电，铅酸蓄电池组的容量不能得到最大，降低了铅酸蓄电池组的利用效率；如果继续充电就会使"落后电池"过充电，造成铅酸蓄电池的损坏，甚至造成安全隐患。同样，在放电过程中，"落后电池"会先于其他电池达到放电终止电压，此时如果停止放电，虽然可以保护落后电池，但造成铅酸蓄电池组的利用效率降低；如果继续放电会使"落后电池"进一步损坏，衰减其使用寿命。在这种情况的充放电过程中，"落后电池"决定了电池组的性能，这就是成组铅酸蓄电池中单体不一致性导致的"木桶效应"。

1. 铅酸蓄电池组均衡判别依据

铅酸蓄电池均衡理论的本质是指电池荷电状态均衡，也就是同一组铅酸蓄电池中每个单体电池的剩余容量相同。通常把铅酸蓄电池在一定温度下无法再继续释放能量的状态定义为 SOC＝0％；把铅酸蓄电池在一定温度下无法再继续吸收能量的状态定义为 SOC＝100％。铅酸蓄电池的荷电状态表示为

$$\mathrm{SOC}=\frac{Q_\mathrm{C}}{C_\mathrm{I}} \text{ 或 } \mathrm{SOC}=1-\frac{Q_\mathrm{C}}{C_\mathrm{I}} \tag{8.5}$$

式中　　Q_C——铅酸蓄电池剩余电量；

　　　　Q——铅酸蓄电池已经放出的电量；

　　　　C_I——铅酸蓄电池以 I 恒流放电时的总电量。

目前，还没有技术可以直接精确测量铅酸蓄电池的荷电状态，各种铅酸蓄电池荷电状态测算方法所取得的结果误差都较大，加之受制造工艺的影响，每个铅酸蓄电池在出厂时的容量也无法保证完全相同；因此以荷电状态作为铅酸蓄电池充放电均衡依据没有实际意义，而且要以此依据实现控制策略的难度很大。

铅酸蓄电池端电压是铅酸蓄电池性能的一个重要指标，铅酸蓄电池的充放电过程都是以端电压为依据而加以控制的。铅酸蓄电池在静置状态及小电流充放电时，电压与荷电状态成良好的线性关系；在较大电流充放电时，虽无良好的线性关系，但国内外的相关研究和实验表明，铅酸蓄电池端电压均衡依然对铅酸蓄电池的荷电状态均衡有效。

相对于铅酸蓄电池荷电状态的检测，铅酸蓄电池端电压检测更加容易和精确。铅酸蓄电池成组使用时，选择端电压一致的单体铅酸蓄电池可保证铅酸蓄电池组在开始使用时，每一个单体电池容量基本一致。在充放电控制中，设定合理的铅酸蓄电池组放电终止电压和充电终止电压，可有效地保护铅酸蓄电池组。目前在铅酸蓄电池组均衡研究及应用中都采用了端电压均衡策略，在实际应用中，已经以电池端电压是否一致为电池均衡充放电标准。以铅酸蓄电池端电压为均衡依据能更好地实现均衡目的，维护铅酸蓄电池的性能。

2. 常见的铅酸蓄电池端电压均衡方法

铅酸蓄电池电压均衡分为被动均衡和主动均衡。铅酸蓄电池被动均衡方式是采用较高的均衡电压充电，充电后期电流逐渐下降，当充电电流不再下降时完成均衡充电，转浮充电。这种均衡方式对单体 6V 或单体 12V 电池是有效的，但对于电池

组来说，实际效果并不理想，会使电池组中电压高的电池失水，对电池造成损害，使电池容量下降，甚至造成电池热失控。

在主动均衡策略中，电路最简单、成本最低的均衡方案是利用电池组内单体电池自消耗放电，实现单体电压过高的电池消耗能量来平衡电池组内各单体间容量差的目的。这种均衡方法是以损耗铅酸蓄电池组的能量为代价的，因此损耗大、效率低，为了提高效率，目前大多研究采用能量非耗散性均衡策略，利用电力电子设备及电子元器件，把能量从端电压高的单体中转移到端电压低的单体里，或者把能量从端电压高的单体中转移回整体铅酸蓄电池组中，实现铅酸蓄电池端电压均衡。

从电路拓扑结构和所使用电子元器件看，能量非消耗型均衡方法大致有 DC/DC 变换器均衡法、多输出变压器均衡法和飞渡电容器均衡法等。

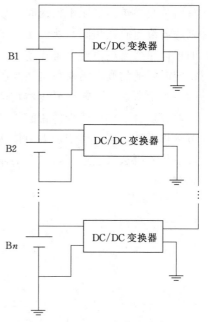

图 8.26　DC/DC 变换器均衡法

（1）DC/DC 变换器均衡法。利用 DC/DC 变换器可以实现铅酸蓄电池的端电压均衡，如图 8.26 所示，在铅酸蓄电池组的每个单体两端接上一个独立的 DC/DC 变换器，每个变换器的另一侧接铅酸蓄电池组的正向端，每一个 DC/DC 变换器都模块化。

这种均衡方案需要对铅酸蓄电池组中每一个单体进行检测，当某一个单体的电压高于其他单体时，通过控制与该单体相连的 DC/DC 变换器工作，铅酸蓄电池释放能量，电池组吸收能量，实现电压均衡。直流变换器可以是双向 DC/DC 变换模块，这样可以实现能量的双向流动，当端电压高的铅酸蓄电池释放能量时，端电压低的铅酸蓄电池吸收能量，有利于提高均衡效率。

此均衡方案为每一个铅酸蓄电池配备了独立的 DC/DC 模块，可以根据铅酸蓄电池的数量实现扩展；但在方案的实现中需要检测铅酸蓄电池的端电压，以此来判别 DC/DC 变换器工作状态，控制信号众多。另外需要大量的功率场效应管实现 DC/DC 变换器工作状态的切换，控制逻辑复杂。因此整个系统复杂，成本昂贵。

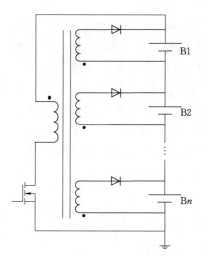

图 8.27　多输出变压器均衡法

（2）多输出变压器均衡法。如图 8.27 所示是同轴多副边绕组变压器为主体所构成的均衡电路。变压器原边与整组铅酸蓄电池组相连，副边每个绕组分别接单体铅酸蓄电池两端。当系统检测到铅酸蓄电池组中单体电压不均衡时，原边场效应管导通，变压器开始工作。由于变压器副边各绕组匝数相同，所以每一个铅酸蓄电池单体所对应的充电电压相等，电压低的单体铅酸蓄电池充电电流就大，吸收的能量就多，而电压高的单体则相反。经过一定时间的均衡，铅酸蓄电池组各单体的端电压趋于一致，实现均衡。

如上所述，多输出变压器均衡法控制简单，可以减少硬件数量，但是这种均衡电路只适合于单体较少的铅酸蓄电池组，因为变压器的每一个副边绕组只能对应一节单体电池，因此对于由多单体构成的高电压铅酸蓄电池组来说，这种均衡方案会使变压器副边绕组过多，过多的副边绕组使变压器的设计越加复杂，给电路的实现带来难度。

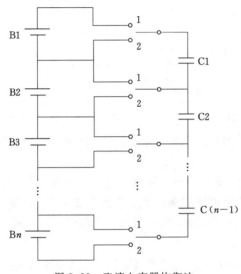

图 8.28　飞渡电容器均衡法

（3）飞渡电容器均衡法。图 8.28 利用储能元件电容器通过能量转移实现铅酸蓄电池组内单体电池端电压均衡。电容器和开关组成一个开关电容网络，当每一个开关分别与每一个节点 1 导通时，铅酸蓄电池 B1、B2、…、B($n-1$) 分别与电容器 C1、C2、…、C($n-1$) 相连；当每一个开关分别与每一个节点 2 导通时，电容器 C1、C2、…、C($n-1$) 分别与铅酸蓄电池 B2、B3、…、Bn 相连。每一个电容器的电压总是与之相连的铅酸蓄电池端电压相等，如此，在每一个开关切换周期内，相邻的铅酸蓄电池和同一个电容器连接；如果铅酸蓄电池端电压不均衡，则在切换过程中可以实现能量的转移，通过储能电容器把能量从高电压单体转移到低电压单体，实现均衡。

这种均衡不需要对每一个单体的电压进行监测；容易实现模块化设计，可以把控制电路、电源和电容设计在一个单元里，形成一个模块。针对不同数量单体组成的铅酸蓄电池组采用不同数量的模块，在实际应用中容易扩展，使用方便。

但这对于由 N 节铅酸蓄电池构成的铅酸蓄电池组，需要 $2N$ 个功率开关构成开关电容网络。能量转移是通电容为媒介的，只能相邻铅酸蓄电池之间实现能量转移，由于能量每经过一节单体都有时间损耗，因此电压高的单体与电压低的单体距离越远，能量均衡需要的时间就越长。另外为了确保开关在切换过程中不出现节点 1 和节点 2 之间的短路情况，需要设置死区时间，确保电路的正常切换。这样就增加了开关信号的复杂性，提高了电路实现的难度。

各均衡方案都有各自的优势与不足，不同的均衡方案只适合于不同的应用系统。

8.2.3　光伏发电系统中锂离子电池储能控制系统设计

锂离子电池具有能量密度高、循环寿命长、循环效率高、自放电率较少、无记忆效应的特性。大容量电池储能系统的典型功率在 1MW 以上，运行时间为几十分钟至几小时，主要应用在发电、输电、变电等环节。根据锂离子电池的特点，在光伏并网发电中也常常利用锂离子电池来构成大容量储能系统。在此将介绍光伏发电系统中锂离子电池储能控制系统设计。

8.2.3.1 大容量电池储能系统结构

电网大容量电池储能管理系统系统主要由四部分构成：电池组、电池管理系统、能量转换器（又称双向逆变器，Power Conversion System，PCS）、监控系统。如图 8.29 所示为一个大容量储能系统总体结构示意图，为扩充电池组安时容量由单体电池进行并联连接构成，通过 n 个电池组串联提升模块电压，以此电池模块为储能单元，通过 PCS 能量转换器进行 DC/AC 变换为 380V 交流电，通过升压变压器变为 10kV 高压电并网传输。通过 n 个储能模块组合构成大容量储能系统，利用 CAN 总线实现电池工作状态参数、能量转换器工作状态参数、变压器工作状态参数同储能系统控制机、BMS 主机的传输与控制。

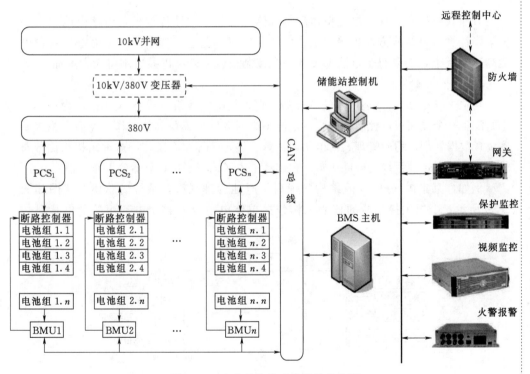

图 8.29　大容量储能系统总体结构图

8.2.3.2 锂离子电池管理模块设计

储能电池管理模块是实现大容量储能系统电力调度与存储、对储能电池工作状态实现实时准确的监控的基础。

目前，电池管理系统从硬件结构大体上可以分为集中式、分布式、集中-分散式三种类型结构。

1. 集中式

集中式结构只有一个中心处理器，电池信号采集、开关驱动、信号隔离、通信传输等大部分外围电路都要和它进行连接。所有的电池信息都直接传递给中心处理器进行处理，所有的工作包括荷电状态估算、均衡开启、充电控制等都由它单独完成。集中式结构的优点是成本相对较低、计算灵活；缺点是在实际装车运用中，各类信号线偏多，对中心处理器的要求较高，另外由于集中式的占用空间较小，容易出现温度过高引起的安全隐患。

集成式是集中式结构的拓扑结构，它采用了专门的电池管理芯片，分担了中心处理器的部分功能。常见的电池监控芯片有 LTC6803、OZ890、DS2438 等，比如 LTC6803 可以实现对 12 个单体电池的电压采集，并带有均衡功能，采集到的电池信息可以储存在外设中，并通过 SPI 方式与中心处理器进行通信。这种结构的优点是电路制作较简单、系统可靠性好、采样的精度比较高，不足的地方是灵活性较差、造价偏高。

2. 分布式

分布式结构是每一个电池单体配备单体控制板，单体控制板负责该电池数据的采集、计算。该结构方便扩展，工作可靠性较高，但电动汽车中的动力电池数量可能高达上百个，如果每个电池都配备一个控制板，复杂度以及成本将大大增加。

3. 集中-分散式

集中-分散式属于上述两者的结合品，它将整个电池组分成 N 个小组，为每一个小组配备一个控制板，控制板负责该电池小组的数据采集及其他工作，然后由主控制器负责数据处理、均衡管理、荷电状态估算、热管理等核心工作。这种结构相比分布式结构降低了管理系统的硬件成本，相比集中式又减少了主控制器的工作负担。

例如，某集中-分散式的结构的锂离子电池管理系统，系统的总体框架图如图 8.30 所示，上层主控制器的核心工作包括单体电池以及整个电池组的荷电状态估

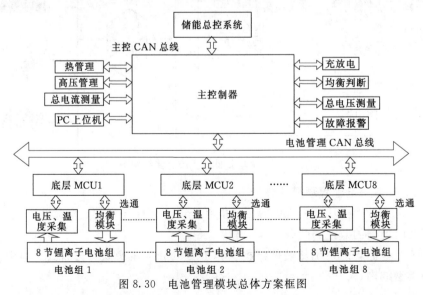

图 8.30　电池管理模块总体方案框图

算，数据处理以及通信、电池组均衡控制、故障诊断和处理、充放电控制、安全管理等。底层控制级由 8 个 MCU 构成，每个 MCU 负责 8 节锂离子电池单体的电压、温度采集以及均衡电路的控制。将该单元进一步扩展并配以总控制系统即可成为大容量的锂离子电池储能系统。

（1）主控制级硬件设计，包括以下方面：

1）主控芯片。主控芯片是电池管理系统的核心，承担了整个电池管理的大部分工作，考虑到荷电状态估算时，需要进行大量的矩阵运算，当前可以选用 TI 公司生产的 32 位 DSP 芯片进行分析，型号为 TMS320F2812，其功能框图如图 8.31 所示。该芯片采用了高性能的静态 CMOS 技术，低功耗设计，工作频率高达 150MHz（6.67ns 周期时间），内置 $128K \times 16$ 位 FLASH 以及 $18K \times 16$ 位的 SARAM，16 信道 12 位 ADC，可产生 6 路 PWM 信号。工作的温度范围可为 $-40 \sim 125℃$。

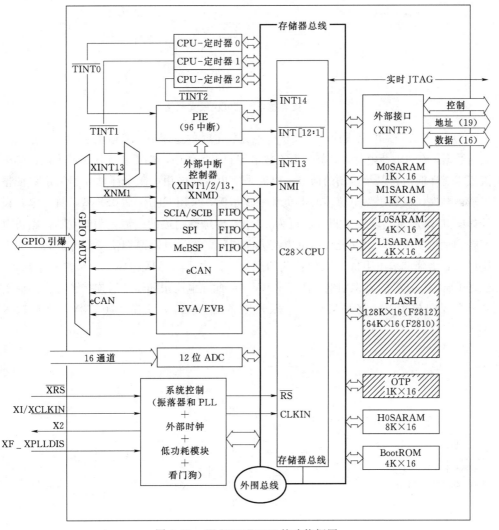

图 8.31　TMS320F2812 的功能框图

2）总电压采集电路设计。储能单元由 64 节串联锂离子电池提供，电池组两端的总电压最高可超过 200VA。因此，采用相对电阻分压采集法和具有更强的抗干扰能力和更好的采样精度的霍尔型电压传感器，负责总电压的采集。本书采用 HNV - 025A 型霍尔电压传感器设计对应的电池组总电压采集电路如图 8.32 所示。根据电池组的情况，设计被测电压为 300V（包括余量），为保证达到最高采样精度，R2 阻值设定为 30KΩ。同时考虑到本文中主控芯片 ADC 的输入电压必须小于 3.3V，R3 取 120Ω。

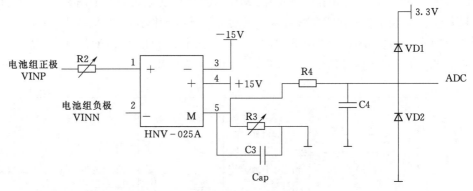

图 8.32　电池组总电压采集电路

3）总电流采集电路设计。锂离子电池充放电时的电流值，是电池管理系统重点采集的数据，在电池荷电状态估算以及充放电控制等工作中，都需要依托高精度的采样电流值才能降低估算以及控制的误差。电流采集也可以采用电阻分压法，但为了保证精度和可靠性，以霍尔型电流传感器负责采集示例，采用 CHB - 200SF 型，具体电路设计如图 8.33 所示。设最大测量电流为 100A，传感器副边的电流则为 0.05A，副边电流经测量电阻接地。因为充放电的电流方向相反，测量电阻两端便得到－3～3V 的电压信号，为降低输出阻抗并减少负载的干扰，该电压信号后连接了一个电压跟随器。但是 DSP 中 ADC 的可识别电压小于 3.3V，因此在电压跟随器之后连接了一个加法器和一个反向放大器，将采集到的电压先抬高至 0～6V，再降为 0～3V，之后输入ADC 口。

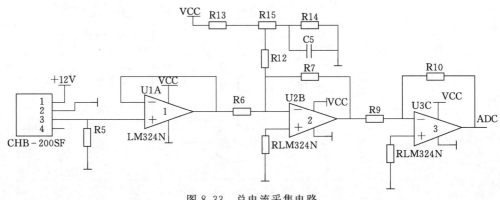

图 8.33　总电流采集电路

4）充放电控制电路设计。充放电控制是电池管理系统的重要功能，通常的充放电控制主要是以单一的控制方式实现，缺乏稳定性，因此采用了软硬件联合控制的方式。图 8.34 为充电控制电路，CH－P 为硬件充电保护信号，正常时处于低电平状态，它经 MOS 管和或非门形成 CH－P3 信号；CH－P0 是由主控制器产生的软件充电保护信号，正常时也处于低电平状态。正常情况下电池充电时，MOS 管 Q2 导通，继电器得电闭合，充电开始。当 CH－P0 及 CH－P3 中任意信号为高电平时，Q2 断开，继电器失电断开，停止充电。系统放电时，控制电路的设计类似，此处不再过多叙述。

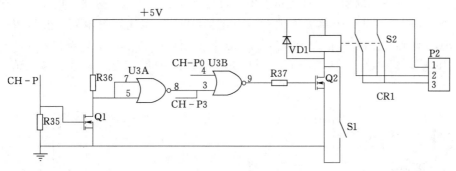

图 8.34　充电控制电路

5）CAN 通信设计。目前，锂离子电池储能系统中主控 DSP、底层单片机以及总控之间的通信都通过 CAN 总线实现。CAN 总线是世界著名的汽车公司——奔驰汽车公司，专门为汽车的检测和控制系统设计的。它具有普通总线不具备的高可靠性、实时性等优点，它的应用范围已经扩大到了汽车、航天、工业等各种领域。因为主控 DSP 自带了 ECAN 模块，因此只要选用合适的 CAN 收发器即可。收发器芯片为 PCA82C250 的总线接口电路设计如图 8.35 所示。DSP 的 CANRX 和 CANTX 先分别通过两个型号为 6N137 的光耦后，再和收发器连接，这样是为了增加总线节点的抗干扰性。

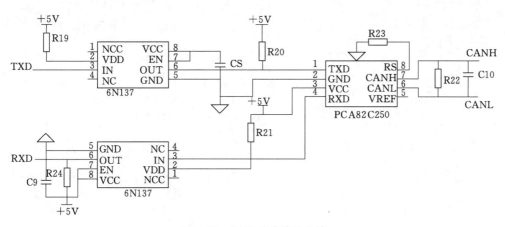

图 8.35　CAN 总线接口电路

（2）底层控制级硬件设计，包括以下方面：

1）底层单片机选型。底层单片机要负责该组 8 个电池单体的电压采集、温度采集、均衡控制等工作，并将采集到的数据上传至主控 DSP。可以考虑选用一款低功耗的微处理器（如 ATMEGA32）作为底层单片机。

2）单体电池电压测量电路硬件设计。对荷电状态进行估算时，一般都需要利用锂离子电池端电压的测量值对荷电状态的初始预估值进行反馈校正。在充放电控制、安全管理中也需要随时关注电压值，防止锂离子电池电压过低或过高。由此可以看出，锂离子电池的端电压值是电池管理系统中的一个相当重要的数据量，采集精度要求非常高。例如，一种光耦继电器负责单体电池的电压采集，电压采集电路如图 8.36 所示。每一个单体电池对应一个 AQW214 型光耦继电器，并采用一个 74LS138 译码器控制 8 个 AQW214 的选通和关断，底层单片机只需控制 74LS138 便可快速地采集某个单体的端电压。由于单片机的 ADC 只能分辨大于零的值，电

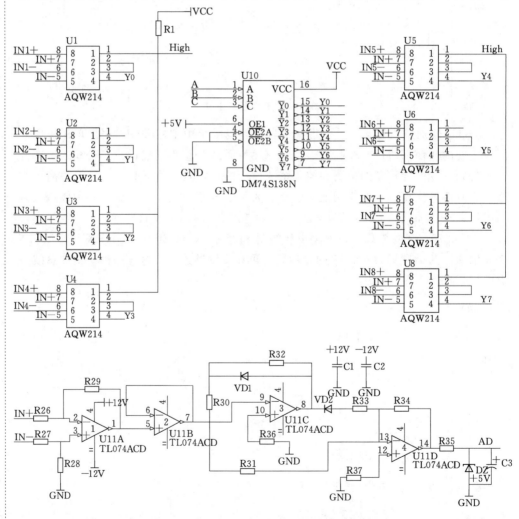

图 8.36　锂离子电池单通道端电压采集电路

池电压进入 AQW214 后，经过差分电路得到电池的电压值，绝对值电路将正负电压值变为正值。信号调理电路最末端的稳压二极管用来限制电压幅值小于 5，电容用来消除电压信号的毛刺。

（3）温度采集电路设计。在合适的温度范围内，锂离子电池的工作性能可以达到最佳状态，并且可以保持良好的稳定性。例如，每一个电池小组共有 4 个温度采集点，每个采集点的温度由一片 DS18B20 芯片负责。该芯片为单片结构，它的测温分辨率可达到 ±0.5℃，采集范围可达
−55～125℃。它可直接与单片机的 I/O
口相连，并且 4 个 DS18B20 传感器可
以同时悬挂在一根总线上，单片机可
以通过对应的序列号对每个芯片进行
辨别。图 8.37 为温度采集电路，每个
DS18B20 采用独立供电，提高稳定性和抗干扰性。

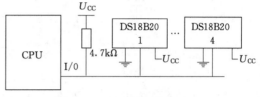

图 8.37　温度采集电路

（4）均衡管理方案设计。均衡管理设计中，每 8 个电池单体配备一个均衡模块，每个模块由 8 个均衡单元组成，均衡单元之间相互独立，负责各自电池的均衡工作。均衡模块的设计方案如图 8.38 所示，均衡模块中均衡单元由均衡主电路和控制回路组成，图 8.39 所示为均衡单元的结构图。

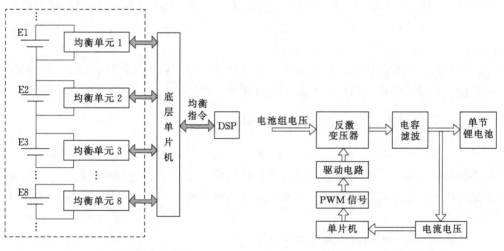

图 8.38　均衡模块结构　　　　　图 8.39　均衡单元结构

均衡管理中，均衡电路是基础，它是决定均衡效率的关键因素。此处给出一款采用反激变压器的拓扑结构的均衡主电路，如图 8.40 所示。反激变压器的工作原理为：MOSFET 管导通时，原边承受了电池组施加的总电压，此时原边绕组充当电感的作用开始储能。同时，副边感应出极性相反的电压，使得 VDO 截止，单体电池的均衡电流由电容 C3 放电维持。MOSFET 关断后，由于原边绕组中的能量不能突变，反激变器副边绕组的同名端被迫由正变负，迫使 VDO 导通，原边储存的能量对副边电池进行充电。

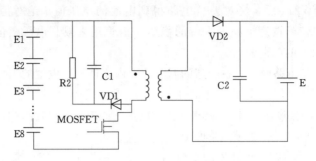

图 8.40　均衡主电路

4. 硬件抗干扰措施

电池管理系统所用的电子元器件与线路众多,进行抗干扰设计对于提高系统工作的效率和稳定性有重要意义。抗干扰的具体措施如下:

(1) 电源设计。采用独立、分散的方式对各个功能模块进行供电,防止各个模块在工作中对电源系统产生不利影响;保证电源的散热良好。

(2) 光电耦合器抗干扰。选用合适的光电耦合器,保证控制单元与外部的传感器、继电器之间有良好的电气隔离。

(3) PCB 布线设计。为减小导线的阻抗、分布电容以及分布电感,布置元器件时多用 45°拐角代替跳线。合理设置各功能块的分布,避免不同区域的射频电流相互耦合。在电源模块的进线端、集成芯片的电源引脚与接地引脚之间等部位配置去耦合电容,以过滤掉多余的小信号和高频噪声。

(4) 通信系统的设计。各个采样信号线尽量使用相同的长度,以保持信号的同步传输。尽量不要在通信模块下覆铜,防止大地中的不稳定因素干扰信号传输。

8.2.4　光伏发电系统中的光伏逆变器

将储能系统中的直流电能变换成交流电能的过程称为逆变,把完成逆变功能的电路称为逆变电路,把实现逆变过程的装置称为逆变设备或逆变器。逆变装置的核心是逆变开关电路,简称为逆变电路。该电路通过电子开关的导通与关断,来完成逆变的功能。

光伏逆变器一般由升压回路和逆变桥式回路构成。升压回路把光伏电池的直流电压升压到逆变器输出控制所需的直流电压;逆变桥式回路则把升压后的直流电压等价地转换成常用频率的交流电压。

逆变器主要由晶体管等开关元件构成,通过有规则地让开关元件重复开关,使直流输入变成交流输出。当然,这样单纯地由开和关回路产生的逆变器输出波形并不实用。一般需要采用高频脉宽调制(SPWM),使靠近正弦波两端的电压宽度变狭,正弦波中央的电压宽度变宽,并在半周期内始终让开关元件按一定频率朝一方向动作,这样形成一个脉冲波列(拟正弦波)。然后让脉冲波通过简单的滤波器形成正弦波。

根据逆变器在光伏发电系统中的用途可分为独立型(离网)电源用和并网用两

种。光伏并网逆变发电系统是指负载为电网，向电网输送电能的发电系统；光伏离网逆变发电系统则是指负载为常用（除电网外）的负载，其独立于大电网而存的一种发电系统，通常用于偏远地区、远离电网地区或岛屿，为其日常供电。

光伏并网逆变发电系统主要由光伏阵列、电力变换装置（如 DC/DC 和 DC/AC 等）、电网和控制系统构成，如图 8.41 所示。光伏离网逆变发电系统主要由光伏阵列、电力变换装置（如 DC/DC 和 DC/AC 等）、蓄电池组、电力负载和控制系统构成，如图 8.42 所示。而其中蓄电池主要用于存储光伏离网逆变发电系统中的多余电能，以便补充阳光不足时的电能。光伏逆变器前端通常加直流 DC/DC 变换电路将光伏阵列输出的低电压升高到一定的稳定值，同时可实现光伏阵列的最大功率跟踪（MPPT）；而后储于母线电容中由逆变器逆变成所需要的交流值。

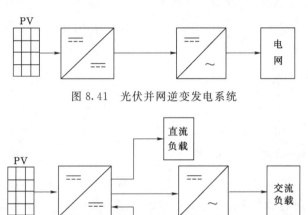

图 8.41　光伏并网逆变发电系统

图 8.42　光伏离网逆变发电系统

除此之外，根据波形调制方式又可分为方波逆变器、阶梯波逆变器、正弦波逆变器和组合式三相逆变器。对于用于并网系统的逆变器，根据有无变压器又可分为变压器型逆变器和无变变压器型逆变器。根据逆变器输出交流电压的相数可以分为单相逆变器和三相逆变器。根据负载连接又可分为逆变器直接与负载相连而不与电网连接的无源逆变器，以及逆变器直接与电网相连的有源逆变器。根据光伏并网逆变器能量转换级数可分为单级逆变器和两级逆变器。根据光伏并网逆变器有无隔离变压器可分为隔离型变压器和非隔离型变压器。

光伏逆变器中主要关注的问题包括 DC/DC 变换电路、DC/AC 逆变、最大功率跟踪技术等。DC/DC 变换电路原理在铅酸蓄电池充电电路设计部分已经涉及，本章主要介绍 DC/AC 逆变电路、最大功率跟踪技术。

8.2.4.1　DC/AC 逆变电路

1. 逆变器的基本工作原理

逆变器的基本电路根据不同的技术方案的差异可分为单相桥式逆变电路、三相半桥式逆变电路、三相全桥式逆变电路、多电平逆变电路等。

以最简单的逆变电路——单相桥式逆变电路为例，说明逆变器的逆变过程。单相桥式逆变电路示意如图 8.43 所示。输入直流电压为 U_d，R 代表逆变器的负载，通常是感性的。当开关 S1、S3 接通时，电流流过 S1、R 和 S3，负载上的电压极性是左正右负；当开关 S1、S3 断开，S2、S4 接通时，电流流过 S2、R 和 S4，负载上的电压极性反向。若两组开关 S1 - S3、S2 - S4 以频率 f 交替切负载 R，便可得到频率为 f 的交变电压 U_{ba}，其波形如图 8.44 所示。可以看出该波形为方波，其周期 $T = 1/f$。

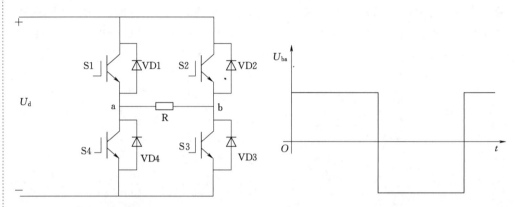

图 8.43　单相桥式逆变电路示意图　　　　图 8.44　逆变原理波形图

电路中的开关 S1、S2、S3、S4 实际是各种半导体开关器件的一种理想模型。逆变器电路中常用的功率开关器件有功率晶体管（GTR）、可关断晶闸管（GTO）、功率场效应管（MOSFET）及快速晶闸管（SCR）等。当今，功耗更低、开关速度更快的绝缘栅双极型晶体管（IGBT）大量普及，因此大功率逆变器多采用 IGBT 作为功率开关器件。在实际应用中，要构成一台实用型逆变器，尚需要增加许多重要的功能电路及辅助电路。总的来说，输出为正弦波，并具有一定保护功能的逆变器工作过程主要如下：由各种能源设备（如光伏电池）送来的直流电进入逆变器主回路，经逆变转换成高频的（一般为 10kHz 左右）SPWM 调制正弦脉冲波，再经过一系列滤波电路滤波成为 50Hz 的工频正弦波，最后再由变压器升/降压送至用电负载（或并网）。

2. 逆变器的基本技术参数

在逆变器设计及器件选型中一般需要考虑以下参数：

（1）额定输出电压（稳压能力）。规定的输入直流电压在允许波动范围变动时，它表示逆变器输出的额定电压值。光伏逆变器输出电压的偏差百分率通常称为电压调整率。光伏逆变器应同时给出当负载由零向 100% 变化时，该光伏逆变器输出电压的偏差百分率通常称为负载调整率。一般情况下光伏逆变器的电压调整率应不大于 ±3%，负载调整率应不大于 ±6%。

（2）电压波形失真度。当逆变器输出电压为正弦波时，应规定容许的最大波形失真度（谐波含量）。通常以输出电压的总波形失真度表示，对单相逆变器，其值不应超过 10%；对三相逆变器，其值不应超过 5%。

（3）额定输出频率。逆变器输出交流电压的频率应是一个相对的稳定值，通常为工频 50 Hz。正常工作条件下其偏差应在 $\pm 1\%$ 以内。

（4）输出电压不平衡度。这个一般用于三相逆变。在正常工作条件下，逆变器输出三相电压的不平衡度应不超过一个规定值，如 5%。

（5）额定电流（或额定功率）。它表示在规定的负载功率因数范围内，逆变器的额定输出电流。有的产品给出的值为额定功率，其单位为 VA 或 kVA。

逆变器的额定功率是当功率因数为 1 时（可以通过逆变器控制系统进行控制），额定输出电压与额定输出电流的乘积。

3. 光伏并网逆变器的锁相方法

光伏并网逆变器的目的是将光伏电池板产生的电能直接送往电网，这样就可以省去大量的储能设备，也是离网型和并网型逆变器的本质区别，想要实现逆变器并网功能必须要满足并网接入的条件，而锁相技术是其中的最关键点。光伏并网逆变器的锁相是指并网逆变器的逆变输出电压与接入点电网电压具有一样的频率和相位，这样才能保证接入电网时能量的正常流动，而不会形成环流。

根据控制电路的不同，逆变器的锁相方法可以分为模拟电路锁相和全数字锁相。这里给出一种采用 DSP2812 的全数字控制的单相并网逆变器示例，并讨论数字锁相技术。

常用的光伏并网逆变器锁相方法没有一个统一的名称，根据其原理，此处称之为市电过零点置位法。市电过零点检测电路如图 8.45 所示。

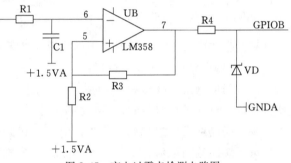

图 8.45 市电过零点检测电路图

根据图 8.45 设计的电路，可以得到 $U_{市电}$ 和信号 U_0 的波形图如图 8.46 所示。

通过图形可以看出，在市电的过零点处 U_0 信号会出现一个幅值的跳变，这个跳变可以用控制芯片的捕获单元捕捉到，此时 DSP 芯片就检测并记录下了市电的过零点。在全数字控制里，送往驱动板的 SPWM 信号是由数字控制芯片 DSP 的事件管理器模块产生的。

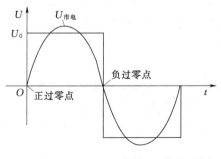

图 8.46 $U_{市电}$ 和信号 U_0 的波形图

而根据事件管理器的用法，DSP 内部的数字 SPWM 是由正弦波表和递加/递减计数器相比较获得的，相当于模拟的调制正弦波和载波三角波相比较获得 SPWM。因此，正弦波表即相当于是调制正弦波，只不过正弦波表是离散的，是利用了采样定理，将连续信号等分为 n 份。如果忽略逆变器的延迟作用，逆变器输出交流电压的频率和相位应该与正弦波表的频率和相位一致。

如图 8.47 所示，保证正弦波表的频率和相位与市电电压的频率和相位一致，即可达到锁相效果。由图 8.47 所示的电路 DSP 芯片可以很容易地捕捉到市电每一个周期的过零点，两个过零点之间的时间即为当前市电的周期，通过这个去调节 DSP 的事件管理器的参数则可使输出电压的频率和市电频率保持一致。正弦波表相当于调制正弦波离散成 n 份得到的，如果锁相成功，会有正弦波表的第 0 点对应市电的过零点。基于以上分析，只需当 DSP 检测到市电的过零点时，强制将正弦波表置位为零点，频率变为 DSP 计算的上个周期的市电频率，则可以达到锁相效果。

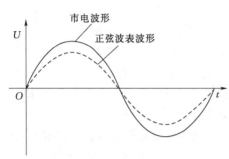

图 8.47　正弦波表和市电波形示意图

4. 并网反孤岛检测方法

孤岛现象是光伏并网逆变器在与电网并网为负载供电时，在电网发生故障或中断的情况中，光伏并网逆变器继续独立供电给负载的现象。当光伏并网逆变器供电的输出功率与负载达到平衡时，负载电流会完全由光伏系统提供，此时，即使电网断开，光伏并网逆变器输出端的电压与频率也不会快速随之改变，这样系统便无法正确地判断出电网是否有发生故障或中断的情况，因而导致孤岛现象的发生。

孤岛现象会导致以下严重后果：

（1）当电网发生故障和中断后，由于光伏并网逆变器仍旧维持给负载供电，将使得维修人员在进行修复时，可能会发生设备或人身安全事故。

（2）当电网发生故障或中断时，由于光伏并网逆变器失去市电作为参考信号，会造成系统的输出电流、电压和频率漂移而偏离市电频率，发生不稳定的情况，并且可能包含有较多电压与电流谐波成分。若未能将光伏并网逆变器及时与负载分离，将使得某些对频率变化敏感的负载受到损坏。

（3）在市电恢复瞬间，由于电压的相位不一样，可能产生较大的突波电流，造成有关设备的损害，并且在公共电网恢复供电时，可能会发生同步的问题。

（4）若光伏并网逆变器与电网为三相连接，当孤岛现象发生时，可能会形成欠相供电，影响用户端三相负载的正常使用。

孤岛检测的关键点是对电网的检测。通常情况在电网的配电开关关断时，光伏并网逆变器的供电量和电网负载需求量不匹配，电网电压会发生较大变动，可利用网侧电压的过/欠压保护来检测电网是否掉电。并网孤岛检测方法分为被动式检测法和主动式检测法。

（1）被动式检测法一般是检测公共电网的电压大小与频率高低来作为判断公共电网是否发生故障或中断的依据，主要检测方法有：①电压与频率保护继电器检测法；②相位跳动检测法；③电压谐波检测法；④频率变化率检测法；⑤输出功率变化率检测法。

（2）主动式检测法在逆变器的输出端主动对系统的电压或频率加以周期性扰

动，并观察电网是否受到影响，以作为判断公共电网是否发生故障或中断的依据，主要有如下一些检测方法：①输出电力变动方式；②加入电感和电容器；③频率偏移检测法。

被动式检测法仅通过检测电压、电流等电量的变化来判断电网是否脱开，具有很大的检测盲区，因此一般采用主动式检测方法。以下给出一种主动频率偏移检测示例：

主动式检测法是对被动式检测法的一种改进，与阻抗测量法相类似。频率反馈跟踪原理如图 8.48 所示。一开始逆变器通过锁相功能保证输出电流与接入电网点电压（即市电电压）同频、同相，此处可认为锁相精度完美并

图 8.48　频率反馈跟踪原理图

且电流没有任何畸变。此时相当于逆变器输出的电流频率跟随市电电压的频率。

在锁相程序中加入一个正向且同一方向的频率扰动，扰动频率为 0.1Hz 或 0.2Hz（保证在锁相精度范围以内），加入扰动的电流注入电网时，由于电网强大的吸收能力，电网电压频率不会有明显变化，可以自行将此扰动消除掉。如果电网掉电且输出功率和负载匹配，即出现孤岛现象，则此时逆变器认为的电网电压波形与逆变器输出的电流一模一样，而每个正弦周期逆变器都会在市电频率的基础上加上一个正向频率扰动，实际上就是在自己输出的频率上加上一个正向的扰动，使得电压频率向一个方向不断偏移（正反馈），最后超出控制器设定的最大阈值，从而检测出孤岛效应。主动频移正反馈检测法系统如图 8.49 所示，流程如图 8.50 所示。

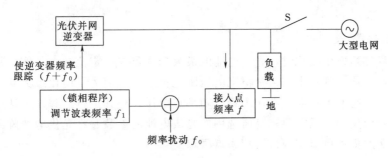

图 8.49　主动频移正反馈检测法系统图

8.2.4.2　最大功率点跟踪技术

由光伏电池的电气特性可知，在任何外界条件下，光伏电池总有一个最大功率点，但是当外界条件改变时，最大功率点的位置会发生改变。采取最大功率点跟踪技术的目的是使光伏电池的输出功率尽可能工作在最大功率点处，能将光伏电池阵列产生的电能最大化利用，提高光伏系统的利用率。对光伏电池进行最大功率点跟踪对于提高系统的整体效率有着举足轻重的作用。最大功率点跟踪的实现实质上是一个动态自寻优过程。

目前常用的最大功率点跟踪实现方法有恒压跟踪法、扰动观察法及电导增量法等。实现方法在实际设计中还在不断改进，下文主要以目前常见的这几种基本方法

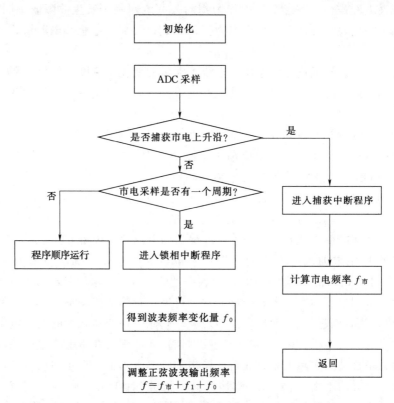

图 8.50　主动频移正反馈检测法流程图（f_1 为频率正扰动量）

给予说明。

1. 恒压跟踪法

当外界环境发生变化时，光伏电池的最大功率点在一定范围内徘徊，最大功率点处的输出电压也基本上在某个恒定电压附近徘徊。人们为了简化最大功率点跟踪的控制设计，将此恒定电压看作为最大功率点电压，对其进行追踪来到达最大功率点。在实际应用中，只需要知晓所选用的光伏电池的参数并将光伏电池阵列的输出电压钳位于此值就可以实现最大功率点跟踪。

恒压跟踪法的优点如下：

（1）控制方法简单，很容易实现。

（2）系统的稳定性很好。

（3）系统的可靠性高。但是恒压跟踪法忽略了外界环境因素对光伏电池阵列输出电压的影响，当外界环境变化很大时，系统的功率损耗会很大，实际运行中必须要有人为干预才能使系统保持稳定运行。恒压跟踪法把最大功率点跟踪控制简化为稳压控制，它是最大功率点跟踪方法的一种近似算法。

2. 扰动观察法

扰动观察法的工作原理是通过给光伏电池的输出电压加一个的扰动电压信号，比较扰动前后功率的大小。若功率值增加了，则表示扰动方向正确，可朝同一方向继续扰动；若功率值减小了，则表示扰动方向不正确，这时往反方向扰动。这种方法通过不断的扰动光伏电池的输出电压来使光伏电池阵列的输出功率不断接近最大功率。具体流程如图 8.51 所示。

扰动观察法的优点是算法简单，所需要测量的参数少，所以在光伏系统的最大功率点跟踪控制中应用较普遍。它的缺点是系统的工作电压 U_0 和最大功率点所在电压 U_m 之间始终存在差距，在最大功率点跟踪控制过程中有一定的功率损失。当太阳光辐射强度较弱时，光伏电池的输出电压和电流较小，测量误差可能造成该算法失效。同时，在外界环境因素变化很大时，系统有时会发生"误判"现象。

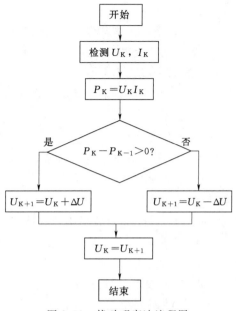

图 8.51　扰动观察法流程图

3. 电导增量法

电导增量法利用光伏电池阵列输出的 $P\text{-}U$ 曲线的切线来判断光伏阵列的输出功率是否工作在最大功率点处，并且通过比较输出端的动态电导值 $\mathrm{d}i/\mathrm{d}u$ 和静态 $-I/U$ 值的大小来决定光伏阵列输出电压的扰动方向。电导增量法可以减少在最大功率点处的振荡现象，增强适应环境变化的能力。通过比较 $\mathrm{d}i/\mathrm{d}u$ 和 $-I/U$ 的大小来决定光伏电池输出电压的扰动方向从而达到实现最大功率点跟踪的目的。

电导增量法的优点是当外界环境发生变化导致输出电压波动比较大时，它都能平稳快速地响应其变化，且电压晃动比较小。它明显的缺点是算法比较复杂，增加了微处理器在控制上的困难。且由于是固定步长的自动寻优过程，不能同时满足动态响应速度和精度。

习　　题

1. 选择题

(1) 以下不属于电池管理系统的主要功能的是（　　　）。

A. 电化学状态检测　　　B. 保护控制　　　C. 电池均衡　　　D. 信息通信

(2) 电池管理系统监测参数有哪些（　　　）。

A. 电压　　　　　　　　B. 电流　　　　　C. 温度　　　　　D. 放电深度

(3) 以下属于电池管理系统的基本保护控制内容的有（　　　）。

A. 过电压保护　　　　　B. 欠电压保护　　C. 过电流保护　　D. 低温保护

(4) 以下属于电池主动均衡特征的是（　　　）。

A. 利用率高　　　　　　　　　　　B. 均衡电路方案复杂

C. 发热量小　　　　　　　　　　　D. 成本低

(5) 以下属于荷电状态估算方法的有哪些（　　　）。

A. 负载放电法　　　　　　　　　　B. 电动势法

C. 卡尔曼滤波法　　　　　　　　D. 神经网络法

(6) 以下不是单节锂离子电池管理系统要实现的基本功能的是（　　）。

A. 充电、放电　　　　　　　　B. 充电、放电保护功能

C. SOC 估算　　　　　　　　D. 短路保护

(7) 影响铅酸蓄电池使用寿命的相关因素有哪些（　　）。

A. 放电深度　　　　　　　　B. 过充电和欠充电

C. 充放电电流　　　　　　　　D. 端电压不均衡

(8) 以下铅酸蓄电池充电方式中，比较合理的方法是哪个（　　）。

A. 恒流充电法　　　　　　　　B. 微电流充电法

C. 恒压充电法　　　　　　　　D. 分阶段充电法

(9) DC/DC 变换器基本拓扑结构有哪些（　　）。

A. 降压型　　B. 升压型　　C. 极性反转型　D. 变频型

(10) 改变 DC/DC 变换器的控制占空比的方法有哪些（　　）。

A. 脉冲频率调制模式　　　　　　B. 相位变换模式

C. 幅度调制模式　　　　　　　　D. 脉宽调制模式

(11) 什么是 DoD 控制电路（　　）。

A. 放电电流控制　　　　　　　　B. 放电电压控制

C. 放电深度控制　　　　　　　　D. 放电温度控制

(12) 以下属于电网大容量电池储能管理系统构成的是（　　）。

A. 电池组　　B. 电池管理系统　　C. 能量转换器　　D. 监控系统

(13) 以下属于目前锂离子电池管理系统硬件结构的有哪些（　　）。

A. 集中式　　B. 分布式　　C. 集中-分散式　　D. 分段式

(14) 常用的储能设备有（　　）。

A. 功率型储能设备　　　　　　B. 电流型储能设备

C. 能量型储能设备　　　　　　D. 变压型储能设备

(15) 以下属于超级电容优点的有哪些（　　）。

A. 寿命长　　　　　　　　B. 比功率大

C. 充放电效率高　　　　　　　　D. 充放电速度快

(16) 直接接入式储能装置有哪些特点（　　）。

A. 结构简单，经济性好

B. 对储能装置的电压等级要求比较高

C. 结构复杂，经济性差

D. 对储能装置的电压等级要求比较低

(17) 以下属于逆变器设计及器件选型中一般需要考虑的参数有哪些（　　）。

A. 额定输出电压（稳压能力）　　B. 电压波形失真度

C. 额定输出频率　　　　　　　　D. 输出电压不均衡度

2. 问答题

(1) 电池管理系统的基本保护控制的任务有哪些？

（2）简述温度补偿电路的意义。

参 考 文 献

［1］ Ter- Gazatian. A energy storage for power systems ［M］. Stevenager：Michel Faraday House，1994.

［2］ Akagi H，Sato H. Control and performance of a double-fed induction machine intended for a flywheel energy storage system ［J］. IEEE Transactions on Power Electronics，2002，17 (1)：109 –115.

［3］ 张文亮，丘明，来小康. 储能技术在电力系统中的应用 ［J］. 电网技术，2008，3 (7)：1 - 9

［4］ S. Harrington，J. Dunlop. Battery charge controller characteristics in photovoltaic system ［J］. IEEE AES Mgazine，1992 (8)：15 - 21.

［5］ R. Joseph，G. Michael，W. Stevens. Evaluation of the batteries and charge controllers in small stand-alone photovoltaic systems ［C］. IEEE Photovoltaic Specialists Conference, Hilton Waikoloa Village，Waikoloa，Hawaii，1994 (1)：933 - 945.

［6］ H. Masheleni，X. Carelse. Microcontroller-based charge controller for stand-alone photovoltaic systems ［J］. Solar Energe，1997 (1)：225 - 230.

［7］ 粟梅，李黎明. 独立光伏系统用蓄电池充放电策略的设计 ［J］. 蓄电池，2011，48 (3)：128.

［8］ IEEEStd937™ - 2007，IEEE recommended practice for installation and maintenance of lead-acid batteries for photovoltaic (PV) systems ［S］. 2007：4 - 7.

［9］ 魏建新，路一平，秦景. 独立太阳能光伏发电系统储能单元设计 ［J］. 电源技术，2010，34 (7)：676 - 677.

［10］ IEEE Std 937™ - 2007. IEEE guide for array and battery sizing in stand-alone photovoltaic (PV) systems ［S］. 2007：41 - 45.

［11］ IEEE Std 1189™ - 2007. IEEE guide for selection of valve-regulated lead-acid (VRLA) batteries for stationary applications ［S］. 2007：9 - 11.

［12］ Barca G，Moschetto A，Sapuppo C，et al. An advanced SOC model and energy management for a stand-alone telecommunication system ［J］. Power Electronics，Electrical Drives，Automation and Motion，2008，11 (13)：434 - 438.

［13］ Kaiser R. Optimized battery-management system to improve storage lifetime in renewable energy systems ［J］. European Lead Battery Conference，2007 (168)：58 - 65.

［14］ 王石莉. 单相全桥逆变器的 MIT 控制 ［J］. 广西轻工业，2010，11：58 - 59

［15］ 李新杰，杜少武，张胜，等. 采用降损模式的单相 SVPWM 全桥逆变器 ［J］. 电力电子技术，2010，11：52 - 56.

［16］ 钟福金，钱昱明. 面积等效生成波形的控制算法及软件 ［J］. 研究电气自动，1996 (6)：14 - 17.

［17］ 曹铭. 分布式电池管理系统的研究与开发 ［D］. 南昌：南昌大学，2012.

［18］ 尤文艳. 分布式锂电池管理系统的设计 ［D］. 北京：北方工业大学，2012.

［19］ 刘新天. 电源管理系统设计及参数估计策略研究 ［D］. 合肥：中国科学技术大学，2011.

［20］ 徐刚. 光伏发电系统的 MPPT 与并网控制策略研究 ［D］. 长沙：长沙理工大学，2014.

［21］ 李锋. 光伏发电系统的控制策略研究 ［D］. 南京：南京航空航天大学，2013.